정원의 세계

This Korean edition was published by SNU Press (Seoul National University Press) in 2025 by arrangement with Reaktion Books Ltd. through KCC (Korea Copyright Center Inc.), Seoul.

이 책은 (주)한국저작권센터(KCC)를 통한 저작권자와의 독점계약으로
서울대학교출판문화원에서 출간되었습니다.

정원의 세계

초판 1쇄 발행 2025년 12월 30일

지은이 존 딕슨 헌트
옮긴이 황주영

펴낸곳 서울대학교출판문화원
주소 08826 서울 관악구 관악로 1
도서주문 02-889-4424, 02-880-7995
홈페이지 www.snupress.com
페이스북 @snupress1947
인스타그램 @snupress
이메일 snubook@snu.ac.kr
출판등록 제15-3호

ISBN 978-89-521-3176-8 93520

정원의 세계

존 딕슨 헌트 지음 | 황주영 옮김

서울대학교출판문화원

옮긴이의 말

『정원의 세계』는 영국 출신의 세계적인 조경사학자(landscape historian) 존 딕슨 헌트(John Dixon Hunt, 1936-)의 대표적인 정원 이론서다. 50년이 넘는 그의 학문적 경력은 영문학에서 시작해 미술 이론과 비평으로, 다시 정원의 역사와 이론 및 비평 분야로 이어진다. 그는 정원 이론을 체계화함과 동시에 이론과 실천의 접점을 모색한 대표적인 인물로 평가받는다. 현재 펜실베이니아 대학교 명예 교수인 헌트는 80대의 고령에도 불구하고 활발한 저술 활동을 하고 있다.

정원과 관련된 주요 저서만 보더라도 『장소의 혼: 1620-1820년의 영국 풍경화식 정원(The Genius of the Place: The English Landscape Garden, 1620-1820)』(공저, 1975)을 필두로, 『경관 속의 인물: 18세기의 시, 회화, 정원술(The Figure in the Landscape: Poetry, Painting, and Gardening during the Eighteenth Century)』(1976), 『정원과 수풀: 영국인들의 상상 속 이탈리아 르네상스 정원 1600-1750년(Garden and Grove: The Italian Renaissance Garden in the English Imagination 1600-1750)』(1986), 『윌리엄 켄트, 풍경화식 조원가: 평가 및 디자인 목록(William Kent, Landscape Garden Designer: An Assessment and Catalogue of His Designs)』(1987), 『목가적 경관(The Pastoral Landscape)』(공저, 1992), 『정원과 픽처레스크: 조경사 연구(Gardens and the Picturesque: Studies in the History of Landscape Architecture)』(1992), 『보다 위대한 완성: 정원 이론의 실천(Greater Perfections: The Practice of Garden Theory)』(2000), 『유럽의 픽처레스크 정원(The Picturesque Garden in Europe)』(2002), 『정원의 내생(The Afterlife of Gardens)』(2004), 『거듭되는 자연: 이언 해밀턴 핀레이의 정원 예

술(Nature Over Again: The Garden Art of Ian Hamilton Finlay)』(2008), 『베네치아의 도시 정원(The Venetian City Garden)』(2009), 『예술, 말, 이미지(Art, Word and Image)』(공저, 2010), 『정원의 세계(A World of Gardens)』(2012), 『역사적 토대: 현대 조경에서의 역사의 역할(Historical Ground: The Role of History in Contemporary Landscape Architecture)』(2014), 『정원의 문화사(A Cultural History of Gardens)』(공편, 2013-2016), 『장소의 조성: 근대와 현대의 정원(The Making of Place: Modern and Contemporary Gardens)』(2016), 『장소, 시각, 통찰: 조경에 대한 논고(Site, Sight, Insight: Essays on Landscape Architecture)』(공저, 2016)가 있다. 이 책을 번역하는 사이에도 『게니우스 로키: 장소의 의미에 대한 논고(Genius Loci: An Essay on the Meanings of Place)』(2022)와 『폐허의 서(Book of Ruins)』(공저, 2023), 『여기와 다른 곳에서의 걷기와 이야기하기(Walking & Talking on the Here and Elsewhere)』(2025)가 추가로 출간되었다.

그의 저서만 가지고도 서양 조경사의 큰 흐름을 따라갈 수 있을 정도이기에, 조경 이론 연구에서 헌트의 연구를 피해 가기는 어렵다. 그리고 그의 글을 단박에 이해하는 일은 더욱 어렵다. 유려한 문어체 문장은 그렇다 치고, 인문학의 전 영역을 종횡무진 누비는 방대한 지식 앞에 가끔은 좌절감이 들기도 하지만 그와 같은 훌륭한 선학이 있음에 안도하고 감사할 때가 더 많다.

1990년대까지의 작업이 주로 18세기 영국 풍경화식 정원과 관련된 연구였다면, 포괄적인 정원 이론 연구는 2000년에 출판된 명저 『보다 위대한 완성』에서 시작된다. 책 제목부터 알쏭달쏭한데, 이는 영국의 철학자 프랜시스 베이컨(Francis Bacon, 1561-1626)의 글 한 구절에서 유래한다.

> 전지전능한 하느님은 태초에 정원을 만드셨다. 정원은 필경 인간의 가장 순수한 즐거움이다. 이는 인간 정신의 원기를 가장 왕성하게 회복시켜 주며, 정원이 없다면 건물과 궁궐도 조잡한 손재주에 불과할 뿐이다. 시대가 지나 문명과 품위가 생겨 났고, 사람들은 우선 웅장한 건물을 지은 뒤에 아름다운 정원을 만들었다. 마치 정원술이 [건축-역자] 보다 위대한 완성(greater perfections)인 것처럼.[1]

1 Francis Bacon, *The Essayes or Counsels, Civill and Morall* (John Haviland for Hanna Barret, 1625).

베이컨은 건축과의 비교를 통해 정원이 고도로 발달한 예술임을 밝힌다. 하지만 헌트는 그 근거가 부족하다고 보았다. 건축에서와 달리 조경 연구에서는 이론적이거나 관조적인 문제를 다루는 전문가 집단이 오랫동안 부재했고 그로 인한 이론적 공백이 조경 직군의 분열을 낳았다는 것이 당시 헌트의 생각이자 『보다 위대한 완성』의 집필 동기였다. 그는 그간 간과되어 온 조경의 위대한 지적 업적을 상기시키고, 조경의 두 축인 이론과 실천을 연결할 뿐 아니라, 더 나아가 책의 부제이기도 한 '정원 이론의 실천'을 역설한다. 왜냐하면 "조경 이론은 필연적으로 실천의 발전이라는 토양에 뿌리를 두고 있으며, 가장 뛰어난 조경 실천은 그 활동을 지속시키는 원리를 숙고하게끔" 하기 때문이다.

『보다 위대한 완성』은 오늘날 정원 이론에서 기본적으로 다루어지는 주제들, 가령 정원의 정의와 어원, 재현을 매개로 한 언어 및 시각 예술과의 관계, 다양한 문화에서의 정원, 정원과 자연의 관계 등의 주제를 아우르고 풍부한 텍스트와 참고 도판이 논지를 뒷받침한다. 무엇보다도 르네상스 시대의 인문학자들이 고안한 '제3의 자연(the third nature)'으로서의 정원 개념은 헌트에 의해 부활했다고 해도 과언이 아니다. 그리고 이 방대한 논의는 정원에 대한 이론적 숙고가 앞으로의 조경 실천에 어떤 역할을 할 수 있는가 하는 질문에 대한 답을 찾는 과정으로 귀결된다.

이와 같은 탐색은 『정원의 세계』에서 본격적으로 다시 시작된다. 이 책은 다양한 시대에 걸쳐 여러 지역에 조성된 정원을 아우르는 포괄적인 정원 문화사 연구서다. 고대 그리스와 로마의 성역에서 시작해 이슬람 세계의 정원, 중세와 르네상스, 식물원과 바로크 정원, 헌트의 전문 분야인 18세기 영국의 풍경화식 정원과 도시 공원의 탄생, 오락과 휴식을 위한 위락 정원, 중국과 일본의 정원과 이것이 서양에 미친 영향, 근대 사회와 정원의 관계, 현대와 미래의 조경으로 이어지는 목차는 서양 조경사 책의 일반적인 구성처럼 보인다. 하지만 『정원의 세계』는 다양한 문화권과 지리적 조건하에서 조성된 정원들의 공통점과 차이점을 살피고, 그 속에서 정원이 지닌 보편적인 의미와 가치를 찾는다는 점에서 특별하다.

헌트는 이 책에서 『보다 위대한 완성』 이후 조경 이론 분야에 나타난 많은 변화와 발전 또한 다루었다. 하지만 도시 설계와 생태, 랜드스케이프 어버니즘 등은 그의 주요 관심사가 아니고, 때로는 이러한 새로운 유행에 비판적인 시선을 보내기도 한다. 고전적 예술관에 바탕을 둔 그의 고집은 가끔 동의하기 어렵지만 그가 던지는 질문은 여전히 중요하다. 전작에서는 거의 다루지 않았던 중국과 일본의 정원이 각각 한 장씩을 차지하고 있다는 점도 흥미롭다. 일견 구색 맞추기로 보일 수도 있고, 한국 정원을 언급만 하고 지나치는 점은 아쉽지만 동양 정원에 대한 서구의 연구 흐름과 수준을 파악하는 데는 도움이 될 것이다. 건축, 미술, 문학, 언어학과 철학 등 관련 분야와 정원의 상호 영향 관계 또한 매우 흥미롭다. 문화사의 전 분야를 통섭하는 저자의 방대한 지식은 조경사의 핵심 내용을 모두 아우르며, 기존의 연대기적 서술을 넘어서는 관점을 제시한다.

『정원의 세계』는 세계 최고 수준의 정원 이론가의 통찰에 기반을 둔 책이지만 전문가만을 대상 독자로 하지는 않는다. 깊고 넓은 『정원의 세계』는 조경 전공자뿐 아니라, 정원의 역사와 의미를 탐색하고자 하는 일반 대중에게도 흥미로운 책이 될 것이다. 코로나19 범유행을 지나며 정원 가꾸기가 주요한 문화 현상이 된 시기에 인류 문명의 시작과 함께 발전한 정원의 역사적 흐름을 좇으며 그 속에 담긴 다양한 의미와 가치를 탐색해 보는 일도 의미 있을 것이다.

이 책의 출판에는 많은 분의 도움이 있었다. 『정원의 세계』는 2020년 서울대학교 출판문화원 학술서 번역 공모 사업에 선정되어 지원을 받았다. 이 책을 과제로 선정해 주신 출판위원회 위원들과, 계획보다 많이 늦어진 작업을 인내하며 기다려 주신 출판문화원에 감사의 마음을 전한다. 공모 사업 지원 단계에서 격려를 아끼지 않은 은사 조경진 교수님께도 감사드린다. 여러 분들의 숨은 도움이 있었지만 그럼에도 미처 잡아내지 못한 실수나 오역이 있다면 이는 전적으로 역자의 불찰이다.

2025년 12월

황주영

차례

일러두기

1. 인명과 지명 등은 원칙적으로 원서의 표기를 기준으로 하며, 외래어표기법을 따랐으나 관용적인 표기와 동떨어진 경우 절충하여 표기했다.
2. 우리말에 대응하는 개념이 없는 경우, 예를 들어 19세기 이전의 '파크(park)'와 같이 현대의 '공원'과 다른 의미로 쓰인 용어는 외래어로 표기하고 처음 등장하는 각주에 그 의미를 설명했다.
3. 국내에 소개된 작품명은 번역된 제목을 따랐고 역주로 서지 정보를 소개했으며, 국내에 소개되지 않은 작품명은 번역 후 원어 제목을 병기했다.
4. 원문에서 이탤릭체로 강조된 부분은 본문에서 고딕체로 표기했다.
5. 성서 인용의 경우 2005년 발간된 한국 천주교회 공용 번역본을 참고하여 옮겼다.

서론

정원계와 정원의 세계

"정원 가꾸기는 결국 인류 역사에 대한 하나의 지표다."
 -제프리 그릭슨(Geoffrey Grigson)[1]

정원의 종류는 다양하고, 크기와 외양도 각양각색이다. 우리가 정원에 관심을 갖고 다가가는 방식도 여러 가지다. 우리는 정원의 설계 과정과 만들어진 형태, 재료와 식재, 의미, 쓰임새 혹은 정원이 이 세상에서 경험되고 글과 이미지로 재현되는 방식, 정원의 쇠락과 회복을 연구한다. 우리는 누가 정원을 설계했고 누가 의뢰했는지, 설계자와 후원자의 동기는 무엇인지, 그리고 이 정원이 생겨나게 된 정치적·사회적 맥락은 무엇인지에 관심을 가진다. 하지만 때로 우리는 정원에 대한 개인적인 기억을 쌓기도 한다.

디자인이나 식물학, 수리학, 조각에 우선적으로 초점을 두더라도, 정원의 역사는 문화사로 보는 것이 가장 적절하다. 개척하고 경작하는 과정에서 정체성과 소속감을 얻을 수 있으므로 가장 중요한 과제는 살 곳을 정하는 일이며, 따라서 사람들은 장소를 만든다. (라틴어 콜레레[colere][2]에서 파생한) '문화(culture)'라는 단어에 함의되어 있듯이 말이다. ('정형식' 혹은 '비정형식', '바로크', '픽처레스크', '예술과 공예'라는 공허한 말로 끝없이 이야기되는) 특정한 양식으로 구분하거나, 눈에 보이는 겉모습으로 평가하는 정도로는 충분치 않다. 우리는 정원이 왜 생겨나게 되었고 어떤 이점과 즐거움(물론 시각적인 것을 포함한다)을 제공하는지, 더 나아가 어떻게 그리고 왜 정원이 살아남거나, 변화하거나, 사라졌는지에 대해 질문을 던져야 한다.

1 [역주] 영국의 시인, 작가, 비평가(1905-1985).

2 [역주] '경작하다'라는 뜻의 라틴어 동사.

'정원'이라는 범주에 넣을 수 있는 장소는 다양하고 방대하며 지역과 시대에 따라 변한다. 하지만 정원이 이렇게 다양해도 우리가 정원이라는 개념을 인식하는 데 어려움을 겪지는 않는다. 우선 정원은 패러독스의 장소, 즉 사람이 만들었으되 자연적 요소가 이용되고, 인간과 자연이 소중하면서도 때로는 아슬아슬한 긴장 관계를 유지하는 곳으로 이해할 수 있다. 정원은 다른 부분과 물리적으로 구분되는 '통합적 환경'으로 인식되기도 하고, 또 어떤 때는 보다 넓은 환경과 이와 관련된 일, 특히 농업 및 도시와 연결되기도 한다. 요약하자면 정원은 그 자체로 실체인 동시에 이 세상에 산다는 것은 무슨 의미인가에 대한 인간의 고찰과 과제, 협의의 중심점이 된다.

따라서 이 책은 일련의 흐름이 각기 힘을 얻으며 최고조에 이르렀다가 뒤로 밀려가고 때로는 다음 순서에 힘을 넘겨 주는 모습을 그리는, 즉 최초의 정원에서 시작해 최근의 징후로 이어지는 일반적인 역사책은 아니니다. 이 책에는 중요한 설계가나 잘 알려진 정원이 전부 언급되지도 않는다. 설계에서의 혁신이라는 것은 늘 과거의 모델을 더 정교하게 만들거나 거부하는 것을 전제로 하는데, 이 과정을 연대순으로 기록하는 일은 그다지 흥미롭지 않기 때문이다. 하지만 조지프 브로드스키(Joseph Brodsky)[3]가 에즈라 파운드(Ezra Pound)의 "새롭게 하라(Make It New)"라는 유명한 선언에 대해 언급했듯 "무엇인가를 새롭게 하는 진짜 이유는 '그것'이 상당히 오래되었기 때문이다." 보다 정확히 말하자면 이 책은 사람들이 시골과 도시의 형태에 어떤 반응을 보여 왔는지, 그리고 자연계와 사람들의 거주 공간을 어떻게 다시 만들어 왔는지에 초점을 둔다. 세계 곳곳의 정원을 조금만 연구해 보더라도 여러 시대와 장소에서 정원의 유형과 쓰임이 반복되어 나타남을 알아차릴 수 있을 것이다. 성스러운 경관, 놀이와 유희의 경관, 과학적인 정원, 도시 생활을 위한 정원, 개인적 은둔과 명상을 위한 정원, 평범하고 실용적인 부지, 시적이고 상징적인 장소, 그 지역을 예찬하거나 국가성을 확립하는 창조물로서의 정원 말이다. 장소의 형태와 의미는 문화적 가정과 지역의 지리에 분명한 영향을 받기 마련이므로 정원에 나타난 특정한 형태와 지역적 연관성도 탐색할 것이다. 하지만 정원이 인간의 전형적인 욕구와 행위를 수용하는 방식 또한 알아볼 만하다. 따라서 이 책은 시간 순서에 따라 초기 사례부터 가장 최근의 (심지어는 미래의) 사례를 다

3 [역주] 러시아 출신의 미국 시인이자 에세이 작가(1940-1996).

루는 일련의 글로 구성되고, 많은 유형과 대상지에 공시적으로 나타나는 보다 지속적인 양상도 탐색한다. 서술 자체가 글의 목적이 아니기에 관련된 다른 주제도 살펴볼 것이다. 반복적으로 나타나는 정원의 테마, **토포스**(*topoi*)[4]나 진부함, 형태와 이용의 비교 문화적 수용과 교류, 포괄적인 인간 활동을 위해 조성된 정원의 계획과 발달, 정원이 형성되고 기본적인 인간적 조건과 관심을 표현하는 방식이 여기에 해당한다.

이 책의 장들은 대개 시대순으로 배치했지만 읽는 순서를 달리할 수 있다. 인용문이나 대상지가 여러 논의에서 반복적으로 등장하는 것도 이 때문이다.

각 장의 길이를 다양하게 하고 싶었지만 결국 비슷하게 맞추었다. 이는 일종의 프로크루스테스의 침대와 같은 방식을 적용한 셈인데, 도판들에도 같은 기준이 적용되었다. 도판의 수는 제한적이지만, 정원에 대한 폭넓은 관점을 제공하고자 도면과 판화, 그 당시에 제작된 이미지와 오늘날의 사진 등 시각 자료를 가능한 한 다양하게 수록하고자 했다. 각주(혹은 참고문헌)도 최소한으로 두되, 정원에 대한 수많은 문헌에 필자가 진 빚을 밝히고 추가적인 읽을거리를 제시하려 했다. 지난 10여 년간 정원에 대한 연구가 기하급수적으로 늘어났기에 권위가 확고한 자료뿐 아니라 최근의 자료도 독자들에게 충실하게 소개할 필요가 있기 때문이다.

4 [역주] 토포스(topos, 복수형 topoi)는 문맥에 따라 '장소'라는 뜻과 '문학의 기본적인 테마나 개념'이라는 뜻으로 해석될 수 있다.

1장

델포이부터 요세미티에 이르는 성스러운 경관

정원의 세계에서는 장소가 지닌 특성이 설계와 수용의 초점이 되는 경우가 있다. 여러 초기 문화에서 '성스럽다'고 여겨졌던 것이 이에 해당할 것이다. 세속적이고 세계화된 현대 세계에서 이는 대체로 부적절한 용어로 인식된다. 하지만 누군가 그 특별함과 의미를 알아차려 주기를 바라는 옛 장소와 새 장소가 분명히 존재한다. 이 특별한 장소는 신비로울 수도 있고, 으스스하거나 심지어는 우리를 불안하게 만들 수도 있는데, 왜냐하면 이는 우리의 일상 세계에서 어느 정도 분리된 곳이기 때문이다. 비테르보(Viterbo) 인근의 나무가 우거진 계곡에 있는 보마르초(Bomarzo)를 생각해 보자. 자연석에 조각된 거인, 신화적인 존재, 기묘하게 새겨진 경고, 기울어진 집과 같은 것들은 오늘날에도 불안을 조성하며 곤혹감 같은 이상한 기분이 들게 한다(도판 1과 10). 또 다른 장소로는 18세기 말경 조성되어 이후 앙드레 브르통(André Breton)이나 자크 프레베르(Jacques Prévert)와 같은 초현실주의자들의 예찬을 받은 데제르 드 레(Désert de Retz)가 있다(도판 2와 167). 이들은 살바도르 달리(Salvador Dalí)가 보마르초에서 그랬듯이 신비롭고 고립된 장소(enclave)를 재발견하고 열광했다. 현대의 장소 조성가들도 이런 특별한 장소에 이끌리고 그곳이 주는 울림에 주목했다. 로런스 핼프린(Lawrence Halprin)은 워싱턴 DC의 몰(Mall)에 조성된 프랭클린 델러노 루스벨트 기념관(Franklin Delano Roosevelt Memorial)의 옥외 공간 중 한 곳을 "성스러운 공간(sacred space)"이라고 불렀다(도판 3). 이언 해밀턴 핀레이(Ian Hamilton Finlay)[1]는 그가 완전히 "세속적인" 세계라고 여기는 것에 방해받자 "경건함", 즉 일상 세계의 현상 너머에 비물질적으로 존재하

1 이탈리아 비테르보 인근에 위치한 보마르초의 파르코 데이 모스트리(Parco dei Mostri)에 있는 싸우는 거인상.

2 프랑스 이블린(Yvelines)주 샹부르시(Chambourcy)에 위치한 데제르 드 레에 있는 폐허가 된 기둥과 극장 유적.

는 그 무엇인가에 대한 인식을 자연에서 탐색했다. 그리하여 그의 리틀 스파르타(Little Sparta) 정원에 있는 팬파이프에는 "바람이 불면 그 소리를 경외하라(When the Winds Blow Venerate the Sound)"(도판 4)라는 구절이 새겨졌으며, '패닉(panic)'이라는 말의 근원이 된 고대 신[2]의 이름이 이 숭고한 순간에 겹쳐진다.[3]

고대 중국과 그리스부터 핼프린과 핀레이에 이르는 장소 만들기의 범위는 사람이 개입한 적 없는 장소를 자연계에서 발견하거나 찾아내어 수용하는 데까지 확장된다. 평범한 산과 황무지도 요세미티(Yosemite)나 히말라야와 같이 숭고한 장소에서처

1 [역주] 스코틀랜드의 시인, 작가, 예술가, 정원가(1925-2006).

2 [역주] 그리스 신화에 나오는 목신 판(Pan)을 말한다. 머리에 작은 뿔이 달리고 염소 다리를 한 반인반수의 목신으로, 시링크스(Syrinx)라는 이름의 팬파이프를 가지고 다닌다. 그가 양 떼나 군중에게 알 수 없는 두려움을 일으키는 소리를 낸다는 데에서 '극심한 공포'라는 뜻의 영어 단어 '패닉(panic)'이 유래한다.

3 핀레이에 대해서는 *Nature Over Again: The Garden Art of Ian Hamilton Finlay* (London, 2008), 특히 pp. 82-87에 있는 필자의 논의를 보라. 보마르초와 데제르 드 레에 대해서는 7장과 14장을 보라.

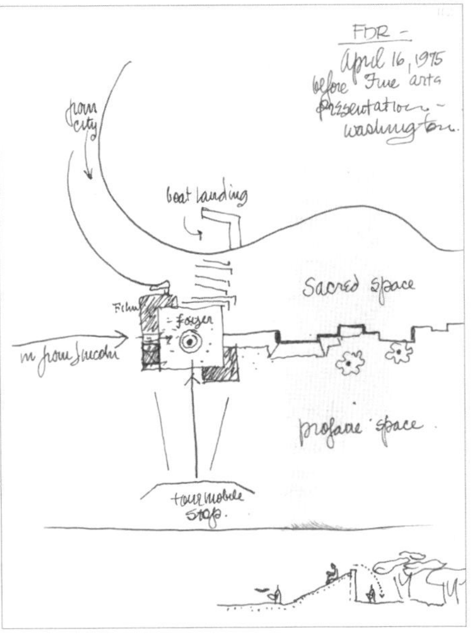

3 로런스 핼프린, 워싱턴 DC의 루스벨트 기념관 계획의 '성스러운 공간'에 대해 주해를 단 수첩.

럼 깊은 반응을 불러일으켜야 한다. 하지만 많은 이들이 신앙을 잃은 듯 보이는 이 세속적인 세상에서도 숭고함과의 관계를 인식하려는, 신성하다고 불릴 만한 곳이 있다. 이브 본푸아(Yves Bonnefoy)[4]가 '명소(hauts lieux)'[5]라고 불렀던 곳이 그런 곳이다. 이는 단순히 [지형적으로-역자] '높은' 곳이 아니며, 우리가 찾고자 하는 자기 자신과 더 깊이 연결될 수 있는 특별한 순간을 경험하는 장소다. 따라서 이는 이 책을 시작하며 탐색해야 할 테마이자 많은 정원의 세계에서 중요한 역할을 하는 테마다.

인류 최초의 장소 만들기는 어떤 곳에서 발견되었거나 어떤 곳을 만들어 낸, 특별히 성스럽거나 신비롭거나 신령한 무엇인가를 인식하는 일이었다. 윌리엄 블레이크(William Blake)는 『천국과 지옥의 결혼(The Marriage of Heaven and Hell)』(1793년경)에서 이에 대해 쓰고, 조직화된 종교와 합리주의가 이러한 감각에 가하는 위협을 경계했다.

> 고대의 시인들은 지각할 수 있는 모든 대상에 신이나 수호신으로 생명을 불어넣었고, 이름을 지어 불렀으며, 숲과 강, 산과 호수, 도시와 나라 그리고 자신들의 넓고 다양한 감각이 인식할 수 있는 것이라면 무엇이든 그것이 지닌 속성으로 그 대상을 치장했다. (…) 마침내 한 체계가 형성되었고, 어떤 이는 이를 이용해 마음속 신들을 굳이 눈에 보이게 하거나 추상화함으로써 세상 사람들을 예속시켰다. 그리하여 사제 제도가 시작되었다. (…)[6]

4 [역주] 프랑스의 시인(1923-2016).

5 [역주] '역사적이거나 기념할 만한 일이 일어난 곳'이라는 뜻의 관용어. 유대인이 신에게 제사를 지내던 곳에서 유래한 표현으로, 원문의 프랑스어 'hauts lieux'를 직역하면 '높은 장소(high place)'다.

6 [역주] 「지옥의 잠언(Proverbs of Hell)」의 한 구절.

4
이언 해밀턴 핀레이, '바람이 불면(When the winds blow)', 스코틀랜드 펜틀랜드 힐스(Pentland Hills)에 위치한 그의 리틀 스파르타 정원에 있는 팬파이프에 새겨진 구절.

이렇게 한 장소가 발견되거나 의의를 갖게 되면, 그 장소에 대한 관심을 끌고 어떠한 방식으로든 숲이나 강, 샘의 '속성'을 나타내려는 시도가 이루어졌다. 레온 바티스타 알베르티(Leon Battista Alberti)는 고대인들이 종종 땅을 대대적으로 손보아서 특정한 대상지를 강조하고, 주변 조건으로부터 "뛰어나고 흔치 않은 속성"을 끌어냄으로써 "장소와 수풀에 위엄을" 더했다고 썼다.[7] 우리는 자연적 장소 자체가 '흔치 않은 속성'을 지닌다는 개념을 더 이상 공유하지 않는다. 이는 오늘날 성스러움에 어울리는 공간이 대개 특정 종교 기관이나 묘지와 같은 매장지에 국한되기 때문이다. 그렇지만 어떤 이들은 성스러운 장소가 지닌 힘에 이끌리는데, 가령 미국 원주민들은 그들이 성스럽다고 여기는 경관을 특히 중요하게 여긴다. 성스러움이라는 관념은 용어로서든, 한 장소에 대한 특정한 감정으로서든 종종 현대 문화와 어울리지 않는 듯 보인다. 하지만 사람들이 어떤 장소에 중요한 의미가 있다고 느낀다는 사실 역시 부인할 수 없다.

초기 인류는 이처럼 어떤 장소를 성스럽게 만드는 일을 특히 중시했다. 이는 대개 대상지의 물리적 재작업을 통해 이루어졌다. 하지만 브루스 채트윈(Bruce Chatwin)이 『송라인(The Songlines)』(1986)[8]에서 말했듯, 오스트레일리아의 원주민들은 상징적인 조

7 Leon Battista Alberti, *On the Art of Building in Ten Books*, trans. Joseph Rykwert, Neil Leach, and Robert Taverner (Cambridge, MA, 1988), 특히 6장.
[역주] 레온 바티스타 알베르티, 서정일 역, 『레온 바티스타 알베르티의 건축론(1, 2, 3권)』(서울대학교 출판문화원, 2018)으로 일부 번역되었다.

8 [역주] 브루스 채트윈, 김희진 역, 『송라인』(현암사, 2012).

상(totemic ancestor)이 남긴 말과 노래의 길을 따라 경관을 탐색하고, 이 '꿈의 발자취'를 서로 의사소통하는 '길'로 이용했다는 점을 떠올려 보아도 좋을 것이다. 성경에도 어떤 특정한 장소에서 하늘에 닿는 사다리의 환영이 보이거나, 너무나 성스러운 곳이니 신발을 벗으라는 목소리가 들리는 장소에 대한 이야기가 나온다(「창세기」 28, 「출애굽기」 3). 목소리를 듣거나 꿈속에서 사다리를 볼 일이 없는 일반 대중에게는 물리적 표시나 재배치 등의 방식으로 이러한 장소임을 알려줘야 한다. 가령 고대 그리스의 성스러운 숲과 같은 장소는 사제나 신실한 시민이 세웠을 것으로 추정되지만, 그 장소를 만든 이가 누구든 그 사람은 조경의 초기 형태를 실천한 것이라고 할 수 있으며, 무엇인가를 고안하고 집중시켰다는 점에서는 '정원'을 만들었다고도 할 수 있다.

초기 중국의 원유(苑囿)는 지배자를 위한, 특권층에게 한정된 공간이었다. 모든 것에는 특별한 종교적인 이유가 있었다. 원유는 '불사의 선인들'을 예찬하고 유명한 위인들을 기념했으며 보다 일반적으로는 유명한 지리적·신화적 장소를 재현하기 위해 설계되었다.[9] 이 광범위하고 정교한 경관 곳곳에서 이곳이 성스러운 장소임을 느낄 수 있다. 묘지는 특히 성스러운 구역으로 여겨진다(중국에서만 그런 것은 아니다). 어떤 곳은 매우 넓고, 특정한 사람만 접근할 수 있으며, 담으로 둘러싸인 한정된 공간, 봉분, 인공 언덕 등의 대규모 인공적 건설로 만들어지고, 최근 발굴된 진시황릉(도판 5)에서처럼 수천 개의 테라코타 병마용으로 가득할 수도 있다. 이후의 황제들은 실제 언덕의 지형을 활용해 무덤과 봉분의 터를 잡았다.[10]

기원전 138년 한무제(漢武帝)는 사람의 손이 닿지 않은 황야와 셀 수 없이 많은 건물, '신성한 못과 신령한 웅덩이', 이국적인 동물과 식물을 아우르도록 '상림원(上林苑)'을 확장했다. 세상 만물을 개관하는 원림이라는 자신의 영역에다 한무제는 온 우주를 모사하여 담고자 했다. 정치적 야심이 없던 것은 아니지만(한무제는 곤명지[昆明池]에서 수군 훈련을 했다), 이러한 장소는 '인공적으로 무엇인가를 모사함으로써 원래의 대상이나

9 필자는 이 부분과 이어지는 내용에 대해 Lothar Ledderose, 'The Earthly Paradise: Religious Elements in Chinese Landscape Art', in *Theories of the Arts in China*, ed. Susan Bush and Christian Murck (Princeton, NJ, 1983)의 도움을 받았다.

10 중국 중부에 위치한 윈강 석굴에는 1,000개가 넘는 벽감과 5만 1,000개의 석상이 이어져 있다. 석상 중 어떤 것은 엄지손가락 크기에 불과하지만, 15미터가 넘는 것도 있다. 이에 대해서는 센타 버턴(Senta Burton)을 참조했다.

5
중국 산시성 시안 인근
진시황릉의 테라코타 병마용
(기원전 211-기원전 206).

장소에 힘을 행사할 수 있다'는 불가사의한 믿음을 재현했다. 한무제는 또한 건장궁(建章宮)에 조성한 원림[11]에 불사의 선인들이 사는 곳을 재현해 낸 세 개의 인공 섬[12]이 있는 경관을 설계했다. 한무제는 이제 자신의 궁에서 바다 너머에 사는 이들을 방문할 수 있다고 생각했고, 선인들을 만나는 장소로 높은 대(臺)[13]를 마련했다. 다른 황제들도 궁에 정원을 조성해 그의 선례를 따랐으며, 몇몇은 호수와 대, 무엇보다도 산을 만들었다. '영적인' 혹은 '신성한' 산으로 이름한 곳과 꼭대기에 '불사의 선인들이 사는 집'이 있는 산을 소유하는 것은 통치자에게 특별한 의미가 있었다. 이러한 장소 중 두 곳이 남아 있는데, 후에 다른 요소가 추가되었고 공원으로 바뀌었다. 한 곳은 베이징의 황궁에 속한 북해(北海) 공원에 있고, 다른 한 곳은 베이징 서쪽의 이화원(頤和園)에 있다.

중국 왕조 성립 초기의 이 한정된 공간은 무엇보다도 성스러운 의식과 제의를 위한 것이었다. 나무와 관목을 심고 새와 동물로 장식했지만, 건물이나 연회를 특정한 미감으로 꾸민 것은 이후의 일이다. 미적 감상이 중요한 역할을 하게 되었을 때조차도 이러한 정원에 대한 관념이 아주 성스럽지는 않았을 수 있다. 그렇지만 어느 정도는 특별하고 의미 있는, 혹은 평범한 장소 이상의 곳, 마음의 수양에 '반응하고' 이를 함양

11 [역주] 태액지(太液池)를 말한다.
12 [역주] 봉래(蓬萊), 방장(方丈), 영주(瀛洲)의 삼신산을 말한다.
13 [역주] 신명대(神明臺) 등을 말한다.

6 그리스에서 주조된 두 개의 동전. 사원과 콜로네이드가 있는 숲(217-218, 팔레스타인), **페리볼로스**(*peribolos*)[14]와 입구가 있는 숲(244-249, 제우그마[Zeugma]).

하는 곳으로 인식되었을 것이다. 하지만 성스러움보다 이러한 종류의 의미를 지닌 경관을 보려면, 중국 왕조 후기 무렵의 학구적이고 미적으로 설계된 정원이 등장하기를 기다려야 한다(10장을 보라).

블레이크가 언급한 고대 그리스의 성스러운 숲은 중국 초기의 원유보다 훨씬 작고 덜 장엄했을 것이지만, 조경의 초기 사례, 즉 주민들이 그 의미를 인식하도록 꾸며지고 확장된 장소로 여겨진다(도판 6). 2세기에 이러한 장소 여러 곳을 기록한 파우사니아스(Pausanias)[15]의 『그리스 안내기(Guide to Greece)』에 따르면[16] 이런 '개선' 중에는 담, 길, 제단, 신이나 뮤즈의 조각상 그리고 파우사니아스가 특히 관심을 보였던 다양한 숲이 있다. 어떤 숲은 사이프러스, 과일 나무, 로부르참나무(*Quercus robur*) 혹은 소나무로 이루어졌다. 어떤 숲은 한 종의 나무로만 되어 있고, 어떤 숲은 여러 종이 섞여 있고, 또 다른 숲에는 비범한 나무 한 그루만 있기도 했다. 에피다우로스(Epidauros)에 있

14 [역주] 고대 그리스와 로마의 건축에서 특히 사원이나 제단과 같은 성스러운 곳에 있는, 담으로 둘러싸인 뜰.

15 [역주] 고대 그리스의 지리학자이자 여행가.

16 파우사니아스의 안내기의 번역은 Peter Levi(1971)와 Patrick Bowe, 'The Sacred Groves of Ancient Greece', *Studies in the History of Gardens and Designed Landscapes*, XXIX(2009)를 보라. 조경 자체에 초점을 둔 것은 아니지만 이 주제에 대한 문헌은 방대하다. 특히 Susan E. Alcock and Robin Osborne, *Placing the Gods: Sanctuaries and Sacred Space in Ancient Greece* (Oxford, 1992)와 Hugh Bowden, *Mystery Cults in the Ancient World* (Princeton, NJ, 2010)를 보라.

는 아스클레피오스(Asklepios)의 숲에는 스타디움까지 있었는데, 아마도 종교적인 경기를 위한 곳이었을 것이다. 덜 성스러운 오락도 허용되었으리라는 증언도 있지만 말이다. 누가 들어갈 수 있고 누가 들어갈 수 없는지를 정하는 법도 있었다. 아르카디아(Arkadia)에 있는 데메테르의 숲에는 여성만 입장이 가능했지만, 게론트라이(Geronthrai)에서 해마다 열리는 아레스의 제전에서는 여성이 배제되었다. 샘이나 바위나 동굴과 같은 다른 물리적 형체도 숭배나 의식을 위한 장소로 인식되고 구성되었으며, 몇몇은 특별한 성소에 속했다. 파우사니아스가 기록한 다양하고 풍성한 장소들은 경관이 특정한 목적을 위해 의도적으로 구성되었음을 입증한다.

이러한 장소는 모두 어느 정도의 구조화를 거친다. 다시 말해, 특정한 장소를 강조하기 위한 의도적인 개입을 받는다. 헬리콘산(Mount Helikon)[17]의 높은 곳에 있던 경사진 숲은 의식이 치러질 수 있도록 완만하게 깎여야 했다. 기원전 6세기에 세워져 점차 섬세하게 경관을 다듬어 나간 델포이(Delphi)는 오늘날에도 남아 있다. 델포이의 위치와 정형적인 경관 조성은 아폴론을 위한 장소를 세우기 위한 것일 뿐만 아니라 올림포스의 젊은 신들이 지상의 늙은 권력자들[18]을 정복했음을 축하하기 위한 것이기도 했다.[19] 오늘날에도 이 비범한 장소는 위대한 태양신이 비이성적인 지하 세계와 이어진 자연의 힘들과 마주한 강렬한 순간을 보여 준다(도판 7).[20]

수 세기 동안 델포이에는 다양한 종류의 성소와 사원, 보고(寶庫), 체육관, 육상 경기장과 수영장, 극장, 분수, 희생 제의를 위한 제단과 기단(bases), 지중해 세계 전역과 델포이시에서 오는 손님들을 맞이하기 위한 가옥이 세워졌다. 그렇지만 다양하고 기념비적인 건축물이 있음에도 불구하고, 이곳은 파르나소스(Parnassus)라 불리는 산에서

17 [역주] 그리스 보이오티아현에 있는 산으로, 그리스 신화에 등장한다. 나르키소스가 자신의 아름다움에 반하게 된 못이 있는 산이다.

18 [역주] 올림포스의 신들 이전에 세상을 다스린 거신족 티탄(Titans)을 말한다.

19 델포이의 경관, 아폴론 성지에 대한 상세하고도 흥미로운 글은 Vincent Scully, *The Earth, the Temple, and the Gods: Greek Sacred Architecture* (New Haven, CT, 1962)의 7장을 보라. 몇몇 구절을 이 책에 인용했다.

20 [역주] 아폴론이 태어나기 전 델포이에서는 대지의 여신 가이아의 딸인 델피네(Delphyne)라는 거대한 뱀이 예언을 내렸다. 아폴론은 활을 쏴 델피네를 죽이고 신탁의 권리를 빼앗았다. 그 이래 델포이는 아폴론의 주요 성소가 되었고 델피네의 이름에서 델포이가 유래한다. 후대 문헌에서는 델피네 대신 수뱀 피톤(Python)이 언급된다.

7 그리스 델포이에 위치한 산비탈에 있는 기원전 4세기의 아폴론 신전. 신전 위에 있는, 디오니소스에게 바쳐진 극장에서 바라본 모습.

솟아 나온 것처럼 보인다. 아폴론의 성지 위로는 '빛나는 것'이라는 뜻인 파이드리아데스(Phaedriades)의 쌍둥이 절벽이 솟아 있고, 이 절벽의 기념비적인 바위 표면에서 경관을 이루는 건물들이 생겨난 것처럼 보인다(사실 건물의 재료는 이 성소를 예찬하기 위해 다른 곳에서 가져온 것이다). 오늘날에는 여러 건물의 잔해만 남아 있지만, 무엇보다도 델포이로 가는 길과 아폴론의 성소에 이르는 비탈의 계산된 오르막길은 인상적이다.

델포이로 가는 길은 두 가지다. 하나는 아폴론의 성지가 평원 너머로 희미하게 나타나는 코린토스만 쪽에서 출발하는 것이고, 다른 하나는 구불구불한 산길을 통해 동쪽에서 접근하는 것이다. 후자의 경우 처음에는 순례자가 성지를 보지 못하다가, 아테나의 성소에 다다라서야 오른쪽 산비탈 높은 곳에 있는 아폴론의 성지를 발견하게 된다. 오늘날의 델포이 입장과 방문은 그리스 문화부의 보호 아래 행해지지만, 실제로 비탈을 오르며 조각조각 바라보는 풍경과 눈앞에 보이는 멋진 절벽에 몸을 내맡기며 점차 이러한 현대적인 상황을 잊게 된다(관광 버스들이 도착하기 전에 일찍 보는 것이 가장 좋다). 이런 야생의 자연 풍경은 원래 "넘쳐나는 보고와 기념비"들로 어수선했을 것이다. 이와 반대로 오늘날에는 오히려 경관 자체가 압도하고 있다. 폐허 자체가 자연의 힘에 의해 인간이 만든 건축물들이 파괴되었음을 말해 준다. 하지만 비탈을 오르면 파이드리아데스의 봉우리가 다시 나타나고, 이어 아폴론의 성지가 나타났다가 사라지고, 험준한 바위를 배경으로 그곳의 기둥과 파편이 다시금 드러난다. 그러면 우리도 이곳을 처음 마주했던 사람들이 느꼈던 인상을 공유할 수 있을지 모른다.

사원 위까지 올라가면 아래로 펼쳐진 거대한 계곡에 비해 자그마하게 남아 있는 기둥들이 보이고, 디오니소스에게 바쳐진 극장에 다다르게 된다. 뒤쪽에 있는 산을 배회하던 야생적이고 술 취한 이 신은 후기 아르카익 시기부터 아폴론과 성지를 공유했다. 여기서 야생적이고 비합리적인 신과 질서 있고 총명한 태양신의 조우를 또 한 번 확인할 수 있다. 산비탈에 자리 잡은 원형 극장에서 우리는 경관 자체가 문자 그대로 연기하는 것을, 실감 나는 드라마를 펼치는 것을 보게 된다. 이제 대상지는 '스스로를 중심으로 구축된 경관 전체'가 된다. 이 개관은 지어진 인공물, 물리적 요소(코리키온 동굴[Corycian cave], 혹은 순례자들이 동쪽으로부터의 긴 여행 후에 몸을 씻던 카스탈리아 샘[Castalian springs]), 그리고 주변의 보다 넓고 더욱더 신비로운 경관을 아우른다. 아폴론의 신탁이 없어졌을 때, 초기 기독교의 기념비적 인물들이 이 장소에 깊은 인상을 받고 이곳을 성지로 삼은 것도 놀라운 일은 아닐 것이다.

그리스 중부의 산에서 북아메리카 요세미티의 계곡과 절벽으로 옮겨 가면 분명히 아주 다른 세계가 펼쳐질 것이다. 아메리카 원주민들에게도 블레이크가 설명한 것과 비슷한 본능이 있었고, 그들은 이 계곡에 있는 모든 절벽과 바위, 샘에 생기를 불어넣고 이름을 붙였다. 하지만 최초의 백인 모험가들이 이 계곡을 발견했을 때 원주민들의 표식은 땅 위에 보이지 않았기에 이들이 붙인 지명은 무시되거나 제대로 이해되지 못했다. 요세미티를 처음 '발견한' 미국인들은 (로버트 프로스트[Robert Frost]의 시 「완전한 선물(The Gift Outright)」[21]을 인용하면) 이곳이 "역사가 없고, 문화도 없으며, 미개척된" 곳이라고 생각했다. 이러한 텅 비어 보이는 장소를 마주한 탐험가들은 이 인상적이고 숭고한 경관에 알맞은 표현을 찾으려 애썼고, 그다음에는 물리적으로도 이곳을 방문하기에 적합한 곳으로 만들고자 했다.

21 [역주] 로버트 프로스트, 신재실 역, 『로버트 프로스트 명시 읽기』(한국문화사, 2022)에 「아낌없는 헌신」으로 수록.

요세미티에 대한 많은 반응 중에는 '정원'이나 '파크'[22]와 같은 관습적이고 익숙하기까지 한 용어가 있다. 이곳은 또한 '대성당'이자 '조각 갤러리'였고, '화강암 말구유'이자 한마디로 '협곡'이었다. 하지만 이런 표현 중 어느 것도 요세미티를 '정원'이나 '파크'라는 개념만큼 제대로 담아내거나, 새롭게 규정하고 변모시키지는 못했다. 정원(이라는 개념)은 그 옛날 잃어버린 에덴동산을 머나먼 캘리포니아에서 재발견했음을 암시하는 것이기도 했다. 존 뮤어(John Muir)[23]는 "[계곡의] 바닥이 정원처럼 단장되었다"고 묘사했다. 다른 미국인들 또한 이곳과 미국의 다른 야생 구역이 "거대하고 경계가 거의 없는 지구의 정원 구역", "자연 그대로의 아름다움과 야생 (…) 경이로운 파크"(조지 캐틀린[George Catlin][24])라고 느꼈다. 랠프 월도 에머슨(Ralph Waldo Emerson) 또한 "끝없는 숲은 유용하고 즐거움을 주는 우아한 파크가 되어야 한다"라는 점에 동의했다. 그리고 결국 요세미티는 정원 혹은 파크의 형태로 조성되었다.

스탠퍼드 E. 데마스(Stanford E. Demars)는 『요세미티의 관광객(The Tourist in Yosemite)』에서 이곳이 "유럽, 특히 영국과 프랑스의 아름다운 파크"를 떠올리게 한다고 했다. 그리고 "보다 많은 나무와 관목을 벌채하는" 개선을 통해 요세미티가 "할 수 있는 한 최대로 파크와 같은 인상"을 주도록 하고, "계곡이 더욱더 파크와 같은 외양을 갖도록 아름다운 곳으로 만들어 나갈 수 있다"라고 반복적으로 주장했다. 그리하여 아니나 다를까 여기에는 다른 공공 공원 부지에서와 비슷한 개입이 이루어졌다. 미국에서는 이런 공원이 매우 최근에 조성된 것이긴 하지만 말이다. 길, 도로, 폭포에 다다르기 위한 사다리("숙녀를 위한 유용한 보도"), 높은 곳에 이르는 트레일에 이어 등반로가 생겼고 유명한 개척자들의 이름이 붙었다. 한스 허스(Hans Huth)[25]가 말했듯 순환 도로를 따라 "마차 안에서 요세미티의 모든 요소를 누릴 수 있다." 유명한 캠프 커리(Camp Curry)에는 호텔과 호스텔, 캠프장이 있고, '파이어 폴(Fire Fall)'의 이벤트는 저녁을 알리는 의식과

22 [역주] 19세기 후반 도시 공공 공원(public park)이 생기기 이전의 '파크'는 성이나 대저택 주변에 있는 숲과 사냥터를 가리키는 단어였다. 우리말로 옮기면서 사유지인 '파크'와 공공 녹지 공간인 '공원'을 구분하기 위해 전자를 '파크'로 표기했다.

23 [역주] 스코틀랜드 출신의 미국 작가(1838-1914). 자연주의자로 미국의 자연보호법과 제도의 창설에 크게 기여했다.

24 [역주] 미국의 화가, 작가, 여행가(1796-1872). 서부 개척 시대 아메리카 원주민들의 초상화를 그린 작업이 잘 알려져 있다.

25 [역주] 독일 출신의 미국의 예술사가(1892-1977).

8
앨버트 비어슈타트,
〈요세미티 밸리〉,
1864, 캔버스에 유채.

같은 장관을 이룬다. 이는 글래시어 포인트(Glacier Point)에서 흘러내리는 폭포수가 석양을 받아 화염처럼 붉은빛을 띠는 데에서 유래하는데, 일찍이 1870년대에 시작되었다. 요세미티 밸리의 주안점은 이렇게 다양하게 첨가된 요소들과 그 요소들을 파악하고 이해할 수 있게 하는 연상과 양상들, 그리고 이곳의 특별한 연상을 상상하고 묘사하는 방식에 크게 좌우되었다.[26]

이곳은 개인의 반응에 따라 그리고 요세미티 국립 공원 자체가 이용되고 그 방문자들이 반응하는 방식에 따라 성스러운 장소('자연의 성서'를 읽는 '대성당')가 되기도 하고 (거대한 '말구유'처럼) 단지 특별하거나 의미있는 곳이 되기도 한다. 많은 이에게 요세미티 국립 공원은 멀고, 광범위하고, 때로는 외로운 여행의 기회를 제공한다. 현대의 암벽 등반가들은 주변을 둘러싼 언덕 깊숙이 들어가곤 하는 사람들이 그러하듯이 대다수 방문객들보다 산과 단둘이 나누는 대화에 능하다. 하지만 계곡 바닥에서 산을 바라보기만 하는 이들에게도 산은 숭고에 이르는 열쇠가 된다. 그리고 숭고는 광대하고 신학적이라는 면에서 성스러움과 가깝다. 앨버트 비어슈타

26 Alfred Runte, *Yosemite: The Embattled Wilderness* (Lincoln, NB, 1990), 윌리엄 앨섭(William Alsup)의 현대 사진과 함께 편집된 *Such a Landscape! William Henry Brewer* (Yosemite Association, 1998) 그리고 Ethan Carr, *Wilderness by Design: Landscape Architecture and the National Park Service* (Lincoln, NB, 1998)를 보라.

9
요세미티 국립공원의 미러 레이크(Mirror Lake)에서 스케이트 타는 풍경, 1910년대.

트(Albert Bierstadt)[27]는 계곡의 호수를 담아낸 1864년의 그림에서 높이 솟아오른 절벽, 유명한 폭포, 사람의 손이 닿지 않은 잔잔한 호수, 사슴, 그리고 살바토르 로자(Salvator Rosa)[28]를 떠올리게 하는 쓰러진 나무 둥치까지 이러한 매력을 잘 포착했다(도판 8). 그러나 벼랑에 새겨진 고대의 흔적, 빙하가 할퀴고 간 뒤 퇴적물이 축적되면서 평평해지고 해마다 아와니치 부족이 덤불을 태우면서 비옥해진 계곡 바닥이 있는 이곳의 지질학적 기원 또한 오래되고 경이로운 역사의 숭고한 과정을 담고 있다. 이곳의 지질을 설명하고자 시도한 초기의 불확실한 설명조차도 불가사의함을 더한다.

한편, 산악 계곡에서도 상업은 불가피하며 또 많은 이들이 원하는 것이기도 하다. 존 뮤어는 "돈으로 환산할 수 있는 것은 아무리 보호한다 하더라도 안전하지 않다"라고 생각했지만, 이곳은 기업가 정신을 가진 사람들에 의해 완전하게 개발되었다. 이러한 방식으로 요세미티 밸리는 센트럴 파크(Central Park)와 크게 다르지 않은, 서부 산맥 속의 센트럴 파크랜드(central parkland)로 변모했다. 이곳에는 각종 오락시설이 생겼

27 [역주] 독일 출신의 미국 화가(1830-1902). 미국 서부의 풍경을 주로 그렸다.

28 [역주] 이탈리아의 화가(1615-1673). 고전적 주제를 담은 풍경화를 그렸는데, 이상화된 경관을 재현한 니콜라 푸생(Nicolas Poussin)이나 클로드 로랭(Claude Lorrain)보다 거칠고 야생적인 풍취를 담았다.

10 오늘날의 요세미티 밸리.

고, 겨울 동안 얼어붙은 호수에서 스케이트를 타는 파티(도판 9), 폭포와 같은 유명한 대표 명소의 가이드 투어, 크고 작은 숙박 시설, 다과를 즐길 기회가 마련되었다. 요세미티를 거대한 조각 갤러리라고 본다면, 이 센트럴 파크랜드는 자연이 만든 조각 작품의 컬렉션을 위한 박물관과 같았다. 서던 퍼시픽 철도(Southern Pacific Railroad) 사의 포스터는 삼나무 오두막과 같은 지역 고유의 거주지, 마치 독수리 같은 옆모습을 한 장엄한 하프 돔(Half Dome),[29] 비탈진 스키장, 마리포사 빅 트리 그로브(Mariposa Big Tree Grove)로의 자동차 여행, '인스피레이션 포인트(Inspiration Point)'(오늘날의 '옛' 인스피레이션 포인트)에서 찍은 관광객의 사진을 내세웠다.

방문객들이 이곳에서 어떤 오락거리를 즐겼든, 특히 계곡 바닥의 순환 도로만 둘러봤다고 할지라도, 요세미티에는 모든 이들이 공통으로 경험하는 진정으로 숭고한 순간은 따로 있었다. 바로 여행자들이 문턱을 넘으며 최초로 이 장소를 인식하는 그 순간이었다. 이 지역에 살던 아메리카 원주민들은 요세미티 밸리를 '크게 벌린 입'이라는 뜻의 '아와니(Ah-wah-nee)'라고 불렀다(도판 10). 이는 요새로 들어가는 입구를 나타

29 [역주] 요세미티 국립공원에 있는 화강암 돔.

내기도 하지만, 요세미티의 놀라운 풍경에 방문객들의 입이 벌어지는 것을 나타내는 표현이기도 할 것이다. 초창기의 작가들은 "협곡의 비밀을 감시하고 수호하는" '강력한 감시병들'이 요세미티의 '입구'를 '지킨다고' 생각했다(불 칼을 든 천사가 영원히 지키고 있는 에덴을 떠올리게 한다). 오늘날의 방문자들은 '엘포르탈(El Portal)'[30]이라고 불리는 '교외(suburb)'를 통해 접근할 수 있으며, 바위 속에 있는 터널을 통해 계곡으로 들어가게 된다. 초기부터 성소는 고립되어 있거나 담이 둘러져 있고 경비가 있기도 했으며, 일반 대중의 입장은 엄격한 감시를 받았고 심지어는 통제되기도 했다. 이런 장소들은 또한 엘리트, 즉 '불사의' 방문자들을 인식하고 신적인 현존을 알아볼 수 있는 사회의 특별한 일원을 위해 설계되었다. 하지만 오늘날 요세미티는 공공 공원이 되었고 모든 방문객에게 개방되었다. 접근 가능 구역을 제한하고 허가받은 야영만 허용하는 등의 노력이 이루어지기도 했지만, 그럼에도 불구하고 입장객은 점점 걷잡을 수 없이 늘어났다. 계곡이 사람들로 붐비는 '관광 명소'가 되어 시설물과 캠프로 너저분하더라도, 계곡을 처음 보는 순간에는 감탄을 불러일으켰다. 방문객들의 관점은 분명 이전에 경험한 장소와의 친밀도에 따라, 다른 곳에서의 비슷한 모험이나 이곳을 '독특하게' 만드는 장소들과 대면했던 경험에 따라 각기 다를 것이다.

요세미티에 대한 방대한 문헌 중에는 이런 순간을 다룬 것이 많다. 1864년 윌리엄 헨리 브루어(William Henry Brewer)[31]는 프레더릭 로 옴스테드(Frederick Law Olmstead)와 함께 마리포사부터 계곡 입구까지 말을 타고 약 48킬로미터를 가서 캠핑을 했다. 그의 기록은 다음과 같다.

> 여느 때와 같이 전나무와 습한 곳에서 자라는 로지폴소나무(*Pinus contorta*)가 있는 숲을 걸었다. 마침내 인스피레이션 포인트에 다다랐는데, 이 이름은 전혀 현학적이지 않다. 이제까지 본 계곡 주변의 풍경 중 가장 뛰어나다. 날씨는 아주 맑았고 거대한 커시드럴(Cathedral),[32] 장엄한 투투카눌라(Tutucanula)[33]가 에메랄드빛 바닥 위로 펼쳐져 있었다.

30 [역주] '입구'라는 뜻의 스페인어.

31 [역주] 미국의 식물학자(1828-1910).

32 [역주] 요세미티 국립공원의 커시드럴산맥(Cathedral Range)을 말한다.

33 [역주] 엘카피탄(El Capitan)이라는 이름으로 더 잘 알려진 요세미티 국립공원의 거대한 바위.

뒤로는 울퉁불퉁한 봉우리와 모노(Mono)호 쪽으로 이어진 황량한 비탈이 있었다. 그다음에 우리는 내려와서 다소 지루하게 계곡을 올라 폭포 바로 맞은편에 있는 옴스테드의 캠프 쪽으로 갔다. (…)

일기답게 어투는 건조하다. 하지만 경계에 다다른 순간("전혀 현학적이지 않다")은 손에 잡힐 듯 선명하고, 첫 대면 이후 이동하는 길은 "지루하"기까지 하다. 이어진 그의 여정도 건조하지만, 옴스테드는 계곡이 얼마나 "숭고하고 내가 생각했던 것보다 아름다웠으며", 계곡이 "[셰익스피어의] 에이번(Avon)의 초지만큼이나 향기롭고 평화로운지" 기록했다. 다른 이의 첫인상 또한 이곳의 의미와 특징을 묘사한다. 1869년에 집필되었지만 1911년에 출판된 『시에라에서의 나의 첫 여름(My First Summer in the Sierra)』[34]에서 뮤어는 "서둘러 고지대로 올랐고, 인디언 캐니언(Indian Canyon)의 서쪽 산등성이 꼭대기에서 정상의 고귀한 풍경을 보았다." 이어 "인디언 캐니언과 요세미티 폭포(Yosemite Falls) 사이에 선 거대한 절벽의 등성이"에서 "널리 알려진 계곡의 전체 모습이 갑자기 시야에 들어왔다"라고 썼다.

정원이든 파크든, 요세미티는 프랑스 사람들이 문자 그대로 '명소'라고 부르는 곳이다. 본푸아가 『시에 대한 대담(Entretiens sur la poésie)』에서 설명했듯, 이러한 장소를 지정하고 실천하는 일, 즉 장소의 충만함을 식별하고 아는 것은 많은 이들이 오래전부터 해온 필수적인 의무다. 그 장소가 은둔처의 "문턱"이든, "숲속의 은거지, 바위투성이 비탈 사이의 계곡, 에덴 같은 정원의 파편 [사이]"이든 말이다. 장소는 인간적 '진실'을 엿볼 수 있는 거울이다. 하지만 이는 "어제의 원시림과 정상, 방대한 사막을 국립공원, 동물 보호구역이라는 이름으로" 앗아가고 이곳은 "모래는 노랗게, 하늘은 파랗게 덧칠하는 뷔트쇼몽(Buttes-Chaumont) 공원, 아니 디즈니랜드의 비현실성을 도처로 확장하는" "파괴적인 관광"으로 끊임없이 억압받는다고 본푸아는 말한다. 그렇지만 그 영토가 명백히 신성화된 적이 있는 성스럽고 소중한 장소의 흔적은 '절대적인 것', 본푸아가 (단어 자체를 수용해) "종교적"이라고 부른 것을 '포착'하는 기회를 다시 한번 만들어 낼 수 있다. 그는 읽기 쉽게 쓰지 않고, 문제를 쉽게 알아볼 수 있게 하지도 않는

34 [역주] 존 뮤어, 김원중·이영현 역, 『나의 첫 여름』(사이언스북스, 2008).

다. 그러나 그는 장소에 대한 우리의 이해 혹은 꿈으로부터 특별한 것, 심지어는 성스러운 것을 발견하리라고 본다.

오늘날 많은 이가 성스러움과 **게니우스 로키**(*genius loci*, 장소의 혼)라고 불리는 다른 특별한 장소성(sense of place)에 대해서 회의적이다. 이 둘은 동일하지는 않으나 밀접하게 연결되어 있다. 현대의 철학자이자 경관 비평가인 앙드레 로제(André Roger)는 "본질적으로 장소의 혼은 존재하지 않는다"라고 주장할 것이다. 하지만 그는 초자연적인 것들을 버리고 모리스 바레스(Maurice Barrès)[35]와 같은 작가를 조롱하면서 장소의 혼을 문화적 구성 요소로 슬그머니 끼워 맞춘다. 바레스는 1913년 작 『영감의 언덕(La Colline inspirée)』에서 "영혼을 혼수상태에서 깨우는 (…) 정신이 숨 쉬는 장소, 신비로움에 둘러싸이고 푹 잠긴 장소, 영원한 종교적 감정의 중심이 되기 위해 선택된 장소"에 대해 썼다. E. M. 포스터(E. M. Forster)의 단편 「콜로노스에서 오는 길(The Road from Colonus)」[36]을 기억하는 이는 바레스가 그의 주술적인 산문에서 도달하고자 하는 바를 분명 이해하리라. 블레이크가 기꺼이 인정한 것처럼, 이는 손을 내밀어 한 사람을 영적이되 종교적이지는 않은 감정으로 사로잡는 장소다. 헤겔(Hegel) 역시 '누메나(noumena, 본질적 의미)'에 대한 동일한 이해를 언급했다. "고대 그리스인은 (…) 샘과 산, 숲, 폭풍의 의미를 물었다. 이 모든 것 하나하나가 그들에게 말하는 바를 모른 채, 고대 그리스인은 식물계의 질서, 그리고 우주의 질서 속에서 의미의 거대한 전율을 느끼고 그것에 판이라는 신의 이름을 붙였다고 한다." 라우셤(Rousham)과 같은 18세기 정원에서 판의 조각상이 여전히 관목 숲에 나타나는 것도 이러한 이해를 떠올려 보면 확실하게 설명된다.

본푸아나 바레스 못지않게 필립 셸드레이크(Philip Sheldrake)[37]는 『성스러움을 위한 공간: 장소, 기억, 정체성(Spaces for the Sacred: Place, Memory, and Identity)』(2001)에서 보다 의식적으로 기독교화된 담론을 펼치며 신학적인 논의를 이어 갔다. 자인하듯이 그의 주장은 신학적이지만, 논지의 많은 부분에서 그는 자신의 종교적 신념을 강요하지 않는다. 그에게 장소는 "기억될 수 있고, 가장 중요한 것을 일깨우는" 곳이다. 장소는 우리가 행동하고 생각하며 경험한 것들이 서로 얽힌 결과로 형성된다. 우리는 더 이상

35 [역주] 프랑스의 작가, 시사 평론가, 정치가(1862-1923).
36 [역주] E. M. 포스터, 이종인 역, 『콜로노스의 숲』(열린책들, 2006)에 「콜로노스의 숲」으로 수록.
37 [역주] 영국의 종교사학자, 신학자(1946-).

'순수한 자연' 속에 거주하지 않기에, 인류학자 클리퍼드 기어츠(Clifford Geertz)[38]가 '중재된 의미(mediated meaning)'라고 불렀던 영역에서 살아가야 하며, 그 의미가 무엇인지를 이해할 필요가 있다. 우리는 우리의 역사의식, 그리고 장소에 대한 그것의 역할을 해명함으로써 자기 자신을 설명하기 때문에 서사가 특히 중요해진다. 이를 설명하기 위해, 셸드레이크는 13세기 철학자이자 신학자인 둔스 스코투스(Duns Scotus)와 세계의 에체이타스(haecceitas),[39] 즉 본질(quiddity) 혹은 '이것임(this-ness)'에 호소한다. 이 매력적인 신조는 『젊은 예술가의 초상(Portrait of the Artist as a Young Man)』의 스티븐 디덜러스(Stephen Dedalus)[40]에 의해서도 받아들여졌다. 셸드레이크는 장소의 강력한 독특함과 초점에 대한 사례로 제라드 맨리 홉킨스(Gerard Manley Hopkins)[41]의 시 「물총새들이 홍분하고(As Kingfishers Catch Fire)」와 「둔스 스코투스의 옥스퍼드(Duns Scotus' Oxford)」[42]를 들었다. 스코투스와 예수회 신자인 홉킨스의 종교적 충동은 솔직하지만, (독자가 보기에) 그들이 도달하려 한 안식처나 최종 목적지는 확실히 드러나지 않는다. 홉킨스의 사물에는 각기 고유한 특질("각각의 유한한 것은 하나이며 같다")이 있다고 말하며, 옥스퍼드 또한 "저열하고 불쾌한" 교외라는 맥락에도 불구하고 존재의 타고난 충만함이 가득하다. 그리하여 홉킨스에게 있어 스코투스는 사물과 장소의 "가장 오묘한 신비를 푼 사람"이 된다.

'성스러움'은 현대의 논의에서 상당한 자리를 차지하는데, 이는 특히 오늘날 찾기 어렵거나 심지어는 세상에서 사라진 것이기 때문이리라. 물론 이러한 논의의 대부분이 조경에 초점을 둔 것은 아니지만, 이 주제는 결코 동떨어진 것이 아니다. 토머스 버넷(Thomas Burnet)[43]이 1681년에 출간한 책의 제목을 의도적으로 반영한 『지구의 신성한 이론(The Sacred Theory of the Earth)』에서의 베트남 전쟁 기념물(Vietnam Memorial)에 대한 논의에서든, 20세기 미국의 문화 경관 사진에서의 '성과 속(sacred and the profane)'

38 [역주] 미국의 문화 인류학자(1926-2006).

39 [역주] 둔스 스코투스가 만든 개념으로, 어떤 존재를 다른 것과 구별되게 만드는 고유한 '이것임'을 뜻한다.

40 [역주] 제임스 조이스(James Joyce)의 『젊은 예술가의 초상』의 주인공이자 『율리시스(Ulysses)』의 중심 인물로 조이스의 문학적 분신이다.

41 [역주] 영국의 종교인, 시인(1844-1889).

42 [역주] 제라드 맨리 홉킨스, 김영남 역, 『홉킨스 시선』(지만지, 2014).

43 [역주] 영국의 신학자(1635-1715). *Telluris Theoria Sacra*(*Sacred Theory of the Earth*)를 썼다.

논의에서든 말이다. 하지만 아니나 다를까 회의주의의 흐름도 강력하다. 요세미티에 대한 데이비드 로버트슨(David Robertson)[44]의 『실재(Real Matter)』(1997)가 그 한 예인데, 그도 이를 완전히 수용하지는 않는다. 로버트슨은 종종 요세미티를 여행하고, 초기 방문자들에 대한 글을 읽고, 학생들을 이곳으로 데려가 연상되는 것을 시간순으로 기록하도록 하며, 특히 "어떻게 해야 자연이 나에게 나타나게 될까?(How do I make nature happen to me?)"라는 질문에 답하게 한다. 그는 산에서 발견되는 의미를 찾고자 했으며, 책의 제목은 잭 케루악(Jack Kerouac)이 개리 스나이더(Gary Snyder)를 언급한 대목에서 따왔다.

> 실재, 바위, 공기, 불, 숲에 가까이 갈수록, 여보게, 세상은 더욱 영적이 된다네.

하지만 이 '가까움'은 테니슨(Tennyson)의 「율리시스(Ulysses)」를 떠올리게 한다.

> 모든 경험은 가보지 못한 세상이
> 어슴푸레 발하는 빛이 새어 나오는 아치
> 내가 움직이면 그 가장자리는
> 영원히 사라지리.

이런 좌절은 피츠 휴 러들로(Fitz Hugh Ludlow)[45]와 같은 초기 요세미티 방문자들에게서도 반복된다("영원히 오르지만 여전히 다다를 수 없다"). 러들로는 실제 물리적 난관을 말하는 것이었는데, 이는 공원처럼 조성하는 개입(통로, 사다리)을 통해 극복될 수 있었다. 하지만 많은 이가 '경관 속의 특정한 힘'이라고 이해하는 바에는 여전히 다다를 수 없었다. 로버트슨은 이 다다를 수 없음이 어떻게 형성되고, 또 존 뮤어가 "세상의 중심"이라고까지 부른 것을 어떻게 파악할 수 있는지를 탐구하고자 했다. 로버트슨은 1980년대에 약 10여 년간 국립공원 관리청(National Park Service)이 방문자들이 '접근 불가능한' 곳에 접근하고 있음을 알리는 방식에 특히 매료되었다. 알림판은 위험에 대

44 [역주] 미국의 영문학자로, 캘리포니아 대학교 데이비스 캠퍼스(UC Davis)의 명예교수이다.

45 [역주] 미국의 작가, 언론인, 탐험가(1836-1870).

한 알림이나 '생존'에 대한 지침을 제공할 뿐 아니라, 뮤어의 공표("야생에 한 걸음 더 가까이")를 인용해 "물소리를 들으세요"라고 알린다. 하지만 로버트슨은 신학자 셸드레이크처럼 연인을 '달래' '그녀를 광야로 데리고 가라는' 「호세아서」[46]의 야훼의 말에 기대어 한 걸음 물러선다.

필자는 이를 그다지 신비롭게 여기지 않으며, '실재' 그리고 경관과 인간의 개입 사이의 대화에 더 관심을 둔다. 하지만 여전히 우리가 어떻게 '물소리를 들'을지 아니면 이언 해밀턴 핀레이와 함께 '바람 소리를 경외'할지, 혹은 할 수 있는지를 묻게 만든다. 월트 휘트먼(Walt Whitman)은 건축이란 한 건물이 우리에게 행하는 바라고 했는데, 조경은 그보다 더 큰 규모에서 우리에게 영향을 미친다. 몇몇 조경 요소가 의도적으로 만들어지지 않았더라도, 그것은 여전히 우리에게 무엇인가를 '행한다'. 그리고 (건물에서처럼) 이에 대한 반응으로 당신이 경관'에' 혹은 경관'을 위해' 하는 것 또한 이 관계의 한 부분이다. 요세미티는 자연 현상일 뿐 아니라 국립공원이기도 하다. 그것이 '행하는' 바는 그 자체로 존재하는 바('이것임')에 더해 경관이 변화하고, 풍경과 편의 시설에 접근할 수 있도록 조정되어 즐기기 쉬운 방식으로 제공하게 된 것 모두의 결과다. 중국의 원림이나 그리스의 성스러운 숲이나 델포이에서처럼, 요세미티에서 사람이 매개하지 않은 장소가 '우리에게 행하는' 것은 우리가 그곳에 행한 것만큼이나 중요하다. 이러한 이중적인 반응이 바로 우리가 다른 정원의 세계에서 추적해야 할 대상이다.

46 [역주] 구약 성경의 예언서 중 하나로, 인용된 부분은 2장 16절이다.

2장

사냥용 파크부터 놀이공원까지

한때 세계 최대의 여객선이었던 로열 캐러비언 인터내셔널(Royal Caribbean International)사의 오아시스 오브 더 시스(*Oasis of the Seas*)호에는 "배 한가운데에 나무로 가득 찬 거대한 파크"가 있다. 배에서 사냥을 할 수 없다는 것은 누가 보아도 분명하지만, 다른 오락거리가 있기는 하다. 파리에 있는 프랑스 국립 도서관의 움푹 들어간 중정에도 그런 곳이 있다. 중정에 있는 숲에는 들어갈 수 없으나, 방대한 소장 자료 어딘가에서 즐거움을 찾을 수 있다. 하지만 중국이나 아시리아의 사냥용 파크(hunting parks)부터 코니아일랜드(Coney Island)에 이르는 휴양을 위해 고안된 장소의 규모를 보면, 오아시스 오브 더 시스호는 조금 예상 밖이긴 하지만 중요한 자리를 차지한다. 한때 사냥용 파크는 왕실 수렵지였다(물론 육지에!). 보다 민주적인 시대에는 휴양지가 좀 더 다양해졌고, 사냥 활동과는 관련이 없었다. 이런 이유로 복솔 가든(Vauxhall Gardens), 코니아일랜드(사격장이 있긴 했지만), 디즈니 월드(Disney World)와 같은 테마파크, 순회 박람회장(사격장이 더 많이 있다), 그리고 오늘날에는 크루즈 선박들이 그 자리를 대신하게 된 것이다.

지배 계층과 대중의 오락 시설은 종종 간접적이긴 해도 정원의 역사와 여러 방면에서 상호 작용한다. 고대와 현대의 작가들은 유목민 사냥꾼들의 초기 활동을 논했는데, 대개 사냥 방식에 대한 것이었다. 가령 사냥감이 발견되는 공터나 종종 상세하게 논의되는 사냥개의 종류, 그리고 다양한 사냥 참여 방식을 다뤘다. 반면 특별히 사냥을 위해 설계되지는 않았다 하더라도, 이 활동을 위해 마련된 경관을 다룬 경우는 드물다. 그렇지만 왕실과 귀족의 취미 생활을 위해 종종 특정한 부지가 설계되곤 했는데,

대개 경계에 담을 쌓아 사냥감들을 가두어 두었다. 특정한 부지를 두는 것이 보다 편리했기 때문에(귀족들은 근처에서 사냥할 수 있었으므로, 멀리 들판으로 나갈 필요가 없었다), 또 담으로 둘러싸인 곳에서 사냥감들이 이동하고 자랄 수 있었기에 이런 개발이 이루어졌다. 사냥은 그 자체로 즐겁고 운동도 되며, 사냥용 파크를 식량 공급처로도 활용할 수 있다는 것이 이러한 부지를 조성하고 취미 생활을 하는 구실이었다. 극단적으로 말하자면, 사냥용 파크는 야외에 조성된 조금 진귀한 식품 저장고일 뿐이었다. 한편으로 사냥은 지배 계층의 활동이었고, 사냥용 파크는 그들이 사냥이라는 특권을 누리는 곳이자 그들이 수집하거나 주변 권력자에게 선물받은 외래·토착 동물을 모아 놓는 곳이었다. 오늘날에도 영국에 영지를 보유한 이들은 그곳에서 돈을 내고 사냥하고 싶어 하는 사람들의 즐거움을 위해 새(꿩과 뇌조)를 키운다. 그 대신, 밀렵과 야생 조류 사냥은 주변의 개인 영지나 공개지에서 이득을 얻고자 하는 덜 부유한 이들의 스포츠가 되었다.

사냥과는 별개로, 항구적이거나 임시적인 다양한 건물을 통해 사냥용 파크를 더 개선할 수 있었다. 그곳이 크든 작든 말이다. 사냥에 참가하지 않는 관람객들을 위한 관중석과 연회용 텐트가 그 예시다. 그림과 몇몇 문학적 설명을 통해 이런 세련된 장치를 짐작해 볼 수 있다. 하지만 후대의 공원 지지자들은 사냥을 위한 파크의 특정한 구성이나 장식보다는 파크랜드 자체가 지닌 매력에 이끌렸다. 사냥용 파크는 18세기 영국 풍경화식 정원(landscape garden)[1]의 발달에 핵심적인 요소가 되었는데, 호러스 월폴(Horace Walpole)이 지나치게 조직적이고 대개 프랑스풍인 동시대의 정원 디자인에 반(反)해 이전의 **영국적인** 디자인을 찾던 중 노르만족이 잉글랜드를 점령했을 당시 잘 확립되어 있던 사냥 풍습을 떠올렸기 때문이다. 이때 그는 노르만족 파크랜드를 '축소된 숲과 확장된 정원'이라고 표현했다. 그는 영국 고대의 사냥용 파크가 새로운 파크랜드의 참된 조상임을 인식할 정도로 통찰력 있고 애국심이 깊었다. 게다가 '케이퍼빌리티(Capability)' 브라운[2]이 개발한 많은 경관은 헨리 1세(Henry I)가 시골풍 파빌리온을

1 [역주] 풍경화식 정원의 발달에는 17세기 이탈리아에서 제작된 클로드 로랭과 니콜라 푸생, 살바토르 로자 등의 풍경화(landscape painting)가 큰 영향을 미쳤다. 풍경화 속의 장면 같은(picturesque) 경관을 실제의 정원에 구현하고자 한 특징을 반영해 '풍경화식 정원'이라고 옮겼다.

2 [역주] 본명은 랜슬럿 브라운(Lancelot Brown, 1716-1783)으로, 18세기 영국 풍경화식 정원 양식을 대표하는 조원가다. 고객들에게 영지의 개선 '가능성(capability)'이 있다고 하는 그의 말버릇에서 '케이퍼빌리티' 브라운이라는 별명이 유래한다.

11
제임스 시모어(James Seymour),
〈애시다운 파크의 사냥감(A Kill at Ashdown Park)〉, 1743, 캔버스에 유채.

12
존 우턴(John Wootton), 〈사냥 그룹(A Hunting Group)〉, 1729, 캔버스에 유채. 스타우어헤드(Stourhead)의 헨리 호어 2세(Henry Hoare II)가 자신의 윌트셔 파크랜드 맞은편에 있는 사냥감을 가리키고 있다.

짓고 사슴과 표범, 낙타, 호저를 기르던 우드스톡(Woodstock)궁처럼 예전에 사슴 사냥용 파크가 있던 곳들이다. 월폴은 우드스톡궁과 블레넘(Blenheim)궁의 초기 역사를 영국 수렵지의 사례로 특정한다. 하지만 18세기 사냥 그림을 보면 사냥이 개인의 파크랜드나 영지에서도 이루어졌음을 분명히 알 수 있다(도판 11과 12). 월폴은 다음과 같이 썼다.

그토록 오래전에 현대의 정원술[풍경화식으로 정비된 파크랜드]의 원리를 발견하고도 몰랐다니 놀랍다. 우리는 이와 상반되는, 대칭되고 비자연적인 정원을 유지하려고 애써 왔다. 유럽 여러 곳을 여행한 헨츠너(Hentzner)[3]는 저런 파크가 잉글랜드에 흔하다고 함으로써, 그것이 다른 나라에서는 보기 드문 것이리라 짐작하게 한다.

하지만 『백과전서(L'Encyclopédie)』(1765)의 '파크(Les Parcs)' 항목에서도 고대의 사슴 사냥용 파크를 비슷하게 설명하기에 월폴의 애국심이 조금 과장되었음을 짐작할 수 있다. 물론 많은 사냥용 파크가 새로운 영국식 경관 조성의 모델이자 대상이었지만 말이다.

따라서 월폴의 '영국적' 서사 속에서만이 아니라, 지배 계층의 파크와 대중을 위한 공원이라는 확장된 세계 속에서 가장 오래된 경관의 형태를 살펴볼 필요가 있다. 귀족의 파크랜드의 주된 동기가 사냥이었다면, 대중 정원(popular gardens)은 음악 공연, 먹고 마시기, 보고 보이는 순전한 즐거움(보다 많은 유명인이 이 장소에 모이면 금상첨화다)을 포함한 보다 다양한 역할에 초점을 두었다. 때때로 이런 대중 유원지의 설계는 귀족과 젠트리가 소유한 파크랜드의 효과, 특히 파빌리온과 풍경의 배치를 주의 깊게 관찰해 모방했을 것이다. 그러나 물론 몇몇 장소에는 실질적으로 정원이라고 할 만한 것이 없었다. 성 바돌로매 축제(Bartholomew Fair)[4]와 같은 장터나 주민들을 즐겁게 하기 위해 열리는 다른 도시의 축제들, 시골로 다니는 유랑 극단과 서커스는 최근까지도 특정한 혹은 고정된 장소를 갖지 못했고, 이후에는 대개 자치주(county)나 주(state)의 축제 마당에 자리 잡았다. 하지만 대중 유원지, 노천 맥주 가게(beer garden), 기본적인 옥외 시설을 갖춘 여관과 같은 장소는 항상 있었고, 바로 이런 공간에서 런던의 복솔 가든이나 바스(Bath)의 스프링 가든(Spring Gardens), 필라델피아의 스쿨킬(Schuylkill)강 변의 그레이스 가든(Gray's Gardens)과 같은 유명한 놀이공원이 생겨났다. 반대로 이런 대중적

3 [역주] 파울 헨츠너(Paul Hentzner, 1558-1623). 독일의 법률가로 엘리자베스 시대 후반에 영국을 여행했다. 그가 라틴어로 쓴 여행기 『독일, 프랑스, 잉글랜드, 이탈리아 여정, 장소, 일, 언어 표현 목록과 함께(Itinerarium Germaniae, Galliae, Angliae, Italiae, cum Indice Locorum, Rerum atque Verborum)』 중 잉글랜드와 관련된 부분이 이후 영어로 번역되어 호러스 월폴에 의해 출판되었다. 헨츠너의 책은 1707년 연합법(Acts of Union)을 통해 잉글랜드 왕국과 스코틀랜드 왕국이 연합되기 전에 쓰였기에, 'England'를 '잉글랜드'로 옮겼다.

4 [역주] 성 바돌로매 축일(8월 24일)에 열리는 장.

인 오락장은 19세기와 20세기의 공공 공원, 즉 중산층 시민들이 '자연'에 둘러싸여 즐거운 시간을 보낼 수 있도록 새롭게 발명된 공간의 조성을 촉발하기도 했다(15장을 보라). 한편으로는 여전히 더 소란스럽고 자유분방한 오락을 위한 장소들도 필요했고, 이런 곳에서는 경관에 대해 그저 형식적인 장식만을 더했을 뿐이다. 뉴욕의 센트럴 파크와 브루클린의 코니아일랜드는 19세기 파크랜드의 다소 다른 두 가지 확장을 보여 주는 유용한 사례가 될 수 있다. 보다 최근에 생겨난 디즈니 월드의 오락은 오락이나 여흥을 경관 혹은 경치 좋은 곳에서의 즐거움과 가깝게 만든 것으로 보인다.

주변이 담으로 둘러싸인 장소의 상세한 역사와 특정한 유형의 장식을 애써 알아보지 않아도, 다양한 문화에서의 사냥을 대강 살펴보기만 해도 이것이 고대와 현대의 '정원'의 세계에 얼마나 중요한 기여를 했는지가 드러날 것이다. 하지만 사냥꾼들의 명성과 기술은 여기에서의 논의 대상이 아니다. 신들의 대장장이인 헤파이스토스가 고안한 아킬레우스의 방패에 묘사된 사자 사냥이나, 헤라클레스와 네메아의 사자에 대한 이야기도 하지 않겠다. 어깨에 사자 가죽을 두른 헤라클레스가 라우셤에 있는 윌리엄 켄트(William Kent)의 프라이네스테 테라스(Praeneste Terrace) 지붕에서 파수를 서고 있긴 하지만 말이다. 『오디세이아(Odyssey)』 제19권에 묘사된 파르나소스산의 숲속 맹수 사냥도 다루지 않는다. 대신 중국과 근동의 사냥용 파크와, 고전 시기와 근대 초기 유럽의 사냥용 파크의 세계에 나타난, 조작되고 심지어는 장식된 경관 그 자체에 대해 다루도록 하겠다.

중국의 고대 황실 원유에 대한 정보는 상당히 많다. 황제(黃帝)[5]는 자신의 원유에 용을 두었지만, 후대의 지배자들은 희생 제의용 제물로 이보다 세속적인 짐승을 두는 데에 만족해야 했다.[6] 기원전 138년 한무제는 수도 밖에 있는 황실 원유인 상림원의 둘레를 400리(1리=558미터) 확장했다. 그곳에는 많은 궁과 못, 방대한 종류의 식물, 특이한 돌, 먼 곳의 성스러운 장소를 재현하는 풍경, 먼 곳에서 가져온 진귀한 동물들이 있었다. 각 동식물이 원산지에 따라 다양한 구역에 배치된 원유는 우주를 상징했다.

5 [역주] 중국 신화에 등장하는 제왕. 재위 기간 중 황룡이 나타나는 상서로운 징조가 있었다고 한다.

6 여기에서도 Lothar Ledderose, 'The Earthly Paradise: Religious Elements in Chinese Landscape Art', in *Theories of the Arts in China*, ed. Susan Bush and Christian Murck (Princeton, NJ, 1983)의 도움을 받았다. Edward H. Schafer, 'Hunting Parks and Animal Enclosures in Ancient China', *Journal of the Economic and Social History of the Orient*, XI(1968), pp.318-343도 보라.

손님들을 즐겁게 하거나 종교적인 희생 의식을 행하는 등의 다양한 오락 중에서는 매해 겨울마다 이루어지는 사냥이 유명했다.

이런 황실 원유는 존속되었으나, 사냥을 위한 진귀한 짐승이 유일한 자원은 아니었다. 심지어 중국인들이 야생과의 소박한 교감을 높이 평가했다는 느낌마저 있다. 4세기에 동진의 간문제(簡文帝)는 "조수금어도 저절로 사람과 가까워짐을 느끼는도다(覺鳥獸禽魚自來親人)"라고 했다.[7] 풍성하고 규모도 상당한 중국 황실의 소유지에는 수렵지, 온갖 식물과 동물이 있는 원유, 다양한 의식을 위한 장소가 뒤섞여 있었다. 대(臺)에서는 축하 의식을 치르거나 천기를 맞이하고 하늘의 별자리를 관찰했으며, 이후에는 그 위에 궁이 세워졌다. 어떤 곳에는 샤오산(崤山, 허난성[河南省]에 위치)이나 허우산(後山, 안후이성[安徽省]에 위치)과 같은 유명한 명승지가 재현되었다.

그리하여 이 둘러싸인 영역 안에는 단순하면서도 복잡한 첨가물들, 다른 지역과 지형의 연출(석가산, 섬)이 있었고, 이곳은 사냥뿐 아니라 농사와 임업, 채굴과 같은 다양한 여흥거리를 위해 쓰였다. 황실 원유의 아름다움은 581년에 수양제(隋煬帝)가 앞서 본 것과 같은 볼거리(호수와 삼신산), 여러 궁과 구불거리는 운하가 있는 서원(西苑)을 지었을 때 절정에 달했다. 이어진 당 왕조는 보다 평화롭고 부유했으며, 송 왕조는 이보다 덜 안정적이었으나 원유의 수는 더 많았다. 어떤 곳은 대중에게 개방되었고, 어떤 곳은 아주 방대했다. 변경(汴京)[8]에 있는 황가원림인 간악(艮嶽)에는 6년 동안 많은 노동력을 들여 만세산(萬歲山)을 만들었고, 다른 쪽에는 매화나무 수천 그루와 약초를 심었다. 간악에는 다섯 개의 명산과 양쯔강 협곡도 재현했다. 청 왕조의 건륭제(乾隆帝) 재위기(1735-1796)에 마지막으로 가장 화려한 정원이 조성되었다. 여기에는 원명원(圓明園)이 포함되며, 그 서쪽에 위치한 정의원(靜宜園)의 남동쪽은 수렵 구역이었다. 수도의 북동쪽 청더(承德)에는 황실의 피서산장(避暑山莊)도 있었다. 1677년에 사냥을 위한 초기 기지가 세워졌고, 4년에 걸쳐 1만 킬로미터를 에워쌌다. 이 열하(熱河)[9] 지구는 곧 별궁 혹은 사냥용 오두막이 갖추어진 제1수렵지가 되었다.[10]

7 [역주] 원문에는 5세기로 표기되었으나 동진의 8대 황제인 간문제의 생몰년은 320-372년, 재위는 371-372년이라 4세기의 인물이다. 인용된 구절은 5세기에 쓰인 『세설신어(世說新語)』 109, 「언어편」 61.

8 [역주] 오늘날 허난성 카이펑(開封)의 옛 이름. 북송의 도읍지였다.

9 [역주] 청더의 옛 이름.

10 여기에 필요한 자료들을 판독하는 데 도움을 준 펜실베이니아 대학교 도서관의 중국 부서 동료들에게

13 오늘날 이라크에 해당하는 니네베에 있던 아슈르바니팔의 아시리아 북궁의 석고 부조. 야자나무와 소나무가 있는 파크랜드에 사자가 보인다. 기원전 645-기원전 640년.

중동과 근동에서도 사냥은 흥미로운 활동이었다. 아시리아의 센나케립(Sennacherib, 재위 기원전 704-기원전 681) 왕은 수도를 니네베(Nineveh)로 옮기고 나무가 우거진 정원과 과수원뿐 아니라 수렵지로 그 주변을 둘러쌌다. 영국 박물관(British Museum)에 소장된 부조에는 파빌리온과 야자나무, 개울, 여러 식물이 묘사되어 있다. 후대의 지배자인 아슈르바니팔(Ashurbanipal)은 특히 자신의 사냥 기술을 자랑스러워했고, 기원전 650년경 그의 궁의 부조에는 (말과 마차를 몰고 있는) 사냥꾼과 사냥감이 묘사되어 있지만 이와 연관된 지형에 대한 묘사는 거의 없다. 분명 그는 니네베에 있는 파크에서 사냥을 했을 것이고, 사냥감 중에는 사자도 있었을 것이다. 이러한 행사는 지배자의 절묘한 기술을 과시하기 위해 구상되었을 것이며 사냥 이미지로 장식된 건물에서 그의 공적을 볼 수 있었을 것이다. 아슈르바니팔의 궁에 있는 부조에는 대추야자와 포

감사 인사를 전한다. Che Bing Chiu, *Yuanming Yuan. Le jardin de la clarté parfaite* (Besançon, 2000), p. 59에서 청더에 대한 주석을, p. 60에서 왼쪽 구석에 정의원이 있는 1860년의 원명원 지도를 보라. Philippe Forêt, *Mapping Chengde: The Qing Landscape Enterprise* (Honolulu, HI, 2000)에는 수렵지에 대한 약간의 논의가 있지만 묘사나 이미지는 없다.

14 그물과 사냥개를 이용한 로마인의 사냥을 보여 주는 모자이크, 프랑스 보클뤼즈(Vaucluse)주의 빌로르(Villelaure). 풍경만 보아서는 어디에서 사냥을 했는지 알 수 없다.

도 덩굴이 있는 정원에서 암사자와 수사자를 길들이는 모습이 나타나는데, 이는 사냥터 또한 장식된 수렵지의 일부분이었음을 암시한다(도판 13). 다른 이미지에는 아슈르바니팔이 사냥감을 쏘려고 구덩이에 웅크리고 있는 모습이, 또 다른 이미지에는 곳곳에 나무가 있는 풍경 속에서 사슴을 그물로 몰아넣는 장면이 나타난다. 하지만 이 그물이 설계된 장소에 설치된 것인지, 아니면 야외 풍경 속에서 사용된 것인지는 분명하지 않다. 동물과 새를 잡기 위한 그물은 일반적이고 전통적인 장치이며, 크세노폰(Xenophon)은 이를 다른 구조물, 사냥개의 번식과 사용에 대한 설명과 함께 길게 서술했다. 그물사냥은 르네상스 시기까지 이어진 전통으로, 토스카나 메디치 가문의 정원에서 이루어진 이러한 그물 사냥 및 기타 스포츠와 오락 활동에 대해서는 뒤에서 살펴볼 것이다.

사냥은 그리스와 로마 시대에도 종종 묘사되었으나,[11] 마찬가지로 사냥이 이루어진 장소에 대한 기록은 거의 없다(도판 14). 사자, 야생 돼지, 늑대 등의 맹수와 토끼, 사슴과 같은 덜 사나운 짐승이 야생에 가득하다면 사냥꾼은 어디에서든 사냥감을 찾으

11 필자가 아슈르바니팔과 크세노폰, 왕실 수렵지에 대한 자료를 인용한 J. K. Anderson, *Hunting in the Ancient World* (Berkeley, CA, 1985)를 보라. D. B. Hull, *Hounds and Hunting in Ancient Greece* (Chicago, IL, 1964)와 Robin Osborne, *Classical Landscape with Figures: The Ancient Greek City and its Countryside* (London, 1987)도 보라.

려 할 테고, 사냥용으로 설계된 장소에서만 사냥을 해야 한다고 생각하지는 않을 것이다. 플루타르크(Plutarch)가 기록한 알렉산드로스 대왕(Alexander the Great)의 왕실 사냥은 이란에서 이루어진 것으로 보이지만, 알렉산드로스 대왕의 사냥에 대한 라틴어 연대기에서는 사마르칸트 근방에 위치한, 담으로 둘러싸여 있고 '휴식을 위한 탑'이 있는 '방대한 숲과 파크'였다고도 한다. 담으로 둘러싸인 이러한 장소는 '1년 내내 물이 흐르는 수많은 샘'으로 장식되었던 것으로 보인다. 사냥과 특별한 사냥감을 위해 담으로 둘러싸인 장소는 보통 방대했으며, 이를 마련하는 것은 특권의 표식이 되었다. 사냥할 짐승들을 모아 두는 곳이 있으면 지배자가 사냥을 가서 빈손으로 돌아올 일이 없었기 때문에 편리했다. 크세노폰은 『아나바시스(Anabasis)』[12]에서 동방 여행 중 목격한 페르시아의 파크를 "야수가 가득한 거대한 파라다이스"라고 묘사했고, 이는 그가 기원전 4세기 초에 페르시아 전쟁을 기록한 『키로파에디아(Cyropaedia)』[13]에도 나와 있다. 키루스 대제(Cyrus the Great)와 그의 유산에 대한 이야기(기원전 6세기)에는 말을 타고 사냥감을 적당한 곳으로 몰고 가는 준비된 사냥에 대한 기록이 있고, 이는 그가 파크에서 기른 짐승들을 사냥했음을 알려 준다. 크세노폰은 키루스(Cyrus the Younger)[14]를 섬겼는데, 키루스는 몸소 나무를 심고 아름다운 과수원을 설계했다고 전해진다. 그리고 크세노폰은 오늘날 우리가 사용하는 '파라다이스'의 어원이 된 페르시아어를 그리스어 파라데이소스(*paradeisos*)로 번역한 것으로 유명하다. 이 용어는 사냥용 파크, 그리고 나무, 꽃, 새가 있는 담으로 둘러싸인 곳을 지칭하는 말로 두루 쓰였던 것으로 보인다. 이는 크세노폰에게 깊은 인상을 남겼다. 그는 "매 계절마다 온갖 과일이 맺히는 방대하고 아름다운 파크"가 있는 시리아[15]의 궁과 "아름다운 궁과 나무와 사냥감이 가득한 파크"를 파괴하는 키루스의 권력뿐 아니라 파크랜드에 대한 취미도 기록했다. 아테네에서 추방된 퇴역 장군이었던 크세노폰은 스파르타 근교의 넓은 영지를 누렸다. 마침

12 [역주] 크세노폰, 천병희 역, 『페르시아 원정기-아나바시스』(도서출판 숲, 2011).

13 [역주] 크세노폰, 이은종 역, 『키로파에디아-키루스의 교육』(주영사, 2012); 크세노폰, 이동수 역, 정기문 감수, 『키루스의 교육』(한길사, 2015). 이때 키루스는 대제국을 건설한 키루스 2세, 또는 키루스 대제다. 크세노폰이 섬긴 키루스는 그의 후손으로 키루스 3세 혹은 소키루스로 불린다.

14 [역주] 페르시아의 아케메네스 제국 다리우스 2세의 아들. 그는 크세노폰을 포함한 그리스 용병을 고용해 반란을 일으켰으나 실패하고 전사했다.

15 [역주] 메소포타미아와 아라비아, 페니키아 지방 사이에 있던 나라.

내 그는 강가에 땅을 구입해 작은 사원을 세운 뒤 (『아나바시스』에 기록된 것처럼) "온갖 종류의 사냥감"을 두었다.

사냥에 대한 기록과 상세한 분석은 그리스와 로마 시기에도 이어졌고, 로마 귀족들은 중동과 아프리카의 관습에 따라 우아하게 사냥하는 법을 배웠다.[16] 도미티아누스(Domitian) 황제와 같은 폭군은 파크랜드에서 '다양한 종류의 수많은 야생 짐승'을 살육하는 것을 즐겼지만, 트라야누스(Trajan) 황제와 같은 이들은 여전히 야생에서 사냥하는 것을 선호했다. 네로(Nero) 황제는 도무스 아우레아(Domus Aurea)[17]의 파크에 길들인 동물과 야생 짐승을 두었다. 바로(Varro)[18]는 담으로 둘러싸인 약 13만 제곱미터의 파크랜드를 보유한 한 연설가에 대해 썼는데, 그 연설가는 그곳에서 뿔피리를 불어 오르페우스처럼 짐승들을 불러 모으곤 했다. 다른 글에서 바로는 갈리아(Gaul) 지방에 있는 약 36제곱킬로미터의 파크를 소개했으며, 이곳에는 사냥을 구경하는 이들을 대접하기 위해 긴 의자와 연회가 마련되었다고 기록되어 있다. 조류장, 물고기 양식용 못, 달팽이 양식용 못, 길들인 야생 돼지와 곰, 사슴과 같은 다양한 종류의 사냥감을 비축해 두었다는 사실이 문헌을 통해 전해진다. 대플리니우스(Pliny the Elder)[19]는 황실의 코끼리 파크에 대한 기록을 남겼다. 하지만 사냥과 사냥용 파크가 놀이공원의 연극적 매력과 교차하는 지점에서 사냥과 결투는 대중이 즐기는 공연이 되었고, 마침내 콜로세움이 생겨났다. 부분적으로는 제의적이고, 부분적으로는 승리 축하 의식이었던 것이 곧 연극적 과시가 된 것이다. 기량에 따라 선발된 투사들은 사자, 곰, 하마, 악어와 맞붙었고, 이 모습은 대중을 만족스럽게 했다. 투창을 든 투사가 코끼리를 괴롭히는

16 Jacques Aymard, *Essai sur les chasses romaines, des origines à la fin du siècle des Antonins* (Paris, 1951) 참고. 하지만 이 책은 사냥을 위한 특정한 장소보다는 기술에 초점을 두고 있다.

17 [역주] 네로 황제의 궁전 이름으로, '황금의 집'이라는 뜻이다. 64년 로마 대화재로 도시의 많은 부분이 소실되었는데, 네로 황제는 이곳에 대규모의 호화로운 궁을 지었다. 금과 보석, 나전으로 장식된 궁과 천장에서 꽃잎이나 향수를 흩뿌리는 만찬장, 거대한 인공 호수, 정원과 목초지, 온천장 등이 있었다고 전해진다.

18 [역주] 마르쿠스 테렌티우스 바로(Marcus Terentius Varro, 기원전 116-기원전 27). 고대 로마의 학자, 작가.

19 [역주] 가이우스 플리니우스 세쿤두스(Gaius Plinius Secundus, 23-79). 고대 로마의 군인, 징세관, 학자. 로마 제국의 다양한 곳에서 복무하는 중에도 다독·다작하는 저술가로 명망 높았다. 역사서와 레토릭 교육서, 군사 전술서, 전기 등 총 7종 102권에 달하는 책을 집필했으나, 『자연사(Naturalis historia)』만 전해진다.

모습은 아레나에서 볼 수 있는 과시적 전시였다. 아마 이 순간에 지배 계층의 소일거리였던 사냥이 대중적인 '오락'(적당한 단어일까?)과 융합되고, 검투사가 수천 명의 귀족과 평민 팬들 앞에서 사냥을 행했을 것이다.

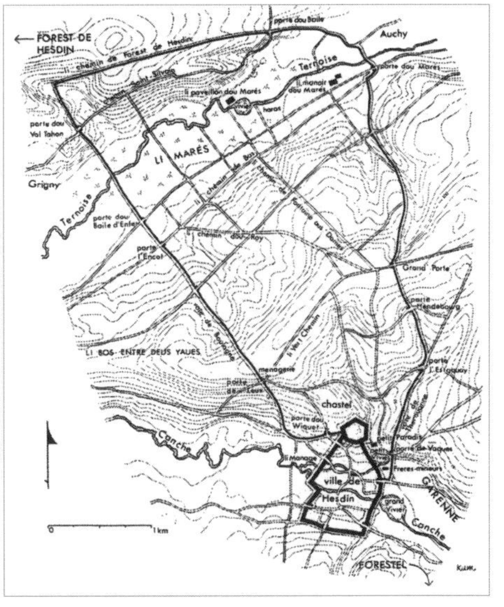

15 앤 해고피언 밴 뷰런(Anne Hagopian van Buren), 프랑스 파드칼레 에댕 파크의 지도.

그러나 사냥을 위해 설계된 정교한 파크랜드에 대한 보다 관련 깊고 흥미로운 가드니스트적(gardenist)[20] 자료는 중세 후기와 르네상스 초기의 여러 장소에서 찾아볼 수 있다. 이 자료들은 현재 꽤 잘 보존되어 있다. 13세기 후반 프랑스 북부 파드칼레(Pas-de-Calais)의 에댕(Hesdin)에 있던 부르고뉴 백작의 파크, 필라레테(Filarete)[21]가 1460년대에 쓴 『건축에 관한 논고(Trattato di Architettura)』에서 제안한 이상적인 사냥용 파크, 한 세기 후 다양한 종류의 사냥과 오락에 다양하게 활용된 피렌체 인근 메디치 가문의 정원, 16세기 로마 인근의 초기 사냥용 파크 등이 그 예시다.

에댕은 기욤 드 마쇼(Guillaume de Machaut)[22]가 쓴, 주제가 명확하지는 않은 축시(「불운의 치유[Le Remède de fortune]」)를 통해 잘 알려졌다. 하지만 상세하게 기록된 자료에 따르면 1290년대 내내 건설과 개보수가 이어졌고, 1306년에는 완공되어 공작새와 백조를 길렀다고 한다.[23] 현대에 제작된 이 장소의 지도(도판 15)를 보면 파크랜드는 마을과 성에서 북쪽으로 4킬로미터를 뻗어 나간다. 오늘날에도 볼 수 있는 에댕 숲은 서

20 [역주] 가드니스트는 월폴이 만든 용어로 저택의 하인과 같은 단순한 정원사(gardener)가 아니라 정원을 설계하는, 관련 지식이 풍부한 이를 지칭한다.

21 [역주] 본명은 안토니오 디 피에트로 아베를리노(Antonio di Pietro Averlino, c.1400-1469). 이탈리아의 건축가, 조각가, 메달 제작자, 건축 이론가. 르네상스 최초로 이상 도시 계획을 세웠다고 알려졌다.

22 [역주] 프랑스의 시인이자 작곡가(c.1300-1377).

23 필자가 인용한 것은 Anne Hagopian van Buren, 'Reality and Literary Romance in the Park of Hesdin', in *Mediaeval Gardens*, ed. Elizabeth B. MacDougall (Washington, DC, 1986), pp. 115-134로, 이전의 잘못된 자료를 재해석한 핵심적인 글이다. 해당 저자는 잘 알려지지 않은 1906년의 조사도 참조했다.

16 1431년 에댕에서 열린 혼인 잔치를 보여 주는 초기 태피스트리를 모사한 16세기의 그림.

쪽에 위치한다. 마을과 테르누아즈(Ternoise)강 주변 습지 사이의 파크에는 길이 나 있고 문과 작은 문이 열려 있는 경관에는 '작은 마을, 오두막, 물고기 양식용 못, 과수원, 정원, 외양간, 마구간, 울타리 친 작은 방목지, 매 사냥장, 조류장, 소규모 동물원'까지 다양한 시설이 이어진다. 소규모 동물원은 '늑대들의 문' 옆에 위치해 있다. 성에는 자체 정원이 있었고, 그중 하나는 '작은 파라다이스(li petit Paradis)'라고 불렸다(흥미롭게도 'Hesdin'에서 's'를 탈락시키고 'H'를 묵음으로 하는 프랑스어 발음은 '에덴'처럼 들린다). 강과 나란히 있는 파크의 맨 끝부분에는 다른 못과 샘, 더 많은 과수원과 포도밭, 종마 사육장, 옛 저택과 파빌리온(두 곳 모두 '두 마레[dou Marés, 습지의]'라 불렸다)이 있었다. 파빌리온에는 앉을 자리와 총안 모양으로 장식한 분수, 관목 덤불과 나무 그늘 혹은 정자 그리고 돌로 만든 탑이 있는 장미 정원이 갖추어져 손님들을 융숭하게 접대할 수 있었다. 모든 공간은 오토마타(*automata*)[24]로 장식되었는데, 아마 대부분 나무로 만든 조각상이나 마리오네트일 것이며 어떤 것에서는 물이 뿜어져 나왔다. 성에도 이와 비슷한 시계 장치가 있었다. 이후 15세기에는 '파크로 밀고 나가 해를 마주 볼 수 있도록 바퀴를 단 정찬용 집'인 이동 가능한 '폴리(folly)'[25]도 있었다. 요약하자면 에댕은 오락의 장소였고, 14세기 혼인 잔치 장면을 담은 그림을 통해 정확하지는 않더라도 그 구성을 일부 짐작해 볼 수 있다(도판 16). 강가의 파빌리온은 말로 전해져 온 습지대의 다양한 요소를 결합해 만든 것에 불과할 것이다.[26] 동물들은 파크의 요소임이 분명하고, 혼인 잔치에서는 멀리 사냥개들이 보인다. 강가를 따라 북쪽으로 사냥을 갔다는 기록이 있다.

24 [역주] 스스로 작동하는 기계 장치나 자동 인형.

25 [역주] 기능보다는 형태가 중시되는 장식적 건축물을 말하며, 정원의 점경물로 쓰인다.

26 디종 미술관에 소장된 유사한 부르고뉴 회화에도 습지대에 세워진 비슷한 파빌리온이 그려져 있다.

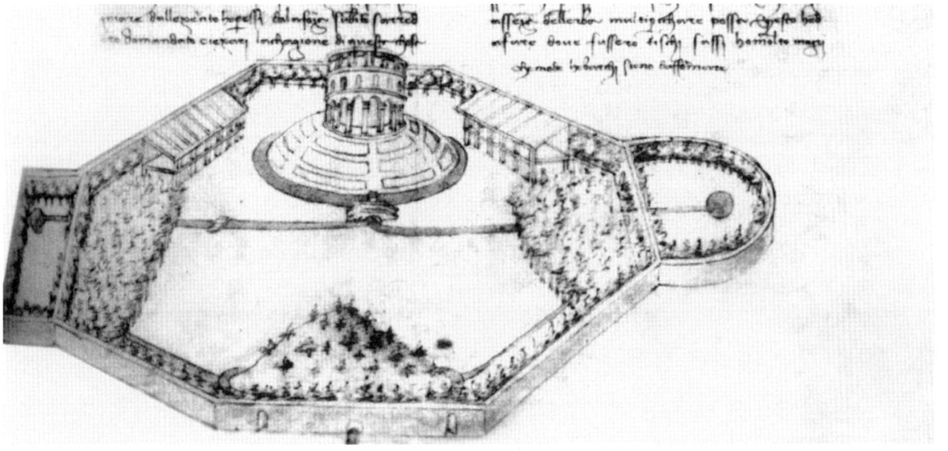

17 프란체스코 디조르조 마르티니(1439-1502), 이탈리아 우르비노(Urbino)의 '바르코(barco)'[27] 혹은 파크의 설계.

필라레테의 논고는 유토피아적이고 문학적이며, 서술적 또는 허구적으로 쓰인 글이지만 그 요지는 교육적이다.[28] 그의 군주이자 후원자는 '여기저기에 숲과 아름다운 장소들이 있는 사냥용 파크 혹은 수렵용 보전 구역'을 설계해 달라고 그에게 요청했다. 그곳은 넓고(약 16×8킬로미터), 주변이 담으로 둘러싸여 있으며, 인공적으로 조성된 숲이 있고(다양한 수종이 제안되었다), 꼭대기에 월계수와 은둔처가 있는 '작은 산', 오리와 왜가리를 위한 못, 사냥용 동물(종들의 명단도 있다)과 육식 동물을 분리해 둔 우리가 있었을 것이다. 이어 안뜰이 있고 주변에는 담으로 둘러싸인 정원이 있는 성은 파크 중앙에 세우는 것으로 제안되었다. 이 부지에 대한 상세한 묘사는 당연히 정교한 사냥 과정에 대한 세부 묘사로 이어진다. 하지만 필라레테의 건축 프로젝트에서 핵심 요소는 그가 공간 구성과 설계에 특별히 주의를 기울였다는 데 있다. 약 20년 후 제작된 필사본에서 이에 더 부합하는 그림을 찾을 수 있으니, 프란체스코 디조르조 마르티니의 설계도로 눈을 돌려 보자(도판 17). 담으로 둘러싸인 공간 안에 작은 산과 수풀, 반

27 [역주] '사냥용 별장'이라는 뜻의 이탈리아어.

28 존 R. 스펜서(John R. Spencer)가 번역하고 서문을 쓰고 주석을 단 *Filarete's Treatise on Architecture*, 2 vols (New Haven, CT, 1965). 이어지는 프란체스코 디조르조 마르티니(Francesco di Giorgio Martini)에 대한 언급은 *L'Arte dei giardini*, a cura di Margherita Azzi Visentini, 2 vols (Milan, 1999), I, pp. 86-89를 참고했다.

원형 안뜰, 물고기를 기르는 못, 파빌리온, 과수원, 운하, 언덕 위의 원형 파빌리온이 있다. 이 설계도는 정원에 정형적인 형태를 부여하고자 한 필라레테와 유사하며, 그의 제안과 동물에 대한 언급 그리고 배치는 흥미롭게도 같은 선상에 있다.

15세기 말, 로마 주변의 시골은 점차 사냥에 쓰이기 시작했다. 심지어는 성직자들까지 성직자가 스포츠에 몰입하는 것을 금지하는 교회법에서 빠져나갈 구멍을 찾아냈고, 일찍이 성 암브로시우스(Saint Ambrose)와 성 아우구스티누스(Saint Augustine)가 사냥을 비난한 일을 모른 척하며 사냥을 즐겼다.[29] 대부분의 기록은 사냥용 별장과 (남아 있는) 숙박 시설, 사냥을 위해 설계된 기본적인 공간에 주로 초점을 두며, 이탈리아 북부의 넓은 사냥용 파크 혹은 **바르코**를 모델로 삼은 그곳의 담이나 경계도 언급한다. 사냥을 관람하는 단(platform)이 있었고, 도시 서쪽에 있는 라말리아나(La Magliana)의 별장에서는 야외 연회, 음악과 드라마 공연이 열렸는데 이곳은 종종 정부 소재지(교황을 위한 수상 관저 혹은 대통령 전용 별장[Camp David]과 같은 곳)로 쓰였다. 비테르보의 주교는 바냐이아(Bagnaia)의 사냥용 파크를 이용했다. 이후 이곳에 빌라 란테(Villa Lante)가 지어지기 전까지 이들은 빌라 정원 근처 총림(bosco) 안에 남아 있는 사냥용 별장에서 즐거운 시간을 보냈다. 인근 카프라롤라(Caprarola)에 있는 빌라 파르네제(Villa Farnese)는 담으로 둘러싸인 사냥용 파크를 유지했고, 그곳에 숲과 초지, 낚시를 위한 못, 가축과 이국적인 짐승들을 모아 두었다. 티볼리(Tivoli)에는 물고기를 기르는 못과 분수가 있는 작은 숲(parcetto)이 있었고, 아래쪽 계곡에 있는 약 3킬로미터의 담으로 둘러싸인 숲에서는 야생 짐승과 노루를 키웠다. 이런 곳들은 기능적일 뿐 아니라 장식적인 쓰임새도 있다고 여겨졌다.

토스카나에 있는 메디치 가문의 소유지에서 사냥을 위한 정원 시설에 대해 보다 자세한 정보를 얻을 수 있다.[30] 메디치 가문은 시골 농장과 빌라를 여럿 소유했고, 이곳들은 개인적인 사냥과 방문객들의 여흥을 위해 다양하게 이용되었다. 그중에서도 피렌체 가까이에 있어 자주 방문했던 피렌체 북쪽의 빌라 카스텔로(Villa Castello), 볼

29 David R. Coffin, *The Villa in the Life of Renaissance Rome* (Princeton, NJ, 1979)의 4장, 'The Hunting Lodge and Park'를 보라.

30 사냥 전통에 대한 기록 문헌과 책을 모두 참조한 D. R. Edward Wright, 'Some Medici Gardens of the Florentine Renaissance: An Essay in Post-aesthetic Interpretation', in *The Italian Garden: Art, Design and Culture*, ed. John Dixon Hunt (Cambridge, 1996), pp. 34-59를 보라.

18 주스토 우텐스(Giusto Utens), 〈토스카나 카스텔로에 있는 메디치 빌라(The Medici Villa at Castello, Tuscany)〉, 1599, 캔버스에 유채.

로냐(Bologna)로 가는 방향의 북쪽에 있는 빌라 프라톨리노(Villa Pratolino)가 대표적이다. 카스텔로의 중앙 정원은 사냥이나 야생 조류 사냥을 위해 주변을 에워싼 장소, 특히 위쪽 테라스의 숲 지대 혹은 야생 숲(셀바티코[*selvatico*])으로 둘러싸여 있었다(도판 18). 이곳에서 전문 사냥꾼들이 작은 새와 동물을 사냥해 근처에서 연회를 즐기는 손님들을 즐겁게 했다. 중앙 정원의 동쪽(오른쪽)에는 야생 조류 사냥을 위한 덤불(프라스코나이아[*frasconaia*])과 토끼장(코니리에라[*conigliera*])[31]이 설치된 넓은 구역이 있었는데, 여기에서는 촘촘한 그물을 달아 터널 형태로 만든 장대로 사냥감을 잡았다. 이 경우에도 동쪽 구역에 이러한 행사를 구경하는 파빌리온이 설치되었다. 발코니에서 내려다볼 수 있는 빌라 바로 앞의 구역은 공지(open space)로, 알베르티가 마차나 승마 연습에 적합하다고 한 그런 종류의 공간이었다. 하지만 카스텔로에서 이 공간은 시민들을 환대하는 농부들의 춤(Peasant Dance)을 위한 장소로도 이용되었다.

31 [역주] 원문에는 ragnaia라고 되어 있는데 이는 새그물용 장대이고, 토끼장이라는 뜻의 이탈리아어는 conigliera다.

카스텔로에서 사냥 활동이 소규모로 이루어진 반면, 프라톨리노 파크의 '프라톨리노 수렵 금지 구역(La Bandita do Pratolino)'이라고 불리는 돌담으로 둘러싸인 방대한 보호 구역에는 가젤과 타조를 포함한 다양한 짐승들이 메디치 가문 전용 사냥감으로 갖추어져 있었다. 우텐스가 16세기 후반에 제작한 뤼네트(lunette)[32] 그림에 재현된 곳은 빌라 아래에 있는 파크의 아래쪽 절반인데, 파크 양쪽으로 불규칙한 형태의 못이 폭포처럼 흐르고, 중앙의 가로수 길(viale)과 이보다 좁은 오솔길(viottole)이 (동물들의 은신처로 쓰이는) 숲 사이로 놓여 있다. 사냥은 연회와 함께 공연되었고, 관중들이 이를 관람했으며, 파크랜드의 다양한 장소에서 사냥 관례의 순서에 따라 관리되었다. 전체 구역, 특히 우텐스가 묘사한 중심 구역은 사냥뿐 아니라 파르나소스산과 분수, 동굴, 헤르메스 주상(柱像, herms)이 있는 분수에서의 즐거움과 오락을 위해 조경된 공간이었다 (9장을 보라). 이는 또한 정교한 매너리즘 양식의 정원으로 고안된 사냥터이기도 했다.

이런 지배 계층의 영역에서 사냥은 풍부한 정원의 세계와 공존하게 되었고, 즐거움과 쾌락은 사냥이라는 활동을 넘어 확장되었다. 하지만 정원 공간에서 이루어지는 대중적인 오락이 반드시 귀족적인 사냥이나 정교하게 준비된 풍경에 국한되지는 않았다. 볼링이나 활쏘기, 수영, 낚시, 닭싸움, 투견, 곰 골리기와 같은 운동 경기뿐 아니라 먹고 마시는 것처럼 힘이 덜 드는 활동 모두 그 행사를 구성하는 요소였다. 그리하여 이 모든 활동을 열어 즐길 수 있는 장소가 필요했는데, 이는 오늘날 우리가 아는 것과 같은 놀이공원(amusement park)의 기원이 되었다. 처음에는 작고, 지역에 있었으며 대체로 아주 소박한 장소였다. 여관이나 댄스홀, 다원(tea garden), 노천 맥주 가게와 같은 대중적인 휴양지는 정원을 제공하거나 강화하는 데에는 거의 무관심했고, 옥외 장소를 귀중한 '덤'으로 여기는 그다지 부유하지 못한 이들을 위한 휴양지를 제공할 뿐이었다. 이런 작은 정원들은 때로 대규모 도시 재개발을 거치고도 살아남았다. 오스만 남작(Baron Haussmann)이 19세기 중반 파리 곳곳의 중세적이고 혼잡한 구역을 정비한 뒤에도 근대화에서 살아남은 작은 정원을 즐길 기회가 있었다. 고갱(Gauguin)은 갱게트(*guinguette*)라고 불리던 몽마르트르(Montmartre)에 있는 이런 정원을 그렸다.

런던에서만 대중적인 정원 오락이 제공된 것은 아니지만, 워릭 로스(Warwick

32 [역주] 반원형의 틀에 그려진 그림.

Wroth)의 『18세기 런던의 위락 정원(The London Pleasure Gardens of the Eighteenth Century)』(1896)에서의 조사에 따르면 런던이 '향기로운 정원과 쾌락의 정자'(예를 들어 1684년의 이슬링턴 스파[Islington Spa])가 많은 도시였음은 분명하다. 몇몇 곳에는 도박실, 찻집, 커피숍과 무도장, 오리 사냥터(더클링 폰드 하우스[Duckling Pond House]), 낚시꾼과 수영객들을 위해 만든 못, '증기를 뚫고 돌과 자갈 사이로 솟아 나오는 강력한 해독제'라고 묘사된 건강에 좋은 마시는 샘물 등이 같이 있었다. 이런 위락 정원은 런던과 근교 곳곳에 위치했다(로스의 책에는 이 장소들을 표시한 지도[33]가 있다). 새로운 운영자들이 다른 오락거리와 축제, 행사로 새로운 고객을 끌어모으려 했기에 많은 곳이 잠시 동안만 운영된 뒤 매입되어 이름을 바꾸었다. 하지만 17세기, 18세기, 19세기를 지나는 동안 나타난 다양한 위치와 오락거리의 혼합은 매우 인상적이었고, '영국식' 정원의 경관 미학의 발달과 다소 부조화를 이루는 정원의 세계를 선보였다.

런던과 그 일대의 위락 정원은 인공적이든 자연스럽든, 면적이 제한되어 있든 쾌적하리만치 넓든 간에 정원 환경을 떠올리게 했다. 심지어는 시골을 떠올리게 해 사람들을 끌어들였고, 아폴로 뮤직 룸(Apollo Music Room)과 같은 곳에는 시골 풍경을 그린 배경 막이 가득했다. 햄프스테드 히스(Hampstead Heath) 북쪽에 지금도 있는 스페니어즈 인(The Spaniards Inn)에는 원래 풀밭과 자갈이 깔린 산책로와 주변 시골 풍경이 잘 보이는 산이 있었다. 이는 때때로 과거의 보다 세련된 지배 계층의 영역에서 유래한 정원과 같은 효과를 냈다. 마법에 걸린 그로토(grotto)[34]에는 주인이 작동시킨 물레방아가 있었고 불꽃놀이와 아름다운 무지개가 재현되었다. '멀린의 동굴(Merlin's Cave)'이라고 불리는 장소가 여럿 있었는데, 그 이름은 아마도 윌리엄 켄트가 샬럿 왕비(Queen Charlotte)를 위해 설계한 리치먼드(Richmond)에 있는 구조물 이름에서 따왔을 것이다. 그곳에 있는 이국적인 밀랍 인형과 점성술 상징도 다른 장소에서 모방되었다. 1760년

33 이 지도는 로스의 책 13쪽에 있다. 또한 이와 비슷한 프로젝트를 다룬 매우 유용한 저서인 *The London Gardener or the Gardener's Intelligencer*의 발행본을 보라. 1995-2005년의 색인은 2005년에 출판되었다. 덕 아일랜드는 제3권에 게재되었다. 필자는 다른 놀이공원들까지 포함되도록 주제를 확장하고자 했기 때문에, Jonathan Conlin, ed., *Grounds for Pleasure: The Pleasure Garden in Britain and North America 1660-1914* (Philadelphia, PA, 2012)에서보다는 '위락 정원'이라는 용어를 포괄적으로 사용했다.

34 [역주] '작은 동굴'이라는 뜻의 이탈리아어. 정원에서는 대개 동굴처럼 보이게 만든 인공 구조물을 가리킨다.

경의 이미지에는 세인트 제임스 파크(St James's Park) 안의 덕 아일랜드(Duck Island)에 있는 장식 못과 그랜드 티 룸(Grand Tea Room)이 나타나는데, 이는 치직(Chiswick)의 운하 옆에 있는 벌링턴(Burlington)의 이오니아 양식 사원과 윌리엄 켄트의 풍경 스케치를 어렴풋이 떠올리게 한다.[35] 큰 못과 자갈이 깔린 산책길, 가로수 길, 수풀 혹은 가지런한 오점형(quincunx) 식재는 클러큰웰(Clerkenwell)에 있는 멀베리 가든(Mulberry Garden)이나 팽크러스 웰스(Pancras Wells), 말리번 가든(Marylebone Gardens)에도 나타난다. 스페니어즈 인의 정원은 "지상과 천상의 것이 묘하게 연관된" 것들과 아울러 명소(런던 탑[Tower of London], 로도스섬의 거상[the Colossus of Rhodes], 솔즈베리 대성당의 첨탑[Salisbury cathedral's spire])가 그려진 채색 자갈로 장식되었다. 서머싯 하우스(Somerset House) 맞은편으로 템스강 남쪽에 위치한 쿠퍼스 가든(Cuper's Gardens)은 불꽃놀이로 유명했는데, 1740년 중반의 기록을 보면 과수원과 정형적인 수풀, 못, 공들여 구불구불하게 만든 길이 뒤섞인 구성이다.

이런 정원들에 대한 평판은 "추잡하다"(1722년의 팽크러스 웰스)라는 것부터 "품위 있는 공간"(1790년대의 섀클웰 그린 커피하우스[Shacklewell Green Coffeehouse])이라는 평가까지 다양하다. "뒤섞인 무리"라고 불릴 법한 이들이 정원을 방문했는데, 그러한 판단은 고객층의 변화만큼이나 개별 논평자나 광고주에 따라 달라졌다. 몇몇 위락 정원은 유명한 후원자의 관심과 신망을 얻었다. 가령 이슬링턴 스파나 뉴 턴브리지 웰스(New Tunbridge Wells)는 조지 2세(George II)의 딸이 광천수를 마시러 이곳을 주기적으로 방문하고, 그녀의 행차를 축포와 환호하는 군중이 맞이하던 1733년경에 왕실의 후원을 받았다. 하지만 주요 위락 정원 중 가장 유명하고 많은 이가 찾은 복솔 가든(도판 19)은 왕실의 총애를 받는 특별한 영예를 누렸는데, 왕태자(Prince of Wales)에게서 부지를 빌려 운영했고 또 그가 종종 이곳을 찾았기 때문이다. 래닐러 가든(Ranelagh Gardens) 또한 레이디 메리 워틀리 몬터규(Lady Mary Wortley Montagu), 조슈아 레이놀즈 경(Sir Joshua Reynolds), 올리버 골드스미스(Oliver Goldsmith)와 같은 유력 인사들에게서 상당한 후원을 받았다.[36]

35 [역주] 벌링턴 경(Lord Burlington)의 치직 하우스(Chiswick House)와 윌리엄 켄트가 조성한 영국 풍경화식 정원을 말한다.

36 로스는 책의 상당 부분을 복솔과 래닐러에 할애했다. *Grounds for Pleasure*(ed. Conlin)에 수록된, 런던

19 〈정원의 전반적인 배치를 한눈에 보여 주는 복솔 가든의 전체 풍경(A general prospect of Vaux Hall Gardens, showing at one view the disposition of the whole Gardens)〉, 1754, 새뮤얼 웨일(Samuel Wale)의 그림을 J. S. 멀러(J. S. Muller)가 동판화로 모각.

유명한 초기 놀이공원으로서 복솔 가든의 의의는 그 오랜 운영 기간(왕정복고 시대[37]부터 1859년 폐장까지)과 변화하는 고객에 대응하는 소유주의 능력에 있다. 세월의 흐름에 따른 풍경의 효과와 오락, 사교계의 과시는 진정한 의미의 '뒤섞인' 대중들에게 매력적으로 보였다. 이곳은 공공 정원이 지녀야 할 세 가지 요소를 결합시켰다. 첫 번째로, 시간이 지나면서 부자연스럽고 인위적으로 보이게 되긴 했지만, 파크랜드 혹은 정원과 같은 효과가 있었다. 피프스(Pepys)는 시민들이 나무에서 체리를 따 먹는 것을 보았고, 조지프 애디슨(Joseph Addison)은 "들판과 초지의 풍경"에 대한 의견을 표명했으며, 한 프랑스인 방문자는 1710년대의 "아름답고 인위적인 식재"를 좋아했고, 조너

의 원 장소의 이름이나 오락을 떠올리게 하는 미국의 장소를 포함하는 광범위한 글과 복솔에 대한 참고문헌을 보라. 필자의 *Vauxhall and London's Garden Theatres* (Cambridge, 1985), 'Theaters, Gardens and Garden Theaters', in *Gardens and the Picturesque: Studies in the History of Landscape Architecture* (Cambridge, MA, 1992), 2장을 보라.

37 [역주] 1660년 이후.

20 토머스 롤런드슨, 〈복솔 가든〉, 1785, 수채.

선 스위프트(Jonathan Swift)는 나이팅게일의 지저귐을 들으러 복솔에 갔다. 많은 이가 이곳의 "시골스러움"에는 특별할 것이 없다고 보았지만, 그곳의 "수풀"과 "푸른 숲"에 대한 이야기는 널리 퍼졌다. 정원에는 산책로와 나무, 잔디밭, 조각이 있었고 북쪽 끄트머리 작은 언덕 위에는 루빌리아크(Roubiliac)[38]가 제작한 존 밀턴(John Milton)의 조각상이 있는 "시골풍의 낮은 구릉"이 재현되어 있었다.

뒤이어 복솔에는 부유층이 선호하는 양상이 나타났다. 세련된 관중들이 복솔의 퍼레이드와 자기 연기(self-performance),[39] 가면무도회, 산책의 기회를 즐겼고 이에 매력을 느꼈다(월폴은 1736년의 어느 날 이곳을 방문했을 때 2,500명이 '넘는' 사람들이 있었다고 추산했다). 토머스 롤런드슨(Thomas Rowlandson)은 1785년 복솔의 전형적인 풍경을 수채화에 훌륭하게 담아냈다(1945년 고물상에서 발견, 도판 20). 세련된 사람과 그렇지 못한 이가

38 [역주] 루이프랑수아 루빌리아크(Louis-François Roubiliac, 1702-1762). 영국에서 활동한 프랑스 출신의 조각가.

39 [역주] 복솔처럼 다양한 계층의 사람들이 한데 모인 곳에서는 본래의 신분이나 이름을 감추고 다른 사람인 척 꾸민 채 여흥을 즐기는 이들도 있었다.

관중 속에 섞여 있고, 가수 위첼 부인(Mrs. Weichsel)[40]과 지휘자 제임스 훅(James Hook)이 보인다. 또 가터 훈장(Garter Star)을 달고 있는 왕태자와 그의 연인인 배우 퍼디타 로빈슨(Perdita Robinson), 데번셔 공작 부인 조지아나(Georgiana, Duchess of Devonshire)도 보인다. 제임스 보즈웰(James Boswell)은 복솔이 "흥미로운 쇼"와 "흥겨운 전시", "대중의 귀에 그다지 세련되지는 않은 (…) 음악"이 뒤섞여 "영국의 취미(taste)에 특히 잘 맞는다"라고 하며 이러한 행사들의 정수를 잘 포착했다. 보즈웰은 여기에 "훌륭한 식음료"도 추가했다.

마지막으로, 복솔에는 순전한 오락적 가치가 있었다. 가곡과 오케스트라 공연은 큰 갈채를 받았고, 복솔은 '영국 노래(English song)' 공연에서 중요한 역할을 했다. 많은 공연자가 코번트 가든(Covent Garden)이나 다른 런던의 극장에 출연하기에 앞서 복솔 가든에서 데뷔를 했다. 또한 월폴이 특히 감탄했던 야간 조명 장식(illumination)이 있었고, '잡다하게 섞인 군중'에게 '중국 정원의 풍경'이나 (다른 극장에서처럼) 그림을 그리고 조명을 밝힌 배경막, 가느다란 주석 조각으로 만든 인공 폭포와 같은 다소 조잡한 이벤트도 있었다. 경관과 정원에 대한 취미가 세련되어져 가면서 많은 이가 이런 것들이 '인형극'에 불과하다고 여기게 되었고, 1770년에 이르러서는 월폴조차 조명을 걸지 않은 나무가 더 아름답다고 생각하게 되었다. 하지만 모조 폐허와 구불구불한 길, 중국식 효과와 다른 '동양적' 즐거움은 다른 곳에 있는 픽처레스크(picturesque)한[41] 풍경을 암시하는 역할을 했다.

19세기에 공공 공원과 정원이 발달하면서 이렇게 세심하게 결합된 효과는 각기 다른 형태로 분화되었다. 파크랜드는 19세기의 정원 형태에서 가장 중요한 특징이 되었고(15장을 보라) 도시 부르주아의 시민적 덕성을 함양하고 드러낼 수 있는, 대체로 목가적인 형태로 조성된 구역이 되었다. 다른 한편으로는 핍 쇼(peep show)[42]나 대중가요처럼 오락, 엔터테인먼트의 순전한 즐거움을 강조하는 장소도 계속 존재했는데, 이런 곳은 경관을 정비하는 일에는 크게 관심을 두지도 비용을 들이지도 않았다. 이러한 오

40 [역주] 엘리자베스 빌링턴(Elizabeth Billington, 1765-1818). 영국의 오페라 가수로, 결혼 전 이름이 엘리자베스 위첼(Elizabeth Weichsel)이었다.

41 [역주] '그림 같은'이라는 뜻으로, 동시대 영국의 풍경화식 정원에 나타난 풍경화의 한 장면과 같은 경관을 언급할 때 자주 쓰던 표현이다.

42 [역주] 구멍을 통해 저속한 장면을 엿보는 구경거리.

락 중심적인 파크랜드의 양상은 과학·산업의 진흥과 교육적 자극 및 도전을 결합하고, 또 대개 정원의 특성과 경관을 구성 요소로 삼는 국제·국내 박람회(16장을 보라)의 세계에서 그 흔적을 찾아볼 수 있다.[43]

복솔의 이름과 정원 극장(garden theatre)으로서의 평판은 국제적으로 명성을 날렸다. 프랑스와 미국에서 이를 모방했고, 모스크바의 지하철역에도 복솔이라는 이름이 붙었다.[44] 복솔은 필라델피아, 보스턴, 사우스캐롤라이나의 찰스턴, 뉴욕시의 네 군데 장소에 나타나기도 하고 제안되기도 했다. 어떤 때는 원래의 복솔이나 뉴 스프링 가든(New Spring Gardens) 초기의 시골 분위기를 떠올리게 하는 농장이나 삼림 지대와 같은 야외 오락 공간에도 이 이름이 붙었다. 정원 같은 공간, 산책로나 종묘원에서는 볼링, 불꽃놀이, 밀랍 인형과 조각, 콘서트, 춤, 열기구, 연극 공연을 즐길 수 있었고, 늘 다과가 제공되었으며 때로는 광천수를 마실 수도 있었다.

미국의 이런 사업들은 대부분 지역의 반대에 부딪히거나 충분한 지지를 받지 못해 단명했다. 하지만 경쟁자를 만나 새롭고 보다 미묘한 의미를 전달하는 문화적 수요에 맞춘 더 발전된 공간들이 등장했고, 그 대표적인 사례가 바로 센트럴 파크였다. 이곳은 오락에 대한 욕구를 충족시키는 한편, 산책로와 구불구불한 길, 호수, 작은 언덕, 심지어는 램블(the Ramble)[45]과 같은 '야생적인' 구역을 아우르는 다양한 경관을 제공하기 때문이다. 이곳은 그리 부유하지 않은 사람들이 공원 안에서 모범적으로 제시되는 시골 풍경을 감상하는 법을 배울 수 있도록 설계되었다. 이를 통해 그들은 건강한 삶(신선한 공기, 운동, 공짜 우유)의 중요성을 인식하고, 적절히 종교적이고 예술적인 오브제(베데스다 분수[the Bethesda Fountain], 저명한 음악가와 작가들의 조각상, 센트럴 파크 안에 세워진 동물원과 메트로폴리탄 미술관)를 마주할 기회를 누릴 수 있다. 요약하자면 이는 (적어도 그곳에 갈 여유가 있는) 모든 미국인을 위해 설계된 위락 정원이자 미국인들의 특별한 정

43 Terence Young and Robert Riley, eds., *Theme Park Landscapes: Antecedents and Variations* (Washington, DC, 2002)를 보라.

44 [역주] 1780년대 영국의 극장 매니저 마이클 매덕스(Michael Maddox)가 복솔과 비슷한 위락 정원을 상트페테르부르크에 조성하고 복솔의 이름을 따 '보크잘(Vokzal)'이라고 불렀다. 1837년 상트페테르부르크와 교외 위락 정원을 연결하는 러시아 최초의 철도가 조성되었을 때 그 역을 '보크잘'이라고 불렀다. 이후 보크잘은 역을 지칭하는 일반 명사가 되었다.

45 [역주] '전원 속을 거니는 일 혹은 그러한 일을 하는 장소'라는 뜻으로 센트럴 파크 속의 한 장소를 지칭한다.

체성을 배우고 전시할 수 있는 곳이었다. 이는 고상했고, 사회 질서의 모범이었으며, 신흥 중산층 국가를 위한 교육의 장이었다.[46]

하지만 이런 파크랜드와 당대 최고로 저명한 조경가였던 프레더릭 로 옴스테드에 의해 추진된 것들이라 하더라도 보다 대중적인 장소들을 없애지는 못했고, 그런 장소들은 단지 새로 개발된 놀이공원, 즉 대중을 대상으로 한 각종 매력거리와 오락거리가 제공되는 곳으로 옮겨 갔을 뿐이다. 코니아일랜드가 미국의 주요 사례이겠지만, 규모는 좀 작더라도 그곳과 동일한 쇼를 필라델피아 외곽의 윌로 그로브(Willow Grove)부터 뉴올리언스, 덴버, 샌프란시스코까지 여러 도시의 바닷가 항구, 공원과 해변 등 미국 전역에서도 볼 수 있다.

코니아일랜드는 세 개의 파크로 구성되었는데,[47] 그중 스티플체이스 파크(Steeplechase Park)는 주변이 둘러싸여 있다. 모든 파크에는 화려한 볼거리들이 있었지만 식재나 조경은 적었다. 파노라마식 풍경은 방대한 파크랜드를 암시하는 듯 보이고(도판 21), 언덕과 폭포 사이를 지나는 보트 타기나 '스위스 항해' 등의 경치 좋은 선로와 같은 몇몇 놀이기구들은 다양하게 모사된 경관을 떠올리게 했으며, 루나 파크(Luna Park)의 조명은 이곳을 '마법에 걸린 정원'으로 변화시켰다. 초기 코니아일랜드에는 브라이턴 비치 호텔(Brighton Beach Hotel)을 비롯한 여러 호텔과 화단, 그리고 고상한 분위기가 뒤섞여 있었다. 하지만 여러 개로 분리된 코니아일랜드의 파크랜드를 가장 특징적으로 드러내는 요소는 공간과 방문자들의 상상력을 충족시키는 이국적이고 과장된 아이템인 폴리 혹은 **파브리크**(*fabriques*)[48]였다. 루나 파크는 '트렐리스와 기둥, 돔, 미너렛(minarets),[49] 석호, 공중에 높이 떠 있는 조명의 나라'였는데, 복슬과 달리 이곳은 전기 조명을 자랑스럽게 뽐낼 수 있었기 때문이다. 시카고에서 들여온 대관람차(Ferris

46 공공 정원의 부르주아 효과와 극장이 여기에 미친 영향에 대한 논의는 Heath Schenker, *Melodramatic Landscape* (Charlottesville, VA, 2009)에 나타나 있다.

47 필자는 방대한 참고문헌과 이미지가 수록된 John F. Kasson, *Amusing the Million: Coney Island at the Turn of the Century* (New York, 1978)의 생생한 설명과 'That Was Coney As We Loved It...', chapter 7 in Jon Sterngass, *First Resorts: Pursuing Pleasure at Saratoga Springs, Newport, and Coney Island* (Baltimore, MD, 2001)에 큰 도움을 받았다. 위기를 맞은 지 오래된 코니아일랜드는 과거의 아이콘적인 위치를 잃었다. 2010년 12월 11일 자 〈뉴욕 타임스〉에는 철거될 호텔과 댄스홀 목록이 게재되었다.

48 [역주] 폴리의 프랑스어 표현.

49 [역주] 이슬람교 사원인 모스크의 부속 건물로, 예배 시간을 알릴 때 사용되는 탑이다.

21 뉴욕시 코니아일랜드에 있는 루나 파크의 고가 산책로, 1900년경.

wheel)나 필라델피아에서 온 아이언 타워(Iron Tower), 버펄로에서 온 '달로의 여행(Trip to the Moon)' 원형 파노라마는 최근의 박람회에서 유래하지만(16장을 보라), 이들은 모두 공공 공원과 정원, 개인 공원과 파크를 장식하고 고무하기 위해 고안되어 19세기 초중반에 크게 유행했던 픽처레스크 패턴 북(Picturesque pattern books)의 후예들이다(14장을 보라). 아이언 피어(Iron Pier, 1903), 나무와 주석으로 지어지고 뒷다리 부분에 나선 계단이 있는 엘리펀트 호텔(Elephant Hotel, 1883), '드림랜드(Dreamland)'의 정교한 그로토를 받치고 있는 거대하고 벌거벗은 「천지창조(Creation)」 조각상, 등대, 다리, (르네상스 시대의 물장난[water jokes]과 같은) 속임수 벤치와 의자, 그리고 신나는 기계 장치의 시대에 걸맞은 다른 기묘한 장치가 있었다. 1900년경 전차 선로, 증기선, 노면 전차가 확산되면서 수많은 사람이 이곳을 찾았고, 그 수는 센트럴 파크라는 목가적이지만 한정된 장소가 조성된 후 그곳을 찾은 이들보다 훨씬 많았다.

코니아일랜드는 1890년대 초 유행하기 시작해 제1차 세계대전 이전까지 융성했다. 흥미롭게도 개장 초기에는 오리와 도요새 사냥, 바닷가 조개잡이 장소로 인기가 있었지만 순식간에 놀이와 오락거리가 넘쳐나게 되었다. 그중 일부는 1890년대 중반까지 악명을 떨쳐 '바닷가의 소돔(Sodom by the Sea)'이라는 별명이 붙었다. 이후 이 다채롭고 다소 퇴폐적인 공간은 세기말까지 계속 변화하면서, 여전히 웃음과 유머, 사람들의 활발한 참여로 활기가 넘치는 카니발 같은 분위기를 만들어 냈다. 센트럴 파크를 방문한 이들이 예의 바르게 행동해야 했다면, 코니아일랜드의 방문자들은 행동과 사회적 처신에 대한 제약이 훨씬 느슨하다고 여겼을 것이다. 1901년 한 작가가 기록했듯 "코니아일랜드에는 그 나름의 행동 규약이 있다." 캘리포니아와 파리의 디즈니랜드와 플로리다의 월트 디즈니 월드로 이어지는 놀이공원의 역사는 활기차지만 다소 저속한 코니아일랜드의 평판을 건전하게 만든 한편, 이들 장소의 새로운 경관은 이국적 풍경과 매력적인 **파브리크**의 효과를 재차 증명했다.

3장

고대 로마의 정원과 그 유형

로마 정원과 관련해 우리는 빌라, 교외와 시골 부지, 해변의 궁, 산속의 은거지, 조각 정원, 심지어는 성스러운 숲에 이르는 정원까지 전체 범주를 아우르는 흥미진진한 자료를 충분히 확보하고 있다. 이토록 신나는 일이 가능한 것은 우리가 그리스와 헬레니즘 시대의 정원보다 로마 시대 문헌에 대해 더 넓은 지식을 갖고 있기 때문이며, 또 로마 시대 정원 조성의 수많은 흔적을 밝혀 낼 수 있는 오늘날의 기술 덕분이기도 하다. 그럼에도 우리가 로마 시대 정원에 반응하는 근본적인 이유는 부분적으로 로마 시대 정원의 세계, 때로는 그 시각적이고 양식적인 형태가 여전히 우리에게 정원을 통해 인간의 지속적인 욕구와 욕망을 만족시키는 법을 알려 줄 수 있다는 사실을 깊이 인식하고 있기 때문이다.

로마 시대의 원예를 다룬 실용적인 이야기를 포함해 최근의 출판물들은 이러한 영감이 지속되어 왔음을 시사한다. 게다가 린다 패러(Linda Farrar)의 『고대 로마 정원(Ancient Roman Gardens)』에 그려진 로마 시대의 원예 도구를 보면 우리의 정원 도구와 아주 비슷하며, 원예의 실무가 수 세기 동안 그다지 변하지 않았음을 알 수 있다.[1] 로

1 방대한 문헌이 있으나 여기에서는 필자가 참조한 일부만 소개한다. Elizabeth B. MacDougall and Wilhelmina F. Jashemski, eds., *Ancient Roman Gardens* (Washington, DC, 1981); Elizabeth B. MacDougall, ed., *Ancient Roman Villa Gardens* (Washington, DC, 1987), 특히 A. R. 리틀우드(A. R. Littlewood)와 니컬러스 퍼셀(Nicolas Purcell)의 논고; John Henderson, *Hortus: The Roman Book of Gardening* (London, 2004); Linda Farrar, *Ancient Roman Gardens* (Stroud, 1998), p. 163; Maureen

마인들은 일찍이 정원에 대한 글을 썼는데, 대부분 실용적인 경향을 보였다. 기원전 37년경 바로는 『농사일에 관하여(Rerum Rusticarum)』를 썼다. 베르길리우스(Virgil)는 정원과 관련된 일을 간접적으로만 다루며, 이를 다른 시인들을 위해 남겨 두었다. 100여 년 후에 콜루멜라(Columella)가 이를 이어받아 열두 권으로 된 『농업에 대하여(De Re Rustica)』를 썼는데, 그중 산문과 육보격 시(hexameters)로 이루어진 제10권과 제11권이 정원에 관한 것이다(이 외에 정원 관련 다른 문헌들은 소실되었고, 후대 작가인 팔라디우스[Palladius]가 4세기 말에 여전히 농업에 종속되어 있던 정원 만들기에 관한 저술을 남겼다).

스페인 출신이나 로마 인근으로 이주해 농사를 지었던 콜루멜라는 자신이 진정으로 '현대적인' 재점령이라고 불렀던 실용적인 내용을 소개했다. 그는 1년간의 식재 주기와 토양의 선택, 화단 설계, 땅파기, 거름 주기, 파종, 제초와 같은 실용적인 활동에 관심을 두었고, 정원에서 나온 식재료를 요리하여 테이블에 올리는 일을 감독하는 여성 농장 관리자의 역할을 강조했다. 시에서 콜루멜라는 자신의 육보격 시를 헌정할 만한 정원의 신으로 프리아포스(Priapus)를 들며, 때때로 훌륭한 점강법이 쓰인 운문의 어조는 점차 고조되고 열정적으로 변한다. 그는 쟁기와 괭이를 이용한 힘든 노동을 독려하고, "변소가 게워 낸 더러운 하수"로 땅을 비옥하게 하는 일을 예찬하며, 다양한 곳에서 온 푸성귀의 맛을 즐기고, 마침내는 포도주 압착기에서 흘러나오는 즙을 만끽하는 장면으로 마무리된다. (존 헨더슨[John Henderson]은 이 시적이고 때로는 영웅시를 모방하는 원예 기술과 원예적 몽상에 대한 훌륭한 해석을 제시한다.) 현란한 필력에도 불구하고 현실적인 정원사이자 농부였던 콜루멜라는 산울타리, 양쪽에서 잡초를 뽑는 이들이 감당할 만한 너비의 화단, 양배추부터 아스파라거스에 이르는 온갖 것들의 품종과 파종 시기를 강조했다. 이 외의 자료에서 우리는 콜로네이드 사이의 옥외 공간을 장식하며 식물을 배치하는 법(비트루비우스[Vitruvius]), 다양한 나무와 관목 가꾸는 법, 향기와 색(대플리

Carroll, *Earthly Paradises: Ancient Gardens in History and Archaeology* (Los Angeles, CA, 2005). 초기의 권위 있는 조사로는 아직 영어로 번역되지 않은 Pierre Grimal, *Les Jardins Romains* (Paris, 1969)이 있다. 여기에서 논의되지 않은 그리스 정원에 대해서는 Robin Osborne, 'Classical Greek Gardens: Between Farm and Paradise', in *Garden History: Issues, Approaches, Methods*, ed. John Dixon Hunt (Washington, DC, 1992), pp. 373-391을 보라. 현대 그리스의 토착 정원에 대한 논의는 Martin Landriault, *L'Espace et le temps au jardin grec* (Paris, 2010)에서 찾아 볼 수 있다. 지역의 정원과 정원사들이 얼마나 보수적인지를 보는 일은 언제나 흥미로운 관점을 제시한다.

니우스), 축제용 화환을 만들기 위한 정원 경작(바로)에 대해 알 수 있다. 하지만 정원의 형태와 쓰임새에 대해 보다 넓은 관점을 취하려면 정원 헛간 너머의 다른 곳을 보아야 한다.

로마의 정원 배치는 후대의 식재뿐 아니라 디자인에도 지속적인 영향을 주었다. 아트리움(atrium)은 기독교의 클로이스터(cloister)가 되었고, 페리스타일(peristyle)이나 계단식 정원(오푸스 펜실레[opus pensile] 혹은 행잉 가든[hanging garden]), 그로토, 풀장 혹은 베스티불라(vestibula), 트렐리스, 퍼걸러,[2] 앉을 자리, 테이블 등은 오늘날의 일상 공간 배치에도 여전히 남아 있다. 로마의 빌라는 시골에 우아한 생활과 유지·관리에 필요한 시설을 모두 갖춘 장소를 만들고자 한 후세의 모델이 되었을 것이다. 빌라에 대해서는 고고학적 발견과 상세하고 유익한 글들이 있다. 대부분의 글은 소플리니우스(Pliny the Younger)의 것으로, 이후의 건축가들은 지속적으로 그의 저서를 참고해 구체적인 장소 계획을 세웠다.[3] 보다 소박한 정원들의 경우 다행히도 폼페이(Pompeii)와 헤르쿨라네움(Herculaneum)의 유적이 남아 있다. 79년에 베수비오산에서 나온 용암과 재가 이들 도시를 덮어 그 화려하고 소박한 정원들이 모두 그대로 보존되었다가, 현대 고고학을 통해 드러났다.[4] 이는 좋은 시작점이다.

폼페이의 정원은 호화 주택부터 소박한 가정집, 사원, 목욕탕, 식당, 여관과 호텔, 학교, 상점, 극장, 장례식장, 장터 정원, 포도밭, 심지어 매음굴에 이르는 다양한 범주를 포함한다. 이는 로마인들이 자연계에서 즐거움을 찾고 이를 경외했으며 유용하게 활용했음을 입증한다(도판 22). 로마인들의 이러한 성향은 풍경 그림이나 정원 배치, 묘

2 [역주] 베스티불라는 현관 입구를 의미하며, 트렐리스는 목재나 금속으로 만든 격자 형태의 가벼운 구조물로 주로 덩굴 식물이나 관목을 지지하는 역할을 한다. 퍼걸러는 벽 없이 기둥만 있고, 격자와 같은 장식적인 지붕이 있는 구조물이다. 덩굴 식물을 올려 장식과 차양을 하고, 앉을 자리를 두기도 한다. 규모에 따라 정원 안의 그늘진 산책로 역할을 하기도 한다.

3 H. H. Tanzer, *The Villas of Pliny the Younger* (New York, 1924)는 후대의 재구성을 조사한다. Pierre de la Ruffinière du Prey, *The Villas of Pliny from Antiquity to Posterity* (Chicago, IL, 1994)에서도 이를 다루었다.

4 핵심적인 책으로는 W. Jashemski, *The Gardens of Pompeii and Herculaneum and the Villas Destroyed by Vesuvius*, 2 vols (New York, 1979 and 1993)가 있지만 주석이 풍부한 Bettina Bergman, 'Visualizing Pliny's Villas', *Journals of Roman Archaeology*, 8(1995), pp. 406-420도 보라. Michel Conan, 'Nature into Art: Gardens and Landscapes in the Everyday World of Ancient Rome', *Journal of Garden History*, 6(1996), pp. 348-356도 보라.

22 폼페이 로레이우스 티부르티누스의 집(House of Loreius Tiburtinus)의 퍼걸러와 수로(79년 당시의 원래 정원을 복원한 것).

23
정원 풍경이 그려진 모자이크 분수, 바이아, 1세기.

사되고 설계된 성스러운 경관으로 표현되었고, 그것들은 하나같이 로마인들이 자연과 그곳에 거주하는 수많은 영혼을 잘 이해하고 인식했음을 분명히 보여 준다. 하지만 환상이나 인공 세계를 현실과 혼동하는 경향은 거의 없었던 것 같다. 돌고래나 개, 토끼, 문어, 찌르레기, 개똥지빠귀, 자고새, 뱀, 딸기, 가막살나무의 멋진 이미지, 심지어는 사냥 장면과 많은 물의 효과가 아무리 생생하다 하더라도(도판 23), 이런 회화나 조각 오브제를 정원의 실제 요소, 식재, 물, 새 떼, 혹은 정원과 도시 너머의 보다 넓은 세계와 혼동하는 일은 없었다. 정원은 큰 사랑을 받았고, 그곳에서 식물을 재배하고 동물을 길렀으나 이는 신과 여신 그리고 사티로스들의 노래와 파우누스와 큐피드의 춤과 함께 향유되었다. 모든 집과 정원마다 모시는 신이 있었고, 디오니소스, 프리아포스(정원의 비옥함에 좋다), 베누스, 디아나, 헤라클레스, 판, 포모나, 마르스 등 신에게 바치는 제단과 사원(라라리움[lalarium][5])이 있었다. 미셸 코낭(Michel Conan)[6]이 언급했듯,

5 [역주] 고대 로마 종교에서 가택신, 혹은 그 이상의 범위에서 영역 안을 보호하는 수호신인 라르(Lar) 신의 사당.

그곳에는 실제의 자연에 대한 생생한 이해와 함께 비현실(unreality)에 대한 경이로운 감각이 공존했다. 공간은 확장되어, 작은 정원이라도 프레스코화를 통해 보다 넓은 영역을 암시할 수 있었다. 주로 상록 식물(담쟁이, 도금양, 월계수, 로즈메리)로 채워진 정원 속에서는 시간도 연장되었다. 사람들 사이에 신과 다른 정령들이 존재함으로써 공간과 시간의 경계는 사실상 흐려졌다. 아우구스투스 시대에 수로가 만들어지자 수경 요소가 폼페이 정원의 주요 부분이 되었고, 이는 아트리움의 못과 분수가 있는 웅덩이, 수로로 나타났을 뿐 아니라 그림에도 모사되었다. 게다가 그 형태가 어떠하든 간에 로마 정원 곳곳에서 물은 다른 어떤 것보다도 높게 평가되었다(카토[Cato]는 포도밭만을 더 좋게 보았다). 조각상과 화분은 도처에 있었고, 때로는 정원에서 사용하기 위해 해당 지역에서 조각상과 화분을 만들기도 했다. 벽과 실제인 양 생생하게 그려진 벽감(niches) 속에 조각상과 화분을 그려 넣음으로써 실제 정원 풍경과 상상 속 정원 풍경을 반영하기도 했고, 이는 정원을 더욱더 생생하게 만들었다. 우리가 화산재에 파묻힌 폼페이에서 알 수 있는 것은 모두 정원과 바쁜 일상생활 세계의 상호 침투를 증명한다. 정원 환경은 옥외 생활, 특히 식사를 위한 곳이었기에 일상생활에서 필수적인 부분이 되었고, 현대의 발굴을 통해 드러난 부분들 덕분에 우리는 당시의 생활을 생생하게 느낄 수 있다. 앞으로 다룰, 폼페이의 작은 공간 바깥의 보다 큰 빌라는 시골 생활(루스[*rus*])과 도시 생활(우릅스[*urbs*])을 보다 정교하게 혼합해서 보여 줄 것이다.

베수비오산의 폭발은 박물학자 대플리니우스의 목숨을 앗아 갔다. 그의 조카[7]는 자신의 시골 빌라에 대한 예찬과 묘사로 유명해졌다. 폼페이가 작은 정원이 어떤 모습이었는지를, 즉 걸어 다니며 돌아볼 수 있을 정도의 공간은 아니지만 더 큰 자연의 이미지를 정원 속에 스며들게 만들어 공간감을 주는 방식을 보여 준다면, 소플리니우스의 빌라는 건물과 경관이 서로 어우러지며 탐색과 거닐기를 유도한 정원이었음이 분명하다. 소플리니우스는 2세기 초에 자신의 빌라에 대해 썼는데, 바닷가 오스티아(Ostia) 인근 라우렌티눔(Laurentinum)에 있는 것과 아펜니노산맥(Apennines)[8]의 토스카나 지역 기슭에 있는 것을 집중적으로 다루었다. 두 빌라에 대한 묘사가 지형학적

6 [역주] 프랑스의 건축가, 건축 이론가(1939-).

7 [역주] 소플리니우스를 말한다.

8 [역주] 이탈리아반도를 종단하는 산맥으로 길이는 약 1,200킬로미터에 달한다.

사실에 기반을 둔 정확한 재현인지, 아니면 정확한 배치를 생각하지 않고 고전적인 토포스와 친숙한 정원의 형태와 기능을 나열하는 수사학적 표현인지에 대해서는 논의가 활발하다. 토스카나 서한의 말미에서 그는 스스로 아킬레우스의 방패와 같은 호메로스의 유명한 에크프라시스적(ekphrastic)[9] 묘사를 모방했음을 밝히는데, 이는 그가 실제의 특정한 지형보다는 이상적인 디자인에 더 관심을 두고 있었음을 암시한다. 이 장소 중 어느 곳도 전면적으로 발굴되거나 제대로 식별되지 않았다. 따라서 소플리니우스의 두 서한은 지시적 권위나 사실적인 정확성보다는, 한 로마인이 자기 빌라의 정형적인 디자인을 어떻게 경험하고 즐겼는지에 대한 통찰로 읽어야 할 것이다. 그렇지만 후대 건축가들은 이 텍스트를 기반으로 추론해서 건물과 정원의 기본 계획을 세웠다(도판 33을 보라).

소플리니우스는 빌라에서의 즐거움과 오락에 대해 두 친구에게 설명했는데, 그 중 몇몇 테마가 반복되었다. 해변의 빌라는 로마에서 말을 타고 쉽게 갈 수 있어 가까운 쉼터가 되었고, 그가 중시했던 토스카나의 빌라에는 손님들을 위한 시설, 정원과 조경을 위한 넓은 공간이 더 잘 갖추어져 있었다. 소플리니우스가 다양한 길, 디아에타(*diaeta*, 내실), 안뜰, 비바람이 들이치지 않는 통로, 정원을 둘러싼 산책로, 숲, 마차 경주장, 심지어는 "야생적이고 경작되지 않은 부분"까지 있는 그대로 드러낸 정원 구역을 따라 건물과 구내 사이를 돌아다니는 것을 좋아했음은 분명하다. (이 '구역'의 정확한 의미는 분명하지 않으나 부지의 다른 곳과 대조해 볼 때 이 특정한 구역은 의도적으로 가꾸지 않은 상태로 유지되었고 그 자체로 감탄의 대상이 되었음을 알 수 있다. 여기에서 필자는 18세기 중순 코크와 오러리 제5대 백작 존 보일[John Boyle, fifth earl of Cork and Orrery]의 번역을 참조했는데, 그의 번역이 후대의 경관 조성 개념에 다소 영향을 받았을 수도 있다.)

내부와 외부의 연결은 빌라 건물에서 보는 풍경, 오스티아 근처 바다의 다양한 풍경("너무나 다양한 풍경", "각기 다른 세 개의 대양")과 토스카나의 주변 경관으로 인해 그 효과가 강화된다. 이 모든 것은 폼페이의 작은 정원이 그림과 일련의 상상된 경관을 통해 제공하고자 했던 것을 보다 풍부하게 만들었다. 그런데도 소플리니우스의 토스카나 빌라 포르티코(portico)[10]와 이어진, "근처에 있는 플라타너스 나무의 녹음"이 드

9 [역주] 시각적 예술 작품을 언어적으로 묘사하는 고대의 수사법.
10 [역주] 기둥을 받쳐 만든 지붕이 있는 현관으로, '주랑 현관'이라고 부르기도 한다.

리워진 침실에는 나뭇가지 사이에 새들이 앉아 있는 나무가 더 많이 그려져 있다. 다양한 풍경("섬세하게 다양한 (…) 경치")은 먼 곳의 전망에 대한 풍성한 인상을 만들어 냈다. 그럼에도 "시골이라는 위치" 속에 있는 혹은 이와 대비되는 정원을 배치함으로써 소플리니우스에게 최고의 경험을 하게 한 곳은 토스카나의 빌라 단지였다. 이후 다른 작가들이 반복하고 특히 그 어휘를 모방한 유명한 구절에서 소플리니우스는 "자연만이 만들어 낼 수 있을 듯한, 어마어마한 둘레의 원형 극장(amphitheatrum aliquod immensum, et quale sola rerum natura possit effingere)"에 대해 썼다. 이 자연스러운 풍경은 자연에 의해 형성되었기에 풍경을 감상하는 사람은 기분 좋은 당혹감을 느끼게 된다. 몇 단락 뒤에 그는 "상상 가능한 모든 아름다움을 끌어 모은 풍경화"처럼 보이는 "진정한 전원"을 묘사했다. 이는 단순히 "자연스러운" 지형의 개입이라기보다는 다양하지만 중개된(mediated) 경관에 가깝다. 넓은 농업 경관과 숲의 개발된 경관("온갖 종류의 사냥감이 가득한")이 뒤섞인 인상을 남기는 곳에서 초지와 경작된 들판은 보다 정형적이고 장식된 정원 작업처럼 나타났다. 그곳에는 다듬은 산울타리, 말뚝 울타리, 동물의 "다양한 형상"을 한 토피어리, 회양목을 다듬어 자신과 정원사의 이름을 쓴 토피어리(로마에서는 정원사를 토피아리우스[*topiarius*]라고 칭했다)가 있었다.

다른 여러 빌라 소유자와 마찬가지로 소플리니우스도 자신이 소유한 영지의 명성을 널리 퍼뜨리고자 했고, 손님들이 방문하기를 원했으며(혹은 자신의 편지 속 에크프라시스적 묘사를 통해 '드러내고자' 했으며), 그곳을 자신과 손님들의 즐거움을 위한 장소로 만들고자 했다. 그의 편지에 나타난 묘사가 정확하든 아니든, 이는 여러 점에서 이상적인 영지에 대한 비전임에는 분명하다. 다른 로마인들, 특히 변경의 방대한 식민지에 있는 이들도 정원을 꾸미는 일을 자랑스러워했다. 어떤 곳은 귀족적이었고, 어떤 곳은 더 실용적이었다. 이런 정원 발굴 작업을 통해 로마 제국 곳곳에 흩어진 다양한 정원이 드러났다. 이는 모로코에서 튀르키예까지, 튀니지에서 잉글랜드와 독일에까지 이르렀다. 이들 유적은 영지를 얼마나 섬세하고도 정확하게 배치했는지를 보여 줄 뿐만 아니라 배치의 실제 사례를 소플리니우스의 편지보다 더 정확하게 알려 준다. 보통 정원 배치보다는 건물의 윤곽과 유적이 더 많은 관심을 받기 마련이다. 하지만 꽃가루 샘플이나 나무뿌리, 다른 고식물학적 증거물에 대한 뛰어난 조사와 더불어 고고학적 작업은 이 사라진 정원에 대해 상상할 수 있는 것 그 이상을 드러냈다. 또한 모형과 복원(도판 24) 덕분에 지금은 지면에 남은 자취만 겨우 알아볼 수 있는 장소에 대해서도 추측할 수 있

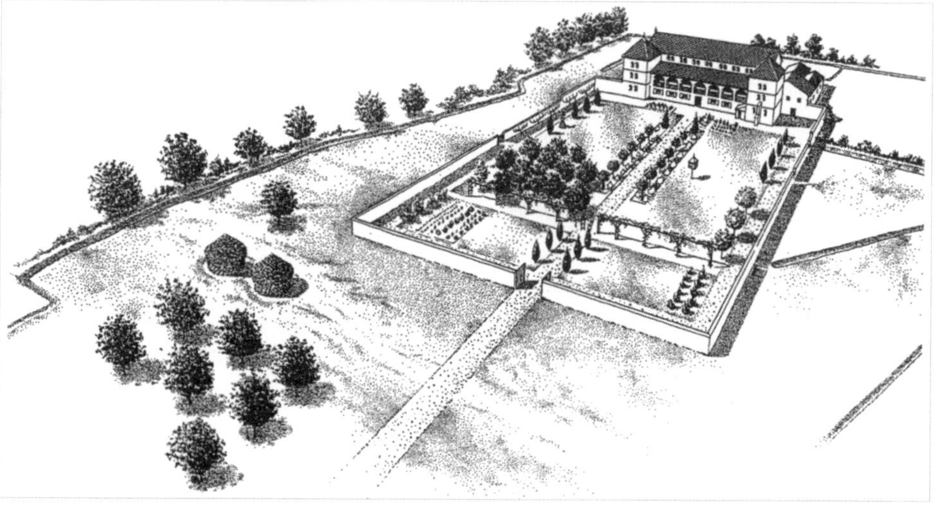

24 글로스터셔(Gloucestershire)주 프로스터(Frocester)의 4세기 로마 빌라와 정원 복원도.

게 되었다. 이는 높게 솟은 건물과 정원의 대비가 얼마나 중요했을지도 상기시켜 준다.

이제 지배 계층의 사례 중 선별된 것, 즉 로마 제국 전역에 넓게 분산된 증거와 공공 정원을 좀 더 살펴볼 수 있다. 이를 위해서는 문학 텍스트와 고고학적 대상지 그리고 르네상스 시대와 현대에 이루어진 복원을 참고해야 한다.[11]

유명한 황실 정원 세 곳과 빌라의 배치를 보면 그 상태가 불완전하긴 해도 거대한 규모를 과시하고자 했음을 알 수 있다. 티베리우스(Tiberius) 황제는 27년 로마에서 물러난 후 특히 해변 빌라에서 즐거운 시간을 보냈다. 그는 카프리섬에만 열두 채의 빌라를 소유했는데, 빌라 요비스(Villa Jovis)에는 가파른 절벽 테라스와 (오늘날에는 완전히 폐허가 된) 그로토가 있었다. 나폴리 근처 해안의 자연 동굴을 이와 비슷하게 개발해 연회장으로 만든 곳이 스페를롱가(Sperlonga)에 있다(도판 25). 동굴은 인공적으로 확장되었고, 바다 쪽으로 확장된 못과 정원이 구비되었으며, 분위기에 걸맞게 『오디세이아』

11 패러의 책 *Ancient Roman Gardens*는 A. R. Littlewood의 'Ancient Literary Evidence for the Pleasure Gardens of Roman Country Villas', in E. B. MacDougall, ed., *Ancient Roman Villa Gardens* (Washington, DC, 1987)에서처럼 논의된 정원에 대한 문헌 자료를 모두 언급하므로 유용하다. 한 로마 역사학자의 유명한 정원과 어떻게 그곳이 오랜 시간에 걸쳐 발견되고 해석되었는지에 대한 방대한 논의는 Kim J. Hartswick, *The Gardens of Sallust: A Changing Landscape* (Austin, TX, 2004)를 보라.

25 30년경 티베리우스 황제가 재개발한 이탈리아 스페를롱가의 동굴과 풀장.

26
64-68년 네로의 도무스 아우레아의 정원과 파크라고 여겨지는 것을 담은 조잡한 동판화. 초기의 호기심 많은 관광객을 위한 전형적인 안내서인 토티(Totti)의 『고대 로마의 초상(Ritratto di Roma antica)』(1627)에서 발췌.

의 장면들을 재현해 놓았는데, 오디세우스와 그의 일행이 거인 신 폴리페모스(조각이 하나 남아 있다)의 눈을 멀게 하는 장면도 있다.

네로 황제는 도무스 아우레아(황금의 집)를 팔라티노 언덕(Colle Palatino)과 에스퀼리노 언덕(Colle Esquilino) 사이의 계곡에 지었는데, 이후 도무스 아우레아가 있던 부지 일부에 콜로세움이 세워졌다(도판 26). 도무스 아우레아에도 시골풍의 그로토가 있는 중정이 있었으나, 넓이가 대략 50만 제곱미터 정도 되고 성곽으로 경계가 표시된 도시 속에서 넓은 시골 영지를 모방하여 설계된 파크가 주된 효과를 내었다. 옛 수로를 활용해 넓은 수역을 조성했고, 아래쪽으로 물이 떨어지는 일련의 분수로 물을 공급했다. 수에토니우스(Suetonius)[12]가 썼듯이 이 못은 "바다처럼 보였으며, 주변에는 도시 같은 건물들이 늘어서 있었다. 그뿐만 아니라 경작지, 포도밭, 목초지, 삼림이 있었고, 온갖 종류의 가축과 야생 짐승이 가득했다." 타키투스(Tacitus)[13]에 따르면 이 야생 속의 외딴 시골과, 상대적으로 경작이 이루어지고 인위적으로 활용된 풍경의 혼합은 "자연이 만들기를 거부한 것을 닮도록" 고안되었다. 사람들의 말에 따르면 네로 자신은 크게 감흥을 느끼지 못했지만, 그가 도망간 후 파크랜드는 대중에 개방되었고 그때 비로소 더 큰 경외심을 불러일으켰을 것이다. 파크 자체는 더 이상 남아 있지 않지만 건물의 흔적은 일부 남아 있어 오늘날에도 돌을 쌓아 만든 거대한 동굴을 볼 수 있다.

로마 세계에 지어진 빌라 중 가장 큰 것은 하드리아누스(Hadrian) 황제가 117-138년의 통치기에 티볼리에 지은 빌라일 것이다. 이곳에 대한 논의 역시 많이 이루어졌으며,[14] 조각 및 물과 관련된 요소가 복원된 덕분에 오늘날 이곳을 찾는 방문자들은 이 거대한 부지를 보다 잘 파악할 수 있다. 이곳은 빌라라기보다는 하나의 마을에 가까울 정도로 방대하지만 전체를 아우르는 구성 계획 없이 조금씩 배치되었다. 그럼에도 이는 후대에 영감을 주었고, 이후 빌라를 짓는 이들은 이곳에서 다양한 요소를 선택해 자신의 설계에 이용했다. 특히 세 가지 요소가 중요한데, 지형에 따라 지어졌고, 조각과 흐르는 물을 모두 이용했으며, 다른 먼 곳에 있는 일련의 장소들을 기념해 고

12 [역주] 가이우스 수에토니우스 트란퀼루스(Gaius Suetonius Tranquillus, 69-122). 로마 시대의 역사가.

13 [역주] 푸블리우스 코르넬리우스 타키투스(Publius Cornelius Tacitus, 56-120). 로마 시대의 역사가, 정치가.

14 William L. MacDonald and John Pinto, *Hadrian's Villa and Its Legacy* (New Haven, CT, 1995)가 주요 자료이며 이에 큰 도움을 받았다.

유의 게니우스 로키에 권위를 부여했다는 점이다. 이런 요소들은 르네상스 당시에는 지금처럼 눈에 띄게 인위적으로 꾸며지지는 않았으나, 그럼에도 16세기에 인근의 빌라 데스테(Villa d'Este)를 통해 고대를 훌륭하게 부활시키는 데 기여했다(6장을 보라). 데스테 추기경(Cardinal d'Este)은 골동품 전문가인 피로 리고리오(Pirro Ligorio)를 고용해 이 가파른 부지를 개발했고, 물을 이용해 다양한 효과를 드러냈으며, 근처에 있는 하드리아누스 빌라의 영향을 인정하는 동시에 티볼리와 추기경의 명망을 모두 드러내는 장면을 만들어 냈다.

빌라의 배치와 연상의 관점에서 하드리아누스가 남긴 특별한 유산은 선대 황제인 트라야누스 시기에 크게 확장된 로마 제국이 보유한 자산을 기념하는 것처럼 보인다. 하드리아누스는 먼 곳까지 여행했으며, 특히 그리스에 대해 감탄해 마지않았다. 그는 자신의 여행, 특히 로마 제국 동쪽으로의 여행을 재조성 혹은 시각화하기로 한 것으로 보인다. 한 라틴어 문헌에 실린 하드리아누스에 대한 글은 다음과 같다.

> [하드리아누스는-역자] 가장 유명한 장소들의 이름을 새겨 티볼리 빌라를 멋지게 짓기로 하고, 가령 리케이온(Lykeion),[15] 아카데미아, 프리타네이온(Prytaneion),[16] 카노푸스(Canopus),[17] 포이킬레(Poecile),[18] 템페 계곡(Vale of Tempe)[19]과 같은 유명한 지방과 장소의 이름을 붙였다. 그리고 빠트리는 것이 없도록 지하 세계도 만들었다.

이후 16세기 골동품 연구가들이 계속해서 빌라의 다른 부분에 명칭을 붙이며 이 방식을 이어 갔고, 각 부분을 먼 곳의 다른 장소와 연관시키는 이런 경향은 이후의 정원에서 자주 모방되는 관습이 되었다.

하드리아누스 빌라의 동쪽 계곡은 규모는 좀 축소되었어도 템페 계곡이라고 불릴 만하다. 이후 18세기 중엽 영국 라우샴의 프라이네스테 테라스[20]에서처럼 로마나

15 [역주] 아테네 교외 숲에 있던 교육 기관의 명칭. 아리스토텔레스가 이곳에서 철학을 강의했다.
16 [역주] 고대 그리스 도시 국가의 시청사.
17 [역주] 이집트 나일강 삼각주 지대에 있던 고대 해안 도시.
18 [역주] 제논 등의 스토아주의 철학자들이 교육을 한 아테네의 포이킬레 스토아를 말한다.
19 [역주] 그리스 테살리아 북부에 있는 계곡.
20 [역주] 로마 근처 팔레스트리나(Palestrina)에 있는 포르투나 여신 신전의 테라스가 있는 앞마당을 모델

27 티볼리에 있는 하드리아누스 빌라의 카노푸스.

28 현대에 만들어진 하드리아누스 빌라의 모형.

그리스의 장소를 모방한 사례에서도 그러했다. 조각상들이 줄지어 늘어선 수로(도판 27)를 이집트의 카노푸스에 대응시키는 해석은 그럴듯하지 않다. 카노푸스에는 알렉산드리아(Alexandria)와 카노푸스를 연결하는 운하가 있었는데 지금은 사라졌다. 부분적으로 파괴된 채 머리 부분만 남아 있는, 누울 수 있는 안락의자가 세 면에 붙은 식탁인 트리클리니움(triclinium)도 마찬가지다. 연회 구역이었던 트리클리니움은 카노푸스에서 숭배받던 나일강의 여러 신을 떠올리게 할 뿐 아니라 이집트에서의 음란한 사건을 반영한 것일 수도 있다.[21] 하지만 하드리아누스가 이 수로를 그렇게 보았을 가능성은 낮다. 수로 가장자리에는 카리아티드가 열 지어 서 있는데, 이는 아테네 아크로폴리스에 있는 카리아티드를 토대로 만들어진 것이다. 이곳에서는 악어 조각상도 발굴되었다. 하드리아누스는 여행을 통해 알게 된 장소들을 설계에 반영했을 텐데, 그렇다고 이를 복제하거나 특별히 이름을 붙일 필요는 없었을 것이다. 이 방대한 부지의 여러 부분에 이름을 붙일 필요를 느낀 것은 우리 혹은 그의 후손들일 테다. 아마도 이 무수히 다양한 것들을 확실히 하고 로마 제국의 흩어진 자산을 상상할 때 초점을 맞추기 위해서였을 것이다.

네로가 도망간 후 그의 도무스 아우레아는 대중에게 개방되었다. 이는 플루타르크가 기록한 율리우스 카이사르(Julius Caesar)의 생애를 떠올리게 한다. 셰익스피어의 『줄리어스 시저』[22]에서 마르쿠스 안토니우스(Mark Antony)는 카이사르의 암살에 대한 복수를 위해 군중을 일으킬 방책을 찾으며 그의 유언을 상기시킨다.

> 게다가 그분은 여러분에게 자신의 모든 산책로를 남기셨소.
> 테베레강 이쪽에 있는 그의 개인 정자와 새로 가꾼 과수원을요.
> 그분은 이를 여러분과 여러분의 후손에게 남기신 거요.
> 마음껏 걸어 다니고 쉴 수 있는 공공의 즐거움을 말이오.

로 삼아 지어졌다.

21 [역주] 하드리아누스 황제의 동성 연인 안티노우스(Antinous)를 암시한다. 그는 카노푸스의 나일강에서 익사했다. 그의 사후 하드리아누스는 안티누폴리스(Antinupolis)를 세우고 많은 조각상을 만들었다.

22 [역주] 셰익스피어의 희곡 작품은 영어식으로 표기한다. 3막 2장에서 인용되었다.

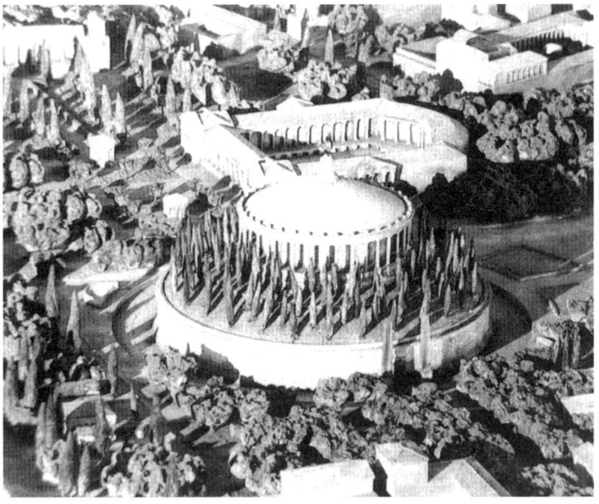

29
로마에 있는 로마 문명 박물관(Museo della Civiltà Romana)에 소장된 아우구스투스의 영묘 모형.

빌라 정원이나 폼페이와 헤르쿨라네움의 유적보다는 기록이 분명하지 않아도, 로마의 도시들에 공공 정원이 있었다는 것은 확실하다. 수없이 많은 정원이나 작은 과수원이 여관이나 선술집, 대중목욕탕, 묘원과 묘지에 있었는데, 그중 가장 유명한 로마의 아우구스투스의 영묘에는 봉분 주위로 상록수가 있었고, 주변의 파크랜드는 수에토니우스가 기록한 바와 같이 공원으로 개방되었다(도판 29). 정령들에게 바쳐진 성스러운 숲도 개방되었으나, 사람들은 로마의 다양한 **포르티코**에 있는 정원을 가장 자주 찾았다. 기원전 55년 폼페이우스 마그누스(Pompey the Great)[23]가 극장의 부속으로 지은 것이 가장 이른 사례 중 하나인데, 헬레니즘 양식을 원형으로 하는 지붕이 덮인 복도는 비나 뜨거운 태양으로부터 쉼터 역할을 하기도 하고, 또 근처 건물을 이용하는 이들의 만남의 장소로도 이용되었다. 폼페이우스의 포르티코에 있는 주변이 둘러싸인 정원에는 물, 조각상 그리고 시인 프로페르티우스(Propertius)[24]에 따르면 "다듬어져 열지어 선 플라타너스가 빽빽하게 심긴 대로"가 있었다. 대리석에 새겨진 로마의 지도 〈포르마 우르비스(Forma Urbis)〉가 200년에 대중에게 공개된 적이 있는데, 그 지도에

23 [역주] 그나이우스 폼페이우스 마그누스(Gnaeus Pompeius Magnus, 기원전 106-기원전 48). 로마의 장군이자 집정관.

24 [역주] 섹스투스 프로페르티우스(Sextus Propertius, 기원전 50?-기원전 15?). 로마의 시인.

이 장소가 기입되어 있었다. 여기에는 윗가지를 쳐낸 나무들이 줄지어 선 것이나 수반, 두 겹의 숲(numen duplex), 경계 바깥쪽을 따라 놓인 엑세드라(exedra)[25]로 추정되는 항목이 표시되어 있다. 시인 마르티알리스(Martial)[26]와 대플리니우스의 기록에는 다양한 식물이 여럿 언급되었는데, 그중 몇몇 식물은 관련된 신에게 바쳐졌다. 아우구스투스 황제의 아내인 리비아(Livia)의 포르티코도 유명한데, 이곳은 건물에 부속된 곳은 아니었던 것 같지만 그 나름대로 준공공 정원으로 쓰였다.

포르티코는 극장 외의 다른 다양한 건물에도 추가될 수 있었고, (오비디우스[Ovid]에 따르면) 성적 밀회를 포함한 다양한 사교 행사에 이용되었다. 스페인 메리다(Mérida)에 있는 부분적으로 복원된 대규모 사례에는 작은 도랑 혹은 수반이 포르티코 앞과 정원의 세 면을 따라 놓여 있다. 포르투갈의 도시 코님브리가(Conímbriga)에는 포르티코가 있는 목욕탕이 딸린 작은 정원이 여럿 남아 있다. 다른 사례로는 튀니지, 튀르키예, 아테네(하드리아누스가 세운 도서관 단지로 부속 정원에서 두루마리 책을 볼 수 있다), 프랑스 베종라로멘(Vaison-la-Romaine, 콜로네이드 너머로 부분적으로 발굴된, 물고기를 키우는 연못과 중앙의 섬이 있는 정원을 볼 수 있다) 그리고 잉글랜드 콜체스터(Colchester)에 있는 사원에도 포르티코가 있을 것이라고 알려졌다. 시인 오비디우스는 흑해로 추방당했을 때 로마에 남겨 두고 온 몇몇 정원을 애정 어린 마음으로 추억했다. 그는 아그리파(Agrippa)의 공중목욕탕에 있었던 정원과 그곳의 풀, 호수, 수로, 아름다운 정원을 회상했다('정원의 아름다운 광경[pulchros spectantis in hortos]'). 하지만 그는 유배지에서 기억해 낸 것이 아닌, 실제로 지어진 로마적 요소도 발견할 수 있었다. 이는 지중해 근방에서는 익숙한 풍경이었다. 왜냐하면 로마인들은 어디를 가든 그들이 가장 좋아하는 최고의 건물과 정원을 수 세기 동안 거듭해서 지었기 때문이다. 고대의 카르타고와 에페수스에서는 리비아와 모로코, 튀니스,[27] 크로아티아, 포르투갈에서처럼 발굴을 통해 기둥이 늘어선 뜰, 유리나 모자이크로 무늬를 만든 바닥, 분수와 줄지어 늘어선 분수, 사냥용 파크, 해변 빌라, 조각, 프레스코(리비아의 렙티스 마그나[Leptis Magna]에 있는 그림에는 기둥들이 줄지어 선 빌라 앞에 있는 호수에서 사람들이 뱃놀이를 하는 장면이 그려져 있

25 [역주] 반원형의 실외 벤치.

26 [역주] 마르쿠스 발레리우스 마르티알리스(Marcus Valerius Martialis, 40-104). 로마의 풍자 시인.

27 [역주] 튀니지의 수도.

30 리비아의 렙티스 마그나의 프레스코, 2세기.

다. 빌라 뒤로는 정원이 있다. 도판 30), 바다가 그려진 못 그리고 나무로 가득한 파크랜드에 위치한 저택에 있는 여러 모자이크가 드러났다. 북쪽을 보자면 안뜰에 정원이 있는 빌라는 프랑스 오랑주(Orange)와 생레미드프로방스(Saint-Rémy-de-Provence) 근처에서 볼 수 있고, 피레네산맥 근처 몇몇 곳에는 아주 거대한 부지가 있다. 독일의 트리어(Trier)와 쾰른(Köln) 인근의 시골은 대개 보다 소박하므로 시골에 필요한 요소(과수원과 채소밭)만 배치되어 있다. 영국에서는 치체스터(Chichester) 인근의 피시본(Fishbourne)에서 발굴된 궁이 가장 유명한데, 면적이 거의 4만 제곱미터에 가깝고 ('형식주의적[formal]'이라는 용어로 불리기도 하는) 정형식 정원, 기둥으로 둘러싸인 뜰, 텃밭 그리고 '자연적인' 구역이었을 것으로 보이는 곳이 있다. 다른 발굴 작업을 통해서는 템스강 가의 풀장이 있는 빌라(캐넌 스트리트[Cannon Street] 역 아래)와 글로스터셔주 프로스터에 있는 로마 제국 말기의 시골 빌라 위치가 드러났다. 보다 북쪽에 있는 지역의 기후를 고려해 특히 식재와 지형은 바뀌어야 했겠지만, 초기 로마 빌라의 일반적인 형식적 용어와 기반시설은 대부분 유지되었다.

로마 문화 도처에는 호화롭고 화려한 경관 조성에 대한 논쟁, 심지어 비판이 지속적으로 있었다. 사실 이는 로마 정원에 대한 논평의 익숙한 **토포스**가 되었다. 바로는 과시적이고 불필요한 호화로움에 반대했고, 마르티알리스는 다양한 정원을 설계하다가 먹고 잘 방도 필요하다는 것은 잊은 소유주를 조롱했으며, 대세네카(Seneca the Elder)[28]는 자연적 질서의 전도를 비난했고("자연과 불화하며 사는 것"), 소세네카(Seneca the Younger)[29]는 시골 한복판에 '자연스러운' 경관을 구축하는 것과 같은 온갖 종류의 경박함을 경멸했다. 후대로 갈수록 빌라의 기반시설은 더욱더 방대해져만 갔다. 플루타르크는 집정관(consul)들이 어떻게 "거대한 터널 위에 언덕들을 걸쳐 놓고" 바닷물로 집을 둘러싸게 만들었으며 지형을 다시 만들고, 테라스를 조성하고, 바위를 제거해서 예전에는 아무것도 자라지 않던 땅에 식재를 했는지에 대해 이야기한다. 그들은 [다양한 요소들을 아우르는-역자] '종합 조경(total landscapes)'을 고안해 이용할 수 있는 땅에 덧붙일 수 있었다. 특히 물고기를 키우는 못과 조류장(바로도 하나 소유하고 있었다), 수렵지가 인기 있었는데, 이 편의 시설들은 우아한 식사와 생활에 매우 중요했다. 네로의 도무스 아우레아와 같은 장려한 조경은 이러한 비난과 풍자에 기름을 끼얹는 격이었지만, 모든 로마 빌라가 이렇지는 않았다. 특히 보다 소박한 가정집이나, 허세를 부리거나 과시하지 않는 이들의 집은 더욱 그러했다(도판 31). 원예와 농장 가꾸기에 대한 초기 라틴어 문헌은 계속해서 이러한 활동에 대한 정보를 제공했고, 제국의 변경에 있는 식민지도 보다 실용적인 편의 시설을 갖추게 되었다. 이른바 야만 문화가 로마화되면서 황실과 지배 계층의 장소 만들기에 존재하던 보다 화려한 관습 중 일부는 채택되었더라도 다른 일부는 분명 없어지거나 변경되었을 것이다.

지중해 일대와 그 너머의 로마 제국 전역으로 정원이 확산되면서 정원 문화는 로마군이 임시로 주둔하거나 다른 국가를 다스리는 곳 어디에서든 자리를 잡게 되었다. 비록 먼 곳에 생겨난 정원이 로마의 정원을 그대로 반영하지는 않았다 하더라도 말이다. 하지만 여전히 많은 이가 정원을 만들었고, 특히 옥외 생활에 있어 정원 이용이 필수적인 기후에서는 더욱 그러했다. 이를 통해 후대 문화에서 정원이 크게 유행하게 된 이유를 어느 정도 이해할 수 있다. 로마 정원의 즐거움에 대한 흔적과 기억, 문학을 통한 예찬, 고고학적 유적이 그들에게 스며들어 있었기 때문이다. 18세기 초 알렉산더

28 [역주] 루키우스 안나이우스 세네카(Lucius Annaeus Seneca, 기원전 54?-기원후 39). 로마 시대의 작가.
29 [역주] 루키우스 안나이우스 세네카(Lucius Annaeus Seneca, 기원전 4-기원후 65). 로마 시대의 정치인, 사상가, 학자. 대세네카의 아들.

31 리첸차(Licenza)에 있는 호라티우스의 소박한 빌라 유적.

32 제이컵 모어(Jacob More), 〈호라티우스의 빌라 주변 풍경(View near Horace's Villa)〉, 1777.

포프(Alexander Pope)는 베르길리우스의 「전원시(Eclogues)」 제7편을 다시 썼고("이끼 낀 샘과 잠보다 부드러운 풀, 그리고 그대를 성긴 녹음으로 감싸는 월귤나무[Muscosi fontes et somno mollior herba, et quae vos rara viridis tegit arbutus umbra]"),[30] 헨델(Handel)은 그의 시구를 음악으로 만들었다.[31]

> (…) 지극히 행복한 자리로,
> 이끼 낀 분수와 푸른 휴식처!
> 그대가 걸음을 옮길 때마다 숲속 작은 빈터에 서늘한 미풍이 불고,
> 그대가 앉는 곳마다 나무들이 그 위로 그늘을 드리우리라.
> 그대 발걸음이 닿는 곳마다 꽃들이 얼굴을 붉히며 일어나고,
> 그대 시선이 닿는 곳마다 만물이 번성하리라.

포프 시대의 영국에서는 르네상스 시기의 로마에서처럼 로마의 유적을 체계적으로 탐구하지 않았다. 그렇지만 고대 로마의 (그리고 점차 그리스의) 정원을 재현하거나 새롭게 해석하려는 움직임은 분명히 존재했다. 캐슬 하워드(Castle Howard)에는 사원과 영묘가 있었고, 포프는 자신의 정원에 그로토와 오벨리스크를 만들었으며, 라우셤에는 다시 모아 둔 로마의 조각과 피라미드, 지하 회랑(cryptoporticus) 등을 만들어 고대의 기억을 되살렸다. 자신의 빌라에 대한 소플리니우스의 서한과 다른 글들이 1728년 로버트 카스텔(Robert Castell)의 『삽화로 본 고대인들의 빌라(The Villas of the Ancients Illustrated)』에서 번역되었다. 그는 "농업의 편리함과 이익뿐 아니라 은둔 생활의 즐거움"에 대한 고대 로마인들의 관심이 영국 문화에도 적합할 것이라고 주장하면서 평면 계획과 부지, 정원의 배치를 추정해 그럴듯한 도면을 제작했고, 라틴어로 된 묘사에 방대한 해석을 붙였다. 이 책은 벌링턴 백작과 다수의 후원자에게 헌정되었는데, 이는 이 책이 영국에서 활용되기 적합했음을 뒷받침한다. 특히 카스텔이 플리니우스의 두

30 [역주] 「여름(Summer)」의 구절.

31 [역주] 이 시기에 헨델이 작곡한 오페라 〈충실한 목동(Il pastor fido)〉(1712) 등을 암시한다. 헨델의 작업은 포프나 존 게이(John Gay), 존 휴스(John Hughes) 등의 시와 함께 당대 영국의 목가적 취미에 큰 영향을 미쳤다.

빌라를 위해 제시한 도면에는 자연적이고 비정형적인 공간이 넓게 포함되어 있었는데(도판 33), 그의 독자 중 몇몇은 자신의 시골 영지에 이런 배치를 참고하거나 모방해 두었을 것이다.

빅토리아 에마 페이건(Victoria Emma Pagán)의 연구서 『로마와 정원의 문학(Rome and the Literature of Gardens)』(2006)은 '고전적 관념과 자료가 현대 세계의 형성에 어떤 기여를 했는가'에 대한 총서의 일환으로 출판되었다. 리틀 스파르타에 있는 이언 해밀턴 핀레이가 제작한 〈공포 정치가 아폴론(Apollon Terroriste)〉이라는 조각상이 폼페이에 있는 도금된 큐피드의 집(House of the Gilded Cupid at Pompeii)의 정원 담 사이에 난 구멍으로 우리를 응시하는 표지는 상당히 도발적이다. 특히 핀레이가 고전적 세계에 대한 그의 해석을 통해 오늘날 우리가 경관을 대하는 관습을 흔들고 또 확장하기에 더욱 그렇다. 하지만 사실 페이건의 책은 그 총서가 주장하는 것처럼 고전적 자료가 정원에 대한 우리의 관념을 어떻게 형성하는가보다는 핀레이, J. M. 쿳시(J. M. Coetzee)의 『마이클 K의 삶과 시대(Life and Times of Michael K)』,[32] 캐럴린 포체(Carolyn Forché)의 시 「슈케이엔(縮景園, The Garden Shukkei-en)」[33]과 같은 현대적인 관념과 해석이 로마의 정원 세계에 대한 우리의 접근 방식을 어떻게 형성하는지를 더 잘 보여 준다.

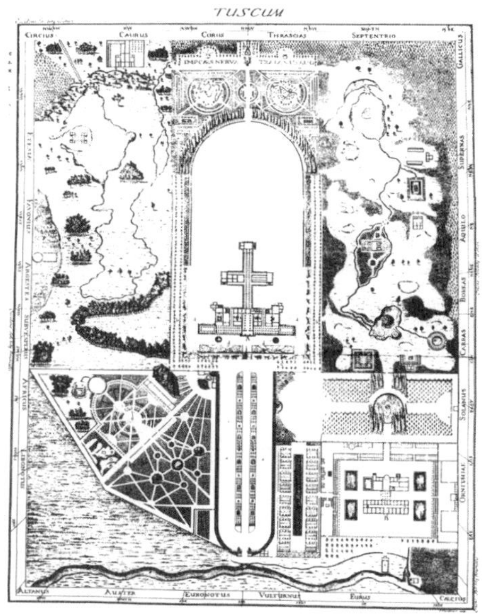

33 토스카나의 비탈에 위치한 소플리니우스의 빌라 영지를 상상해 재구성한 동판화, 로버트 카스텔, 『삽화로 본 고대인들의 빌라』(1728)에 수록.

게다가 2,000년이 넘는 시간 동안 정원의 관습은 우리가 로마 정원을 보는 시각에 영향을 미쳐 왔다. 폼페이 유적처럼 기록 속의 수많은 뛰어난 고대 장소들이 복원되면서 우리는 기둥이 다시 세워지고, 지붕이 다시 씌워지고, 퍼걸러가 다시 지어지고,

32 [역주] J. M. 쿳시, 왕은철 역, 『마이클 K의 삶과 시대』(문학동네, 2021).

33 [역주] 일본 히로시마시에 있는 정원.

수로가 채워지고, 식물을 다시 들여오고, 훌륭한 조각과 다른 인공물이 안전한 박물관으로 옮겨지고 모사되어 원래 있던 곳이 아닌 지점에 전시되는 것을 본다. 이러한 복원에는 문제가 없다. 특히 학자들과 학예사들의 엄청난 노고가 전제되었을 때는 말이다. 하지만 이런 로마 정원의 '내생(afterlife)'은 2,000년 동안의 다른 정원 예술과 경험을 통과하면서 왜곡되었다. 피시본 정원의 넓은 중앙 통로의 경계를 이루는 산울타리는 그곳에서 발견된 화단 도랑(bedding trench)의 선을 따라 회양목으로 다시 식재되었다. 우묵하게 들어간 반원형과 직사각형 모양의 벽감이 반복되어 나타나는 형태는 흔한 로마식 패턴이고 그 자리에는 (지금은 없지만) 아마 조각상이 있었을 것이다. 산울타리는 근사하고 이곳의 고고학적 조사도 확실히 뛰어나다. 하지만 부지불식간에 바로크 시대의 파르테르(parterre)[34]를 연상시키기도 하고, 또 무엇보다도 완전히 현대적으로 보이도록 관리되었음이 드러난다. 충실하게 복원된 '정통' 옛 정원에다 우리의 관리 기술과 우리가 생각하는 관습을 적용하는 것이다.

프로이트는 우연한 언급이나 면밀한 탐색을 통해 팔림프세스트 같은 여러 개의 층위(palimpsestial layers)[35]가 드러난다는 점에서 인간의 마음을 로마에 비유했다. 우리는 여전히 이러한 기억 속을 파고 든다. 도시의 현대적인 표면 아래에 있는, 때로는 고고학자들에 의해 드러나고 때로는 문학적인 파편으로 드러나는 로마 정원을 다시 방문하면서, 때로는 이러한 공간을 장식했던 조각상이나 다른 인공물을 마주하면서 오늘날에도 반향을 일으키고 있는 정원의 세계를 되찾는다. 이러한 정원들을 다시 조성하고자 하는 것은 분명 아니다. 물론 캘리포니아주 맬리부(Malibu)에 있는 J. 폴 게티 미술관(J. Paul Getty Museum)에는 로마 정원이 만들어졌고, 전 주이탈리아 미국 대사인 애스터 경(Lord Astor)이 1세기에 조성된 아그리파 포스투무스(Agrippa Postumus)[36]의 정원

34 [역주] 기하학적이거나 장식적인 문양으로 설계된 평평한 장식 화단. 정형식 정원에서 널리 쓰였다.

35 [역주] 종이가 발명되기 전 양피지를 사용하던 시대에는 앞서 기록되어 있던 원문자를 갈아 내거나 씻어 지운 후 다른 내용을 그 위에 덮어 썼다. 이러한 문서를 팔림프세스트라 한다. 앞서 기입된 내용이 완전히 지워지지 않기에 하나의 양피지에는 수많은 보이지 않는 층위가 생겨난다.

36 [역주] 로마 장군인 마르쿠스 빕사니우스 아그리파(Marcus Vipsanius Agrippa, 기원전 63-기원전 12)와 아우구스투스 황제의 딸인 대율리아(Julia the Elder, 기원전 39-기원후 14) 사이에서 태어난 인물. 유복자로 태어나 포스투무스라는 명칭이 붙었고, 후에 아그리파 율리우스 카이사르(Agrippa Julius Caesar, 기원전 12-기원후 14)라고 불렸다. 아우구스투스 황제의 후계자로 입적되었으나 난폭한 성정 때문에 추방되었고, 아우구스투스 황제 사후 살해되었다.

일부가 포함된 소렌토(Sorrento)의 부지를 구입해 로마의 조각과 조각 파편을 가져다 놓은, 식물들이 풍성하다 못해 웃자란 현대적인 정원을 확장하긴 했지만 말이다. 그럼에도 불구하고 수영장 근처든, 분수 옆이든, 퍼걸러 아래든, 정원 안의 조각상(난쟁이 조각상은 나중에 생기긴 했지만)이나 오락과 식사(바비큐 화덕)를 위한 장소, 혹은 도시 안에서 시골을 느낄 수 있으리라는 환상을 갖게 하는, 보다 넓은 풍경을 축소해 모방한 곳에서도, 우리는 로마인들이 서구 전역에 최초로 전파한 정원 개념과 여전히 연결되어 있다. 정원의 조성과 공공화의 측면에서 보면 그들은 최초의 근대인이었다.

4장

이슬람과 무굴 정원

로마 제국이 쇠락할 무렵 지중해 유역에서 로마 정원의 세계는 이슬람과 조우했다. 아니 오히려 이슬람이 로마 정원과 조우했다고 하는 것이 맞을 것이다. 하지만 7세기에 이슬람교가 생겨났을 때 로마 정원은 로마 문화 유적과 함께, 그리고 로마와 콘스탄티노플에서 온 유대인과 기독교인 사이에서 번성했다. 예를 들어 시칠리아 팔레르모에 있는 아랍계 총독의 저택은 기독교인 통치자였던 노르만 왕 루제루 2세(Ruggeru II, 재위 1130-1154)의 주택과 영지로 변모했다. 파바라궁(Palazzo della Favara, '분수'라는 뜻의 아랍어에서 유래) 부지의 유적은 별로 남아 있지 않지만, 기독교 왕국은 두드러지게 이슬람적인 건물과 정원 사이에서 번성했고 이곳의 사람들은 비잔틴과 아랍의 법이 섞인 행정체계의 통치를 받았다.

팔레르모에 남아 있는 두 군데의 정원 유적(도판 34)은 이러한 문화적 혼합을 보여 준다. 치사궁(Palazzo della Zisa)은 1166년에 구기에르무 1세(Gugghiermu I)의 명을 받아 지어졌고(17세기에 크게 개조되었다), 방대한 파크 안에 못을 마주하고 서 있다. 이곳의 이름은 '장려한' 건물이라는 뜻의 **알아지즈**(*al-'Aziz*)에서 유래한다. 물은 지상층의 중앙 복도에서 바닥에 있는 경사진 대리석 수로인 **샤디르반**(*shadirwan*)[1]을 따라 외부의 못으로 흘러간다. 그 물속에 있는 단 위에는 작은 파빌리온이 서 있다. 2층 방에서는 정

1 [역주] 이슬람교에서 신자들이 기도하기 전에 몸을 씻는 우두(al-wuḍū') 세정식을 하는 분수대.

34 팔레르모에 위치한 치사궁 내부 홀의 이완(iwan)[2]을 찍은 현대의 사진.

원과 그곳의 즐거운 광경을 내려다볼 수 있다. "이 왕국에서 가장 아름다운 소유물"이라는 구절이 아랍어로 새겨져 있고, "아름다운 거처이자 자신에게 잘 어울리는 기쁨과 장려함의 집에 있는 이 시대의 위대한 왕. 이곳은 지상 낙원이다. (…)"라고 이곳을 예찬한다. (대부분 폐허로) 남아 있는 다른 정원 건물은 쿠바(Cuba)인데, 이는 보카치오의 『데카메론』에서 해적들에게 납치당해 왕에게 바쳐진 한 숙녀가 등장하는 다섯 번째 날 여섯 번째 이야기[3]의 배경으로 활용되었다. 이 건물은 좀 더 뒤에 지어졌고 크기도 더 작다. 쿠바라는 이름은 '돔'을 뜻하는 아랍어에서 유래했을 것이고, 한때 장려했던 **무카르나스**(*muqarnas*, 장식용 둥근 천장)의 흔적이 남아 있다. 가운데 방에는 사각형의 실내 연못이 있는데, 그 바닥은 별 모양으로 장식되었고 분수가 있다. 이 건물과 주변, 유래에 대한 해설은 복잡하지만, 여기서 핵심은 아랍과 기독교 고유의 형태, 용도, 방문자가 완벽히 섞인 이런 유적들은 단순히 이슬람 전통으로만 이해하기보다, 아랍과 기독교적 요소가 혼합된 다층적 공간이라는 사실이다. 그리고 코르도바나 이스탄불과 같은 곳에 있는 다양한 역사적 시기의 이슬람 건물과 정원이 각양각색으로 활용되고 있는 모습을 통해 이것들이 신앙이나 이데올로기의 아이콘이 아니라 하나의 장소로 주로 이용되고 있음을 알 수 있다.[4]

하지만 이슬람과 무굴 정원으로의 여행은 스페인에서 시작해 동쪽의 이란과 인도 아대륙(亞大陸)으로 이동할 것이다.[5] 스페인-아랍 정원의 세계는 고대 로마의 유산

2 [역주] 세 면이 벽으로 둘러싸인 아치형 현관을 지칭하는 이슬람 건축 용어.

3 [역주] 나폴리 근처의 섬에 살던 귀족 아가씨를 시칠리아 청년들이 납치하여 팔레르모로 데리고 가 시칠리아의 왕 페데리코 2세에게 헌납하기로 한다. 왕은 그녀를 자기 정원에 있는 쿠바라고 하는 아름다운 저택에 머물게 했다. 그녀를 사랑하는 청년이 수소문 끝에 그녀를 찾아가 함께 화형당할 위기를 맞았으나 그들을 알아본 해군 제독의 도움으로 목숨을 구하고 결혼한다.

4 팔레르모에 있는 이 두 건물에 대한 논평을 해준 윌리엄 트론조(William Tronzo)에게 감사한다. 팔레르모의 초기 정원에 대해서는 Henri Bresc, 'Les Jardins royaux de Palerme (1290-1460)', *Mélanges de l'École française de Rome. Moyen-Âge, Temps Modernes*, 84 (Paris, 1972), pp. 55-127을 보라.

5 필자는 그라나다와 팔레르모, 이스탄불을 방문했지만 이 책에 언급된 다른 곳은 방대한 참고문헌 목록을 담고 있는 뛰어난 책인 D. Fairchild Ruggles, *Gardens, Landscape, and Vision in the Palaces of Islamic Spain* (University Park, PA, 2000)과 *Islamic Gardens and Landscapes* (Philadelphia, PA, 2008)를 참고했다. 또한 훌륭한 도면과 사진이 포함된 Luigi Zangheri, Bruella Lorenzi, e Nausikaa M. Rahmati, *Il giardino islamico* (Florence, 2006)도 참고했다. *The Dictionary of Art*, edited by Jane Turner의 항목도 도움이 되었다. 다른 문헌들은 이어지는 주석에서 언급하겠다.

35 팔레르모에 있는 쿠바의 동판화, G. F. 잉그라시아(G. F. Ingrassia), 『진염병에 대한 정보…(Informatione del pestifero...)』(1576)에서 발췌.

(공공 정원과 더불어 개인의 안뜰도)으로부터 영향을 받았을 뿐 아니라, 서쪽으로는 그 후에 이어진 아메리카 대륙에서 온 식물 재료의 무역, 동쪽으로는 르네상스 시기 동안 이루어진 궁의 이탈리아화로 인해 복잡해졌다. 동쪽의 이슬람 및 무굴 정원과 달리 스페인에는 장소에 대한 시각적·문학적 묘사가 거의 남아 있지 않다. 오늘날 그곳에 있는 정원 또한 오해의 소지가 있다. 식재가 바뀌었고, 후대의 취향에 맞추어 현대화된 것이다. 알람브라(Alhambra)의 사자의 중정(Patio de los Leones)에서처럼 정원의 층위도 바뀌거나 편차가 줄어들었다. 사방이 둘러싸인 정원이 새로 지어졌고, 더 이상 원래의 장소성을 쉽게 감상할 수 없게 되었다. 예를 들어 헤네랄리페(Generalife)는 세 군데의 요새 빌라 중 하나였고, 이들의 목적 중 일부는 알람브라를 방어하는 것이었다. 주변의 광대한 과수원과 농업지는 사라졌다. 영지는 알람브라보다 열두 배 넓었고, 소작지는 (코마레스궁[Palacio de Comares]에 있는 대사의 홀[Salón de los Embajadores]과 같이) 공식 연회가 열리는 거대한 건물군에 먹거리를 공급하는 농장과 같은 역할을 했다. 회의적인 역사적 시각에서 보더라도 그라나다에 있는 이 두 정원은 이슬람의 도시-궁과 빌라가 어떠했는지를 잘 보여 준다. 물론 오늘날에도 많은 이가 이곳을 찾는데, 다소 손상되었기는 해도

이곳이 초기 이슬람 정원 예술의 살아 있는 사례라는 점이 부분적인 이유일 것이다.

이슬람 정원은 6세기에서 10세기 사이 코르도바 주변의 비옥한 농업 지대에서 처음 생겨났는데, 이는 로마와 그곳을 통치했던 시리아의 우마이야(Umayyad) 왕조의 농업 관습 덕분이다. 정원은 칼리프와 그의 측근을 위해 조성되었다. 발굴되어 파악된 것은 일부분이지만, 코르도바 외곽에 있는 마디나트 알자흐라(Madinat al-Zahra)에 그 특징이 잘 나타난다. 이곳은 바그다드와 콘스탄티노플에서 온 장인들과 더불어 강제로 동원된 기독교인들의 노동력으로 40년에 걸쳐 지어졌으며, 동방에서 가져온 방대한 양의 건축 자재가 쓰였다. 이곳의 특징은 정교한 정원과 대규모 수력 공학, 광활한 파노라마 전경 너머로 보이는 풍경인데, 러글스(D. Fairchild Ruggles)는 이를 통치자의 권위를 재현하는 것이라고 평했다. 주변 경관을 향한 이 관대하고 권위 있는 시선은 이후 알람브라와 헤네랄리페 곳곳에 배치된 (우리라면 벨베데레[belvedere]라고 부를) 다양한 미라도르(*mirador*)[6]에서도 발견된다.

마디나트 알자흐라의 방대한 구역은 다양한 홀과 공중목욕탕, 모스크, 동물원, 병영, (조폐국이나 공방과 같은) 다른 많은 기능과 자율적인 행정 기관이 있는 궁이자 도시였다. 시에라모레나산맥의 비탈 쪽에 세 개의 테라스가 아래 방향으로 배열되었고, 각각 담으로 분리되어 있었다. 위쪽 정원은 궁에 사는 사람들을 위한 곳이었고, 가운데 정원에는 여러 작은 정원들과 과수원이 있었으며, 아래쪽 정원은 주택과 모스크 그리고 아마도 동물원으로 쓰였을 것이다. 이 동물원 주변으로는 해자가 둘러져 있고 새장과 이국적인 동물을 위한 우리가 있었다. 다리와 지하 수로를 통해 언덕에서부터 물을 끌어와 정원에 물을 대었고, 사용할 물을 정원 위쪽에 저장했다가 아래쪽에 있는 농경지로 배분했다(이 층위에 있는 수로 중 일부는 로마 시대의 것이다). 못과 수많은 수로, 정원 쪽으로 난 아케이드, 파빌리온, 안뜰이 있는 과거의 모습을 떠올리려면 상상력이 많이 필요하다. 이런 정원과 안뜰을 좀 더 잘 이해하려면 그라나다를 살펴보아야 한다.

(13세기부터 계속해서) 알람브라는 그 명성과 건물 계획이나 발전(한 유대인 가문 출신 고관[7]의 정원에 대한 열정을 포함해)의 불확실성, 그리고 이후 그 주변에서 쌓여 간 낭만적

6 [역주] '전망대'라는 뜻의 스페인어.

7 [역주] 알람브라는 유대인 고관인 유스프 이븐 나그랄라(Yusuf ibn Naghrallah)의 궁이 있던 자리에 세워졌다.

36 그라나다에 있는 알람브라의 도금양의 중정. 알렉상드르 드 라보르드(Alexandre de Laborde), 『픽처레스크 하고 역사적인 스페인 여행(Voyage pittoresque et historique de l'Espagne)』(1812)에서 발췌.

인 구전 설화에 압도당한 것으로 보인다(도판 36을 보라). 하지만 언덕 위에 있는 요새 부지는 인상적이고, 이슬람 해설자들은 사방을 내려다볼 수 있는 풍경이 있는 이 비옥한 지역을 예찬했다. 알람브라가 작은 정원이 딸려 있고 주변이 둘러싸인 안뜰이 이어진 곳이라면, 헤네랄리페의 정원은 언덕 아래로 이어지고 시골 풍경을 향해 시야가 열린 곳이다. 헤네랄리페의 주요 요소는 긴 수로 가운데에 분수가 있고 수로를 따라 네 개로 분리된 정원이 있는 수로의 중정(Patio de la Acequia)이다. 수로의 한쪽 끝에는 미라도르로 연결되는 파빌리온이 있다. 경이로운 물 계단이 언덕에서부터 이 주요 건물로 이어져 내려온다. 이탈리아의 빌라 란테나 카프라롤라를 떠올릴 수도 있지만, 이곳의 섬세한 바닥 포장과 물이 흐르는 부분에 가리비 모양의 장식을 한 양쪽의 난간, 통로가 주는 친밀감은 상당히 다르다.

알람브라에서는 도금양의 중정(Patio de los Arrayanes)과 사자의 중정이라는 두 정원이 가장 유명한데 각기 인접한 궁과 직각을 이루며 배치되어 있다. 도금양의 중정은 회의실과 한가운데에 분수가 있는 술탄의 접견실과 연결되고, 사자의 중정은 두 자매

37 그라나다에 있는 헤네랄리페, 수로의 뜰. 식재는 현대의 것이다.

38 알람브라, 도금양의 중정에 있는 물 분출구의 세부. 못에 코마레스 탑이 비친다.

39 알람브라, 사자의 중정.

의 홀로 이어진다. 도금양의 중정 중앙에는 직사각형 못이 있는데, 1520년대 베네치아 대사 안드레아 나바제로(Andrea Navagero)의 기록에 따르면 이곳에는 도금양뿐 아니라 오렌지나무도 심겨 있었고, 가는 물줄기가 바닥으로 흘러 들어갔다고 한다. 중정 양쪽 끝에 있는 원형의 수반에서는 작은 분수 줄기가 솟구쳐 오른다(도판 38). 중정의 한쪽 끝은 화려하게 장식된 대사의 홀로 이어지고, 세 면에 있는 벽감의 창으로는 넓은 풍경이 보인다. 이 방의 사방에는 우주와 천국, "모든 것을 내려다보시는" 신에 대한 호소, 그리고 술탄이 굽어살피는 일에 행사하는 권력과 "묵상을 하며 자유롭게 떠다니는 시선"의 관점에 대한 찬양을 종교적 관점에서 병치한 14세기 그라나다 출신 시인 이븐 루윤(Ibn Luyun)의 구절이 기입되어 있다.

그 이후인 14세기에 조성된 사자의 중정은 사분원으로 나뉜 형태다. 우선 주변보다 깊게 파인 화단이 설계되었고, 주변으로는 가느다란 기둥들이 연결되어 숲과 같은 회랑을 이룬다. 주변을 에워싸고 있는 풍성하게 조각된 스투코와 구멍이 뚫린 칸막이

벽으로 인해 실내 정원과 주변 건물이 서로 섞여 들어 통합된 공간 효과를 만들어 낸다. 오목한 못에서 솟아 나온 물이 정원 바닥에 있는 수로로 흘러가고, 정원 이름의 유래가 된 유명한 사자들은 분수의 '풍성한' 축복을 찬양하는 구절이 새겨진 수반을 받치고 있다(도판 39). 이 수반을 솔로몬 왕의 정원과 그가 시바 여왕을 위해 만든 사자들이 받치고 있는 왕좌[8]와 연관시키는 문헌들이 있지만, 중앙에 위치한 이 분수는 정원 안뜰에서 고유한 존재감을 유지한다. 이곳과 헤네랄리페의 구조에 짜여 들어간 수많은 구절들은 특별히 알람브라를 예찬하기 위해 쓰인 것으로, 이곳에 살던 이슬람교도들에게 이 건물이 어떤 의미를 지녔는지를 분명히 보여 준다.

(러글스의 책과 『이슬람 정원[Il giardino islamico]』[9]의) 이슬람과 무굴 정원의 평면도를 대강 보더라도 (지형적·사회적 이유로) 그 배치가 얼마나 다양한지 알 수 있고, 몇몇 기본적인 형태도 확인할 수 있다(도판 40). 대부분 다양한 격자, 사각형과 직사각형 형태로 배치되고, 그 안과 주변에는 보다 덜 엄격한 형태로 경작된 둘러싸인 공간이 있다. 하이르(*hayr*)라고 하는 이 공간은 사방이 둘러싸여 있으며, 그 명칭은 파빌리온을 가리키는 단어의 제유법적 표현으로 동물원과 같이 둘러싸인 공간을 나타내는 말로도 쓰인다. 정교한 관개와 수력 기계를 이용해 중심의 못과 배수 장치에 물을 공급해 방문자들을 시원하게 만들고 땅에 물을 댄다. 산책로는 관개 수로를 따라 놓이고, 이 길들이 정원의 형태를 규정한다. 화단이 대부분 산책로보다 아래에 놓여 있어 길을 따라 산책하는 이들은 그 너머를 볼 수 있고, 아래에 앉을 수도 있으며, 나뭇잎과 향기에 파묻힐 수도 있다. 지금은 사라진 스페인의 한 사례를 보면, 교차하는 수로 아래에 이를 지지하는 아치가 있어 방문자들이 그 아래로 걸어 다닐 수 있었다.

이러한 정원에는 네 부분으로 나누는 구성인 차하르 바그(*chahar bagh*)가 자동으로 적용된다고 가정하기 쉽지만, 사실 다양한 종류가 있으며 그 용어 자체도 다양한 형태

8 [역주] 「열왕기상」 10:18-20에 금으로 만든 솔로몬의 왕좌 이야기가 있으나 이를 시바 여왕에게 주었다는 내용은 없다. "임금은 상아로 큰 왕좌를 만들고 그것을 순금으로 입혔다. / 그 왕좌에는 층계가 여섯 개 있었고, 왕좌 등받이 윗부분은 둥글었다. 왕좌 양쪽에는 팔걸이가 있고 그 팔걸이 옆에는 사자가 두 마리 세워져 있었다. / 여섯 층계 양쪽에도 사자가 열두 마리 세워져 있었다. 일찍이 어느 나라에서도 이렇게는 만들지 못하였다." 솔로몬의 정원과 왕좌에 대한 이야기는 제라르 드 네르발, 이준섭 역, 『칼리프 하켐 이야기 / 시바의 여왕과 정령들의 왕자 솔로몬 이야기』(지만지, 2015)를 참고하라.

9 [역주] 각주 5의 내용을 참고하라.

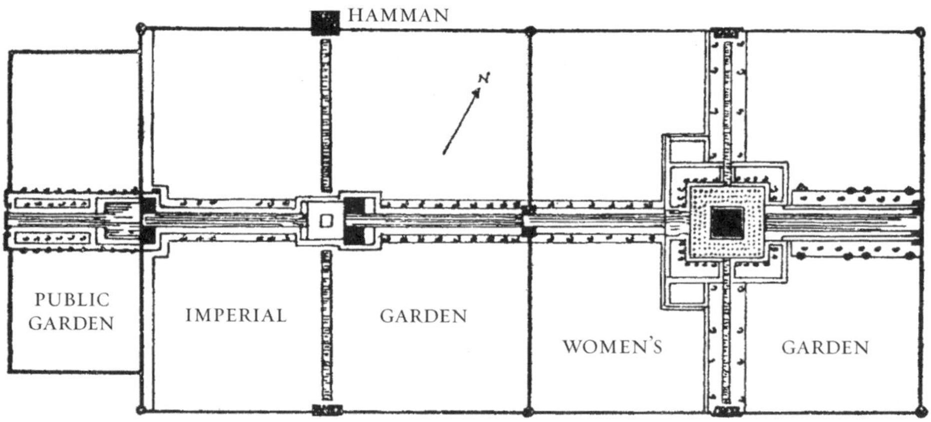

40 카슈미르의 스리나가르 인근에 있는 샬라마르 정원.

의 정원에 적용될 수 있었다. 실제로 1515년에 쓰인 페르시아의 농업 이론서에 차하르바그의 식재가 설명되어 있다. 이는 담으로 둘러싸여 있고, 두 개의 물길을 따라 꽃과 포플러 나무가 심겨 있다고 한다. 수로 중 하나는 파빌리온 앞에 있는 못 혹은 수조로 이어지며, 그 주변에 규칙적으로 심긴 과실수와 클로버 화단은 화려한 카펫처럼 보인다.

자주 언급되는 또 다른, 거의 신화에 가까운 이야기는 그 네 갈래로 나뉜 물길이 파라다이스의 네 강에 해당한다는 것이다. 하지만 이 개념은 한참 뒤에야 문학적인 해설에 나타났고, 유래나 의미가 확인된 바 없다. 그러나 파라다이스를 멋지고 즐거운 공간, 심지어 천상의 공간으로 언급하는 일은 다른 문제인데, 어떤 곳에서는 그 배치가 어떠한가에 상관없이 실제 정원을 지칭한다고 보고, 다른 곳에서는 파라다이스가 시간의 시작과 끝에 있다고 본다. 마치 신실한 이들을 위해 마련된 파라다이스처럼 말이다. 이븐 루윤의 논고는 빌라의 위치, 토양, 계절 기후, 농업 및 원예 도구에 초점을 두었는데, 주변이 둘러싸인 정원의 배치를 우호적이지만 아주 모호하게 언급한다.

> 정원 가운데에 놓인 집의 경우 방범과 배치의 이유로 주변보다 지대가 높은 부지가 권장된다. 집은 남향으로 하고, 한쪽에 입구를 두고, 위쪽에는 물탱크와 우물, 혹은 우물 대신에 그늘 아래로 물이 흐르는 수로를 두도록 하라. 그리고 집에 문이 두 개라면 더 안전할 것이고 거주자들에게도 편리할 것이다. (…)

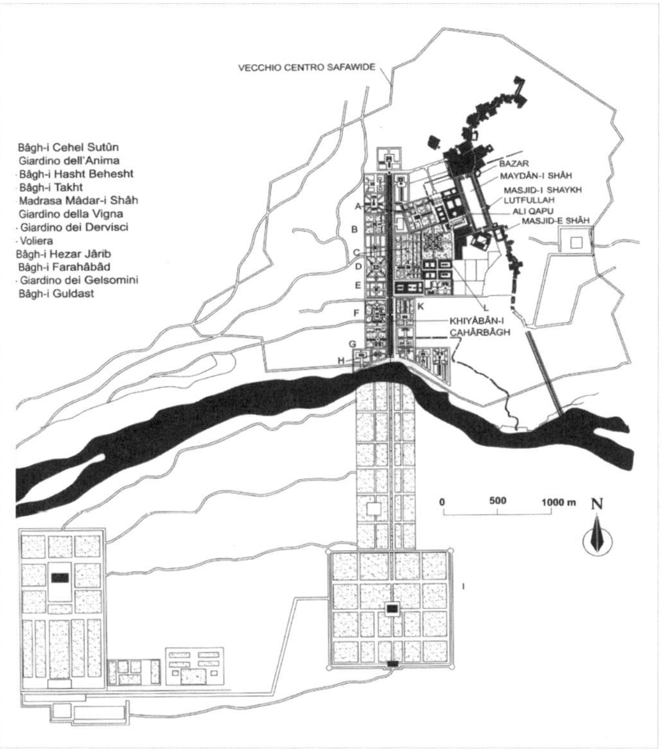

41
이란 이스파한의 차하르 바그.

그는 특히 보안 문제에 민감했는데, 이후에 그가 시에서 묘사한 높이 솟은 중앙의 파빌리온은 정원을 가로질러 다가오는 모든 사람에게 보인다는 장점도 있다. 그는 계속해서 다음과 같이 썼다.

> 저수지 옆에는 이파리가 떨어지지 않아 풍경을 즐겁게 하는 관목이 있고, 조금 떨어진 곳에는 다양한 꽃이 배열되어 있으며, 좀 더 먼 곳에는 상록수가 있다. 주변에는 덩굴이 기어오르고, 주변이 둘러싸인 이 구역의 한가운데에도 덩굴 식물이 가득하다. 그리고 덩굴 아래로는 정원을 둘러싸는 둘레길을 만들라. (…) 배경에는 무화과나 해를 끼치지 않는 다른 나무를 두라. 크게 자라는 과실수는 수반 형태의 분에 심어 완전히 자랐을 때 일조를 방해하지 않으면서도 북풍을 피할 수 있게 하라. 정원 가운데에는 앉을 수 있고 사방의 풍경을 볼 수 있되, 다가오는 사람들이 그곳에서의 대화를 엿들을 수 없고, 그곳에 다가오는 사람이 보이는 형태의 파빌리온을 두라. 식물로 정원을 장식하는 모든 방식을

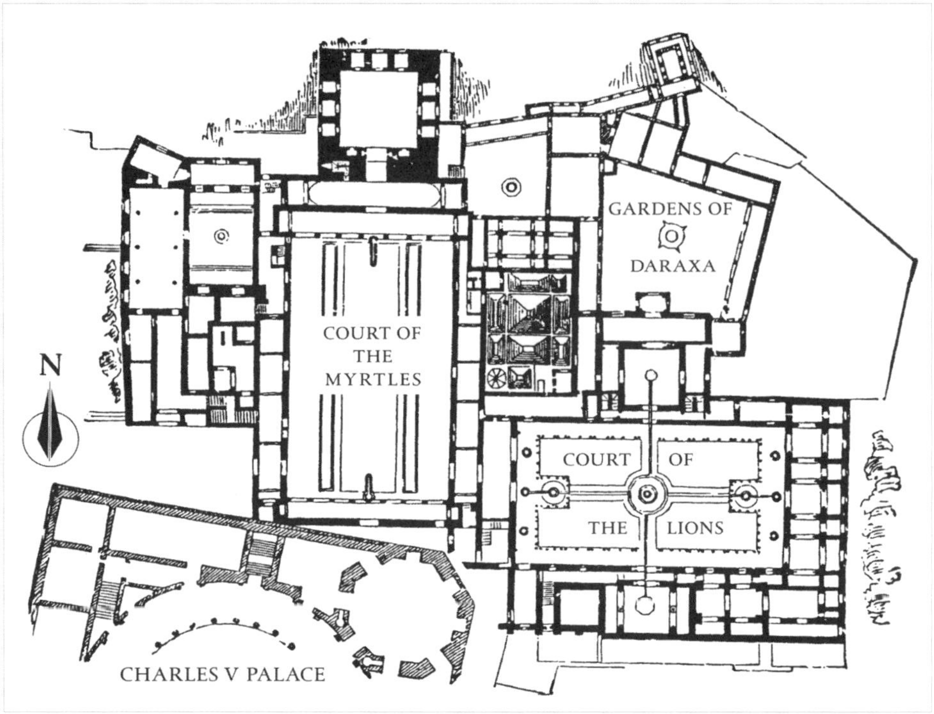

42 스페인 그라나다에 위치한 알람브라의 중심 구역.

따라 덩굴장미와 도금양이 붙어 자라게 하라. 그리고 폭보다 길이가 더 길어서 이를 바라볼 때 시선이 확장되어야 한다.[10]

아랍인들은 관개와 수력학에 특히 능했는데, 특히 노리아(noria)처럼 용기(容器)를 이용해 우물에서 물을 길어 정원 곳곳으로 보내는 기계 장치에 능했다. 이는 여러 필사본의 그림에 잘 나타나 있고, 시리아의 하마(Hama)에는 오늘날에도 작동하는 대형 노리아가 있다. 프로방스에 있는 노리아 정원(Jardin de la Noria)에서는 이 정원 이름의 유래가 된, 보다 작은 규모의 노리아가 정원에 물을 공급한다. 이곳을 설계한 현대의 디자이너들은 작은 직사각형 못과 파빌리온, 그리고 정원에 상당히 현대적 색채를 부여하는 화분과 벤치처럼 이슬람 정원을 떠올리게 하는 다양한 요소들을 제시했다(도

10 Oleg Grabar, *The Alhambra* (London, 1978), p. 123의 번역 발췌.

판 247). 파빌리온과 물은 대다수 이슬람 정원의 기본 요소로, 둘 다 다양하게 변화될 수 있고 종종 풍성하게 장식되었다. 하지만 정형적인 못과 수로뿐 아니라 구불구불한 수로도 있었다. 영국적 경관에서 나타나는 '자연스럽게' 굽이지는 실개천의 초기 사례인 이 수로는 11세기 코르도바와 이후 말라가(Málaga)의 정원에서 아주 중요하게 여겨졌다.

스페인과 시칠리아 정원의 정치적 뿌리와 기술은 근동과 중동에서 유래하는데, 오늘날 인도와 파키스탄에 해당하는 새로운 영토 또한 포함된다. 이슬람교가 생겨나기 전에 아랍인들은 오아시스에서 물과 그늘을 찾았다. 농업에서, 그리고 이어 정원 조성에서는 물을 발견하고 활용하는 방식을 통해 그곳의 푸르고 풍성한 세계와 주변의 사막과 산의 경관을 극명하게 대비시켰고, 이를 통해 그 장소의 성격이 결정되었다. 정원의 세계는 어떤 상징적인 의미를 지니기도 했지만, 더 근본적으로는 황량한 세계(혼돈, 경작의 결여, 적, 정원에서 배제된 것들)와 대비되는 관념(아름다움, 풍요로움, 질서, 안전, 지배 계층 후원자)들의 집합을 분명하고도 가시적으로 표현하는 곳이라는 점이 더욱 중요하다. 비록 오늘날에는 대부분 그 위에 다시 건물이 지어져 알아볼 수 없지만, 이슬람 문화의 농업 경관은 정원을 둘러싸고 있었고 또 정원의 토대가 되었다. 그리하여 정원은 농업 경관 속에서 번성했다. 튀르키예 또는 이즈니크(Iznik)의 타일과 인도의 실크, 세밀화와 카펫 장식에서도 나타나지만, 꽃에 대한 사랑은 세밀하고 정성스러운 경작을 특징으로 하는 이 문화권의 성격을 드러낸다. 유목 민족은 겨우 하루 이틀 밤을 머물 때에도 카펫을 펼쳐 즉석 정원을 만들었고,

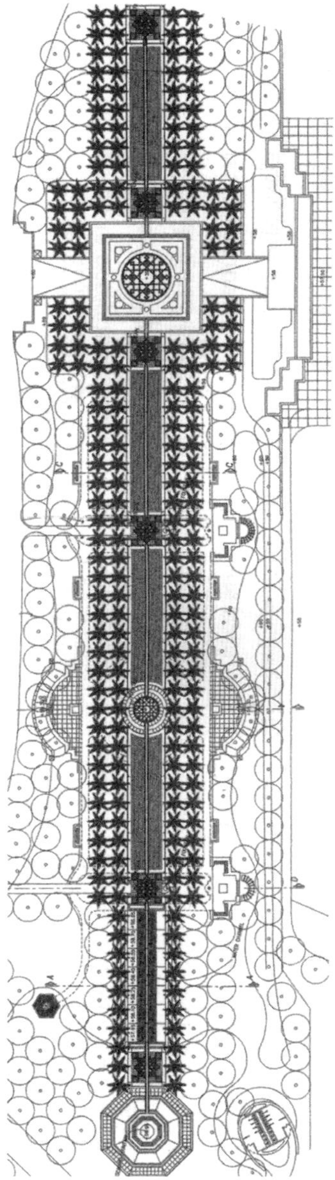

43 카이로에 있는 아가 칸 문화 재단의 알아즈하르 공원(Al-Azhar Park) 중앙 부분.

44 정원 카펫.

정원 카펫을 매우 소중하게 여겼다(도판 44). 정원을 조성하고 가꾼다는 것은 체제가 확실히 성립되었다는 표시이기에, 통치자의 권력은 정원의 건물에 나타나거나 그가 여행하는 동안 카펫을 펼침으로써 상상되었다.

발굴 조사를 통해 이란에서는 일찍이 7세기부터 정원 공간이 있었음이 나타났다. 그리고 정원은 오락 공간으로 활용되었을 뿐 아니라 14세기 페르시아 세밀화에서도 중요한 요소였다. 페르시아어에도 꽃의 이미지가 가득하다. 티무르(Timur, 탬벌레인[Tamburlaine][11]) 시대에 출간된 세밀화가 그려진 시집에는 말을 탄 한 방문자가 문 앞에서 있는 모습이 있는데, 뜰의 안팎에는 많은 꽃이 있고 바깥쪽 정원에 물을 대는 물길도 보인다(도판 45). 티무르 시대의 수도였던 사마르칸트에 있는 정원은 스페인 사절 루이 곤살레스 데클라비호(Ruy González de Clavijo)[12]가 광범위하게 묘사한 바 있다.[13] 티무

11 [역주] 티무르 대제의 별칭. '절름발이 티무르'라는 뜻.

12 [역주] 카탈루냐 출신의 여행가이자 작가(?-1412). 카스티야의 엔리케 3세의 대사로, 티무르에 특사로

르는 사마르칸트 외곽의 초지에 세운 즐거운 마음의 정원(Garden of Heart's Delight)[14]에서 그를 맞이했다. 하지만 데클라비호는 담으로 둘러싸여 있고 그 안에 과실수와 포도덩굴이 있는 다른 정원도 언급했다. 그곳에는 개울이 흐르며 정원에 물을 대고 산들바람이 불고, 뜨거운 기후의 햇빛을 가려주는 천막이나 차양 형태의 파빌리온이 설치되어 있었다. 이 정원을 본 다른 여행자로는 1300년의 마르코 폴로, 17세기의 장 샤르댕 경(Sir John Chardin)[15]과 토머스 허버트 경(Sir Thomas Herbert)[16]이 있다. 이들의 묘사는 열정적이고, 허버트의 경우에는 식물과 물을 능수능란하게 묘사하지만, 그럼에도 표현은 상투적이고 반복적이다("장엄함과 향기", "보기에 진귀하고, 향기는 달콤하며, 약용으로도 쓰이는 꽃들").

45 티무르 재위기의 세밀화, 1396, 수채.

사람들이 이러한 정원들을 방문하고 경탄하는 것 너머에는 바빌론의 유명한 공중 정원에 대한 기억이 있다. 일찍이 기원전 3세기 말에 이곳은 '산악 풍경'을 정밀하게 재현하는 높은 석재 테라스가 있는 궁으로 묘사되었고, 200년이 흐른 뒤에도 여전히 '식물이 심긴 인공적인 정원을 만들어 페르시아의 고유한 경관을 모방하고자 한' 왕이

파견되었다.

13 *Clavijo: Embassy to Tamerlane 1403-1406*, trans. Guy Le Strange (London, 1928). 다른 유용한 이야기는 Norah Titley and Frances Wood, *Oriental Gardens* (London, 1991)에 수록되어 있는데, 특히 이란과 인도 부분의 도움을 크게 받았다. Donald Newton Wilber, *Persian Gardens and Garden Pavilions* (Washington, DC, 1997)도 보라.

14 [역주] 바기 딜쿠샤(Baghi-Dilkusha)를 말한다.

15 [역주] 장 샤르댕(Jean Chardin, 1643-1713). 중동과 인도를 여행한 프랑스 출신 여행가로 영미권에는 원문처럼 John Chardin으로 알려져 있다.

16 [역주] 영국 출신의 여행가이자 역사가(1606-1682).

고안했다고 상상되었다. 이 공중 정원은 건축과 조경에 큰 영향을 미쳤으며, 이를 시각적으로 재현한 그림은 이곳의 이국적이고도 영감을 주는 공학적 요소를 포착하는 한편 그것이 구체적으로 어떻게 세워졌을지 상상해 볼 수 있도록 한다. 심지어는 마조레(Maggiore)호에 있는 이졸라 벨라(Isola Bella)처럼 꽃과 나무로 장식된 계단식 정원도 이 신화적인 장소가 현실 속에 재현된 듯한 인상을 주었다(도판 109).[17]

하지만 아프가니스탄과 인도에 있는 바부르(Babur)의 정원은 그가 젊은 시절 실제로 방문한 페르시아의 정원에서 영향을 받았을 것이다. 꽃과 정원을 가꾸는 문화는 티무르의 아들이 수도로 삼았고 바부르도 방문한 바 있는 이스파한(Isfahan), 타브리즈(Tabriz), 테헤란, (오늘날에는 아프가니스탄에 속하는) 헤라트(Herat)와 같은 이란의 도시에 널리 퍼졌다. 허버트는 아바스 1세(Shah Abbas I) 재위기의 이스파한을 보았는데, 그는 오늘날에도 도시의 중심 번화가로 남아 있는 **차하르 바그**를 조성했다(도판 41).[18] 이는 길이가 2,000미터가 넘고, 길 양쪽으로 꽃의 정원이나 나이팅게일의 정원과 같은 낭만적인 이름이 붙은 정원이 있다. 길가에는 플리티너스기 나란히 서 있고, 아래로 내려가는 **차다르**(*chadars*, 물이 흘러갈 때 질감이 나타나도록 물결 모양 장식을 넣은 경사로)에 있는 중앙 수로의 물은 자얀데(Zayandeh)강으로 흘러간다. 산책로 전체가 다른 사유지와 연결되고, 나무가 줄지어 선 대로는 물길 반대편에 있는 다른 정원으로 이어진다.

인도 정원의 전통적 지식에 대한 초기 기록은 힌두 서사시와 후대의 삽화를 통해 전해지지만, 이란에서 동쪽으로 확산된 정원 문화의 사례로는 바부르 황제와 1530년에 그가 죽은 뒤에 이루어진 그의 무굴 후계자들의 사례가 가장 유명하다. 그는 카불에 자신의 무덤 정원을 포함해 적어도 열 곳의 정원을 지었지만, 그의 작업은 바부르의 충절의 정원(Garden of Fidelity, 바기 와파[Baghi Wafa])을 묘사한 유명한 세밀화 한 쌍으로 가장 잘 알려졌다(도판 46). 이 정원은 카불과 페샤와르(Peshawar) 중간에 있었지만, 현재는 정확한 위치를 파악할 수 없으며 1508년에 지어졌지만 80년도 더 지난 후에야 그림으로 그려졌다. 그리고 그 이미지는 명백하게 아그라(Agra), 델리, 라호르(Lahore),

17 이 묘사는 Martin J. Price, *The Seven Wonders of the Ancient World*, ed. Peter Clayton and Martin Price (New York, 1988), pp. 42-46(김훈 역, 『세계 7대 불가사의』, 가람기획, 2002)에서 찾아볼 수 있다. 공중 정원을 상상하고자 한 이후의 시도에 대해서는 Jan Pieper, 'Die Natur der Hangenden Garten/The Nature of Hanging Gardens', *Daidalos*, 23 (1987), pp. 94-105를 보라.

18 [역주] 이스파한의 차하르 바그 대로(Chahar Bagh Boulevard)를 말한다.

46 〈충절의 정원을 설계하는 바부르(Babur Laying Out the Garden of Fidelity)〉, 1590년경의 그의 회고록 사본에서 발췌, 수채, 잉크와 금.

카슈미르에 계속해서 조성한 정원의 영향을 받았다. 따라서 그 화가는 16세기 초의 식재 상황을 기록할 수는 없었을 것이다.[19] 이는 바부르의 회고록에 들어갈 삽화로 그려졌는데, 그 글에서 바부르는 충절의 정원과 그곳의 (오렌지, 시트론, 석류, 장식용 식물과 실용 식물 사이의 구분이 거의 없는) 풍요로운 식재, 경사진 언덕을 따라 내려와 저수지로 흘러드는 물에 대해 썼다. 그의 문장 중 몇몇 구절은 세밀화에 기입되었다. 세밀화에 묘사된 것은 황량하고 바위투성이인 경관 속에 놓인, 담으로 둘러싸인 울창한 정원 공간

19 정원 그림과 다른 재료와의 관계를 읽는 기초적인 연구로는 James L. Wescoat Jr., 'Picturing an Early Mughal Garden', *Asian Art*, II/4 (1989), pp. 59-79를 보라. 바부르의 회고록에 대해서는 *The Baburnama in English*, trans. A. S. Beveridge (London, 1969)를 보라. James L. Wescoat Jr. and Joachim Wolschke-Bulmahn, eds., *Mughal Gardens: Sources, Places, Representations, and Prospects* (Washington, DC, 1996)도 보라.

이다. 그 너머에는 사슴 한 마리가 숨어 있는데, 아마 곧 사냥될 것이다. 커다란 붉은색 도표를 손에 든 건축가가 식물을 심는 일꾼들에게 지시를 내리며 정원을 배치하고, 바부르는 오른쪽에서 이를 지켜보고 있다. 정원사들은 화단에서 땅을 파고 식물을 심고, 나무에는 과일이 달려 있으며, 새들은 과일을 먹으려는 듯 주위를 맴돈다. 물은 수로를 지나 못으로 흐른다. 말과 방문객들이 정원 입구에 도착하고, 다른 손님들은 이미 들어와 군주의 시찰을 기다린다. 이 휴식의 정원은 즐거워 보일 수도 있지만, 정치와 행정이 이루어지던 중심지이기도 했다.

이 정원에서 느껴지는 정교함과 생생함도 16세기 후반의 화가들이 고안해 낸 정원의 **관념**(*idea*)으로 생각해야 한다. 바부르는 정원을 어디에 지을지와 정원이 그곳에 가져올 질서에 대해서 숙고했다. 하지만 이 이미지는 우리가 그곳의 실제 배치에 대해 알고 있는(혹은 예술가가 알고 있던) 것보다는 장소의 개념 자체를 시각적으로 기념하고 강조하기 위해 만들어졌을 가능성이 크다. 바부르의 『회고록』에 충절의 정원의 언덕이 언급되는 것으로 보아 정원이 계단식으로 설계되었음을 짐작할 수 있다(화가는 정원의 질서를 더욱 예찬하고자 그 구조를 그림에 드러내지 않았다). (바부르가 쓰기를) 중앙의 **차하르바그**는 과실수로 가득한 넓은 초지였다. 화가는 사분원 부분을 균형이 어긋날 정도로 크게 만들어 이를 암시적으로만 나타냈다(하지만 영국도서관에 있는 다른 이미지, Or.3714, folio 173b에는 못과 길을 따라 이어진 수로 아래로 이보다 더 넓은 초지가 나타나 있다). 화가가 충절의 정원의 대칭이 잘 드러나게 그린 것도 바부르가 지역 경관에 나타나는 무질서와 뒤죽박죽함을 싫어했기 때문일 것이다. 제임스 웨스코트(James L. Wescoat Jr.)는 바부르와 그의 후계자 악바르(Akbar)에 의해 "정형적인 기하학적 구조(formal geometry)가 정치적·문화적 통제의 엠블럼이 되었다"라고 말한다.

이슬람과 초기 무굴 제국의 정원에 대한 서술은 여러 가지 점에서 제약을 받고 있다. 우리는 실제의 특정 정원보다 정원의 관념에 집중하는 이미지에 지나치게 영향을 받곤 한다(이를 사실적 재현이 아니라 이미지로서 인식한다면 문제는 없다). 정원에서의 환대나 방문을 보여 주는 이미지라고 부르는 게 이해하기에 보다 유용하고 정확할 것이다. 바부르는 이후에 술을 끊었지만 술을 마시는 연회에 대해 썼다. 게다가 정원 고고학은 아직 발달하지 않았고, 그와 무관하게 정원에는 언제나 다양한 문제가 나타난다. 즉, 못과 수로, 테라스와 파빌리온이 있던 공간은 보다 쉽게 식별할 수 있지만, 식재의 위치는 파악되지 않거나 후대의 취향에 따라 다시 배치되었다. 그리고 무엇보다도, 우리는 타지마할(Taj mahal)처럼 더 나중에 만들어진 장소를 참고해 반응하는 경향이 있다. 여기에는 문제가 없다(모든 정원의 역사에서 그러하듯이 말이다. 10장에 나오는 18세기 초 영국에 대해 생각해 보라). 그 이후에 생겨난 일이 오히려 선행 사례처럼 보여 과거를 호도하는 경우만 제외하면 말이다. 한 사회의 관념이 아직 온전히 형성되지 않은 상태에서 그 관념이 재형성될 때, 내용을 예단하는 서술 때문에 정말로 관심을 가져야 할 순간을 놓칠 수 있다. 때로는 우리가 그곳에서 무엇이 생겨났다고 확신하는 탓에 초기 사례들의 갈피를 잡지 못하게 되기도 한다. 그리고 인도에는 무굴 제국 이전에도, 이슬람 문화와 접촉하기 훨씬 전부터 못과 나무, 그늘진 산책로를 포함한 정원의 오랜 전통이 있었다. 1200년경 술탄 피로스(Sultan Firuz)[20]는 델리 주변에 여러 정원을 조성했는데 아마 과일나무가 가득하고, 관개 시설이 있었을 것이다. 그리고 바부르 이전의 인도 중부(말라바[Malava]와 바흐마니[Bahmani] 왕국)에도 훌륭한 정원들이 있었다.[21]

인도의 무굴 제국은 1526년부터 영국이 마지막 황제를 폐위시킨 1857년까지 통치했다. 그동안 새로운 정원들이 인도 평원(아그라)과 카슈미르의 비탈에 나타났다. 바부르는 우물이 힌두스탄(Hindustan)에 물을 충분히 대기 위한 해결책이라고 보았으며, 꽃을 계속 공급하기 위해서도 우물이 필요했다. 그는 카불에서 여러 꽃 견본을 가지고 왔고, 인도를 지나오는 여정 중에 더 많은 것(협죽도, 바나나나무, 여러 감귤류)을 기록하고 가져왔다. 정원 만들기에 바부르만큼 관여하지 않았던 그의 후계자는 (전통에 따라) 자신의 묘지를 설계하고 짓기 전에 죽었다. 그래서 그의 아내는 이란의 **차하르 바그** 패턴을 따라 델리에 묘지를 조성했다. 그 중앙의 단 위에 높이 올린 영묘가 있고 아래에는 아케이드가 있으며, 네 개로 나뉜 부분은 다시 아홉 곳으로 구분된다. 그 아래로 난 길을 따라 흐르는 수로는 작은 사각 연못으로 이어졌으며, 전체 공간은 높은 담장으로 둘러싸였다. 후마윤의 무덤은 2003년에 복원되어 지금까지 전해진다(도판 47).

하지만 바부르 이후 정원 문화를 가장 크게 확장한 이는 1556년부터 1605년까지 재위한 악바르다. 그는 채색 필사본을 통해 바부르의 업적을 널리 알렸고, 아그라와

20 [역주] 피로스 샤 투글루크(Firuz Shah Tughlq, 1309-1388)는 델리 투글루크 왕조의 술탄으로 재위 기간 동안 수많은 건축물과 정원을 조성했다.

21 Prabhakar B. Bhagwat, 'The Gardens of India', at www.international.icomos.org/publications/93garden5.pdf.

47 후마윤 무덤의 돔에서 델리의 야무나 범람원을 향해 동쪽으로 바라본 풍경.

(1586년 점령한) 카슈미르에 자신의 정원을 조성했다. 그의 무덤은 규모가 매우 컸으며, 19세기에 그려진 그림에는 여러 개의 정원, 안뜰, 못, 분수, 건물이 있고 그림의 아랫부분을 따라 작게 그려진 정원사들이 보인다(도판 50). 악바르의 아들 자한기르(Jahangir)가 이를 완성했는데, 그는 증조부인 바부르로부터 정원에 대한 열정을 물려받은 듯하다. 그는 특히 카슈미르 지역과 그곳의 풍부한 꽃 문화를 좋아했다("카슈미르의 꽃은 셀 수도, 헤아릴 수도 없다"). 그곳의 샘과 산에서 흐르는 물 또한 인상적이었고, 형태는 정형적이지만 언덕을 따라 흐르는 캐스케이드(cascade)[22]와 폭포가 있는 긴 수로 형태로 개발되었다. 이는 카슈미르의 니샤트 바그(Nishat Bagh)나 아차발 바그(Achabal Bagh)에서처럼, 평탄한 지형에 적합한 중앙 건물과 그 주변에 부속 연못들이 배치되는 전형적인 패

22 [역주] '작은 폭포'라는 뜻으로 대개 여러 개의 단을 따라 물이 떨어진다.

48 델리에 있는 후마윤의 무덤, 1560년대.

49 후마윤의 무덤을 둘러싸고 있는 정원으로 들어가는 입구.

50 인도 아그라의 시칸드라(Sikandra)에 있는 악바르의 무덤 그림, 1870년경.

51 인도 자이푸르(Jaipur)에 위치한 암베르(Amber)궁의 마운바리 정원(Maunbari Garden), 17세기. 계단식으로 된 넓은 정원으로, 가장 윗부분이 **차하르 바그**로 설계되었다.

턴을 깨뜨리고 수로의 앞부분에 파빌리온을 배치하곤 했다. 이 구성을 따라 지어진 건축물 중에서는 무굴의 차기 통치자인 샤 자한(Shah Jahan)의 아내 뭄타즈 마할(Mumtaz Mahal)을 위해 지어진 타지마할이 가장 유명하다. 이곳은 야무나 강둑에 위치해 강 반대편에 있는 메타브 바그(Mehtab Bagh)의 못과 정원으로 시야가 확장된다. 아그라 강변 정원들의 관개 수요는 타지마할이 의존하던 수자원을 크게 고갈시켰고, 타지마할 경내도 영국의 통치 기간 동안 여러 차례 재작업되었다.

이슬람과 무굴 정원의 삶과 형태는 오늘날까지도 이어지고, 일부는 스페인과 시칠리아 초기 정원에서 보였던 특징과 문화적 동질성을 여전히 공유한다. 이를 보여 주는 세 가지 사례를 살펴보며 마무리하도록 하자. 하나는 뉴델리에 있는, 에드윈 루티엔스(Edwin Lutyens)가 총독 관저(현 라슈트라파티 바반[Rashtrapati Bhavan][23])에 조성한 영국과 인도 문화가 혼합된 모습의 장소이고, 두 가지는 카이로와 영국 브래드퍼드(Bradford)에

23 [역주] 인도 대통령의 공식 관저.

52 암베르궁 정원.

있는 아주 현대적인 사례다. 이집트에 새로운 이슬람 정원이 조성된 것은 놀라운 일이 아니며, 생각해 보면 브래드퍼드에도 이민자 인구가 많으니 이 역시 그러하다. 그렇지만 이 두 곳 모두 현대의 공원 부지에 이슬람 정원 예술을 재현하고 있다.

영국이 인도를 통치하면서 정원 문화에는 놀라운 혼합이 일어났다. 지역의 전통과 영국에서 수입된 사회적·원예적 관습과 설계 관습이 형태와 식재에 있어서 서로 경쟁했다.[24] 하지만 1900년경 거트루드 지킬(Gertrude Jekyll)과 같은 정원가와 함께 유럽에 정원 가꾸기에 신선한 영감을 불러일으킨 뛰어난 건축가 중 한 사람이 뉴델리로 초빙되었다. 영국이 1912년에 이 새로운 수도를 건설하기 위한 공사를 시작했을 때 루티엔스는 총독 관저를 지었고, 약 100만 제곱미터에 달하는 방대한 부지 안에 약 67만 제곱미터의 정원을 설계했다. 그 정원은 분명히 무굴 정원의 패턴에 영향을 받았고, 건축가는 이를 충실히 연구했다. 차하르 바그 형태였지만 무덤이 있을 법한 위치에는 사교

24 이에 대해서는 Eugenia W. Herbert, *Flora's Empire: British Gardens in India* (Philadelphia, PA, 2011)를 보라.

모임을 위해 잔디가 무성한 섬(grass island)을 배치했다. 직교하는 수로는 차도르처럼 표면에 질감을 부여하고 그 위로는 평평한 판석 재질의 다리가 놓여 있고, 둥근 원판이 서로 겹쳐진 형태의 분수는 "수련 잎을 암시하며", 계단은 "성스러운 저수지를 따라 놓인 산길처럼" 물 쪽으로 내려가며 이어진다. 하지만 이 장소는 너무 복잡하고 세부 사항에 압도당하는 듯한 인상을 준다. 반면 이 장소의 방대한 규모(풍경을 살피던 이슬람 술탄의 제국주의 버전)와 잔디밭, 축의 양쪽에 있는 여덟 개의 테니스장, 여러 화단이 동심원 형태로 배치된 원형 정원과 이를 지나 먼 곳으로 이어지는 축과 같은 영국의 전통에서 추려 낸 요소는 분명 (어느 정도) 영국인들에게 위안이 되었을 것이다(도판 53).

카이로에 있는 알아즈하르 공원은 이슬람적 모티브의 놀라운 집합체이지만, 구불구불한 길과 경사진 언덕, 운동장, 어린이 놀이터, 음식점들이 있고 인근의 저소득 주민들이 주로 이용하는 현대적인 공원 부지에 위치한다. 넓은 산책로가 공원의 중심으로 뻗어 있고, 움푹 파인 화단과 축을 이루는 수로, 분수, 다채로운 색의 석조물, 모더니즘적 순수함과 이슬람적 요소를 함께 녹여 낸 기하학을 보여 준다. 축은 도시가 내려다보이는 언덕 꼭대기에서부터 일련의 **차하르 바그**를 지나 이어져 내려가다가 오른쪽으로 이동한다. 이 두 번째 구간은 일련의 움푹 파인 정원을 지나 호숫가 바로 옆에 있는 카페로 이어진다. 북쪽 경계에 있는 산책로에서는 이 장소가 내려다보이고, 묻혀 있던 아유비드 왕조 시대의 담을 복원해서 이용했다. 공원의 고고학과 디자인은 모두 아가 칸 문화 재단(Aga Khan Trust for Culture)이 후원했으며, 사사키(Sasaki)[25]가 마스터플랜으로, 사이츠 인터내셔널(Sites International)[26]이 조경으로 참여했다.

브래드퍼드에 있는 리스터 공원(Lister Park)의 카트라이트 홀(Cartwright Hall) 바로 바깥쪽에는 무굴 정원이 있다(도판 54). 카이로에서처럼 이곳 또한 다소 이질적으로 현대의 공원 부지에 배치되었다. 하지만 지역 명사(카트라이트[27]와 리스터[28])와의 대화를 비롯해 그 근처에 있는 19세기 후반 공공 공원의 전형적인 배치와 장식으로 인해 이곳에 적용된 파키스탄에 대한 재현은 더욱 두드러진다. 어쩌면 영국 정원에 대한 기억을

25 [역주] 일본계 미국인 조경사 히데오 사사키(Hideo Sasaki, 1919-2000)가 설립한 설계 사무소인 사사키 어소시에이츠(Sasaki Associates)를 말한다.

26 [역주] 이집트의 조경 설계 사무소.

27 [역주] 에드먼드 카트라이트(Edmund Cartwright, 1743-1823). 증기 직기를 발명했다.

28 [역주] 조지프 리스터(Joseph Lister, 1827-1912). 외과의로, 살균 소독법을 완성했다.

53 인도 뉴델리에 있는 총독 관저의 정원에서 서쪽을 본 모습, 1912-1929. 루티엔스의 정원을 찍은 이 사진은 1929년부터 1934년까지 마드라스(Madras)의 영국 총독이었던 조지 스탠리 경(Sir George Stanley)의 부인인 레이디 비어트릭스 스탠리(Lady Beatrix Stanley)가 촬영했다.

54
영국 브래드퍼드에 있는 리스터 공원, 2001.

55
옥스퍼드셔주 버스콧 파크(Buscot Park)에 있는 해럴드 피토(Harold Peto)의 수로, 1904.

아시아의 경관 속에서 재현했던 영국인들처럼, 요크셔에 새로 이민 온 이들도 수로와 평판 다리, 분수(비록 현대의 안전 규정에 따라 못은 난간으로 둘러싸여 있고, 식재에서도 불가피하게 현지 원예의 분위기가 느껴진다)와 같은 파키스탄풍의 표현에 안도감을 느낄 수도 있을 것이다. 하지만 몇 세대가 지나면 브래드퍼드는 이러한 파키스탄에 대한, 여러 겹이 덧씌워지거나 심지어 잊힌 노스탤지어를 넘어서, 정원의 세계가 얼마나 포용적이고 다양할 수 있는지, 그리고 정형적인 디자인에 대한 호소가 얼마나 위안을 줄 수 있는지를 인식하게 하는 장소로 기능하게 될 것이다.

5장

서구의 중세 정원: 클로이스터부터 교외 뒷마당까지

서구의 중세 정원은 대부분 주변이 둘러싸인 공간이었다. 다른 경관들도 있었는데, 특히 파크는 대개 사냥을 위한 곳으로 사냥감을 가두기 위한 담이 둘러져 있었고(2장 참고), 『베리 공의 매우 호화로운 기도서(Les Très Riches Heures du Duc de Berry)』의 삽화에 분명히 나타나듯 넓은 농경지도 담으로 둘러싸여 있다. 그게 아니더라도 대부분의 중세 정원은 상대적으로 작고 경계를 단단히 둘렀다. 둘러싸인 공간은 정신을 집중하는 데 도움이 되었고, 거칠고 무서운 야생의 달갑지 않은 풍경을 가려 주었고, 침입자(사람이든 동물이든)로부터 지배계층을 보호했으며, 아주 소박한 장소라도 도난과 동물들의 침입으로부터 안전을 적절히 유지했다. 물리적으로는 제약이 있을지라도, 중세의 한정된 장소(enclave)와 관련된 관념과 연상은 방대하고 무한하다. 중세는 철저하게 '신비주의적'이고 '종교적'이었다고들 하는데, 이는 정원 조성과도 크게 관련이 있었다. 하지만 아주 실용적이고 실리적인 시도도 배제하지는 않았다.

물론 중세 정원은 시간과 장소의 측면에서와 같이 문화적으로도 독특하다. 하지만 역설적이게도 정원에서 매우 중시되고 오랫동안 공들여 만들어 온 개인적 공간에 대한 열망은 오늘날에도 중요한 동기로 작용한다. (엿보는 이웃도 없고, 아이들을 부모의 감시하에 두는) 오늘날 교외의 뒷마당과 개인적인 혹은 닫힌 커뮤니티(기업 본사나 교육 시설)에서는 보호받는 구역이라는 성격이 지속적으로 강하다. 하지만 이곳들은 과거의 장소보다는 연상의 범위가 훨씬 좁은 경향이 있다. 우리가 정원에 대해 가지고 있는 이미지와 관념은 중세 정원의 높은 담과 잔디가 깔린 앉을 곳(turf seats), 꽃이 우거진 잔디밭으로부터 멀어진 세계일 것이다. 하지만 자신의 땅과 개인적 만족의 장소를 유지하고 정교하게 가꾸려는 본능은 예나 지금이나 같고, 평화로움과 고요함이 주는 기쁨은 활동과 즐거움만큼이나 모든 정원의 핵심적인 요소다.[1]

중세 정원은 상상 이상으로 다양하다. 클로이스터와 귀족의 은거지, 숙녀를 위한 시원한 나무 그늘과 같은 익숙한 이미지, 혹은 「창세기」와 『장미 이야기(Roman de la Rose)』, 「아가」의 상징적이거나 알레고리적인 정원뿐 아니라 글이나 그림에 잘 나타나지는 않지만 농부, 방앗간 주인, 땅을 경작하며 살았던 이들의 작은 시골 소작지도 있다. 하지만 이런 토착적인 장소들은 대부분 남아 있지 않다. 다른 장소, 특히 수도원 공간에 있던 곳들은 사라진 정원의 이름이라도 전해졌지만 말이다. 특히 현대적으로 재조성된 프랑스의 여러 중세 정원들은 이러한 장소에 대한 우리의 생각을 새롭게 환기시켰다. 하지만 역사적으로 보면 우리는 구술과 시각적 이미지에 의존했으며, 그중 가장 생생한 정보는 중세 후기 시대의 것이다. 가장 기본적이고 익숙한 형태인 주변이 둘러싸인 장소와 다양한 용도로 쓰이는 안뜰이 수 세기 동안 살아남았음을 과소평가해서는 안 된다. 게다가 로마 아트리움의 유물은 이슬람 건물의 구내와 수도원의 클로이스터 형성에 형태적으로 강력한 영향을 미친 선례였을 것이다.

이번 장은 수많은 이미지와 관련된 텍스트에 대한 비평으로 접근하는 것이 가장 좋겠다.[2] 이를 통해 이 시기 동안 강조되어야 할 장소의 범위뿐 아니라 이를 뒷받침하는 가정도 제시할 것이다. 중세 정원의 이러한 **범위**(*range*)는 강조되어야 마땅하다. 이미지나 텍스트에서 가장 쉽게 눈에 띄는 주요 중세 정원들은 지배 계층의 공간, 즉 왕실 및 귀족과 기독교를 위한 장소였다. 중세 정원은 도시(town)에서 발견되고, 영주의 저택이나 성, 궁에 부속되어 있으며, 약초원, 카르투지오 수도회의 수도사를 위한 개인 정원, 중요한 소(小)수도원의 원장을 위한 피정 장소, 그리고 무엇보다도 공동의 주요 클로이스터처럼 수도원에서 활용하기 위해 설계된 다양한 공간에서 발견된다. 하지만 그림에는 소작지와 유용한 식량을 경작하는 데 필수적인 작은 규모의 토지도 자

1 과거와 오늘날의 둘러싸인 정원의 전통에 대해서는 Rob Aben and Saskia de Wit, *The Enclosed Garden: History and Development of the Hortus Conclusus and its Reintroduction into the Present-day Urban Landscape* (Rotterdam, 1999)와 Francesco Nuvolari, *Hortus Conclusus* (Milan, 1986)를 보라.

2 가장 유용하고 상세하며 컬러로 된 중세 정원 이미지 모음은 Marie-Thérèse Gousset, *Éden* (Paris, 2001)이라는 작은 책에서 찾아 볼 수 있다.

56 르네 당주(René d'Anjou), 『헛된 쾌락의 시련(Le Mortifiement de vaine plaisance)』(1470년경)에서 발췌. 방앗간 주인, 그의 방앗간과 소유물이 나타난 세밀화.

주 나타난다. 세밀화(도판 56)에 나타난 방앗간 주인은 초서(Chaucer)[3]가 묘사한 것처럼 튼튼하고 건장하지는 않아도, 작은 약초원과 가지를 바싹 쳐낸 과수원(둘 다 주변이 둘러싸여 있다), 견고한 방앗간을 유지할 수 있을 정도로 돈벌이를 잘할 것이다("실로 그의 엄지는 황금으로 되어 있었다"[4]).

보다 다양한 장면이 나타나는 다른 그림을 보면 일꾼들은 들판에서 쟁기질을 하고, 곡식을 베고(수확 시기를 고려하면 믿기 어렵지만), 양털을 깎고, 다른 농업 활동도 한다(도판 57). 한켠에 있는, 영주의 저택일 법한 곳 주변에는 실한 나무 둘레로 윗가지 울타

3 [역주] 제프리 초서(Geoffrey Chaucer). 잉글랜드의 작가이자 시인(1343-1400).

4 [역주] 『캔터베리 이야기(The Canterbury Tales)』의 일화. 정직하지 않은 방앗간 주인을 빗대어 표현하는 말.

리를 쳐놓은 주택 정원이 배치되었다. 누군가 큰 낫으로 풀을 베고 있고, 한 남자는 직사각형 모양의 화단을 파고 있으며, 한 여인이 '꽃이 핀 초지'로 보이는 곳을 산책하고, 마찬가지로 윗가지로 울타리를 친, 나무 두 그루가 있는 과수원이 있다. 멀리까지 보이는 풍경 속으로 시골의 모습이 나타나는데, (상상컨대) 이는 주로 소유한 영지와 활동을 정확히 드러내고, 다양한 땅 조각들이 모여 커다란 영지를 이루는 방식을 보여 준다. 또한 정원과 농업 활동이 얼마나 밀접하게 노동력을 공유하는지도 알 수 있는데, 몇몇 일꾼은 근처의 농장 건물에서 식사를 하고 있는 것처럼 보인다. 하지만 보다 광범위한 일상적인 활동과 풀밭을 산책하는 보다 편안한 여가 활동 간의 차이, 집에 기대어 놓은 과수 시렁과 그늘을 위한 나무 간의 차이는 눈에 띄게 두드러진다.

다른 이미지에는 정원이 소중하게 여겨짐에도 영지가 공격받거나 포위되었을 때는 소모될 수 있음이 분명하게 나타난다. 성 제오르지오(St. George)가 용과 싸우는 놀라운 장면을 보면 옆에는 구조를 기다리는 공주가 있고, 안전한 성으로 피신한 농민 무리가 이 대결을 지켜보고 있다. 성벽 아래에는 주변이 담으로 둘러싸인 정원이 있는데, 이곳에 있던 사람들도 잠시나마 몸을 피할 수 있었다(도판 58). 영주의 저택을 해자 안에 배치하면(도판 59) 해자가 성벽만큼이나 영지를 보호할 테지만, 정원은 안전 구역 밖에 위치할 수밖에 없다. 다른 이미지에는 곰이 벌집에서 꿀을 훔치려고 담장을 넘는 장면이 있다. 평화로운 시기에는 이 삽화에서처럼 농업 공간과 대비되는 의미에서 안주인의 지시하에 정원이 관리되고 심지어는 확장되었을 것이다. 다른 이미지에는 정원이 다른 생활 구역과 구별되고 높은 담으로 보호받았음이 분명하게 드러난다. 출입구는 특별한 진입 지점, 특권이 있거나 초대받은 이들이 안전하게 지나갈 수 있는 경계로 표시되며 도시 내의 정원(town gardens)에서도 호기심 많은 이웃의 접근을 막는다. 이 장면에서는 길 쪽으로 난 출입구가 활짝 열려 있는데, 이는 네 명의 정원사가 들어오게 하거나 호기심 많은 이들이 우아한 일련의 사각형 화단을 볼 수 있도록 하기 위함이다. 이는 일반적인 형태의 화단 배치였다(도판 60).

사회적 다양성(social diversity)은 정원 조성으로 유명하고 또 널리 알려진 인물인 피에트로 데 크레센치(Pietro de' Crescenzi)가 특히 관심을 가진 분야였다. 14세기 초에 쓰인 그의 『시골 생활의 이점에 대한 책(Liber ruralium commodorum)』은 처음에는 라틴어로 출간되었고, 이어 토스카나 이탈리아어로 번역되었다. 1471년부터 출간된 인쇄본은 도합 60종에 이른다.[5] 그의 논고는 네 개 언어로 작성된 100종 이상의 필사본으로

57
경작이 이루어지는 정원과 들판, 14세기의 『생토메르 시편서(St Omer Psalter)』

58 베르나르디노 마르티노리(Bernardino Martinori), 〈성 제오르지오와 용(St George and the Dragon)〉, 1420년대 말, 목판에 템페라의 세부.

59 〈3월〉, (『골프 기도서[The Golf Book]』라고 불리는-역자) 기도서의 한 페이지, 16세기.

60
피에트로 데 크레센치,
『시골 생활의 이점에 대한 책』
(1485년경)에 수록된 도시 정원.

남아 있고, 후대에는 삽화가 포함된 것도 있다는 점으로 보건대, 이는 분명 최초의 정원 가꾸기 안내서라 하겠다. 제8권(「정원과 즐거운 것들을 만드는 일에 대해…」)에서 크레센치는 왕과 "다른 저명하고 부유한 귀족"을 위한 정원과 "재산이 적당한" 사람들을 위한 정원을 구분했다. 하지만 그가 논의하는 재료와 기술은 정원 만들기와 관련된 보다 넓은 논제를 아우르며, 자급자족을 위한 먹거리를 주로 키우는 이들에게도 적용될 수 있었을 것이다. 그렇지만 계층과 지위는 정원과 그곳에서의 여흥과 오락의 범위 및 전시 방식을 결정했고, 이는 오늘날에도 크게 다르지 않다!

크레센치의 논고는 과수원과 정원뿐 아니라 농장도 다루며, 식물과 재배 및 가지치기, 들판과 토양의 준비와 활용, 포도나무를 비롯한 여러 나무와 약초(그는 제6권에서 이와 다른 채소들을 열거했다)의 재배, 가축과 사냥용 짐승, 목초지와 수풀을 아우르는 정원 이론과 실천에 대한 진정한 백과사전이다. 제8권은 '즐거운 정원'의 조성에 할애되

5 제8권의 번역과 이에 대한 논의는 Johanna Bauman, 'Tradition and Transformation: The Pleasure Garden in Piero de' Crescenzi's *Liber ruralium commodorum*', *Studies in the History of Gardens and Designed Landscapes*, XXII (2002), pp. 99-141의 도움을 받았다.

었다. 다른 모든 정원사처럼 그 또한 세 가지 주요 요소, 즉 부지 선정과 준비, 공간 구성과 적절한 편의 시설의 확충, 소유자의 지위와 재력이 허용하는 범위에서의 장식에 관심을 두었다.[6] 하지만 그에게 평면도와 스케치, 모형을 제작하는 정원 디자이너라는 현재의 관념은 적용되지 않았을 것이다.[7] 정원은 지역의 일꾼과 저택 관리인의 일이었고, 크레센치가 다양한 지침을 상세히 설명한 것도 바로 이러한 정원 조성자들을 위해서였다.

그는 명확했고, 추측의 여지를 거의 남기지 않았다. 그리하여 정원은 "풀만으로 만들어지거나, 나무로 만들어지거나, 아니면 이 둘로 만들어졌다." 그에게 있어 식물과 식재가 모두 중요한 재료였음은 분명하다.[8] 그는 토양을 엄밀히 설명하고 그 다양한 특징을 서술했다. 또한 꽃과 약초의 정확한 배치를 순서대로 열거했다("운향"은 색깔이 아름다우나 "맛이 써서 유해한 짐승들을 쫓아내기"에 권장했다). 그는 도랑과 가시나무와 장미로 된 산울타리(보다 온난한 기후에서는 석류 산울타리도 쓸 수 있다)로 둘러싸인 평지를 강조했다. 잔디밭 한가운데에는 나무가 없어야 하는데, 그렇지 않다면 무엇보다도 사람들이 나무 사이의 거미줄에 스칠 것이기 때문이다. 잔디가 깔린 앉을 곳과 그늘을 드리우는 나무뿐 아니라 "형태가 잡힌" 토피어리 나무, "집이나 텐트처럼" 형태를 잡은 퍼걸러도 권장했다. 무엇보다도 물이 공급되어야 했다. ("가능하다면") 맑은 샘물을 정원의 중앙으로 옮기면 정원 전체에 물을 댈 수 있다. 그는 부유한 소유자들에게는 다양한 작은 캐비닛(cabinet)[9]과 다른 쉼터뿐 아니라 "즐거움"을 위해 배분되고 구획된 산책로와 나무 그늘이 드리워진 정자(bower)를 만들 것을 권한다. 성채나 말뚝 울타리를 닮은 "살아 있는 나무로 만든 담"도 있을 것이고 축대 위에는 나무들이 있을 텐데, 이 모든 장치는 이후 바로크 정원이나 도시의 성곽에 사용되고 18세기까지도 계속 이용될 것이다.

6 이러한 방향은 현대의 작업에서도 여전히 중요하다. 가령 개럿 에크보(Garrett Eckbo)는 *Landscape for Living* (New York, 1950)에서 '표면, 둘러싸임, 풍부하게 함'을 주요 요소로 꼽았다(p. 6).

7 Raffaella Fabiani Giannetto, *Medici Gardens: From Making to Design* (Philadelphia, PA, 2008)에 나타난 중세 후기와 르네상스 초기의 '제작(making)'과 관련된 논의를 보라.

8 중세 정원의 식재에 대한 논의는 John Harvey, *Mediaeval Gardens* (London, 1981)에 훌륭하게 설명되었다. Teresa McLean, *Mediaeval English Gardens* (London, 1981)도 보라.

9 [역주] 작은 방, 사실(私室)을 뜻하는 건축 용어. 진귀한 수집품을 전시하는 경이의 방(cabinet de curiosités)이 이런 캐비닛에 속한다.

크레센치는 전적으로 실용적인 조원가였고, 정원사들에게 토지 설계를 할 때 선과 측량 도구를 이용하라고 권고했다. 정원에 대한 그의 지시와 제안을 통해 즐거움과 쾌락은 분명해졌고, 암시에 그치는 것은 없었다. 예를 들어 그는 알맞은 물 공급과 관수의 필요성을 계속 주장했다. 하지만 "그 순수함이 큰 즐거움을 만들기 때문에" 물을 "정원 한가운데로 돌릴 수 있다"라는 그의 말은 다른 주제를 암시한다. 제법 넓은 정원을 설계한 이라면 물을 용이하게 공급할 수 있다는 점을 높게 평가할 테지만,[10] 중세의 많은 이에게 정원 한가운데에 놓인 "순수하고" "즐거움을 위한" 물은 다른 것을 연상시켰다. 그들은 에덴동산(「창세기」 2:8-10)과 솔로몬의 「아가」(4:12-16)와 같은 성경 구절을 떠올렸다.

「창세기」의 이야기는 익숙하다.

> 주 하느님께서는 동쪽에 있는 에덴에 동산 하나를 꾸미시어, 당신께서 빚으신 사람을 거기에 두셨다. 주 하느님께서는 보기에 탐스럽고 먹기에 좋은 온갖 나무를 흙에서 자라게 하시고, 동산 한가운데에는 생명나무와, 선과 악을 알게 하는 나무를 자라게 하셨다. 강 하나가 에덴에서 흘러나와 동산을 적시고 그곳에서 갈라져 네 줄기를 이루었다.

중세 사람들은 잃어버린 에덴에는 모든 짐승뿐 아니라 보기에 탐스럽고 먹기에 좋은 "온갖 나무"가 있을 것이라는 생각을 떨칠 수 없었다. 그래서 타락한 인류는 이후 조성되는 정원에서 크레센치가 "풍부하고 다양한 훌륭한 나무"라고 이름 붙인 것을 회복하고자 애썼다. 하지만 성경에는 에덴의 땅에 정원을 위한 물이 있었다는 기록도 있다. 즉, 보다 넓은 주위의 영토에서 물을 끌어왔고 관수 이후에 물이 갈라져 네 줄기의 강으로 흘러 나갔다는 것이다("그곳에서 갈라져 (…)"). 성경 구절을 문자 그대로 반영한 훌륭한 필사본 삽화를 보면 담으로 둘러싸인 정원에 아름다운 분수가 두드러지는데, 이 분수는 (겉보기에 매우 작은 공간 안에 식재가 많지 않음에도 불구하고) 땅에 물을 대는 것으로 보이고, 배가 다니는 네 줄기의 강으로 바뀌거나 '나뉠' 것이다(도판 61).

하지만 이 그림에서 놀라운 부분은 공간을 차지하는 분수의 유쾌하지만 받아들

10 일찍이 『길가메시 서사시(Epic of Gilgamesh)』에서 바빌론 사람들은 그들의 파라다이스 정원을 '성스러운 샘 옆에 나무가 있는 곳'으로 묘사했다. 코란에도 물과 그늘에 대한 비슷한 언급이 있다.

61 존 맨더빌(John Mandeville)의『여행기(Voyages)』[11]를 위해 부시코의 장인(Maître de Boucicaut)이 제작한 필사본 삽화, 15세기.

이기 어려운 이미지다. 분수가 마법처럼 땅에서 끌어올린 물은 네 개의 배수구를 통해 강으로 분출된다(분수 테두리에 일정한 간격으로 배치되었는지와는 상관없이 그림에는 배수구가 모두 보이도록 배치되었다!). 그렇기는 해도 화가는 이 중요한 분수가 예찬되는「아가」 구절에「창세기」에 대해 자신이 이해한 바를 축약해 넣었다.

> 그대는 닫힌 정원, 나의 누이 나의 신부여. 그대는 잠긴 샘, 봉해진 우물. 그대의 새싹들은 석류나무 정원이라오. 맛깔스러운 과일로 가득하고 거기에는 헤나, 감송과 사프란, 창포와 육계향, 온갖 유향나무와 함께 몰약과 침향, 갖가지 최상의 향료도 있다오. 그대는 정원의 샘, 생수가 솟는 우물, 레바논에서 흘러내리는 시내라오. 일어라, 북새바람아! 오너라, 마파람아! 불어라, 내 정원에, 온갖 향료들이 흘러내리게! 나의 연인이 자기 정

11 [역주] 존 맨더빌, 주나미 역,『맨더빌 여행기』(오롯, 2014).

62
『쾰른 성경(Kölner Bibel)』[12]에 수록된 〈에덴에서의 추방〉(1479).

63
『인류 구원의 거울(Speculum Humanae Salvationis)』(1435)에 수록된 「아가」 삽화.

원으로 와서 이 맛깔스러운 과일들을 따 먹을 수 있도록!

여기에서 다시금 '온갖 향료들'의 나무와 관목이 있는 풍요로운 정원을 볼 수 있다.

하지만 사랑받고, 향기로우며, 순수하고("잠긴 샘"), 연인을 맞을 준비가 된 이를 예찬하는 사랑 노래는 모든 덕목의 원천이자 그리스도의 어머니인 성모 마리아를 위한 찬가로 읽힐 수도 있다. 이런 이유로 이 두 텍스트는 서로 얽히며, 남자와 여자가 추방되었고 분수나 관수 시스템이 없는 것으로 그려지곤 하는 태초의 정원(도판 62)은 이제 예배와 그리스도의 어머니라는 상징적인 분수를 통해 축복받는다(도판 63). 담으로 둘러싸인 두 개의 정원, 즉 곧 버려지게 될 정원과 사람이 살고 물이 공급되는 다른 정

12 [역주] 평신도들을 위해 1479년 출간된 독일어 성경으로 삽화가 다수 수록되었다.

64
팔라몬과 아르시테 이야기를 묘사하는 정원에 있는 에밀리, 프랑스, 1470년경.

원은 이제 합쳐진다. 그리하여 솔로몬의 분수는 뒤늦게나마 타락한 세계의 정원을 장식하게 된다. 「아가」를 위한 목판에서뿐 아니라 성모를 재현한 수많은 이미지에서 마리아는 계속해서 분수와 함께 묘사되는데, 이 분수는 그녀의 다산성(多産性)과 교회의 양육(nurture)을 상징한다. 하지만 정교하고 과시적인 분수는 종종 성모 마리아와 상관없는 다른 정원 풍경에서도 나타난다. 그렇기는 해도 이는 사랑과 관련된 행동에 젊음의 샘이라는 본래의 역할을 암시한다.

[『캔터베리 이야기』 중-역자] 정원에 있는 에밀리의 삽화에는 분수가 없으나(도판 64), 풍요롭고 무르익은 분위기는 계속된다. 초서의 이야기 속에서, 연인 중 한 사람이 그녀를 비너스라고 착각하고 그녀가 꽃으로 묘사되는 점("푸른 줄기에 핀 백합"처럼 아름답고 "장미꽃과도 겨룰 정도로 발그레한") 또한 이 장면에 적당히 기사도적인 분위기를 부여한다. 보카치오의 「테세이다(Il Teseida)」를 출처로 하는 초서의 「기사 이야기」[13] 중 화가가 이

13 [역주] 「기사 이야기」는 고대 아테네를 배경으로 하는 로맨스다. 테세우스는 아마존족을 정복하고 히폴리테 여왕과 결혼한다. 그는 히폴리테는 물론 그녀의 여동생 에밀리도 데리고 아테네로 돌아가던 중 테베에서 전투를 하고, 테베의 왕족이자 서로 사촌지간인 아르시테와 팔라몬을 포로로 생포한다. 아테네의 감옥에 갇힌 이들은 5월의 어느 날 정원을 거니는 에밀리를 보고 사랑에 빠진다. 아르시테는 테세우스의 죽마고우인 페로테우스의 도움으로 석방되었으나 신분을 속이고 아테네로 돌아가 테세우스의 궁

사건을 선택한 것은 팔라몬과 아르시테가 에밀리의 사랑을 두고 경쟁하는 것과 관련된다. 그녀가 정원에 앉아 있는 뒷모습을 감옥에서 엿보는 이들이 아마 이 연적들일 것이다. 이들의 경쟁과 비극으로 끝나는 결투(팔라몬이 살아남아 그녀와 결혼하고 아르시테는 죽는다)는 정원에 위험이 없지 않음을 암시한다. 푸른 하늘을 제외한 모든 것이 들어오지 못하게 가로막고, 정원 가운데에 있는 잔디 벤치에 앉아 보호받으며, 장미 트렐리스로 둘러싸여 있는데도 누군가는 여전히 그녀를 엿본다. 화가가 그녀를 (초서의 글에서처럼) 여기저기를 거닐기보다는 앉아 있는 모습으로 묘사했기에 그녀의 존재는 더욱 연약해 보인다.

이미 언급된 바와 같이 이런 작은 공간은 종종 담으로 둘러싸여 있는데, 이 경우에는 아치 형태로 된 입구가 있어 은밀한 내실(inner sanctum)에 있는 에밀리의 존재가 더욱 두드러지며, 그녀를 엿듣는 이들은 더욱 음험하게 보인다. 하지만 프라이버시와 접근성이 중요하다는 점은 『장미 이야기』의 서사에 잘 나타나며, 대단원에서 주변이 둘러싸이고 은밀한 장미 정원에 연인이 도착하는 것으로 묘사된다. 제프리 초서가 영어로 번역한, 연인이 그가 사랑하는 이를 찾고, 이해하는 법을 배우고, 마침내 사랑을 얻는 일에 대한 이 길고도 정교한 프랑스 서사시에서는 정원에서의 상징(무엇보다도 장미)과 더불어 실제 중세 정원의 물리적 설계와 제약이 중시된다. 초서의 영어를 현대어로 옮긴 F. S. 엘리스(F. S. Ellis)의 번역문(1900)으로 이 시의 한 부분을 살펴보자.

> 내가 엿본 정원은 거대하고 아름다웠으며
> 담이 성채처럼 주변을 에워싸고 있었다.
> 담은 높고, 단단하고 거친 돌로 지어졌으며
> 굳게 닫혀, 단단하게 빗장이 쳐져 있어
> 넓은 정원을 둘러싸고 있다.
> 나의 눈은 열렬하게 기뻐하고
> 견고하고 삼엄한 담에 나 있는

정에서 일한다. 탈옥한 팔라몬과 아르시테는 숲속에서 결투를 시작했으나, 마침 사냥을 온 테세우스에게 들키고 그의 중재로 각기 100명의 기사를 거느리고 마상 시합을 하게 된다. 아르시테는 승리를 거두지만 낙마 사고로 죽고 만다. 몇 년간의 애도를 거친 후 팔라몬과 에밀리는 결혼한다.

곧고 작은 쪽문으로 향했다. (…)

화자는 정원에 들어서자마자 이를 상세하게 묘사하는데, 정원은 이국적이고 다양한 나무들로 풍성하다. 정원의 꽃들은 이 풍요로운 모음에서 어떤 식물이 빠졌는지를 알아보려 하는 화자에게 쉴 틈을 주지 않는다.

그곳에서 찾아 볼 수 없는
꽃의 이름을 대는 건 어려운 일이고,
각기 아름다움을 뽐내었다.
장미와 노란 금작화 사이에는 푸른 페리윙클이 반짝이고
제비꽃, 팬지, 얼룩 무늬 파란 꽃,
다양한 색깔의 이름을 대지 않은 꽃들,
달콤한 향기의 붉고 옅은 장미.

믿을 수 없을 정도로 장대한 소나무 아래에는 분명히 "맑은 물이 흐르는 분수"가 있다.

어느 인간의 눈도 보지 못했으리라,
분명 그 어느 정원에서도,
그토록 크고 곧고 아름다운 소나무.
그리고 그곳에는 대리석으로
자연의 손이 가장 솜씨 좋게
소나무의 그늘 아래에 분수를 만들었다.

기적처럼 땅에서 물이 솟는 에덴동산의 분수 삽화처럼, 확연히 인공물로 보이는 이 분수도 "자연의 손"으로 "만들어진" 것으로 묘사되었다. 그리하여 기술과 자연이라는 두 가지 역할은 이 정원 예술에서 그 경계가 흐려진다.

연인이 마침내 장미를 얻는 이 시의 마지막 클라이맥스 장면이 어느 유명한 필사본에서는 주변이 둘러싸인 작은 장미 정원에서 벌어지는 것으로 그려지는데, 그곳에서 그는 지팡이를 든 순례자처럼 커다랗고 감미로운 장미에 다다른다. 하지만 이 대단

65 『장미 이야기』의 삽화에 나온 정원에 있는 궁정풍의 사람들, 플랑드르, 15세기 말.

원에 이르기 위해 연인은 많은 고난을 넘어야 하는데, 대부분의 고난은 그가 성의 문이나 굳게 닫힌 출입구에 다다랐을 때 알레고리적으로 제시된다. 여기에는 그가 극복해야 할 다음 장애물에 대해 경고하는 구절이 쓰여 있기도 하고, 문지기가 다양한 조언을 하며 길을 안내해 주기도 한다. 영국 박물관에 소장된 필사본 삽화에 그 전형적인 장면이 묘사되어 있다(Harley 4425, 도판 65). 다음으로 이어지는 문을 여는 열쇠를 쥔 한 여인이 문 앞에서 연인을 맞는다. 하나의 프레임 안에 이어지는 사건을 이야기하는 여러 이미지가 있기에, 그다음에는 문 안으로 들어온 연인이 보인다. 그는 담 밖에서는 엿볼 수 없었지만 이제는 볼 수 있는 정원으로 가는 길을 따라간다. 그렇지만 여기에서도 그는 정교한 아치 형태의 문을 통과해야 하는데, 문이 열려 있어서 마침내 그는 정원에 들어가고, 앞서 약속되었던 최후의 성공을 거둔다.

이 장면에는 여러 정원이 풍부하게 나타나는데, 정원의 알레고리적인 장치는 남아 있는 지배 계층의 정원 사례와 시각적 묘사의 모든 레퍼토리를 따른다. 정원은 둘러싸여 있고, 푸른 하늘과 새 떼를 제외한 벽 너머의 풍경은 차단되어 있다. 꽃이 만발한 초지가 있는 내부 정원은 높게 솟은 화단이 있는 다른 구역과 트렐리스로 분리된다. 나무에는 열매가 달려 있다. 음악이 연주되고, 숙녀들은 시를 읽는다(이는 중세 복장을 한 로마 시인 오비디우스가 꽃이 만발한 잔디밭에 있는 그의 책상 주변에 모인 연인 세 쌍에게 『사랑의 기술(Ars Amatoria)』[14]에 실린 구절을 낭송해 주는 다른 삽화를 떠올리게 한다). 『장미 이야기』의 과시적이고 정교한 분수 삽화는 "꽃이 만발한 초지"처럼 장식된 잔디밭의 한가운

14 [역주] 오비디우스가 쓴 총 세 권으로 된 애가.

66 베네치아 산타폴로니아의 클로이스터.

데를 차지하고 있고, 정원에 물이 공급되었다고 가정해 보건대, 물은 정원 담 아래의 수로를 지나 주변 지역으로 빠져나갔을 것이다.

기독교 세계에서 과거와 마찬가지로 오늘날에도 가장 쉽게 알아볼 수 있는 중세 정원은 클로이스터다. 몇몇은 여전히 사용 중이며 소중하게 가꾸어지고 있고, 다른 몇몇은 특히 헨리 8세의 수도원 해산령 이후 폐허 속에 남아 있다. 클로이스터는 자기 보호의 한 방식이자 종교적인 마음의 중심이다. 이곳은 하늘이라는 성스러운 영토만을 유일한 외부 경관으로 삼아 바깥 세계를 등지고, 그 둘러싸인 공간은 "내적인 삶"에 초점을 두어야 함을 분명히 한다. 교회에서 이루어지는 실제 의식과는 별개로, 클로이스터는 수도원 또는 수녀원의 상징적인 중심이다. 클로이스터의 크기는 다양한데, 필자가 가장 좋아하는 곳은 이제는 바닥이 포장된 베네치아의 (예전에는 산타 스콜라스티카[Santa Scholastica]였던) 산타폴로니아(Sant'Apollonia)에 있는 아주 작은 클로이스터다(도판 66). 이용자들은 비가 오거나 더울 때 그늘진 아케이드의 주위를 둘러싼 산책로에서 바람을 쐴 수 있고, 큰 클로이스터의 경우 운동하기에 충분한 공간을 제공한다. 정원 산책로에서 교차로가 갈라져 나오기도 하고, 꽃으로 장식되기도 한다. 중앙에 위치하며 공동체가 이용할 수 있는 가장 현실적이고 실용적인 수원인 우물은 교회의 이미지로서 솔로몬의 노래(「아가」)를 기리고, 에덴에서 물을 대던 방식이 인류가 타락한 후 이 세계에 회복되었음을 알리는 이미지로 찬미된다. 하지만 어떤 분수는 중세 이미지에 묘사된 것처럼 정교할 수도 있다. 팔레르모 외곽에 위치한 몬레알레(Monreale)의 클로이스터의 한쪽 구석에는 사방이 둘러싸이고 아름답게 장식된 정원이 있다. 한편 산타폴로니아에 있는 중앙의 베네치아식 우물은 보다 단순하다(사실 우물은 그 아래에 있는 물탱크로 연결된다. 여기에는 빗물이 모이는데, 물이 짠 석호 지역에서는 필수적인 작업이다). 규모가 큰 수도원 시설에는 장원 저택에서처럼 식용·치료용으로 사용하고, 약을 구하러 온 환자들에게 제공할 약용 식물을 위한 구역이 있다. 예를 들어 노스요크셔(North Yorkshire)주 마운트 그레이스 소수도원(Mount Grace Priory)에 잘 보존되어 있는 카르투지오회 수도원처럼 규모가 큰 시설에서는 수도원장에게 특별한 정원이 제공되고, 개인 수도사들은 각자의 방에 부속된 정원을 누렸다.[15]

여러모로 중세 정원을 오늘날 우리가 생각할 법한 것과 연결할 이유는 없다. 정원에 대해 우리가 연상하는 것은 「창세기」나 「아가」, 혹은 교회의 상징이나 성모 마리아를 암시하지 않는다. 정원은 더 이상 지배 계층의 여가를 위한 곳만이 아니다. 오늘날에도 여전히 구애, 심지어는 교제의 장소(*locus*)가 될 수는 있지만, 다른 장소에서도 그러한 활동을 할 수 있다. 심지어 그 공간에 연인과 단둘이 있고, 주변 사람들이 이를 못 본 척한다는 환상이 있는 공공 공원도 높게 평가받는다.

하지만 여러 방식으로 중세 정원은 계속해서 다양하게 활용되고 연상된다. 무엇보다도 개인 정원은 물론이거니와 시설에 있는 여러 정원도 모두 둘러싸여 있고, 종종 입장이 제한된다. 크레센치의 정원을 장식하는 아이템 목록은 여전히 유효하다. 요즘에는 잔디보다는 나무나 쇠를 쓰지만 앉을 곳은 필수적이다. 그늘은 유용하고, 퍼걸러와 트렐리스, 여러 형태의 화단과 같은 다양한 시설이 여전히 사용된다. 우리는 정원

15 베네치아에 이 모든 요소를 보여 주는 카르투지오회 수도원의 부조가 있다. 필자의 *The Venetian City Garden: Place, Typology, and Perception* (Berlin and Boston, 2009)의 도판 v.23을 보라. 이 책 5장에서 필자는 이 특별한 도시에 있는 교회와 수도원 정원의 다양성을 논했다.

67
르네 당주, 그가 있는 집 니머로 체커판 형태의 정원이 보인다. 『헛된 쾌락의 시련』의 필사본, 1458년경.

의 많이 손상되거나 관리되지 않을 것 같은 부분을 포장한다. 『헛된 쾌락의 시련』의 필사본에 있는 것과 같은 체커판 패턴(도판 67)은 여전히 높게 평가받는 구성 방식이다. 그뿐만 아니라 오늘날 여기저기 있는 원예용품 상점은 대개 이러한 재료와 아이디어를 제공한다. 특히 문이 달린 입구나 오늘날 교외 도처에 있는 개인 정원의 입구로 많이 쓰이는 덩굴 식물로 장식된 아치형 입구는 누군가의 개인 공간으로 들어감을 알려준다.

자신의 집과 정원이 성채라고 생각하는 것은 영국인만이 아니다. 다양한 장비(휴대폰과 블랙베리)의 방해를 받는 세상에서 사생활은 더욱더 필수적인 것으로 여겨진다. 이웃들은 여전히 집에 있는 작은 땅에는 초대를 받아야만 들어갈 수 있고, 그곳에서는 아이들과 어른 모두 안전하며 개인의 공간을 즐기고 엿보는 시선 없이 행동할 수 있다고 생각하는 경향이 있다. 여전히 정원은 크레센치가 주장했듯 우리가 꽃과 채소, 과일나무를 기르면서 즐거움을 얻는 곳이며, 보다 큰 문제나 믿음에 대한 의무감을 별로 느끼지 않는 곳이다. 물론 공동체 정원은 자신만의 위요된 공간을 소유하거나 빌릴 기회가 없는 이들에게 기회를 제공한다. 하지만 여기에서도 사람들은 일종

68 브르타뉴(Bretagne) 지방 피니스테르(Finistère)주에 있는 다울라 수도원(Abbaye de Daoulas)의 중세 정원.

69 일드프랑스(Île-de-France) 쿨로미에(Coulommiers)에 복원된 템플 기사단의 중세 정원의 버들가지 담장.

70
프랑스-부르고뉴 정원, 피에트로 데 크레센치의 『시골 생활의 이점에 대한 책』의 15세기 후반 삽화.

의 주인이 되었다는 자부심을 지니고, 자신만의 공간에서 자기 일을 하는 것을 좋아한다. 그리고 여전히 정원, 특히 넓고 다양한 정원은 친밀한 즐거움과 안전할 의무가 보장되는 장소를 제공한다. 〈뉴욕 타임스〉(2010년 5월 12일 자)는 하미드 카르자이(Hamid Karzai)[16]가 카불의 개인 정원에서 미국의 부통령과 일대일 회담을 했고, 워싱턴의 정원에서도 국무장관과 일대일 회담을 했다고 보도했다. 이는 중심부에 단을 세운 파빌리온이 있는 무굴 정원의 옛 활용 방식을 떠올리게 한다(4장을 보라). 그곳에서는 엿듣는 일이 방지되었고, 침입자나 방문자가 지나치게 가까이 오기 전에 그들을 포착할 수 있었다. 나의 필라델피아 이웃도 전화를 받을 때 전화기를 가지고 정원으로 간다.

16 [역주] 아프가니스탄의 정치인(1957-)으로 아프가니스탄 이슬람 공화국의 초대 및 2대 대통령이었다(재임 2004-2014).

6장

고대 정원의 형태와 쓰임을 재발견한 르네상스

정원 만들기는 인간 본연의 일이고, 원예는 도구와 과정 양쪽에 모두 깊게 관여한다. 게다가 수 세기 동안 새로운 정원을 '고안'하는 것은 전체적인 배치에서나, 개별 요소를 강조하는 일에서나 상당히 어려운 일이었다. '새롭게 하기로' 마음을 먹은 모더니즘 조경가만이 새로운 형태, 새로운 재료(상대적으로 훨씬 쉽다) 혹은 새로운 경험(이것도 비교적 쉬운데, 새로운 행위는 낡은 형태에서 새로운 반응을 끌어내기 때문이다)을 고안하고자 분투한 것은 아니다. 전문성을 확장하고자 하는 몇몇 모더니즘 조경가가 과거의 노력을 잊은 듯하게, 혹은 고의로 간과하는 것처럼 보이는 것은 놀랍기도 하고 재미있기도 하다. 그런 일을 한 것이 그들이 처음은 아니다.

이전의 작업을 못 본 체하면 건축가가 새로운 창조를 하기에 유리하다. 비록 지나고 나서는 역사가들이 현재의 작업에 잠재한 선례를 추적할지 모르지만 말이다. 정원 조성가들은 선례를 의식적으로 인지하지 않은 채 옛 정원의 형태와 활용을 '재발명(reinvent)'해 왔고 이는 매우 성공적이었다. 때로는 과거가 그들에게 제공했음 직한 것을 인식해 재구상하는 일도 가능하다. 조경의 역사를 보면 과거에의 호소, 혹은 그 실천에 대한 의도적인 무시를 통해 수많은 '새로운' 작업이 유지되었다. 초기의 관념과 형태는 재사용되었다. 실용적인 정원 구조물(내외부의 공식)인 아트리움은 적어도 로마제국 시기부터 이용되었고, 중세의 클로이스터를 거쳐 학교의 배치와 현대의 회사 본사에까지 나타난다. 차하르 바그(사분원)는 (특히 그 관념의 우아함 때문에) 계속 현대적으로 재작업된다. 고대 로마의 빌라 문화는 시골 영지와 저택에 영감을 주었다. 연극적 공간은 계속해서 장소의 물리적 배치와 수용을 묘사한다. 18세기에 '새로운' 영국 경관이라고 주장되었던 것은 결코 켄트나 브라운의 머리에서 완전 무장한 상태로 튀어나오지 않았다.[1] 하지만 이는 신선하고 혁신적으로 보였고, 이전의 정원 형태를 무시하거나 은밀히 차용했다. 하지만 이는 19세기에 과거의 형태와 양식에의 호소라는 일종의 반동을 야기했고, 새로운 배치와 새로운 사회적 쓰임을 생성하기 위해 옛 형태를 매우 의식적으로 이용하는 예술과 공예 운동(Arts and Crafts movement)의 품격 있는 창작물과 만나게 되었다.

적어도 14세기 말부터 르네상스는 고전적인, 주로 고대 로마의 형태와 쓰임을 부활시켰기에 그와 같은 이름을 얻었다. 이는 부분적으로는 과시적이고 결연한 선택이었다. 학문적 관심과 출판, 고고학적 조사, 건물의 설계와 건축은 정원 설계에 분명한 흔적을 남겼다. 대개 로마의 영향을 받아 시작된 이 흐름은 새롭고 이제는 식견도 생긴 그리스와 헬레니즘의 경험으로 보완되었는데, 이 또한 정원에 표식을 남겼다. 하지만 당시에는 다른 여러 문화들이 정원 조성가들에게 영감을 주거나 이들을 매혹했다. 그러나 이번 장의 주요 주제는 이탈리아의 르네상스 정원이다.

로마 정원이 대부분 완전히 사라졌기 때문에 이탈리아 르네상스 정원에는 몇몇 어려움이 있었다. 그럼에도 13세기 말부터 적어도 17세기까지의 기간 동안 여러 대안과 우회로를 통해 고대의 정원 문화가 탐색되었고, 그 시기에 이탈리아에서는 근대 세계에서 가장 아름답고 흥미진진한 새로운 정원이 놀랍도록 풍성하게 나타났다. 우리는 여전히 이 정원 중 상당수를 방문할 수 있지만, 로마 시대의 정원 조성에 대한 흥미의 부활이 여기에 어떤 영향을 미쳤는지에 대해서는 그다지 관심을 기울이지 않는다. 일부 정원은 몇 세기를 지나면서 규모가 확연히 더 커지거나 작아졌다. 하지만 빌라 데스테나 빌라 란테는 여전히 16세기에 되살아난 정원 문화의 강력한 사례로 남아 있다. 몇몇 정원은 과거에 조성된 것의 화석에 불과하고, 다른 정원은 보다 새로운 현대식 양식이 도입됨에 따라 변형되었다. 18세기 말에는 이탈리아 중부에도 새로운 '영국식' 정원 모델이 도입되었다. 영국의 이러한 형식은 부분적으로 이탈리아 르네상스 정원이 북부의 나라들로 확산되는 것에 대한 반동으로 나타났다. 고대 로마와 근대 초기

1 [역주] 완전 무장한 성인 여성의 모습으로 제우스의 머리에서 튀어나왔다고 하는 아테네 여신의 탄생 신화와 관련된 은유.

의 이탈리아가 이 새로운 '자연주의'의 진화에 어느 정도로 기여했는지를 온전히 파악하지 못했음에도 말이다.

이탈리아 르네상스 정원에 대한 전문 지식은 고대 문헌의 주의 깊은 독해에 토대를 둔다. 이는 오늘날까지 남아 전해지는 근대의 대상지나 고대의 유물(몇몇은 실제로 그렇지만, 다른 곳은 그렇기를 바라는 마음의 소산이다)과 결부되었다. 정원 만들기와 농업이 지극히 전통적인 활동이라는 점을 생각하면, 로마 정원과 빌라에 대한 고대 문헌의 서술을 통해 어떤 활동들이 여전히 일반적으로 사용되는지를 재해석해 볼 수 있을 것이다. 예를 들어, 계단식 조성(terracing)은 가파른 언덕에서 활용되던 고대의 농업 활동이었다. 관개와 물 공급은 모든 정원사가 해야 하는 일이었고, 가끔 작동하지 않는 경우가 있더라도 로마 수로의 유적이 도처에 있었다. 그리고 식재 자체는 수 세기 동안 이어진 경작과 관리의 관습을 지속시키는 것처럼 보였다. 윌헬미나 재셤스키(Wilhelmina Jashemski)[2]는 폼페이와 헤르쿨라네움에 대한 선도적인 연구와 탐사를 진행하면서(3장을 보라) 수 세대에 걸쳐 전수되었음 직한 전통을 지역의 장인들과 정원사들이 이어받아 작업하는 모습에 놀라움을 금치 못했다.

로마를 방문하는 이들은 고대 작가들을 참고할 수 있고, 안내서를 활용할 수도 있다. 한 이탈리아 작가는 자신이 쓴 안내서의 영문판 제목을 『이탈리아 본연의 영광, 유적, 그리고 재생(Italy in Its Original Glory, Ruine and Revival)』(1660)이라고 붙였는데, 대부분의 여행자가 이러한 삼중의 관점(triple perspective)을 취했다. 그들은 고대 정원에 대한 글을 읽고, 유적을 일부나마 보기를 바라고, 다시 조성되었다고 여겨지는 것에 감탄할 수 있었다. 조지프 애디슨은 잉글랜드[3]를 떠나기 전에 관련된 텍스트를 읽어 "고전 저자들에 대한 기억을 되살리는 데 주의를 기울였다." 일단 이탈리아에 도착하면 여행자들은 안내서나 지도를 살 수 있고, (정확하든 아니든) 고전 인물들과 관련이 있다고 믿게 하는 현지인의 조언을 받아들여 기꺼이 그 장소를 방문할 수도 있다. 엘리스 베리어드(Ellis Veryard)[4]는 로마의 에스퀼리노 언덕이 "마이케나스(Maecenas)[5]의 정원으로 유

2 [역주] 윌헬미나 메리 핌스터 재셤스키(Wilhelmina Mary Feemster Jashemski, 1910-2007). 정원 고고학의 개척자로 평가받는 미국의 학자.

3 [역주] 애디슨의 유럽 여행(1699-1704)은 1707년 잉글랜드 왕국과 스코틀랜드 왕국이 그레이트브리튼 왕국으로 연합되기 전이므로 잉글랜드로 표기한다.

4 [역주] 영국의 내과의로, 레이던과 위트레흐트에서 수학했다(1657-1714). 1682-1695년 사이에 곳곳

명"하다는 것을 책에서 읽어서 알고 있었다. 그리고 리처드 라셀스(Richard Lassels)[6]는 프라스카티(Frascati)에 대해서 "이곳에서 카토가 태어났고, 이곳에서 루쿨루스(Lucullus)가 즐거워했으며, 키케로(Cicero)가 수학했다"라는 것을 알고 있었다. 베리어드와 같은 이들은 그가 "키케로의 것이라 불리는 집, 거의 온전히 남아 있는 건물과 (…) 거대한 쓰레기 더미"[7]라고 묘사한 곳을 보러 갔다. 초기 여행자인 토머스 호비 경(Sir Thomas Hoby)은 몰라(Mola) 인근에 있는 키케로의 빌라에 갔고, 존 레이먼드(John Raymond)도 "키케로가 그의 수많은 친밀한 서한을 쓰던 그로토"에 갔다. 키케로가 실제로 그곳에서 편지를 썼는지 아닌지는 그 장소가 그러했다고 하는 주장보다 덜 중요하다. 호비가 단언했듯 몰라의 장소에 "뛰어난 정원이 가득했다면", 그것이 "원래의 것"이었는지는 의심스럽지만 진짜처럼 보였을 것이다. 진정성(authenticity)은 방문자들의 마음속에 크게 자리 잡았다. 애디슨은 이탈리아의 풍경을 "시인들이 아낌없이 부여한 풍경"의 관점에서 보았기에 고대 시인들이 근대 화가들에게, 그리고 이어 그 자신의 인식에 미친 삼중의 관점에 영향을 받았다.

마침내 여행자들을 위한 안내서가 나왔고, 여기에는 자코모 라우로(Giacomo Lauro)의 『장엄한 고대 도시(Antiquae Urbis Splendor)』(1612년과 이후의 판본)에서처럼 고대와 현대의 정원 이미지뿐 아니라 고대의 장소를 복원한 이미지도 수록되었다. 고대의 장소들에 대한 묘사는 대체로 정확하기보다는 대중의 기대를 따른 것이었다(도판 71). 작

을 여행한 뒤 『저지대 국가들과 프랑스, 이탈리아, 스페인, 시칠리아와 몰타섬, 또한 레반트 (…) 여행길에서 쓴 지리적·역사적·정치적·수학적·물리적·정신적이고 선별된 다양한 논평(An account of divers choice remarks, as well geographical, as historical, political, mathematical, physical, and moral; taken in a journey through the low-countries, France, Italy, and part of Spain; with the isles of Sicily and Malta; as also, a voyage to the Levant...)』을 1701년 출간했다.

5 [역주] 가이우스 킬니우스 마이케나스(Gaius Cilnius Maecenas, 기원전 70?-기원전 8). 아우구스투스 황제의 친구이자 정치적 조언자. 호라티우스와 베르길리우스 등의 문인들을 후원했고, 그의 이름에서 예술 후원자를 뜻하는 메세나(mécénat)가 유래한다.

6 [역주] 영국의 가톨릭 신부이자 여행 작가(1603-1668). 그랜드 투어를 온 여러 영국의 귀족 자제를 가르쳤고, 이탈리아를 다섯 차례 여행했다. 그의 『이탈리아 여행(The Voyage of Italy, or a Compleat Journey through Italy)』(1670)에서 '그랜드 투어'라는 명칭이 처음 사용되었다고 한다.

7 *Garden and Grove: The Italian Renaissance Garden in the English Imagination, 1600-1750* (London, 1986; new paperback edition, Philadelphia, 1996)의 2장 'Classical ground and classical gardens'에서 필자는 르네상스와 바로크 시기에 로마를 방문한 영국인들을 자세히 설명했다. 여기에서는 어떻게 이탈리아인들이 로마 문화를 다시 논하고 새롭게 하는지에 집중한다.

71
살루스티우스의 정원 복원, 『고대와 현대의 로마(Roma antica e moderna)』(1750)에서.

가와 독자들은 당대의 정원에 대해 알고 있는 바에 따라 고대의 정원을 상상했다. 출판사는 주세페 모르밀레(Giuseppe Mormile)의 『나폴리시 설명(Descrittione della Città di Napoli)』(1670)에서처럼 종종 같은 이미지를 복제해 두 군데의 다른 장소를 묘사했다. 이는 이례적인 일이 아니었는데, 그 책의 목판화는 1594년 출판된 나폴리 근처의 포추올리(Pozzuoli) 지역에 대한 책에서 가져온 것이기 때문이다. 바르톨로메오 마를리아니(Bartolomeo Marliani)의 『로마 도시의 지형(Urbis Romae Topographia)』(1534)에는 정원 혹은 **호르투스**(*hortus*)의 목록을 담은 고대 로마의 지도가 있었고, 여러 번 재발간된 루초 파우노(Lucio Fauno)의 『로마시의 고대에 대해(Delle antichità della città di Roma)』에서는 고전 문학 작품 속의 묘사를 통해 유적을 식별했다. 가장 유명한 고대 로마의 정원 중에서 시인 오비디우스와 살루스티우스(Sallust)[8]의 정원(도판 71)은 1696년 처음 런던에서

8 [역주] 가이우스 살루스티우스 크리스푸스(Gaius Sallustius Crispus, 기원전 86-기원전 34). 고대 로마의 역사가 겸 정치가. 로마 북동쪽 퀴리날레 언덕(Colle Quirinale)에 살루스티우스의 정원(Horti

출간되어 1713년에 5판까지 나온 배질 케넷(Basil Kennett)의 『유명한 고대 로마(Romae Antiquae Notitia)』에 그 위치가 표시되었다. 고대 도시에서 가장 많이 표시된 곳은 몬스 호르토룸(Mons Hortorum, 정원의 언덕)이라고 불린 핀초 언덕(Colle Pincio)인데, 살루스티우스는 기원전 1세기에 로마 동북쪽에 위치한 핀초 언덕과 퀴리날레 언덕의 한 부분에 정원을 조성했다. 16세기 중엽에는 이 핀초 언덕에 현대적인 빌라 메디치(Villa Medici)가 세워졌는데, 발굴된 고대 유적으로 장식되었고 막센티우스의 바실리카(Basilica di Massenzio, 평화의 신전[Tempio della Pace])의 궁륭 유적 위에 세워졌다. 오늘날에는 빌라의 **보스코**(*bosco*)[9]에 있는 언덕을 오르면 이 지하 동굴을 엿볼 수 있다.[10]

초기의 많은 로마 안내서에서는 우선 도시의 고전적 선례들을 서술하고 때로는 삽화로 설명했으며 그다음에 바티칸에 있는 벨베데레[11] 안뜰(Cortile del Belvedere)을 방문하는 것에서부터 현대의 도시에 대한 설명을 시작했다. 이런 복합적인 구성은 여행자들에게 고대의 로마와 현대의 로마를 연결하는 가교 역할을 했고, 이탈리아 정원 부흥의 모든 서술에서도 그러했다. 벨베데레 안뜰은 그 형태 면에서나 이용 면에서나 고대의 선례를 의도적으로 반영하고, 또 이를 재작업했다.[12]

벨베데레 안뜰은 16세기 초 율리우스 2세(Julius II)에 의해 남쪽에 있는 바티칸 본관 건물군과 북쪽의 몬테 산테지디오(Monte Sant'Egidio)의 정상에 위치한 카지노(casino),[13] 즉 작은 궁을 연결하기 위해 조성되었다. 인노첸시오 8세(Innocent VIII, 1492년 사망)가 세운 것으로 알려져 있는 이 건물은 고대의 관념을 다시 이어간 가장 초기의 르네상스

Sallustiani)이라고 불린 거대하고 화려한 정원을 조성한 것으로 잘 알려져 있다.

9 [역주] '숲'이라는 뜻의 이탈리아어. 빌라 주변을 둘러싼 총림을 가리킨다.

10 살루스티우스의 정원에 대한 오늘날의 논의는 Kim J. Hartswick, *The Gardens of Sallust: A Changing Landscape* (Austin, TX, 2004)를 보라. 빌라 메디치에 대해서는 G. M. Andres, *The Villa Medici in Rome*, 2 vols (New York, 1976)을 보라.

11 [역주] '아름다운(bel) 풍경(vedere)'이라는 뜻의 이탈리아어. 집의 윗부분이나 다른 높은 곳에 조성되어 주변 풍경을 감상할 수 있는 곳이다. 대개 정원이 있으며, 이후 전망대를 지칭하는 용어로 쓰인다.

12 벨베데레 안뜰과 그곳의 조각은 여러 차례 연구되었다. 훌륭한 컬러 이미지와 방대한 참고문헌이 수록된 최근의 출판물로는 Alberta Campitelli, *The Vatican Gardens* (Vatican and New York, 2009)가 있다. 다른 유용한 문헌으로는 J. Ackerman, 'The Belvedere as a Classical Villa', *Journal of the Warburg and Courtauld Institutes*, 14(1951); Hans Henrik Brummer, *The Statue Court in the Vatican Belvedere* (Stockholm, 1970)가 있다.

13 [역주] '작은 집'이라는 뜻의 이탈리아어. 정원에 있는 휴식과 오락을 위한 작은 건물을 지칭하기도 한다.

72
마르턴 판헤임스커르크, 〈바티칸 벨베데레 풍경(View of the Belvedere, Vatican)〉, 1534-1535, 펜과 잉크.

빌라 중 하나로 꼽힐 만하지만 건축적 양식은 총안이 있는 중세의 시골 건물과 비슷하다. 1530년대 마르턴 판헤임스커르크(Maarten van Heemskerck)가 제작한 북쪽에서 본 벨베데레 카지노의 스케치(도판 72)에는 언덕 위에 높게 솟은 건물이 보이는데, 지층에는 개방된 로지아(loggia)[14]가, 위에는 아케이드가 있다. 이곳은 인노첸시오 교황이 죽기 전에 구입한 포도원 근처에 세워졌고, 사이프러스와 감귤류 나무가 있는 정원으로 둘러싸여 있다. 밀비오 다리(Ponte Milvio)와 그 너머의 산이 보이는 서쪽과 북쪽으로는 도시로 이어지는 유명한 진입로의 방대한 파노라마가 펼쳐진다. 이런 풍경이 성도(聖都)에 다다르는 순례자들과 대사들을 맞이했을 것이다. 작은 궁 혹은 빌라의 내부는 고대 방식을 따라 사냥과 목가, 해안 풍경으로 장식되었다.

새로운 교황 율리우스 2세는 브라만테(Bramante)의 지시에 따라 카지노에서 성 베드로 대성전과 교황의 아파트(Vatican apartments)[15] 뒤편으로 이어지는 울퉁불퉁하고 가파른 경사지를 재검토하기로 결정했다. 카지노의 뒤쪽 파사드와 마주한 곳에는 중앙에 분수가 있는 거대한 정원이 설계되었다. 이어 쌍으로 된 경사로가 아래쪽 정원 플랫폼으로 이어지고, 그 사이의 거대한 담에는 님파이움(nymphaeum)[16] 혹은 그로토가 배치되었다. 이 아래쪽 플랫폼에서부터는 곧은 계단이 맨 아래층까지 놓였다(도판 73). 안뜰의 양쪽을 따라서는 바자리(Vasari)가 통로라고 부른 것이 계획되었는데, 여기에서부터 로지아와 아케이드가 아래쪽 공간으로 이어진다. 이는 지붕이 덮인 통로인 **크립토포르티쿠스**(*cryptoporticus*)가 있는 고대의 빌라를 떠올리게 한다. 안뜰 오른쪽 코

14 [역주] 지붕이 덮이고, 한 면이 트여 정원과 같은 옥외 공간으로 연결되는 복도 혹은 회랑.
15 [역주] 교황이 거주하고 집무하는 바티칸 사도궁(Palazzo Apostolico)의 최상층에 있는 방들을 말한다.
16 [역주] 님프에게 헌정된 건축물로, 샘이 있는 그로토에서 유래한다.

73 조반니 안토니오 도지오(Giovanni Antonio Dosio), 〈벨베데레 안뜰(Il Cortile del Belvedere)〉, 1560년경, 펜과 잉크.

너의 정상에는 벨베데레 빌라로 이어지는 우아한 경사로가 조성되었다.

벨베데레 안뜰은 다양한 용도로 사용되기 위해 만들어졌다. 3단으로 되어 있고 경사로와 계단으로 분절되기는 하지만, 이는 거대한 원형 극장을 떠올리게 한다. 맨 아랫단은 다양한 토너먼트와 축제를 개최할 수 있는 구역이다. 1509년에는 투우가 열렸고, 포르투갈 왕이 교황에게 선물한 코끼리를 포함한 동물들이 이곳을 자유롭게 돌아다니도록 풀어두었다. 1565년 안토니오 라프레리(Antonio Lafreri)가 제작한 한 쌍의 동판화에는 아래쪽 공간에서 벌어진 결혼 축연 마상 시합이 나타나는데, 북쪽과 남쪽 풍경이 모두 보이고 관람객들이 발코니에 가득하다. 17세기에 제작된 다른 회화도 아마 같은 행사를 모사했을 것이다. 하지만 이 극적인 공간을 가장 암시적으로 드러낸 이미지는 프로스페로 폰타나(Prospero Fontana)가 인근의 산탄젤로성(Castel Sant'Angelo)에 그린 프레스코화다(도판 74). 이 그림에서 고대 **나우마키아**(*naumachia*)[17]의 여흥을 재

17 [역주] 고대 로마 시대에 행해지던 모의 해전 놀이, 혹은 이런 여흥을 위해 지어진 건축물이라는 뜻의 라틴어.

74
프로스페로 폰타나, 벨베데레 안뜰에서의 해전 장면, 1545년경, 로마 산탄젤로성의 프레스코에서 분리.

75
이탈리아 비테르보 인근 바냐이아에 있는 빌라 란테의 물의 파르테르.

76
빌라 란테에 있는 빌라 그림 프레스코(1574-1578).

77
세바스티아노 세를리오(Sebastiano Serlio), 『모든 건축 작업(Tutte l'opere d'architettura)』 제3권(1619[1540])에 수록된 바티칸 벨베데레에 있는 엑세드라(이중 계단).

현하고자 물을 채운 안뜰에서 벌어진 해전에 참전한 배들을 볼 수 있다. 이러한 이벤트는 원래 콜로세움에서 열렸고, 이 로마 시대에 유행한 오락이 현대적으로 재해석되기도 했다. 폰타나의 프레스코는 이러한 이벤트를 위해 아래쪽 구역에 물을 채울 수 있었음을 암시하지만, 다른 상황에서 이는 나우마키아의 축소된 모방물이었을 것이다. 이후 조성된 빌라 란테의 정원에서도 비슷한 행사가 이루어졌으며, 이 경우 돌로 된 배에서 중앙의 분수를 향해 물줄기가 뿜어져 나왔다(도판 75).

피오클레멘티노 미술관(Museo Pio-Clementino)이 18세기에 세워진 후 이전의 거대한 건물군에서 느껴지던 시각적 단일성이 사라졌고, 오늘날에는 그 인상적인 길이(1,000미터 이상)와 내리막(25미터의 단차)을 포착하기 어렵다. 게다가 19세기 초에 세워진 바티칸 도서관이 또 공간을 나눈다. 우리는 회화와 드로잉, 동판화를 통해서만 이 놀라운 조성을 상상할 수 있을 뿐이다. 다른 곳에서도 많은 변화가 있었다. 님파이움은 원래의 시각적 효과를 잃은 채 폐허로 남았다. 고대 로마 사원과의 중요한 연관성도 사라졌다. 이는 브라만테가 팔레스트리나(Palestrina, 고대의 프라이네스테)에 있는 로마 시대에 지어진 포르투나 여신을 위한 사원의 연극 무대를 떠올리게 하는 계단을 차용한 것이다. 이 소위 '이중 계단(double staircase)'은 위쪽에는 오목한 계단이, 아래쪽에는 볼록한 계단이 있는 중앙 플랫폼으로 이루어진다.[18] 세바스티아노 세를리오가 자신의

『모든 건축 작업』을 위해 제작한 동판화(도판 77)에 나타난 효과는 무대와 같은 경험을 제공한다(이 장치의 연극적 암시에 대한 논의는 9장을 보라). 이만큼 우아하지는 않아도 피로리고리오가 고안한 벽감처럼 보이는 플랫폼이 벨베데레 안뜰의 최상단 끄트머리에 조성되었다.

최상단 파사드 뒤편에는 반원형의 애프스부터 안뜰을 따라 이어지는 벨베데레 빌라의 조각 정원(Cortile delle Statue, 도판 78)이 있다. 이곳은 감귤류 나무와 분수가 있는 정원으로 설계되었고, 율리우스 2세의 고대 발견품 소장품인 비너스, 아리아드네(종종 클레오파트라로 오인된다), 나일강, 아폴론, 그리고 유명한 라오콘(Laocoön)을 전시하는 벽감으로 둘러싸여 있다. 인접한 곳에는 더 많은 정원 공간이 있었다. 입구에 새겨진 베르길리우스풍의 문구("물러서라, 불경한 자들이여[Procul este profane]")[19]가 이곳이 소장품을 보관하는 특별하고 사적인 공간임을 알린다. 헨리 호어는 18세기에 스타우어헤드에 있는 사원에 같은 문구를 사용했고, 잠자는 님프 혹은 아리아드네를 모사한 조각상을 그로토에 놓았다.

사적 공간이지만, 사람들은 브라만테가 인노첸시오의 작은 저택의 측면에 지은 대중이 접근할 수 있는 계단이나 완만한 경사 혹은 '달팽이' 계단을 통해 조각 정원에 다다를 수 있다. 방문자들은 이곳을 이용했고, 지역 안내서에도 이곳의 입구가 어느 정도 언급되었다. 이 공간은 18세기에 개조되었으며 후대의 배치가 오늘날까지 남아 있다. 이 정원 속 조각 박물관의 중요성, 명망, 영향은 과소평가될 수 없다.[20] 그 규모나 배치가 이후의 모방에 아주 중요한 영향을 주지는 않았다 해도, 정원을 배경으로 고대 조각을 배치하는 데에는 영향을 미쳤다. 급증한 현대의 조각 정원은 르네상스 시대에 시작된 조각 정원의 직계 후손이다. 조각 정원에 거대한 예술 작품을 전시하게 된 계

18 이는 익명의 화가가 그린 손 박물관(Soane Museum)의 안뜰 도면, 안뜰 꼭대기에 분명하게 나타난다(H. H. Brummer, *The Statue Court in the Vatican Belvedere*, Stockholm, 1970, fig. 5). 캄피텔리(Campitelli)는 조금 오류가 있긴 해도, 이곳이 분리된 경사 사이의 중간 지점에 위치했다고 암시하고 싶었던 것으로 보인다.

19 [역주] 『아이네이스』 제6권에서 아이네아스가 저승으로 향하는 동굴에 들어가기 전 무녀가 하는 말을 떠올리게 한다.

20 Elizabeth Blair MacDougall, *Fountains, Statues, and Flowers: Studies in Italian Gardens of the Sixteenth and Seventeenth Centuries* (Washington, DC, 1994)와 David R. Coffin, *Gardens and Gardening in Papal Rome* (Princeton, NJ, 1991)을 보라.

78 헨드릭 반클레브(Hendrick van Cleve), 〈바티칸 벨베데레 조각 정원〉, 왼쪽 면의 세부, 1550, 캔버스에 유채.

기와 벨베데레 안뜰에 교황이 대형 조각 작품을 수용하고자 한 욕구는 크게 다르지 않다(20장을 보라).

15세기와 16세기 로마와 그 인근에서 고대 로마의 유물이 발견되면서 바티칸뿐 아니라 다른 컬렉션에도 고대의 작품들이 끊임없이 공급되었다. 때때로 이렇게 발견된 고대 조각품은 본래의 로마 정원이 발견되거나 연구될 수 있는 흔적이 있는 곳을 알려 주는 지표가 되었다. 레너드 버컨(Leonard Barkan)은 『과거의 발굴: 르네상스 문화 형성에서의 고고학과 미학(Unearthing the Past: Archaeology and Aesthetics in the Making of Renaissance Culture)』(1999)에 이 과정을 기록했다. 그는 파편과 전체의 발견, 초기 문학 텍스트에 나타난 유래, 이탈리아나 외국에서의 새로운 위치, 동시대 모방품의 생산지와 손상된 유물의 복원, 그리고 이 과정이 예술가들에게 준 영향을 상세히 서술한다. 라오콘은 1506년 1월에 발견된 것 중 가장 유명한데, 교황 율리우스 2세가 자신의 조각 컬렉션을 위해 바로 구입했다. 하지만 라오콘은 비범했기에 시각 예술과 문학의 상대적인 가치(virtues)에 대해 수년간 계속된 학문적 논쟁의 주제가 되었고, 몸을 배배 꼰 채 괴로워하는 조각상의 인물들은 보다 학구적인 복원의 대상이 되었다. 이보다는 덜 인상적이지만 역시 고대 로마의 잃어버린 전통을 떠올리게 하는 조각이 많이 발견되었다. 진품을 구할 수 없는 곳에서는 곧 모각을 전문적으로 하는 이들이 생겼는데 여러 나라 중에서도 특히 이탈리아에 많았다. 이들은 집과 정원에 고전적인 조각상의 진정한 판테온을 제공할 수 있었다(라오콘은 반클레브가 그린 안뜰의 왼쪽에 살짝 보인다).

이런 진정한 **고대 로마 문명**(*romanitas*)은 정원에 시각적으로 표현되었는데, 이 정원 또한 엑세드라나 포르티코, 테라스, 우아한 계단, 그로토 혹은 님파이움과 같은 고대 정원의 형태를 모방했다. 특정 요소가 몇몇 정원에 있는 **고대 로마 문명**을 분명하게 '드러내는' 것이든 아니든, 방문자와 후원자 모두에게는 로마의 선례를 알아보고 여기에 경의를 표하면서 이를 신봉하는 분위기가 있었다. 〈세르빌리우스 바티아(Servilius Vatia)[21]의 빌라〉라는 제목이 붙은 동판화에 나타난 17세기 풍경은 아주 흥미로운 사례다. 하지만 풍경에는 (배경에 있는 작은 성을 제외하면) 빌라의 징표는 전혀 없고 어부들이 가득하다. 올바른 사고방식을 지닌 이라면 어떤 지형에서도 로마의 빌라를 쉽게 상상

21 [역주] 푸블리우스 세르빌리우스 바티아 이사우리쿠스(Publius Servilius Vatia Isauricus, 기원전 130-기원전 44). 로마의 정치인이자 군인.

79 프란시스쿠 드 올란다(Francisco de Holanda, 포르투갈의 궁정 화가이자 조각가, 1517-1585), 〈아리아드네(Ariadne)〉, 1539-1540, 에스코리알 스케치북(Escorial sketchbook).

할 수 있었던 것으로 보인다. 조지프 스펜스(Joseph Spence)는 '로마에서 베니스로 가는 들판'만 보고도 서리(Surrey)주 바이플리트(Byfleet)에 설계한 **장식 농장**(*ferme ornée*)[22]에 대한 아이디어를 떠올렸다.[23]

정원 님파이움은 그 이름(동굴이나 그로토에 특별한 지위를 부여하는 유용한 방식)과 적절한 고전적 인물의 조각상이 자리한다는 유사성, 물이 있다는 점에서 분명히 로마를 떠올리게 한다(도판 79). 다양한 형태의 물은 르네상스 정원의 불가결한 부분이고, 보다 중요하게는 르네상스가 물 공급과 수력공학의 긴 역사를 따르고 있음을 분명하게 보여 준다. 르네상스 정원에는 물이 필요했다. 모든 정원이 그러하지만, 물을 이토록 정교하고 자랑스럽게 드러내는 곳에서는 더욱 그러했다. 피렌체와 로마의 시내와 근교에 새로운 정원을 조성할 때는 우선 물이 충분히 공급되도록 해야 했고, 그다음에 물이 매우 과시적으로 드러나도록 배치했다.[24] 오늘날에는 물이 인근의 샘에서 나오든, 재활용 시스템을 통해 공급되든 상관없이 우리는 어디에서나 물을 사용할 수 있다고 여긴다. 현대의 분수에서는 **반드시**(*de rigueur*) 재활용된 물을 사용하지만, 언제나 물 공급의 중요성을 의식하고 이에 찬사를 보내는 것은 아니다. 또한 우리는 르네상스의

22 [역주] 즐거움을 위한 정원, 실용적인 정원과 농장이 결합된 시골 영지를 가리키는 말로, 18세기 영국 풍경화식 정원의 주요 용어 중 하나다.

23 필자의 *Garden and Grove*, pp. 195ff를 보라. 필자는 세르빌리우스 바티아의 빌라를 그린 이 동판화를 예시로 두 차례 사용하려 했는데, 아이러니하게도 그때마다 출판사에서는 이 풍경이 그 빌라의 풍경임을 나타내는 도판 설명을 삭제했다.

24 이들 정원의 물에 대한 확장된 논의는 Claudia Lazzaro, *The Italian Renaissance Garden* (New Haven, CT, 1990)에서 인용했다.

물과 관련된 작업이 얼마나 광범위하게 로마 시대의 공학적 전통에 의해 유지되었는지를 잊곤 한다.

빌라 카스텔로와 피렌체의 피티궁(Palazzo Pitti) 뒤의 보볼리 정원(Giardino di Boboli)과 같은 정원에서는 수로를 통해 물을 공급했고, 수로는 가장 먼저 건설해야 하는 장치였다. 카스텔로에서는 근처의 빌라 페트라이아(Villa Petraia)에서 물을 끌어오기 위해 도관을 더 설치해야 했다. 코지모 데메디치(Cosimo de'Medici)는 샘에서 물을 끌어와 빌라에서 이용하고 시뇨리아 광장(Piazza Signoria)의 분수에 물을 공급할 것을 제안했다. 그 대신 보볼리 정원을 위해 만든 두 개의 새로운 수로를 통해 물이 공급되었고, 이는 아르노(Arno)강 너머에 있는 광장에 공급되었다. 두 경우 모두 사적 용도였던 물이 도시에도 혜택을 준 사례다. 카스텔로의 샘은 지역 주민에게 공급되었고, 보볼리의 물은 공작의 베키오궁(Palazzo Vecchio)에서만 쓰인 것이 아니라 도시의 공공 분수에도 사용되었다. 실제 수원이 공작의 소유지에서 직접 나온 것은 아니었겠지만, 이들 빌라에서 우선 장관을 이루며 배치되면서 도시의 물 공급이 지도자나 추기경의 선물이라는 인상을 주었다. 빌라 란테의 분수의 경우에도 이와 비슷한 '선물'이 바냐이아 사람들에게 공급되었다. 바냐이아라는 이름은 이곳에 있던 고대 온천에서 유래한다. 몇몇 빌라의 극적인 양상은 빌라의 풍부한 물 공급이 지역 후원자가 그의 시민들을 위해 상연하는 공연처럼 보이게 한다. 둥글게 파내어 원형 극장을 조성한 보볼리의 언덕이 '극장'으로 설계되거나 처음부터 그런 이름이 붙은 것은 아니라고 하더라도, 트리볼로(Tribolo)는 분명히 상록수가 우거진 언덕으로 둘러싸인 정원 한가운데에 잠볼로냐(Giambologna)의 오케아누스 분수를 놓음으로써 생명의 근원인 물이 도달하는 것이 극적으로 표현되도록 설계했을 것이다. 오케아누스와, 나중에는 강의 신 조각상으로 둘러싸인 넵튠의 조각상은 샘에서부터 강을 거쳐 대양에 이르고 그 도중에 들판과 정원에 물을 공급하는 과정 전체를 축소하여 예찬한다.

로마 주변에는 고대 로마 수로의 유적이 도처에 있었다. 일부는 폐허가 되었고, 일부는 사용 가능했으며 다시 살려 낼 수 있는 것도 많았다. 빌라 데스테와 빌라 란테는 모두 물을 근처에서 찾아냈고, 이를 정원으로 끌어왔다. 티볼리의 광천과 아니에네(Aniene)강은 남아 있던 로마의 수로에 물을 공급했으며 데스테 추기경은 정원에 놀라운 물의 유희를 만들고 마을 주민들에게 물을 공급하는 지하 수로를 건설하고 확장했다. 티볼리의 빌라는 로마의 빌라가 있었다고 알려진 장소에, 여전히 주변에서 찾아

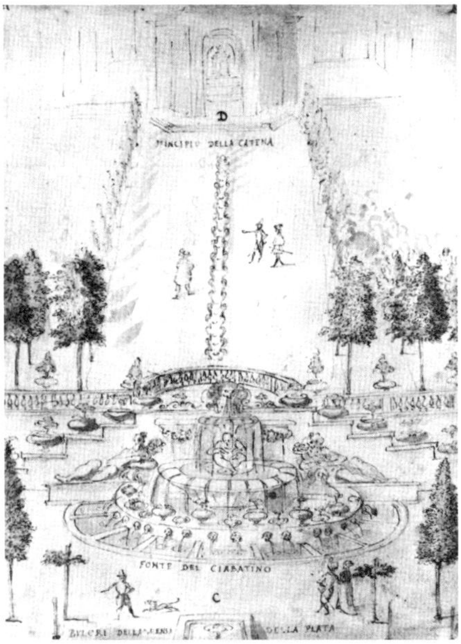

80 조반니 궤라(Giovanni Guerra), 〈빌라 란테의 캐스케이드와 강의 신의 분수(Cascade and Fountain of the River Gods at Villa Lante)〉, 1604.

볼 수 있는 많은 유적, 특히 하드리아누스 황제 빌라의 잔재를 이용해 세워졌다. 이를 감안하면 역사적 연상이 풍부한 장소, 고전적 인물과 전설을 주제로 하는 조각 작품 전시, 빌라 정원 내의 물을 다룬 작업자의 놀라운 솜씨가 조합된 빌라 데스테는 르네상스 시대의 고전 문화 재발견의 측면에서 깊은 반향을 일으키는 사례다.

물 공급이 높게 평가받은 또 다른 빌라로 빌라 란테를 들 수 있는데, 이곳은 과거의 사냥용 파크가 있고 광천이 풍부한 경관 속에 조성되었다. 끌어온 물은 외부의 정원 꼭대기 바로 위에 있는 저수지에 저장되어 일련의 그로토와 분수, 캐스케이드, 물의 극장, 물의 파르테르로 흘러나갔다. 1578년에 이곳을 찾은 이는 어떻게 "1,000개의" 분수와 "언덕 전체"가 하나의 분수에서 유래할 수 있는지에 경탄했다(도판 80). 게다가 언급한 바와 같이 이제는 마을에도 물이 공급된다. 이는 시에나 출신의 수력 전문가 토마소 기누치(Tommaso Ghinucci)의 작업으로 추정되는데, 그는 (몽테뉴가 여행기에 기록한 것처럼) "언제나 옛것에 새로운 발명을 더한" 인물이었다. 현대와 고대, 성서와 고전이 정원 꼭대기에서 조우했다. 물은 우선 노아 시대의 범람을 떠올리게 하는 대홍수의 분수(Fontana del Diluvio)에 나타났다. 하지만 양쪽에는 뮤즈의 로지아(Logge delle muse)가 있는데, 이는 파르나소스산 꼭대기에 앉아 있는 뮤즈에 상응한다. 이는 다른 곳(가령 도판 88의 프라톨리노)의 정원에도 나타나고, 인간의 창조성과 고안에 영감을 준다. 빌라 란테의 아래쪽 정원은 고대의 효과(강의 신, 파르테르에서의 나우마키아)뿐 아니라 현대적인 공학 기술에서도 흥미롭다.

게다가 16세기 말에는 이탈리아의 인문주의자들이 당대 정원 조성의 성공을 키케로와 같은 고전 작가들의 관념과 연결시켰다. 키케로는 태고의(primitive) 혹은 신들이 사는 '제1의' 세계(산과 물)를 극찬했고, 그다음에는 사람들이 이러한 자원을 활용

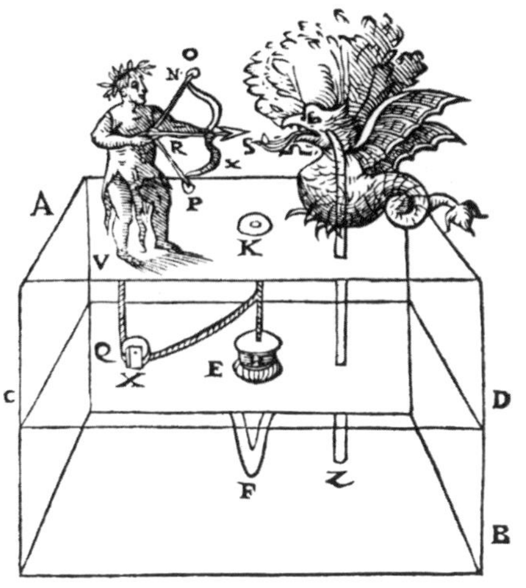

81
알레오티(Giovan Battista Aleotti, 1546-1636, 이탈리아의 건축가)가 알렉산드리아의 헤론의 『기력학』을 번역한 것(1589)에 수록된 정리(定理). 황금 사과(K)를 들어 올리면 헤라클레스가 활을 당기고, 용이 소리를 낸다. 헤라클레스는 정원에서 빈번하게 인용되었는데, 특히 그가 헤스페리데스의 정원에서 황금 사과를 훔쳤기 때문이다. 이는 티볼리에 있는 빌라 데스테의 핵심 테마다.

해 만든 기반시설을 찬양했다('제2의' 자연). 이어 인문주의자들은 이탈리아의 정원 조성에서 이룬 새로운 성공을 통해 키케로가 제1의 자연과 제2의 자연이라고 식별한 자원(7장을 보라)을 바탕으로 그들이 '제3의 자연'이라고 부른 것이 만들어졌다고 인식했다.[25] 지역의 물을 활용하고, 이를 도시 자체를 위해 (새로운 시민적 기반 시설로) 재편하고, 마침내 정원이 제공하는 즐거움을 구현한 빌라 란테는 이 세 가지 자연의 결합을 더할 나위 없이 확실하게 드러낸다.

여기에 더해 헬레니즘 학문의 유산이 알렉산드리아의 헤론(Heron of Alexandria)[26]의 글에서 발견되었다. 그의 『기력학(氣力學, Pneumatica)』은 1575년 라틴어 판본으로, 14년 뒤 이탈리아어 판본으로 출판되기 전에는 필사본 형태로 유통되었는데, 이 책에 묘사된 다양한 수력 도구는 많은 로마 정원에서 그 나름의 길을 찾았다(도판 81). 피로 리고리오는 그 필사본을 읽었고, 빌라 데스테에서 가장 유명한 발명품 중 하나에 이를 활용했다. 부엉이 분수에서는 부엉이 한 마리가 새들의 합창단을 향해 몸을 돌리면 수력으로 노래하던 새들이 갑자기 조용해진다. 하지만 헤론이 만든 다른 도구는 프라

25 필자는 *Greater Perfections: The Practice of Garden Theory* (London, 2000)의 'The Idea of a Garden and the Three Natures', pp. 32-75에서 키케로의 관념과 용어가 현대의 조원술로 확장됨을 설명했다.
26 [역주] 고대 이집트의 발명가이자 수학자(c. 10-70).

톨리노와 오스트리아의 헬브룬(Hellbrunn)과 잉글랜드의 엔스톤(Enstone)에서 사용되었고, 그의 고대 이론은 살로몽 드 코스(Salomon de Caus)의 『동력의 원리(Les Raisons des forces mouvantes)』(1615)와 스티븐 스위처(Stephen Switzer)의 두 권짜리 『유체 정역학과 철학적이고 실무적인 수력학의 일반 체계 개론(An Introduction to a General System of Hydrostaticks and Hydraulickes philosophical and practical)』을 모두 뒷받침한다. 스위처는 실무자로서 자신의 경력이 "귀족과 신사들의 저택과 건물, 정원에 물을 대는"[27] 일로 나아간다고 했다.

고대의 고전적 조각 및 그 모사품의 확산과 함께 헬레니즘 시기의 알렉산드리아부터 이탈리아로, 북구의 정원으로, 마침내 잉글랜드로 이어진 수력 전문 기술의 이 유구한 전통은 르네상스 정원의 주요 양상 중 하나다. 이러한 부흥은 18세기에 그리스 건축을 인식하게 될 때에야 다시 나타났다. 제임스 스튜어트(James Stuart)와 니컬러스 레베트(Nicholas Revett)가 출판한 『아네테의 유물(The Antiquities of Athens)』(1762, 2권은 27년 후에 출간)의 수많은 구독자[28] 중에는 '케이퍼빌리티' 브라운도 있었고, 스튜어트는 '아테네인'이라는 별명을 얻었다. 이들은 『이오니아의 유물(Ionian Antiquities)』(1769, 1797)도 출판했고 영국에서 이루어진 고대 그리스의 부흥(Grecian revival)은 '진정한 제2의 르네상스'가 되었다.[29] 조각과 수력 효과의 전체 범주에서 로마의 색채가 나타난다면, 그리스의 부활은 예를 들어 셔그버러(Shugborough)[30]에 있는 데모스테네스[31]의 랜턴(Lanthorn of Demosthenes)이나 해글리(Hagley)에 있는 테세우스의 도리아 사원(Doric Temple of Theseus)과 같은 건축(모두 스튜어트가 설계했다)에서 그 역할을 발견했다. 라우셤의 프라이네스테 테라스, 스토(Stowe)의 고대 덕성의 사원(Temple of Ancient Virtue), 데제르 드 레의 폐허가 된 기둥, 혹은 에르므농빌(Ermenonville)의 현대 철학의 사원(Temple de la Philosophie moderne)에서처럼 정원은 이탈리아에 있는 로마의 유산을 계속해서 취

27 이 주제는 많은 연구에서 다루어졌다. Elizabeth Blair MacDougall, ed., *Fons Sapientiae: Renaissance Garden Fountains* (Washington, DC, 1978). 스위처 책의 현대적 판본은 1982년에 Garland에서 출판되었다.

28 [역주] 당시 일부 출판물은 출판 전에 사전 주문을 하는 '구독' 방식으로 제작되었다.

29 이 주장은 J. Mordaunt Crook, *The Greek Revival* (London, 1972), p. 62에 있다.

30 [역주] 영국 스태퍼드셔(Staffordshire)주에 위치한 영지.

31 [역주] 고대 그리스의 정치가(기원전 384-기원전 322).

했다. 하지만 18세기 말경 파크와 정원을 위한 패턴 북에는 다른 문화에서 그러모은 것이 빼곡했고, 이제 그리스의 아이템은 "진정한 취미와 능변(true Taste and Eloquence)"을 갈망하는 후원자나 소유자를 위한 중국과 로마, 터키, 인도, 심지어는 아메리카의 파브리크와 경쟁해야 했다. 그리고 특히 영국에서는 다소 영국 고유의 것이 아닌 듯한 것으로 정원을 물들이는 데 대한 거부감이 눈에 띄게 증가했다. 특히 조각은 애국적인 이유와 비용 면에서 더욱 배제되었다. 조지 메이슨(George Mason)도 1768년 『정원 가꾸기에서의 디자인에 대한 논고(An Essay on Design in Gardening)』에서 "조각상의 이용은 정원 가꾸기에서의 위험한 시도"라고 보았다.

이렇게 북쪽에서 진행된 르네상스의 로마 부흥이 잉글랜드에 다다라 꽃핀 후에도 지속되는 데에는 많은 장애물이 존재했다. 지배 계층과 보다 재산이 소박한 이들의 재정적 제약, 자연 세계가 어떻게 기능하는지에 대한 새로운 인식에 영향을 받은 취미의 변화와 정치는 외국의 유용하고 결실을 맺은 과거에 의존하기보다는 정원을 새롭게 탐색하는 데에 기여했다. 지역의 지형과 영국 본연의 건축 양식은 새로운 경관에 영감을 주었다. 19세기에는 암시와 참조가 절충적으로 나타났지만, 세기 말에 나타난 예술과 공예 정원은 지역의 식재와 자국의 옛 건축 전통에서 최고의 모델을 찾아냈다.

7장

르네상스와 그 이후의 예술 그리고 자연의 파라고네

예술 사이의 경쟁은 르네상스의 이론과 실천 모두에서 중요한 주제였다. 특정 예술 형식이 다른 예술과 비교했을 때 어떤 특성과 효율성을 지니는가에 대한 논쟁은 우선 회화와 조각 사이에서 일어났고, 이어 음악이나 시, 그리고 마침내는 정원 만들기에 이르기까지 여러 예술로 확장되었다. 이러한 경쟁 혹은 **파라고네**(*paragone*)[1](라는 용어가 생겼다)의 핵심 쟁점은 자연을 포착하고 재현하는 능력이었고, 이는 예술 작품의 본질이자 궁극적 목적으로 여겨졌다. 영국의 비평가 필립 시드니 경(Sir Philip Sidney)은 『시를 위한 변론(An Apologie for Poetry)』(1595)에서 "인류에게 전해진 어떤 예술도 자연의 작업을 주된 대상으로 삼지 않는 것은 없다"라는 말로 이 핵심적인 개념을 설명한다. 이 자연은 (인간을 포함한) 동물, 식물, 광물로 이루어진 물질계(material world) 전체를 의미했다. 나아가 시드니는 자연의 "세계는 청동으로 만들어져 있고 시인만이 황금(의 세계)을 가져온다"라는 고전적 미학을 천명했다. 즉, 모든 예술가의 포부는 자신이 가지고 있는 기술과 재료(medium)를 잘 활용해 주제를 흥미진진하게 표현(재현)하는 것이었다. 어떤 예술가는 이상과 모든 물질적 외양의 이면에 있는 이데아를 탐색하고, 다른 예술가는 모든 우연적 요소와 우발적 요소를 제거해 자연계를 최대한 명료하고 또렷하게 표현했다.

1 [역주] '비교', '비유'라는 뜻의 이탈리아어.

82 로마의 분수, 빌라 데스테, G. B. 팔다(G. B. Falda), 『로마의 분수(Le Fontane di Roma)』(c.1675)에서. 고전적인 도시가 재현되어 있고, 말을 공격하는 사자 조각상이 '무대' 위에 드러난다. 모각 작품은 라우셤에 있다(도판 83을 보라).

정원을 만들 때 이 근본적인 일을 이루겠다는 포부를 품는 것은 당연하다. 정원의 기본 재료는 땅과 그곳에서 자라는 식물, 땅에 공급되는 물, 공기(혹은 바람), 식물을 키우는 태양(불)이라는 전통적인 4요소였다. 모든 기회를 활용해 식물들이 잘 자라도록 대상지를 배치하고, 이러한 요소들을 가능한 한 효율적이고 생산적으로 활용하는 '기술(art)'을 이용하는 것이 정원사의 일이었다. 특히 여기에는 공간의 조직(식재 화단, 길, 계단식으로 땅 고르기)과 물의 공급(물탱크, 우물, 수로)이 필요했다. 정원사는 또한 다양한 바람과 다양한 시간, (종종 4요소와 연관되는) 다양한 계절, 그리고 특정한 지역성에 가장 효율적으로 대응하도록 대상지의 방향을 정할 필요가 있었다.

이것이 정원 만들기의 본질적인 제약이자 도전이라는 점은 정원 내부에서도 인식되었다. 따라서 지역성은 지형을 강의 신이나 알레고리적인 산, 그림으로 그린 파노라마를 통해 추상적으로 재현되었다. 빌라 데스테에서는 100개의 분수에서 나오는 물이 흘러드는 수로가 정원을 가로지르는데, 이는 한쪽 끝에 있는 티볼리 지역을 기념하는 폭포와 반대쪽 끝의 로마시 모형이 있는 분수(티베르)를 연결한다(도판 82). 지역의 조건을 의식적으로 반영한 다른 사례도 있다. 가령 필라레테는 정원 광장의 측면에 있

83 라우샴의 처웰(Cherwell)강 쪽을 향한 비탈 위에 있는, 피터 시메이커스(Peter Scheemakers)가 제작한 〈말을 공격하는 사자〉(1740).

는 받침대에 네 개의 바람을 상징하는 거대한 청동 조각상이 놓인 정원을 제안했고,[2] 카스텔로의 사계절 조각상은 1년 내내 농업과 정원이 번성하도록 하는 메디치 가문의 선정(善政)을 찬양한다. 정원사가 시간과 계절의 흐름을 드러내고 다양한 요소(화단, 새장, 나무, 쉼터)의 이점이 돋보이도록 정원을 구성할 수 있듯, 그 결과로 나타난 배치는 정원이 어떻게 이용되고 감상될지를 결정한다. 유스튀스 립시위스(Justus Lipsius)[3]는 독자들에게 정원을 방문하면 "꽃의 움직임, 자람과 성장"을 지켜보라고 권한다.

실용적인 고려는 정원의 배치와 생산성, 활용의 많은 부분을 결정했다. 하지만 정원이라는 예술은 정원 너머에 있는 일과 관련해 언급될 수 있으며, 이와 동시에 때로는 꽃과 허브, 과일과 채소로 이루어진 개선된, 이른바 '황금의' 자연을 제공하는 것과 함께, 다른 연상과 의미를 불러오는 데 자주 사용되었다. 우선은 훌륭한 원예에 필요했던 중세 정원의 둘러싸인 구역과 분수가 「창세기」와 「아가」, 그리고 기독교 교회가 거기서 끌어

2 Margherita Azzi Visentini, a cura di, *L'Arte dei giardini*, 2 vols (Milan, 1999), I, p. 68.

3 [역주] 플랑드르의 가톨릭 문헌학자, 철학자, 인문학자(1547-1606).

84 빌라 데스테에 있는 '에페소스의 디아나(Diana of the Ephesians)'.

낸 상징들과 연결되었던 것처럼(5장을 보라), 르네상스 정원도 그 참조의 범위를 넓혀 갔다. 요컨대 정원이 단순히 '만들어지는' 것이 아니라 '디자인되는' 것으로 발전하면서 다른 예술처럼 정원도 물질계 내부의 그리고 이를 넘어선 인간의 본성과 관심사의 다양한 영역을 재현해야 할 의무를 지게 되었다.

16세기 이탈리아의 르네상스 정원은 다양한 자연을 전시하는 데 그 뛰어난 예술적·기술적 자원을 동원했고, 이러한 전시는 점점 더 정교하고 복잡해졌다. 식물원(8장을 보라)은 식물계(plant world)를 탐색하고 수집했으며, 식물원 자체가 강력한 상징들을 함축하는 기획이 되면서 식물 전시는 전반적으로 자연 속에서 실제 식물의 모습을 드러내는 방향으로 설계되었다. 빌라 정원에서는 고안해 낼 수 있는 효과에 대한 관심이 커졌다. 평평한 구역을 만들기 위해 언덕을 계단식으로 조성하는 농업적 관습은 포르티코와 그 아래의 그로토, 각 층을 연결하는 정교한 계단 설치 등 건축적인 장치로 발전했다. 트렐리스와 다른 '목공 작업'에는 여전히 실용적인 용도가 있었지만, 이제는 정자(arbours), 캐비닛, 터널 모양으로 만들어졌다. 관개 수로를 통해 정원 부지에 들여와 추후에 배분하기 위해 물탱크에 저장된 물은 실용적인 역할을 넘어서 점차 다양한 효과를 내는 데 이용되었다. 실제로 르네상스의 수력 전문가는 물을 가공하고 감상하는 다양한 방식을 지칭하는 용어를 사용했다.[4] 1543년 클라우디오 톨로메이(Claudio Tolomei)는 아쿠아 베르지네(Acqua Vergine) 수로를 통해 물이 어떻게 로마로 "향하고, 나뉘고, 방향이 바뀌고, 몰리고, 가로막히고, 솟아오르거나 떨어지게" 되는지를 설명했다. 이어 그는 흐르는 물(*correnti*), 뿜어져 나

4 Anatole Tchikine, 'Giochi d'acqua: water effects in Renaissance and Baroque Italy', *Studies in the History of Gardens and Designed Landscapes*, XXX(2010), p. 57에 수록된 상세한 논의를 참고했다.

85 빌라 데스테의 '100개의 분수(Cento Fontane)'.

오는 물(*zampilli*), 튀기는 물(*acque spezzate*), 거품을 내며 졸졸 흐르는 물(*bollori*), 잔물결을 일으키는 물(*tremoli*)을 포함하는 물의 다양한 효과를 구분했다. 후대 작가인 안니발레 카로(Annibale Caro)는 물이 조금씩 흘러내리거나(*gemitii*), 뿜어져 나오거나(*zampilli*), 비를 모방하는(*pioggia*) 정원을 보았다. 단순히 실용적인 것(관수나 정원을 서늘하게 만들기)을 넘어서는 이러한 자연 재료의 개발이 정원 가꾸기의 예술을 구성한다.

정원에 반드시 필요한 요소 중 하나인 물은 또한 가장 잘 통제되고 조작되는 자연 요소이기도 하다. 인간의 독창성은 중력에 굴복하고, 저항이 가장 적은 길을 찾고, 가는 길에 있는 장애물을 서서히 침식시키는 물이 그 내재적 성질을 거슬러 솟구치게 만드는 데에서 가장 잘 드러난다. 1580년대 초 비테르보 인근의 빌라 란테를 찾은 미셸 드 몽테뉴(Michel de Montaigne)는 다양한 물의 효과에 깊은 인상을 받았다. 게다가 이 완만한 경사지를 따라 흐르는 물의 다양한 처리는 공학 기술을 통해 고안될 수 있는 물의 모든 양상을 보여 주었고, 이를 고안해 낸 이의 기술과 독창성도 자랑스럽게 드러냈다. 몽테뉴는 그것이 보여 주는 "다양한 형태의 무한한 배분"과 "훨씬 더 많은 예술과 아름다움, 그리고 즐거움"을 예찬했다.

이러한 수경 시설들은 자연계를 온전히 모방("세계의 거울", "세상을 축도하는 거대하고 방대한 식재")한 것이 최고의 정원으로 여겨졌다는 주장에 신빙성을 부여한다. 1568년 감바라 추기경(Cardinal Gambara)을 위해 조성되기 시작한 빌라 란테(도판 86)의 꼭대기에는 주변 언덕에서 끌어온 물을 저장하는 저수장이 있다. 정원 내부에 있는 대홍수의 그로토에는 노아의 방주 이야기처럼 세상을 물에 잠기게 했던 폭우가 내린다.[5] 돌고래

5 [역주] 저자는 구약의 대홍수와 노아의 방주를 언급하지만, 일반적으로는 오비디우스의 『변신 이야기』

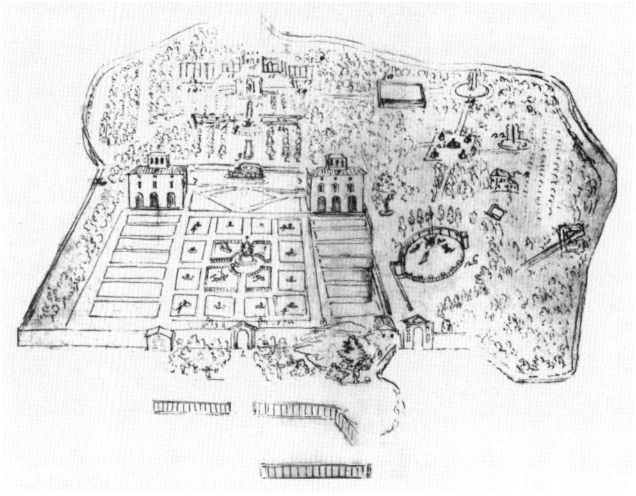

86
조반니 궤라, 〈빌라 란테의 정원과 파크(The Garden and Park at Villa Lante)〉, 1604.

로 장식된 팔각형 수반이 있는 그다음 분수는 [경사진 수로를 따라 물이 흐르는-역자] 카테나 다쿠아(Catena d'acqua)로 이어진다. 이곳에서 가재(감바라 추기경의 문장)[6]의 턱에서 물이 나와 돌로 된 수로를 따라 내려가는데, 수로의 가장자리는 파도처럼 보이도록 조각되었다. 수로 안의 거친 돌을 따라 흐르는 물은 추상 조각 같은 모습을 드러낸다. 정원의 여러 층은 계단으로 연결되는데, 꽃병 모양 장식에서 분수가 꽃처럼 뿜어져 나오거나 물이 액체 '난간'처럼 짧은 벽기둥 사이로 내려가며 곡선을 그린다. 카테나 다쿠아를 따라 흘러내리는 물은 신들이 항아리의 물을 쏟고 있는 정교한 '강의 신 분수'에 다시 나타난다. 그다음에는 돌로 만든 테이블에 파인 긴 수로를 채우는데, 이는 와인을 차게 하고 모인 손님들 앞으로 접시들을 띄워 보내기 위한 장치였다. 이어 물은 오목한 수조와 볼록한 수조가 층층이 이어진 웅장한 '물의 극장'으로 확장되었으며, 각 단이나 '좌석'에서는 물줄기가 뿜어져 나와 장관을 이루었다. 세 층으로 된 정원에서 가장 넓은 맨 아래층에는 사각형 못이 있고, 이 못을 사분하는 산책로는 분수로 장식된 중앙의 섬까지 이어진다. 네 개의 못에서는 돌로 만든 배에 탄 병사들이 가운데를 향

제1권에 등장하는 대홍수와 연결지어 해석한다.

6 [역주] 가재는 이탈리아어로 감베로(gambero)라고 하는데, 감바라와 발음이 비슷하다. 일종의 말장난으로 가문의 문장(紋章)에 도입되었다.

87 빌라 란테의 페가수스 분수, 페가수스 뒤로 네 뮤즈가 있는 세부. 궤라의 스케치에서 이 분수는 파크랜드의 오른쪽에 재현되었다.

해 물 대포를 쏘고 있는데, 이는 어쩌면 고대의 모의 해전 혹은 **나우마키아**를 암시하는 것일 수도 있다. 원래 중앙 분수는 **메타 수단스**(*meta sudans*)[7] 혹은 땀 흘리는 기둥이었는데, 이 역시 고대를 암시한다. 마침내 물은 추기경의 정원을 빠져나와 그 아래에 있는 바냐이아의 도시에 공급되지만, 그 전에 다시 한번 파크랜드 바로 바깥쪽에 있는 페가수스와 뮤즈의 분수(Fontana del Pegaso e delle Muse)에도 이용된다(도판 87).[8]

여전히 경이로운 이 정원에는 훨씬 더 많은 이야깃거리가 있다. 그렇지만 가장 눈에 띄는 특징은 이곳의 장난스럽고 독창적인 물의 조작으로, 이는 예술과 협업하고 자

7 [역주] 고대 로마 시대에 콜로세움과 콘스탄티누스 개선문 사이에 있던 분수로, 물이 스며 나오는 모습이 마치 땀 흘리는 것처럼 보였다고 한다.

8 빌라 란테(와 빌라 데스테)의 물의 효과에 대한 보다 풍성한 논의는 Claudia Lazzaro, *The Italian Renaissance Garden* (New Haven, CT, 1990)을 보라. 이보다 앞선, 물의 시퀀스에 대한 상당히 다른 서술은 같은 저자의 'The Villa Lante at Bagnaia: An Allegory of Art and Nature', *Art Bulletin*, 59(1977), pp. 553-560을 보라. 이곳과 이 시기의 다른 많은 정원의 페가수스와 뮤즈에 대해서는 필자의 'Pegaso in villa. Variazioni sul tema', in *Villa Lante a Bagnaia*, a cura di Sabine Frommel (Milan, 2005)를 보라.

연을 예찬하는 것을 즐기던 르네상스 시기에 상당한 기여를 했다. 그렇지만 이 주요 정원 내부에서 일어나는 대화 혹은 **파라고네**에 대한 논의를 하며 정원의 정교한 구성과 공학 기술이 정원을 둘러싼 넓은 사냥용 파크와 대비된다는 점을 덧붙일 필요가 있다. 이 파크에서 정원이 형성되었고, 오늘날에는 공원으로 여전히 남아 있다.[9] 이는 자연을 처리하는 두 가지 대비된 방식을 보여 준다. 곳곳에 분수가 흩어져 있고 정형적인 패턴 없이 애비뉴[10]가 뚫려 자연스럽게 구역이 구분되는 파크랜드는 주의 깊게 계획된 정원과 나란히 놓여 있다. 그리고 정원 바로 옆에는 파크 내 여러 요소들을 연결하는 위치에, 페가수스가 바위에 발굽을 치는 것을 뮤즈들이 바라보는 반원형 못이 있다. 이는 몽테뉴와 같은 방문자들에게, 아니 누구에게나 고대 신화가 새롭게 실현되었음을 상기시키는 광경이다. 르네상스 시기의 이탈리아와 바냐이아에서 날개 달린 말은 그리스 헬리콘산의 영감을 불러일으키는 샘[11]을 솟게 하고, 그곳에서 뮤즈들은 이를 마시며 이 비범한 정원을 조성한 이들에게 기술과 비전을 부여한다. 이런 정원의 완벽한 기술(arts)은 여기에서 자연적 사실과 문화적 서사 모두를 아우르며, 두 층위의 세계를 복합적으로 표현하는 데 활용된다.

몽테뉴는 1580-1581년에 이탈리아를 여행하면서 프라톨리노와 카스텔로에 위치한 메디치 빌라와 빌라 데스테를 위시해 여러 훌륭한 정원을 방문했다. 그는 『여행기(Journal)』[12]에서 르네상스 **파라고네**의 두 양상을 설명한다. 그는 예술과 기술을 통해 자연의 효과가 강화되어 표현되는 것에 특히 관심을 보였고, 예술과 자연의 조작이라는 측면에서 정원 네 곳의 다양한 성취를 대비하고 비교했다. 프라톨리노(도판 88)에서 그는 "불편하고, 척박하며, 언덕이 많은" 부지를 어떻게 "피렌체의 군주가 (…) 타고난 오감을 활용해 장식하는지" 그리고 그곳에서 어떻게 정원 조성의 기술과 기교를 끌어내었는지에 주목한다. 그는 어떻게 자연의 재료와 효과가 예술을 통해 성취되었는지를 계속해서 환기한다. "특정한 산에서 가져온" 돌로 그로토의 표면을 덮었고 "보이지

9 [역주] 빌라 란테의 정원 부분은 입장료가 있는 구역이지만, 측면의 파크 부분은 무료로 이용할 수 있다.

10 [역주] 대저택의 진입 도로로 대개 양쪽에 나무가 우거져 있다.

11 [역주] 그리스 보이오티아현에 있는 산으로, 신화에서는 아폴론 신과 뮤즈들이 산다고 알려졌다. 날개 달린 말 페가수스가 발굽으로 헬리콘산의 땅을 치자 샘이 솟아 나왔고, 이 샘물은 예술가들에게 영감을 주었다고 한다.

12 [역주] 뫼니에 드 케를롱 편, 이채영 역, 『몽테뉴 여행기』(필로소픽, 2020).

88 주스토 우텐스, 〈프라톨리노의 메디치 빌라(The Medici Villa at Pratolino)〉, 1599, 캔버스에 유채.

않는 못으로 결합시켰다." 여기에서 예술은 천연 동굴을 강화하는 데 쓰였다. 하지만 이채로운 새들이 있는 새장은 매우 자연스러워 보인다. 상당히 먼 곳에서 프라톨리노로 끌어온 물은 "음악과 하모니"와 "물로 작동되는 다양한 수많은 조각상과 문, 물속에 뛰어들어 물을 마시는 수많은 동물 등"의 움직임을 만드는 기계를 작동시키는 데 쓰인다. 특히 한 분수는 세탁하는 여인을 보여 준다. "그녀는 흰 대리석으로 된 식탁보를 짜고 있는데 그 끝에서 물방울이 떨어져 내린다." 길고 넓은 알레(allée)[13] 양쪽에서 호선을 그리며 뿜어져 나오는 물이 만드는 '페르골라'[14]가 있지만, 그 아래로 방문자들은 물에 젖지 않고 걸어 다닌다. 몽테뉴는 거대한 '거인' 조각상 공사의 시작도 언급했다. 이 조각상이 완성되면 아펜니노산맥을 재현한 거인(거인으로 변신한 바위, 혹은 다시 바위가 된 거인)의 머리에 있는 방에서는 음악이 연주될 것이다.

이와 비슷한 주제가 다른 장소에서 몽테뉴의 관심을 끌었다. 피렌체 북쪽의 카스텔로에서 그는 "현실을 넘어선 상상력"을 발견했는데, 이는 말하자면 정원이 사물을

13 [역주] 파크나 정원의 길, 소로(小路)를 뜻하는 프랑스어.

14 [역주] 퍼걸러의 이탈리아어 표현.

실제보다 더 완성되고 완벽한 모습으로 제시한다는 의미였다. 그는 "자연스러워 보이는 인공 바위", "가지가 서로 얽힌 갖가지 향기로운 나무들", "밀집하여 배치된 (…) 사이프러스 길", 상록수 가지로 된 벽으로 온통 둘러싸이고 분수가 있는, 나뭇가지 속 캐비닛, 입구에 장식된 메디치 가문의 문장 주변으로 "쉽게 알아챌 수 없는 밧줄을 이용해 나뭇가지가 자라며 저절로 훌륭한 형태를 이루는" 모습에 주목했다. 카스텔로에서도 물은 음악을 연주하는 악기가 되거나 "섬세하게 졸졸 흐르는 비를 훌륭하게 모방"하는 데 쓰였다. 빌라 데스테에서 몽테뉴의 관심을 끈 것은 수력 효과였다. 오르간 연주와 "트럼펫 소리가 재현"되었고 "하늘에서 보는 것과 조금도 다르지 않은 무지개"가 만들어졌으며, 지저귀며 노래하던 새들은 (마찬가지로 수력 장치로 움직이는) 올빼미가 등장하면 곧바로 잠잠해졌다(도판 81을 보라). "이 모든 교묘한 장치, 혹은 이와 비슷한 것들은 같은 자연적 요인으로 작동한다."

이 모든 효과는 예전에 알베르티가 '놀라운 신기함'이라고 불렀던 것에 대한 열정이 커진 결과였다. 프란체스코 디조르조(Francesco di Giorgio)[15]는 다양한 고안으로 정원 공간을 생기 넘치게 만드는 방법을 다음과 같이 설명했다.

> 연못과 물고기를 기르는 못, 로지아, 지붕이 덮인 산책로와 야외 산책로를 배치하라. 수로와 녹지 공간으로 꾸며진 구역, 일부는 야외이고 일부는 지붕이 덮여 있어 동물과 새들을 가두어 기를 수 있는 구역을 확보하라. 길과 야외 구역은 직선으로 배치되어 서로 평행하거나 직각을 이루게 해야 한다. 거의 1년 내내 이파리가 달린 다양한 나무가 심긴 풀밭과 초지가 있어야 하고, 다른 구역에는 풀과 나무 사이로 사원, 미로, 로지아, 앉을 자리, 그리고 다른 즐거움을 주는 요소가 배치되어야 한다. 이런 요소가 다양할수록 보는 이의 눈은 즐거울 것이다.[16]

이러한 조언은 16세기에 많은 정원의 근거가 되었고, 방문자들은 그러한 정원에 매료되었다. 즐거움을 위한 정원 조성 활동이 늘어난 결과, 사람들은 정원만의 독특한 특

15 [역주] Francesco di Giorgio Martini(1439-1501). 이탈리아의 건축가, 엔지니어, 화가, 조각가, 작가.

16 Lionello Puppi, 'Nature and Artifice in the Sixteenth-century Italian Garden', in *The Architecture of Western Gardens*, ed. M. Mosser and G. Teyssot (Cambridge, MA, 1991), p. 49에서 인용.

성이 무엇인지를 규정하는, 보다 개념적인 일에 흥미를 갖게 되었다.

몽테뉴가 이탈리아를 여행하기 몇 년 전에 이탈리아의 정원 조성술 발달에 상당히 매료된 몇몇 이탈리아 인문주의자가 정원을 이루는 것이 무엇인지를 개념적으로 이해하고자 했다. 1541년 야코포 본파디오(Jacopo Bonfadio)와 1559년 바르톨로메오 타에조(Bartolomeo Taegio)는 각각 정원을 '제3의 자연'이라고 설명했다. 로마의 작가 키케로는 기반시설에 해당하는 농지 개간, 관개, 도로, 교각, 항구, 다른 도시의 건축 구조물처럼 확장되고 압축된 활동을 '제2의 자연'이라고 했는데, 이는 신들의 '제1의' 원시적인 자연을 바탕으로 만들어진 것이다. 정원이라고 하는 새로운 제3의 자연은 파라고네를 통해 정교하게 묘사된다. "지역 주민들의 노력에 의해 자연은 예술과 통합하여 인공물(artificer)이 되었고, 자연스럽게 예술과 동일해졌다. 그리고 이 둘에서 제3의 자연이 만들어졌는데, 여기에 어떤 이름을 붙여야 할지 모르겠다." 타에조의 다소 어설픈 정의는 자연이 인공물(혹은 예술가)이 되고, 그리하여 자연스러운 특징을 유지하면서도 예술과 대등한 지위를 얻게 되는 역설을 애써 설명한다. 수십 년 뒤 몽테뉴가 정원에 보인 반응을 보면 그가 예술과 자연이 결합된 노력, 그리고 이것이 어떻게 경험되는지를 보다 정확하고 세련되게 이해했음을 알 수 있다.[17]

정원은 기예(기술, 엔지니어링, 원예적 전문 기술)와 원재료(식물, 흙, 물, 공기)의 만남으로 이루어지는데, 그 경험은 시대와 장소에 따라 크게 달라졌다. 16세기와 17세기에는 설계가와 방문자 모두가 정원에서의 경험을 창안해 내고, 또 이를 즐기는 법을 익히면서 정원의 경험은 점차 복잡하고 세련되어졌다. 영국에서 온 방문자들은 이에 견줄 만한 정원이 본국에 거의 없었기 때문에, 17세기 이탈리아의 사례가 아주 주목할 만하다고 보았다.[18] 하지만 지역과 문화에 따라 반응은 다양했는데, 가령 베네토[19]에서는 피렌체나 로마보다는 정교한 장치에 관심을 덜 기울였고, 정원마다 복잡성의 정도도 차이가 있었다. 가장 단순한 단계에서는 자연이 보여 주는 풍요와 은혜로움 그 자체가 감상

17 타에조의 현대본인 *La Villa*, ed. Thomas E. Beck (Philadelphia, PA, 2010)에 수록된 논의와 편집자의 논평을 보라.

18 이탈리아 정원에 매료된 영국인 방문자들에 대해서는 필자의 *Garden and Grove: The Italian Renaissance Garden in the English Imagination, 1600-1750* (London, 1986; new paperback edition, Philadelphia, 1996)에서 연구했다.

19 [역주] 이탈리아 북동부에 위치한 레조네(regione, 주)로, 주도는 베네치아다.

89 조반니 궤라, 〈프라톨리노 빌라 메디치의 식당 그로토(Dining Grotto at the Villa Medici, Pratolino)〉, 1604.

의 대상이었으며, 그 표현은 지나치게 산만하지 않았다. 그다음에는 이러한 풍요로움을 조성한 기술이 주목을 받았다. 이 단계에서는 자연과 예술 사이의 대화, 경쟁, 협업이 문제가 되었다. 어떤 때에는 순전한 독창성이 주로 인식되었고, 또 다른 때에는 정원 밖 세계를 모방한 놀라운 효과가 주목을 받았으며, 또 어떤 때는 이 두 가지가 함께 일어났다. 16세기와 17세기에 정교한 정원을 방문한 이들은 그로토의 배경 그림에 감탄한 후 장면 뒤쪽에서 이를 작동시키는 기계 장치를 살펴보고(도판 89), 돌아와서는 작동 원리를 이해했다고 해서 퍼포먼스를 폄하하는 일 없이 그 전체적인 조화를 감탄하며 바라보았다. 자연 요소와 기술적 표현을 동시에 평가하는 일은 하나의 다이어그램에서 '토끼 혹은 오리'를 보는 훗날의 비트겐슈타인의 수수께끼에 비유할 수 있다.

이런 변화는 16세기와 17세기 초의 두 훌륭한 정원에서 찾아볼 수 있다. 보마르초(1552년 이래)와 하이델베르크의 호르투스 팔라티누스(Hortus Palatinus, 1610년대 후반)는 톨로메이(Tolomei)가 "자연적인 인공물(natural artifice)"과 "인공적 자연(artificial nature)"이라고 부른 것의 흥분과 즐거움, 지적 자극을 이해하는 데 도움을 준다. 조각된 우화 속 괴수, 허구적이거나 신화적인 생물, 괴상한 구조물(기울어진 집), 경고하는 어투의 수많은 문구가 있는 보마르초는 "극단적인 인공물"과 "순수한 판타지"[20]가 있는 장소로 묘사되었다(도판 90). 하지만 종종 보는 이를 불안하고 당황스럽게 만드는 형상이 나무가 우거진 정원 속 자연 암석에 새겨졌다. 경사를 따라 곳곳에 계단식으로 단을 만들고 길을 냈음에도 이곳에는 다른 동시대 정원들에서 볼 수 있는 엄격한 체계

20 Puppi, 'Nature and Artifice in the Sixteenth-century Italian Garden', p. 56. 많은 이가 보마르초의 판타지 세계에 열광했다.

90 보마르초의 여인 거상.

가 전혀 없다. 코끼리, 거인, 페가수스, 바다 괴물(orc), 스핑크스, 거대한 솔방울과 도토리, 지옥의 문과 같은 갖가지 요소는 땅에서 바로 솟아 오른, 이 장소 고유의 것처럼 보인다. 그리하여 비치노 오르지니(Vicino Orsini)가 조성한 파크는 결코 '자연에 대한 부정'이 아니었으며, 오히려 후원자의 성정과 그가 속한 에트루리아의 (때로는 신비롭고, 때로는 놀라운) 지역성을 표현한 것으로 기획되고 이해되었을 가능성이 더 크다. 실제로 르네상스 시기(때로는 그 이래로)의 모든 정원 조성이 그러했듯이 보마르초는 조성자의 지위, 개성, 덕목을 선언하는 수단이었기 때문이다. 1732년에 토머스 풀러(Thomas Fuller)는 "정원사가 어떠하냐에 따라 정원도 그러하다"라고 하지 않았던가.

살로몽 드 코스가 조성한 하이델베르크는 신혼의 팔라틴 선제후(Elector Palatine)와 그의 영국인 신부(일명 '겨울의 여왕')[21]의 정치적·사회적·종교적 권위를 확고히 하

21 [역주] 엘리자베스 스튜어트(Elizabeth Stuart, 1596-1662)는 스코틀랜드의 왕 제임스 6세(이후 잉글랜드의 제임스 1세)와 덴마크의 애나(Anna of Denmark)의 딸이다. 그녀는 16세의 나이에 팔라틴 선제후인 프리드리히 5세와 결혼했고, 23세에 보헤미아 여왕(Queen of Bohemia)이 되었다. 하지만 가톨릭 세력에 의해 곧 폐위되었고, 프라하에서 한 번의 겨울만을 보냈다. 여기에서 '겨울의 여왕'이라는 별명이 생겼다.

91
마티아스 메리안(Matthias Merian), 〈하이델베르크 호르투스 팔라티누스의 풍경(View of the Hortus Palatinus, Heidelberg)〉, 1620년경, 채색 판화.

기 위한 곳이었다(도판 91). 정원 곳곳에서 선제후의 자취를 찾아볼 수 있는데, 약 4.5미터 높이의 조각상, 그가 호르투스를 조성하면서 자연의 모든 영역에 대한 지배력을 예찬하는 비문, 파르테르의 바닥에 새겨진 글귀, 그리고 프로테스탄트 지도자로서 그의 위상을 보여 주는 각종 상징물들이 그 대표적인 사례였다. 정원에서는 포모나(Pomona)를 향한 베르툼누스(Vertumnus)의 구애와 (결혼과 관련된) 숫자 8이 여러 번 언급되면서 자연의 풍요로움이 지닌 변화시키는 힘이 암시되고, 그와 엘리자베스의 결혼이 예찬되기도 한다. 정원 전체에서 예술의 흔적은 선명하고 분명한데, 파르테르의 정교한 배치와 물의 조작 그리고 '건축이 할 수 있는 한 최대로 자연을 그대로 모방한'[22] 그로토에서 가장 잘 드러난다. 하지만 아무리 '건축'이 그로토를 조성한다 하더라도, 가장 중요한 것은 참조가 되는 자연 세계였다. 프랑스의 가드니스트 자크 부아소(Jacques Boyceau)가 설명했듯, 그로토는 동굴을 재현하기 위해 고안되었다(존 이블린[John Evelyn]은 이를 "그로토는 굴과 동굴을 재현하기 위해 발명되었다"라고 번역했다).

코스는 옛 정원에서 나타난 관념과 이미지를 여럿 언급했으나 여기에 '내재적 모호성', 즉 세계에 대한 보다 완벽한 이해를 위한 방법인 모호성을 포함시켜 이를 새롭게 만들어 냈다. 예를 들어 코스는 평평한 표면에 깊이감의 환영을 조성하는 원근법이 "진정

22 필자가 간략하게 인용한 호르투스 팔라티누스의 뒤늦은 분석에 대해서는 Luke Morgan, *Nature as Model: Salomon de Caus and Early Seventeenth-century Landscape Design*, Penn Studies in Landscape Architecture (Philadelphia, PA, 2007), p. 188을 보라.

한 자연"을 모방하는 방식이라고 썼다. 이리하여 하이델베르크의 오랑주리(종종 전설적인 헤스페리데스의 '황금 사과'라고 불리던 것을 만들면서 예술과 자연이 협업하는 최고의 장소)의 돌기둥에 새겨진 조각은 나무 둥치를 재현했고, 그 위로는 진짜 담쟁이가 자라도록 가꾸었다. 그 안에서는 진짜 오렌지 나무가 전문 정원사들의 관리하에 독일의 겨울을 났다. 참으로 기발하지만 이는 인공물의 교묘함으로 방문자들을 위압하기보다는 그들의 이해를 돕기 위해 디자인되었을 것이다. 여름이 오자 파르테르에 배치된 수많은 오렌지 나무들은 활기찬 자연의 경이를 입증했다.

기술적 효과와 정원 이미지 구성 모두 더욱 정교해져 갔고, 이는 바로크 시기에 극단으로 치달았다. 고안, 인공, 독창성이 강조되면서 정원이 무엇보다 예술로 인식되기 시작했다. 이는 인공과 자연의 협업 혹은 경쟁에 대한 일반적인 인식을 통해 유지되면서, 예술의 역할이 자연계를 정화되고 추상화된 버전으로 표현하는 것이라는 생각도 여전히 유효했다. 물리적 세계의 작동 방식을 표현하고 설명하려는 관심은 교묘한 장치의 순수한 기교에 압도되었다. 그러는 동안 이러한 정교한 효과에 점차 익숙해진 방문자들은 그것이 만들어 내는 효과에 적극적으로 반응하면서 얻게 되는 만족감을 배우게 되었고, 이를 통해 정원의 전체적인 경험을 더욱 강화했다. 오늘날 우리는 이러한 개념의 일부를 파악할 수는 있으나, 당시 사람들이 지녔던 이토록 풍부하고 때로는 까다로운 감수성을 온전히 공유하지는 못한다.

정원의 핵심적인 요소와 구성을 고려해 보면, 예술과 자연의 파라고네는 결코 사라질 수 없다. 이것이 더 이상 디자이너와 방문자의 주요 관심사가 아닐지라도 말이다. 이러한 관점에서 본 경관이 르로랭 수도원장(Abbé Le Lorrain)의 『자연과 예술의 경이(Curiosités de la nature et de l'art)』의 표지에 표현되어 있다(도판 92). 이는 1705년 프랑스에서 처음 출판되었고, 후에 다른 언어로 출판되었다. 매우 도식적으로 시각화된 표지는 그 자체로 유용한 가이드가 된다. (지구본을 들고 있는) 예술 혹은 과학과 기술을 상징하는 인물과, 가슴이 많이 달린 자연을 상징하는 인물이 풍경의 양쪽에 앉아 있고, 세 구역으로 이루어진 경관을 소개한다. 첫 번째 구역은 토피어리와 중앙 분수가 있는 정원이고, 그다음 구역은 일꾼들이 쟁기질을 하고 씨를 뿌리는 들판이며, 그다음에는 둔중한 언덕이 있는데 이곳의 땅은 전경에 있는 두 인물이 휴식을 취하고 있는 곳과 다르지 않다. 정원의 중심축을 따라 분수의 물줄기가 위로 솟구쳐 오르는 모습을 눈으로 좇다 보면 언덕에서 솟아나는 자연의 샘을 보게 된다. 이와 거의 동시에 언덕 위에

92 피에르 르로랭 드 발몽 수도원장(Abbé Pierre Le Lorrain de Vallemont), 『자연과 예술의 경이』(1705)의 표지. 영어를 포함해 다른 언어로 재출판되었다.

악기를 연주하는 인물들이 가득한 것을 알아차릴 수 있다. 그림이 흐릿해서 몇 명인지는 정확히 알 수 없지만, 페가수스가 발굽으로 치자 솟아 나온 샘물을 뮤즈들이 마시고 영감을 얻었다는 고대 그리스 전설의 산인 파르나소스와 헬리콘을 떠올리게 하는 언덕 위의 뮤즈들이 분명하다. 빌라 란테에서 보았듯 이 장면은 르네상스 시기와 이후 설계된 여러 경관에서 구현되었다.

이렇게 토지에 대한 인간의 개입을 단계적으로 구분하는 개념은 널리 퍼져 있기에, 르로랭이 이전에 있던 세 개의 자연 개념에 의존했는지는 그다지 중요하지 않다. 하지만 그는 이 시퀀스와 관계를 명확하게 도식화했다. 정원이라는 제3의 자연은 농경의 세계를 정교하게 만든 것이고, 복잡함에서 그를 능가한다. 그리고 이 농경의 세계 자체도 저 멀리 언덕배기에 있는, 신들이 있는 중재되지 않은 세계와 구분되는 '제2의 자연'이다. 예술과 자연의 협업에서 정원과 농업이 유래하고, 그동안 뮤즈들은 노래나 음악을 통해 코스라면 '진정한 자연'이라고 불렀음 직한 것을 매개하는 이들을 우리에게 상기시킨다. 17세기와 18세기의 빌라 영지를 담은 보다 정교한 동판화에도 마찬가지로 세 부분으로 구분된 땅이 드러나는데, 이는 영지 관리의 관습과 토지를 다루는 다양한 양식에 대한 인식이 반영된 것이었다(도판 93과 도판 119를 보라).

정원의 장치들이 보다 넓은 경관에 대한 교훈을 여전히 뒷받침할 수 있음은 18세기 초 제3대 섀프츠베리(Shaftesbury) 백작의 논평에서 분명하게 드러난다. 그는 정원 안의 형태 잡힌 자연 속에서 철학적인 가르침을 발견했다. 이는 세상의 진정한 본성을 끌어내거나 관념화하기 위해 고안된 것이라고 보았다. 따라서 자연을 사랑하는 사람이라면 정원에서 얻은 교훈을 바탕으로, 정원 밖의 불완전하고 어수선한 환경에서도 자연의 질서와 구조를 더 명확히 인식할 수 있다는 것이다. 예를 들어, 섀프츠베리

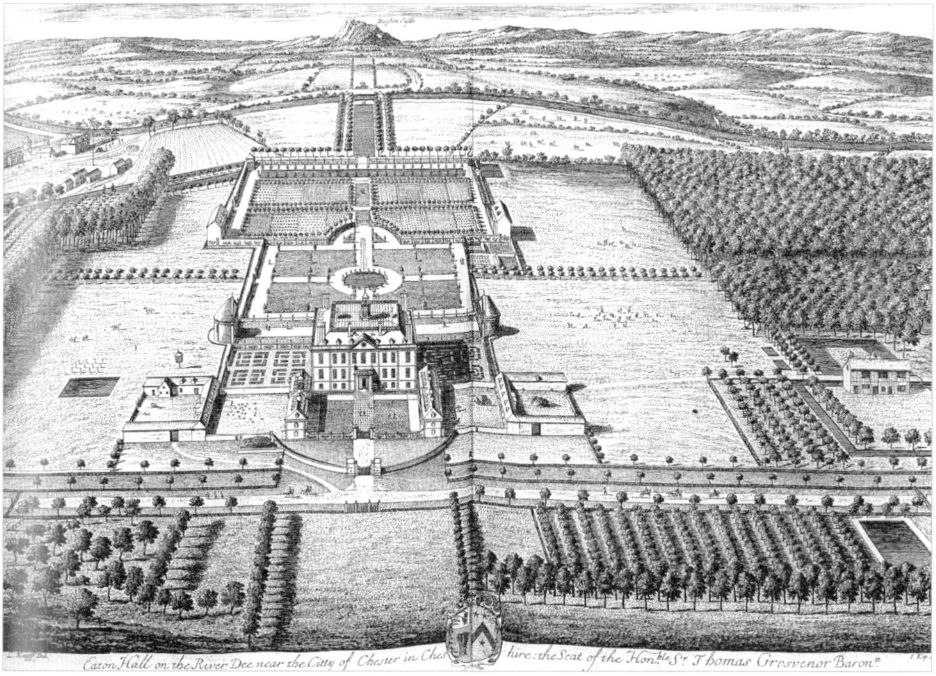

93 J. 킵(J. Kip)과 L. 크니프(L. Knyff), 체스터(Chester) 인근의 이튼 홀(Eaton Hall)의 풍경을 담은 동판화, 『그림으로 본 영국(Britannia Illustrata)』(1707)에서.

는 그의 정원 바로 밖에 있는 오래된 주목을 제거해서는 안 된다고 주장했는데, 왜냐하면 완벽한 기하학적 형태에서 가르침을 얻은 눈으로 그것의 자연적인 특성을 감상할 수 있기 때문이다. 150년 전의 타에조와 본파디오처럼 섀프츠베리도 자연계의 개념적 이해와 이를 정원에 어떻게 이용할지에 관심이 있었다. 오늘날의 디자인 학도들은 종종 17세기 정원이 재료에 불필요한 형태를 부과해 자연스러운 형태를 왜곡했다고 비판한다. 하지만 그것은 자연 세계의 형식적 실체(formal entities)로 눈과 마음을 교육하기 위한 방식이었다. 그리하여 앙드레 르노트르(André Le Nôtre)가 보르비콩트(Vaux-le-Vicomte)에서 작업할 때 곡류하는 앙쾨유(Anqueil)강은 정원에 들어오자마자 직선의 운하로 조성되었지만, 부지의 반대쪽 끝으로 나갈 때는 다시 초지 사이로 구불구불 흐르도록 했던 것을 예로 들 수 있다. 그는 우리가 강을 자연적인 형태와 인위적으로 매개된 형태로 모두 보도록 '가르쳤던' 것이다.

하지만 자연 세계에 대한 정원의 '교훈' 혹은 지침은 설계되지 않은 땅, 즉 인간이 손대지 않은 땅에 대한 사람들의 태도를 점차 근본적으로 바꾸어 갔다. 섀프츠베리가 썼듯 세상의 "껍질"을 "연구하고 돌파해 나가는" 이는 누구라도 "핵심으로 나아가는 길을 발견할" 수 있고, 그것의 "진정한 질서"를 인식할 수 있으며, 점차 정원 외부의 세계도 그 자체로 감상할 수 있게 되었다. 그리고 철학적인 동시에 사회적·문화적인 다양한 이유로 보다 넓은 경관에 대한 취미가 기하급수적으로 확장되었다. 이에 대한 관심이 커지면서 예술과 자연 사이의 관계를 새롭게 맺을 필요가 생겼다. 호러스 월폴은 '운하, 원형 수반, 캐스케이드'의 제거를 반겼고, 윌리엄 켄트가 라우셤에서 '인위적으로 높게 만든 폭포'를 제거했다고 (잘못) 생각했다. 하지만 눈에 띄는 인공물을 거부했다고 해서 자연주의가 자리 잡았다는 뜻은 아니었다. 오히려 새로운 경관 예술이 "회화에서의 대가들의 구성"(정원 가꾸기라고 하는 새롭고 현대적인 예술에 대한 월폴의 유명한 주장)을 정원이라는 매체로 실현하고자 했던 만큼, 설계가들은 '자연의 색채만을 담은' 팔레트를 활용해 공간을 회화적으로 구성('원근법, 밝고 어두움')하라는 요청을 받게 될 것이었다.

풍경화식 정원 조성 기술에 다시 적용된 새로운 도전, 아니 오히려 오래된 도전이 있었다. 이는 12장에서 다룬다. 월폴은 '현대의 정원사들이 자신의 기교를 감추는 데 얼마나 뛰어난지'를 언급했으며, 이는 로마 시인 오비디우스 때부터 있던 오래된 외침이다. 하지만 기교를 감추면서도 자연을 드러내기 위해서는 경관 설계가에게 진정한 재능이 필요했다. 따라서 얼마나 많은 과학과 기술, 예술이 표현에 쓰였는지를 감추는 데에 세밀하고 정교하며 사람의 손이 닿지 않은 자연의 세계가 쓰였겠는가. 문제는 만약 설계가 철저한 위장으로 자연에 섞인다면 이는 눈에 띄지 않을 것이고, 설계가는 불필요해 보일 것이라는 점이었다. 사실, '케이퍼빌리티' 브라운은 매우 유사하고 미묘한 파라고네 안에서 작업했던 것으로 보이는데, 이에 대해 현대의 정원 예술가인 이언 해밀턴 핀레이는 "브라운은 물이 '물'로 보이도록, 잔디가 '잔디'로 보이도록 만들었다"라고 간결하게 기술했다. 이 아포리즘은 통찰력이 있다. 브라운은 기교를 통해 그곳에 존재하는 것이 잘 드러나 보이도록 했다. 그리하여 물은 가장 물처럼 보이도록 움직이게 하고, 나무는 최대한 나무답게 자라게 하고, 지형은 본연의 오르내림과 일치시키며, 눈에 띄는 인공물(사원이나 조각)은 경관에서 배제했다. 그리고 자연을 성공적으로 활용해 조경가의 기교를 위장했다.

(픽처레스크가 한창일 때 회화를 매개로 하긴 했지만) 자연주의에 크게 실망했던 18세기

이후에는 능숙한 기예에 대한 철학적 관심이 사라졌다. 20세기 초 건축적 정원을 지지했던 이들처럼 정원을 명확하게 구축하고자 하는 사람들은 계속 있어 왔다. 반면 이들에 반대하는 사람들은 정원이 자연스럽고 심지어는 '야생적'이어야 한다고 주장했다. 물론 이는 어리석은 논쟁인데, 이미 언급했듯이 모든 정원의 본질은 주어진 자연 요소와 인간의 개입이 혼합된 것이기 때문이다. 아무리 이 가운데 한 요소 혹은 다른 요소가 덜 중요하게 여겨진다 하더라도 말이다. 하지만 예술과 공예 운동에서 이 논쟁은 합리적이고 또 창의적으로 해결되었다. 이 운동에서는 뚜렷한 형식주의와 분명한 구조가 식물의 생애와 형태에 대한 열정적인 관심과 상호 작용을 하도록 허용했다(17장을 보라). 파라고네를 암시하는 것이 남아 있다면, 이는 형태가 분명한 구축물과 밀집된 식재의 혁신적인 혼합에 관심을 기울이게 할 뿐이다. 윌리엄 로빈슨(William Robinson)의 '야생 정원(wild garden)'에 인간의 개입이 전혀 없던 것은 아닌데, 관습적인 원예에서는 이례적인 '야생' 식물을 도입해 식물의 선택과 집합적 배치에 주목하게 만들었기 때문이다.

오늘날의 조경에서 예술과 자연의 문제가 비평적으로 논의되거나 의도적으로 제작에 반영되는 경우는 드물다. 그럼에도 몇몇 설계가는 분명 자신의 독창성과 자연주의적인 색채가 동시에 명확하게 드러나는 장면을 제공해 방문자들과 함께 교감하기를 즐긴다. 마사 슈워츠(Martha Schwartz)의 여러 프로젝트에는 자연스러운 척하는(naturalistic) 요소가 눈에 띄고 심지어 현란하기까지 한 인공물과 의도적으로 대치되고, 때로는 인공물로 완전히 대체되기도 한다. 그녀의 초기 작업인 베이글 가든(Bagel Garden, 1970년대 말)과 매사추세츠 공과 대학교(Massachusetts Institute of Technology)의 네코 웨이퍼로 만든 파르테르(1980)[23]부터 플로리다주 포트 로더데일(Fort Lauderdale)의 브로워드 카운티 시립 경기장(Broward County Civic Arena, 1998)에 이르기까지 비정원적 재료와 눈에 띄는 형태와 색채는 주변의 자연적인 대상지를 돋보이게 하는 역할을 했고, 때로는 분명한 '목적' 없이 그저 호기심을 불러일으키는 요소로 사용되기도 했다. 하지만 포트 로더데일에서처럼 강철과 비닐로 만든 캐노피는 한때 에버글레이즈 습

23 [역주] 미국의 대중적인 과자인 네코 웨이퍼 캔디(Necco Wafers Candy)를 이용했던 네코 정원(Necco Garden)을 말한다.

94 베르나르 라쉬, 파리 콜라스 본사(COLAS HQ) 정원.

95 베르나르 라쉬, 프랑스 유캉주 아파트 단지의 도색된 파사드.

지(Everglades)[24]에서 자라던 나무들의 소실에 대한 일종의 항의였으며, 동시에 예산 제약 속에서 재치 있게 대응한 것이기도 했다.

프랑스의 조경가 베르나르 라쉬(Bernard Lassus)도 최근 작업에서 실제 자연과 인공의 재현을 병치시켜 활용한다. 개인 정원과 회사 건물(도판 94)에서 그는 실제로 자라는 식물 옆에 강철로 만든 나뭇잎과 나무 모양 패턴을 대비시킨다. 그 결과 전통적인 정원 양식을 현대적으로 재해석했을 뿐 아니라 유지·관리의 편리함까지 고려한 정원을 만들어 냈다. 하지만 경력 전반에 걸쳐 그는 인공적인 이미지를 적극적으로 작업에 담았다. 그는 주민들의 불만이 클 수밖에 없는 퇴락한 유캉주(Uckange)[25]시 주거 단지의 아파트 건물 파사드에 과감한 색채로 풍경화를 그려 넣었다. 그 결과 벽면의 모서리를 '언덕'과 '계곡'이 둘러싸고, 처마에서 자라나는 '나무들'의 이미지가 생겨났으며, 음울하고 텅 빈 벽은 놀라울 정도로 활기를 띠게 되었다(도판 95). 주민들은 이 가짜 풍경화 속 창문 위치로 자신들이 사는 곳과 (문자 그대로) 일체감을 갖게 되었으며, 이 아파트에 대한 수요도 급증했다. 자연의 다양한 재료와 일상을 둘러싼 환경, 다양한 정원 조성 기법 사이의 대화라는 오랜 전통에서, 현대적인 동시에 친숙한 유캉주의 사례는 단연 눈에 띈다.

24 [역주] 미국 플로리다주 남부의 대습지.

25 [역주] 프랑스 북동쪽 모젤(Moselle)도에 있는 코뮌(commune).

8장

식물원, 수목원, 경이의 방

두 가지 사건을 계기로 '식물은 어디에서 오는가?'라는 문제가 제기되었다. 6세기 중국의 수양제는 서원[1]을 조성했다. 이곳이 완성되어 갈 무렵 식물과 나무, 새, 온갖 종류의 짐승(특히 물고기와 개구리)을 바치라는 포고가 인근에 사는 이들에게 내려왔다. 1,100년 후 리처드 템플 경(Sir Richard Temple, 코범 경[Lord Cobham])은 스토에 너른 정원을 조성하고 있었다. 그는 영지의 일꾼들을 주변으로 보내 정원에 심을 나무를 수집하게 했는데, 예전에 말버러(Marlborough) 장군 휘하에서 장교로 복무하던 시절에 병사들을 징발에 내보냈던 것과 아주 유사했다.[2] 사실 코범은 당시 가장 유명했던 브롬턴 파크 양묘장(Brompton Park nursery)이 보유한 자원에 의존할 수 있었고, 다른 지역의 더 저렴한 묘목상도 이용할 수 있었다. 하지만 브롬턴과의 거래는 많지 않았다. 그 대신 스토에 필요한 나무 약 6만에서 7만 주는 다른 곳에서 조달해야 했다. 그중 많은 부분이 방대한 가족 영지에서 해결되었는데, 담으로 둘러싸인 정원에 털가시나무와 마로니에 씨앗을

1 [역주] 낙양의 서쪽에 지은 원림. 수양제 시기의 일을 기록한 『대업잡기(大業雜記)』에 따르면 이곳의 둘레는 200리(약 78킬로미터)이고, 그 안의 바다[海]는 둘레가 10리(약 39킬로미터)에 깊이가 수 장(丈, 1장은 약 3.03미터)이었다고 한다. 그 안에 삼신산을 만들고 전각을 세웠다. 건설된 바다의 북쪽에는 용린거(龍鱗渠)라는 구불구불한 수로를 만들어 물이 바다로 흘러가게 하고, 그 물줄기를 따라 열여섯 개의 원(院)을 만들었다. 정원에는 각종 희귀 동물을 사육했고, 밤에는 화려한 연회를 베풀었다.

2 [역주] 템플은 스페인 왕위 계승 전쟁(1701-1714) 중 제1대 말버러 공작 존 처칠(John Churchill, 1st Duke of Marlborough) 휘하에서 장군으로 참전했다.

심고, 꺾꽂이를 하고, 숲에서 묘목과 흡지(吸枝)를 파냈다. 친구와 친족들도 자재를 공급해 주었는데, 때로는 깜짝 놀랄 만한 양이었다(일례로 수레 37대 분량의 주목).[3]

오늘날 우리는 지역의 원예용품 상점에 의존하거나 온라인으로 양묘장의 재고를 검색하지만, 중국과 스토에서 일어난 일은 상당한 양의 식물이 없으면 제대로 된 정원을 조성할 수 없었음을 시사한다. 나아가 중국의 황가원림(皇家園林)과 18세기 영국의 대규모 경관 작업에는 양뿐 아니라 질적인 면, 최상급 품질과 희귀성이 요구되었다.

중세에 약초와 식물에 대한 필사본을 제작한 이에게는 식물원이 있었다. 수도원과 의사들은 약이 되거나 다른 의학적 효능이 있는 식물을 키우는 정원을 보유했는데, 820년에 제작된 스위스의 장크트갈렌 수도원(St. Gall monastery)의 유명한 도면에는 다양한 정원이 나타난다. 과실수가 있는 묘지가 표시되어 있고, 직사각형 화단들이 가지런히 배치된 채원[4]이 있으며, 의사를 위한 건물 옆에는 약초원이 있다. 1500년경의 그림에는 약초원이 등장하는데, 약초가 자라고, 이를 증류해 추출물을 만드는 약재상을 위한 정원이나, 의사들이 논의하고 증류하고 환자들은 근처의 병상에 누워 있는 모습이 담겨 있다.[5] 몇몇 장소는 제약과 전문기술로 유명하다. 존 에벌린(John Evelyn)이 일기에 기록했듯이 베네치아는 약사들로 유명했고, 광범위한 무역('전 세계의 상점') 덕분에 약품과 관련 제품을 제약 산업에 공급했다. 베네치아에서는 13세기에 개인 식물원이 등장했으나, 당시 베네치아 공화국은 이미 **스페치알리**(*speziali*, 약초상 겸 약제상, 혹은 약사)를 공인하고 있었다. 베네치아의 유명한 출판사에서 나온 초기 도서 중에는 1471년 아랍어에서 번역된 의학 백과사전이 있었다.[6] 그리고 1545년 베네치아 공화국은 파도바(Padua)에 **호르투스 메디쿠스**(*hortus medicus*, 약초원)를 세웠고, 한 해 앞서 피사에도 약초원이 조성되었다. 이 두 곳을 시작으로 르네상스 시대의 식물원, 이후에는 수목원이

3 중국의 일화는 Loraine Kuch, *The World of the Japanese Garden* (New York and Tokyo, 1968), p. 19, 스토에 대해서는 George Clarke, 'Where Did All the Trees Come from? An Analysis of Bridgeman's Planting at Stowe', *Journal of Garden History*, 5(1985), pp. 72-83의 도움을 받았다.

4 [역주] 원문에는 '과수원'으로 표기되었으나, 각각의 화단마다 다른 채소가 심긴 '채원(vegetable garden)'으로 알려져 있다.

5 장크트갈렌의 지도와 1500년경의 목판화 삽화는 Anthony Huxley, *An Illustrated History of Gardening* (New York and London, 1978)에 수록되었다.

6 필자의 *The Venetian City Garden: Place, Typology, and Perception* (Berlin and Boston, 2009), pp. 105-110을 보라.

생겨나 확산되었다.[7]

탐험을 통해 새로 알게 된 세계, 특히 대서양 너머에서 가져온 군주나 국가의 위신을 과시하기 위한 호화로운 식물의 수집이 이러한 정원을 추진한 숨은 동인이었다. 하지만 희귀종의 번식에 대한 과학적 호기심, 대학 의학부의 부상, 특히 새롭고 종종 확장된 수많은 위락 정원 조성은 모두 식물 수집 욕구에 기여했다. 그리하여 상대적으로 짧은 시간 동안 유럽은 수용할 수 있는 것보다 더 많은 외국 식물을 수입하기 시작했는데 심지어 가장 큰 식물 컬렉션도 이를 감당하지 못할 정도였다. 의학이나 약학에 쓰이는 실용적인 식물만 수집하는 것이 아니라, 식물 자체에 대한 관심이 엄청나게 확장되었기 때문이다.[8] 그 결과 연구 기관을 위한 약용 식물, 혹은 상업적인 컬렉션, 때로는 특정한 종(아메리카의 나무, 고산 식물, 진달래속)을 전문적으로 다루는 곳이 나타났다. 수목원이라고 불리기도 한 나무 수집은 18세기에 본격적으로 발전했으며, 다양한 기후대에서 온 재료, 혹은 특별하거나 때로 (당시에는) 알려지지 않은 관목이나 나무를 부각시켰다. 종종 초기의 식물원이 수목원으로 발전하기도 했다. 게다가 가장 초기의 식물원 중 일부는 **자연물**(*naturalia*)과 **인공물**(*artificialia*)을 전시하는 경이의 방(cabinets of curiosities)이나 과학 박물관과도 연결되었다. 이후 식물 수집은 잠시 동안이긴 하지만 정원 묘지의 조성에 수반되었다.

16세기에는 네 곳의 학문적인 식물원(피사, 파도바, 레이던, 몽펠리에)이 설립되었고, 17세기에 옥스퍼드, 웁살라, 파리에도 식물원이 추가로 세워졌다. 레이던과 웁살라의 식물원은 각각 저명한 식물학자인 클루시우스(Clusius)와 린네(Linnaeus)의 업적이다. 식물원의 컬렉션은 상징적이고 실용적으로 배치되었다. 파도바 식물원의 원형 약초원은 상징적으로 네 부분으로 나뉘는데(도판 96), 이는 알려진 세계(유럽, 아시아, 아프리카, 아메리카로, 존 파킨슨[John Parkinson]의 1640년 책인 『식물 극장[Theatrum Botanicum]』의 표지에도 상징

7 방대한 참고문헌이 있는 M. Azzi Visentini, *L'Orto Botanico di Padova* (Milan, 1984)와 Fabio Garbari, Lucia Tongiorgi Tomasi, e Alessandro Tosi, a cura di, *Giardino dei Semplici / Garden of Simples* (Pisa, 2002)를 보라.

8 John Prest, *The Garden of Eden: The Botanical Garden and the Re-creation of Paradise* (New Haven, CT, 1981)는 여전히 에덴과 파라다이스, 그 추정되는 위치에 대한 기원, 신화, 가정의 주제를 다루는 가장 훌륭한 개론서 중의 하나다. 보다 풍부하고 광범위한 조사로는 pp. 284-288에 세계의 식물원 색인이 있고, 윌리엄 맥키티(William MacQuitty)의 사진이 곁들여진 Edward Hyams, *Great Botanical Gardens of the World* (London, 1969)를 보라.

96 1545년 설립된 파도바 식물원 도면.

97
레이던 식물원의 세부, 1601. 암불라크룸(Ambulacrum)[9]의 중앙 아치형 입구 앞에 학생 무리와 강의자가 있다.

적으로 나타난다. 도판 104 참고)를 암시한다. 실용적으로 보자면, 레이던에서처럼 화단이 길고 좁게 배치되면 교수와 학생 모두가 식물을 쉽게 연구할 수 있고, 정원사의 작업도 수월해진다(도판 97). 각 부분마다 특정한 식물 과(科)를 담아 세분한 뒤, 대개는 쉽게 식별하기 위해 숫자를 매긴다. 레이던의 파르테르는 간소하지만 다른 곳에서는 정교한 기하학적 패턴으로 설계되었고, 위락 정원뿐 아니라 식물원의 디자인에서도 독창성이 발휘되었다. 아고스티노 델리초(Agostino del Riccio)[10]는 자기 정원의 '아름다운 패턴'과 '판타지'를 사랑했다. 하지만 시에나 출신의 작가 조반니 바티스타 페라리(Giovanni

9 [역주] 나무를 심은 집 주위의 산책길이라는 뜻의 라틴어.

10 [역주] 이탈리아 출신의 성 도미니크회 수도사이자 작가로 농학, 암석학, 기억술과 관련된 저서를 남겼다(1541-1598).

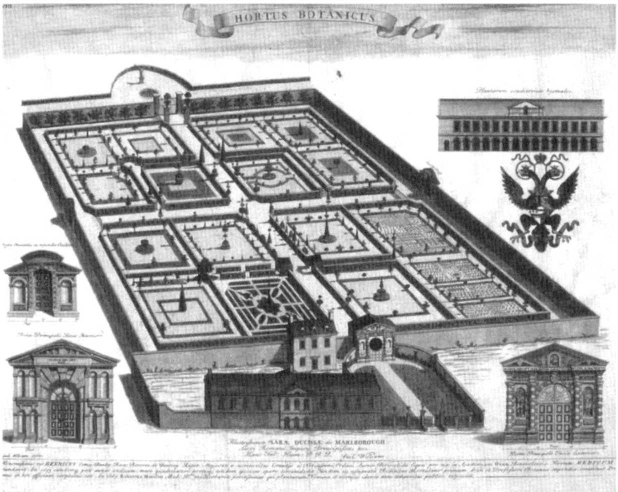

98
옥스퍼드 식물원 도면. 데이비드 로건, 『그림으로 본 옥스퍼드』(1675)에 수록.

Battista Ferrari)는 모양을 낸 화단이 "씨를 뿌리는 데도, 이를 재배하는 데에도 상당히 적절하지 않다"라고 생각했다. 데이비드 로건(David Loggan)의 『그림으로 본 옥스퍼드(Oxonia Illustrata)』(1675)에 수록된 옥스퍼드 식물원 도면을 보면 곧게 뻗은 직사각형 화단과 정교한 파르테르가 혼합되어 있다(도판 98).[11] 1723년 피사 식물원의 설계에는 네 쌍의 화단이 보이는데, 첫 번째 화단은 몰타 십자가[12]와 기타 여러 기하학적 형태로 어지럽게 수놓아진 자수를 연상시켰다. 하지만 점점 단순해져 마지막 쌍은 레이던 식물원처럼 좁은 화단을 사용했다. 오늘날 피사 식물원에는 아주 실용적인 직사각형 형태의 화단과 곡선 길, 비정형적 잔디밭으로 이루어진 보다 '영국적인' 공간이 병치되어 있다. 18세기 말 '영국식' 정원이 유행하면서 많은 식물원들이 이러한 형식으로 변모했으며, 19세기 초의 레이던 식물원도 마찬가지였다. 그 이후 세워진 수목원은 대개 작은 파크랜드 사이를 지나는 구불구불한 길을 내어 나무와 관목을 전시하는 방식을 사용했다.

11 Fabio Garbari, Lucia Tongiorgi Tomasi, e Alessandro Tosi, *Giardino dei Semplici*, pp. 1-34와 'Geometric Schemes for Plant Beds and Gardens: A Contribution to the History of the Garden in the 16th and 17th Centuries', in *World Art*, ed. Irving Lavin (University Park, PA, and London, 1989), vol. 1, pp. 211-218을 보라. 주석 6과 16에 제시된 책에 나타난 비슷한 논의도 보라.

12 [역주] 몰타 기사단을 상징하는 십자가로, V자 네 개가 결합된 형태다.

초기 식물원의 세계는 종종 자연과 인간이 만든 구조물에 대한 보다 광범위한 과학적 탐색의 일부였다. 영국 왕립 협회의 초기 멤버인 존 오브리(John Aubrey)를 다소 급진적인 사례로 들 수 있으나, 그는 다양한 학문 활동에 관여했다. 그는 이탈리아 풍의 정원을 고안했지만 이를 조성하지는 않았다. 그는 스톤헨지와 에이브버리(Avebury)를 연구해 이에 대한 책을 썼고, 『윌트셔의 자연사(Natural History of Wiltshire)』를 집필했고, 지진과 지하의 불(subterranean fire)이 있는 지질학의 세계를 숙고했으며, 『영국의 기념물(Monumenta Britannica)』을 위해 동전부터 교회, 건축, 필사본에 이르는 모든 것을 연구했고, 『간략한 생애(Brief Lives)』라는 [동시대 유명인들의-역자] 전기를 집필하기도 했다. 이러한 노력의 범위와 끝없는 호기심을 고려할 때, 그가 출판 대상으로 삼지 않은 것이 없다고 할 수 있다.

이렇듯 식물원의 역할은 오늘날 우리가 생각하는 것 이상으로 다양했다. 식물의 수집과 관리, 구분, 연구, 의학적 용도 정립(어떤 식물에게서 기대되는 치유 효과의 특성이나 그 단서를 식물의 물리적 형태로 추정할 수 있다는 '특징' 개념에 대한 설명도 포함한다)을 넘어, 식물원은 자연계의 다양한 다른 요소들과 사람이 이를 가지고 만든 흥미로운 제작물들까지 함께 모았다.[13] 이런 용도의 시설들은 인접한 건물에 수용되었다.

오브리와 동시대에 살았던 존 에벌린도 정원과 정원술의 방대한 역사에 대한 연구에 착수했는데, 2000년에야 드디어 전사본(轉寫本)이 출판되었다. 에벌린의 주요 관심사를 고려해 보면 그의 원고에 식물원 혹은 '철학적인' 정원을 위한 디자인이 포함된 것은 놀라운 일이 아니다(도판 99). 에벌린이 구상한 식물원 설계는 레이던 식물원(좁은 식재 화단)과 파리의 '왕의 정원(Jardin du Roi)'[14]을 참조했다. 에벌린은 후자의 높이 약 3.6미터의 언덕을 동서남북 네 방향으로 나누어 각기 다른 생태 구역을 두고자 했다. 에벌린은 글에서 온갖 종류의 식물들을 위한 형태와 레퍼토리가 "지구상에서 자라는 모든 것을 축약해 담아낸 풍요롭고 고귀한 총체적인 컬렉션"[15]을 만들어 내리라 확언했다.

13 필자의 'Cabinets to Adorn Cabinets and Gardens', pp. 193-203이 수록된 Oliver Impey and Arthur MacGregor, eds., *The Origins of Museums: The Cabinet of Curiosities in 16th- and 17th-century Europe* (Oxford, 1985)을 보라.

14 [역주] 파리 식물원(Jardin des Plantes)의 옛 이름.

15 John Evelyn, *Elysium Britannicum: Or the Royal Gardens*, ed. John Ingram (Philadelphia, PA, 2000) 참조.

99
존 에벌린, '약초원'을 위한 스케치, 『영국의 엘리시움, 혹은 왕실 정원(Elysium Britannicum, or the Royal Gardens)』(c.1650-1700).

식물원에는 식물뿐 아니라 인접한 갤러리에 소장된 자연물과 인공물 수집품도 있었는데, 이는 땅과 그곳에 사는 인류의 풍요로움을 증대시킬 것이었다. 존 에벌린이 노리치(Norwich)에 있는 토머스 브라운 경(Sir Thomas Browne)의 집을 방문했을 때, 그는 이곳을 "파라다이스(즉 정원)와 희귀한 물건들 (…) 특히 메달, 책, 식물, 자연물의 캐비닛"[16]이라고 묘사했다. 이 총체적인 컬렉션 혹은 초기의 박물관(알려진 세계의 '축도')은 초기 근대의 지식으로 나아가는 관문으로 여겨졌다(로마시의 전체 컬렉션에 대한 책을 쓸 때, 에벌린은 이를 '세계의 유일한 캐비닛'이라고 불렀다). 그러나 그것들은 동시에 자기 자신의 완전성 자체를 위협하기도 했다. 왜냐하면 이 컬렉션을 채워 넣다 보면 한계를 넘게 되고, 캐비닛은 수많은 물건으로 뒤덮이게 되기 때문이다. 옥스퍼드의 애시몰리언 박물관(Ashmolean Museum)이나 영국 박물관의 첫 단계와 같은 초기의 박물관은 여전히 온갖 종류의 물건을 포괄한다. 하지만 이들조차도 컬렉션 일부를 과학(동물학이나 지리학)이나 실용적인 장식 미술에 전념하는 시설(예를 들면 빅토리아 앤드 앨버트 박물관)로 분리하기 시작했다. 식물 컬렉션에는 그 재배와 연구, 전시를 위해 분리된 다양한 야외 공간이 분명히 필요하다. 하지만 위락 정원도 공간과 관심을 호기심의 방과 계속 공유

16 필자의 *Garden and Grove: The Italian Renaissance Garden in the English Imagination, 1600-1750* (London, 1986; new paperback edition, Philadelphia, PA, 1996), 6장을 보라.
[역주] 캐비닛에 대한 설명은 5장의 각주 9를 참조하라.

했다. 만토바에서 이자벨라 데스테(Isabella d'Este)는 그로토와 자르디노 세그레토(*giardino segreto*, 비밀 정원)가 있는 안뜰에 조각과 회화, 보석 원석을 배치했다. 조각과 고전 유물을 전시하는 정원의 로지아와 그로토는 그 자체로 박물관 비슷한 것이 되었다. 곳곳에 박힌 다양한 돌과 지질학과 관련된 도구가 그로토를 장식했고 어딘가에 있는 다른 장소, 즉 전 세계를 드러냈다. 1740년대 알렉산더 포프의 사후 그의 정원사는 포프의 트위커넘(Twickenham) 그로토 안내서를 출판했다. 그곳에 박힌 돌과 바위를 각각 어디에서 가져왔는지, 그리고 고인이 된 시인과 어떤 관련이 있는지를 식별하여 기록했다. 예컨대 "다양한 종류의 이끼가 있는 에지콤 경(Lord Edgcumb)의 채석장에서 온 섬세한 편상의 결이 있는 대리석, 여러 종류의 이끼와 함께 (…) 로마 근처 에제리아(Egeria)의 그로토에서 온 아름다운 대리석 조각상 (…) 첼시의 밀러 씨(Mr Miller of Chelsea)의 몸에서 나온 몇 개의 섬세한 브레인스톤(Brain-stones)"과 같은 방식이었다.

많은 식물원은 자연계와 관련된 요소들을 식물계와 함께 검토할 수 있는, 이 모든 것을 한데 모은 용기와 같은 장소인 갤러리를 여전히 고수한다. 피사 식물원의 물품 목록은 볼로냐 출신의 박물학자 알드로반디(Aldrovandi)가 "땅의 아래와 위에 있는 것들"이라고 부른 것을 수집했음을 보여 준다. 에벌린은 이곳의 "자연의 희귀한 것들, 돌, 광물, 조개껍질, 건조된 동물들 (…) 등이 갖추어진 갤러리"에 대해 언급했다. 이곳에는 그림과 동판화, 스케치, 그리고 클루시우스를 비롯한 식물학자들의 초상화가 수집되어 있었다. 영국인 여행자들은 "약용에 매우 편리한 (…) 자연의 진귀한 것들로 가득한" 피사의 정원과 컬렉션을 계속 방문했다. 존 레이먼드(John Raymond)는 정원이 "즐거움보다는 실용을 위한 (…) 약초와 기이한 식물 등등으로 덮여 있다"라고 생각했지만, 그는 또한 "훌륭한 산책로와 갑자기 뿜어져 나온 물이 우리를 흠뻑 적신 분수"도 높게 평가했다.

레이던에도 비슷한 아이템을 갖추기 위해 이와 유사한 갤러리인 암불라크룸이 1599년에 지어졌다(도판 100). 식물을 보다 넓은 문화적 환경과 연결 짓는 다른 수단 중에는 고전 조각과 고전 문학에 언급된 온갖 식물을 함께 전시한 피렌체의 오르티 오리첼라리(Orti Oricellari)의 체계가 있다. '캐비닛'이라는 용어는 점차 박물관식 전시와 분리되었지만, 정원에서는 필립 밀러(Philip Miller)의 『정원사의 사전(The Gardeners Dictionary)』(1731)에서는 여전히 '정원 속의 정자 혹은 나무 그늘'이라고 불렸다. 정자는 여전히 소소한 도구들을 보관해 두는 장소가 될 수 있다. 하지만 식물원과 정원의

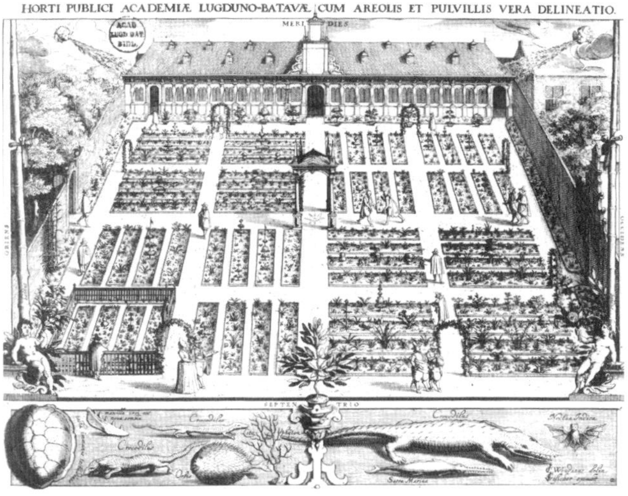

100
뒤쪽에 암불라크룸이 있고 아래쪽에 식물원이 소장한 진귀한 물품의 견본이 동판화로 새겨진 레이던 식물원의 평면도.

101
필라델피아에 있는 바트램 정원. 1730년대의 집과 정원의 위쪽이 보이는데, 다른 부지와 함께 잘 가꾸어져 사용되고 있다.

과학적 결합은 매력을 잃기 시작했고, 토머스 스프랫(Thomas Sprat)은 『왕립 협회의 역사(The History of the Royal Society)』에서 "캐비닛과 정원을 장식하는 진귀한 물건들의 컬렉션"이 "철학적 발견의 견고함"에 비할 바가 못 된다고 평했다.

가장 흥미로운 식물원 정원사(botanical gardener)이자 식물학도로 그레이트브리튼 왕국에 식물을 공급한 인물 중에는 미국의 퀘이커파 교도 존 바트램(John Bartram, 1699-1777)이 있는데, 그의 두 아들 존과 윌리엄(한 명은 약재상이고 다른 한 명은 농부다)이 그의 뒤를 이었다. 여전히 필라델피아 남서쪽에 있는 바트램 정원(도판 101)의 공간은 상당히 잘 보존되어 있으며, 이제는 식물 수집용이 아니라 그 지역의 초등학생들을 위한 훌륭한 학습 자원 역할을 한다. 바트램은 1728년에 약 41만 제곱미터 면적의 부지를 매입한 뒤 이곳을 스쿨킬강 일대와 뉴저지의 파인 배런스(Pine Barrens) 탐사에서 얻은 식물들로 채웠다. 하지만 그는 곧 북쪽으로는 허드슨 계곡(Hudson Valley)과 캐츠킬 산맥(Catskill Mountains), 남쪽으로는 델라웨어, 버지니아, 캐롤라이나, 조지아, 마침내는 플로리다로까지 탐색 영역을 넓혀 나갔다. 그의 아들 윌리엄도 광범위한 지역을 여행했고, 1791년 남부의 식물 탐색을 다룬 『여행기(Travels)』를 출판했다. 1743년 설립된 미국 철학 협회(American Philosophical Society)의 창립 멤버인 존 바트램의 명성은 널리 알려졌고, 스웨덴의 페르 칼름(Pehr Kalm)[17]과 프랑스 태생의 존 헥터 세인트 존 드 크레브쾨르(J. Hector St. John de Crèvecœur)[18]가 그의 정원을 방문했다. 그는 또한 런던의 모직물 및 견직물 상인이자 아마추어 식물 수집가인 피터 콜린슨(Peter Collinson)과도 활발히 서신을 교환했는데, 그는 바트램의 작업을 런던의 왕립 협회에 홍보했고, 왕립 협회는 이를 『철학 회보(Philosophical Transactions)』[19]에 게재했다. 바트램은 1765년 왕실의 명을 받은 식물학자로서 플로리다를 여행했고, 스톡홀름의 왕립 과학 학회(Royal Society of Sciences)의 훈장을 수여받았으며, 에든버러의 스코틀랜드인 모임으로부터 메달을 받았다.[20]

바트램이 영국에 수출한 것들은 불스트로드(Bulstrode), 워번(Woburn), 워크숍 매너(Worksop Manor), 손던 홀(Thorndon Hall), 위턴(Whitton)의 정원사나 영지 소유자들에

17 [역주] 스웨덴의 탐험가, 식물학자, 박물학자, 농경제학자(1716-1779).

18 [역주] 프랑스 출신의 미국 작가(1735-1813).

19 [역주] 왕립 협회가 간행하는 과학 학술지로 1665년 창간되어 영어권에서 가장 오래되었고 최초로 동료 심사 제도를 도입했다.

20 출처는 Joel T. Fry, 'An International Catalogue of North American Trees and Shrubs: The Bartram Broadside, 1783', *Journal of Garden History*, 16 (1996), pp. 3-66; Nancy E. Hoffmann and John C. Van Horne, eds., *America's Curious Botanist: A Tercentennial Reappraisal of John Bartram* (Philadelphia, PA, 2004); Thomas P. Slaughter, *The Natures of John and William Bartram* (New York, 1996)이다. 바트램의 글은 Library of America edition(New York, 1996)에 수합되었다. 영국의 정원 가꾸기에 남긴 바트램의 유산에 대한 논의는 Douglas D. C. Chambers, *The Planters of the English Landscape Garden* (New Haven and London, 1993)과 바트램과 콜린슨 사이의 교류가 pp. 69-78에 제시된 Mark Laird, *The Flowering of the Landscape Garden: English Pleasure Grounds, 1720-1899* (Philadelphia, PA, 1999)를 보라.

게 널리 보급되었다. 바트램과 콜린슨은 1730년대부터 1760년대까지 빈번하게 서한을 주고받았고, (씨앗이 달려 있는 가지를 발송하기 위한 갈색 종이를 포함해) 영국에서 보낸 선물과 종자, 아메리카의 씨앗과 식물이 담긴 상당한 분량의 꾸러미, 그리고 바트램의 식물을 다양한 경관 속에서 활용하는 법에 대한 콜린슨의 조언과 지식을 교환했다. 그리하여 그는 손던에서 "섞어 심은 나무들의 다양한 녹색의 색조"가 얼마나 "살아 있는 연필로 그림을 그린 것" 같은지를 설명했는데, 이는 디자이너가 경관에 어떻게 회화적인 픽처레스크를 활용했는지를 시사하는 초기 사례다. (운송 과정과 잉글랜드 내 정원에서의 손실에도 불구하고) 바트램의 영국 수출 규모와 상업적 성공은 놀라웠고, 콜린슨의 배려와 너그러움은 그의 많은 친구와 식물학 동료들에게 귀감이 되었다. 또한 그는 유럽 각지의 동료들과 활발히 서신을 교환했다. 소유자를 즐겁게 하는 표본도 있었지만 가령 연필향나무(*Juniperus virginiana*)와 티오이데스 편백(*Chamaecyparis thyoides*)처럼 이 둘을 분명하게 구분해야 하는 이들을 혼란에 빠뜨리는 것도 있었다. 아메리카 식물 수입의 또 다른 중요한 이점은 그 식물들이 잉글랜드에서 번성하기 전에도 세밀한 삽화로 제작될 수 있다는 것이었다. 화가 게오르크 디오니시우스 에레트(Georg Dionysius Ehret)[21]는 1737년 꽃이 핀 태산목(*Magnolia grandiflora*) 표본을 관찰했고, '완벽한 식물학 연구'를 할 수 있도록 싹부터 봉오리를 지나 '만개'한 모습까지 모든 단계를 그림으로 남겼다. 다른 이들도 잉글랜드로 보내진 바트램의 식물을 수집했는데, 그중에는 에

102 존 바트램이 주석을 붙인 '우리 산의 월계수(Our mountain laurel)', 『식물 표본집』.

21 [역주] 독일 출신의 식물학자, 곤충학자, 식물 삽화가(1708–1770).

103 5월의 체리, 『트러데스컨트의 과수원』에 수록, 1611년경.

섹스주 손던 홀에 있는 피터 남작(Lord Petre)[22]의 『식물 표본집(Hortus Siccus)』이 있다(현재 샌프란시스코 서트로 도서관[Sutro Library] 소장). 많은 경우, 말린 식물에는 바트램의 주석이 붙어 있었다(도판 102). 보다 많은 중요한 표본은 필라델피아에서 받았을 것이지만, 그 출처에 대한 증거는 그다지 분명하지 않다.

공공 식물원과 개인 식물원이 수행하는 중요한 기능 중 하나는 식물뿐 아니라 동물과 새의 그림을 주문하고 수집하는 일이었다. 이는 식물을 운반하는 일은 쉽지 않고, 식물의 가장 아름다운 모습을 포착할 수 있으며(종종 다양한 부분의 세부나 발전 단계를 덧붙여서), 표본이 더 이상 없을 때에도 식물을 식별하고, 연구 및 논의할 수 있고, 종종 놀랍고 우아한 이미지를 동판화로 제작해 보다 널리 보급할 수 있다는 점에서 특히 유용했다. 오늘날 이는 초기 식물학 역사에서 특히 흥미로운 연구 대상이 되었다.[23] 존 트러데스컨트(John Tradescant the Elder)가 솔즈베리 백작(Earl of Salisbury)에게 고용되어 떠난 유럽 여행에서 발견한 몇몇 과수가 해트필드(Hatfield)의 정원에 심겼고, 『트러데스컨트의 과수원(Tradescant's Orchard)』이라고 불린 매력적이고 다소 소박한 일련의 수채화로 기록되었다(존 트러데스컨트 2세[John Tradescant the Younger]의 사망 이후 옥스퍼드의 애시몰 컬렉션[Ashmole's collection]을 위해 취득한 소장품의 일부분이 되었고, 현재는 보들리언 도서관[Bodleian Library]에 소장되어 있다. 도판 103). 존 트러데스컨트 2세는 직접 아메리카를

22 [역주] 로버트 피터, 제8대 피터 남작(Robert Petre, 8th Baron Petre, 1713-1742). 영국의 저명한 원예가.

23 이에 대한 참고문헌은 많지만, 특히 Lucia Tongiorgi Tomasi, *Livorno e Pisa* (Pisa, 1980)의 작업이나 필자의 *The Venetian City Garden*과 *Garden and Grove*에 수록된 피사 컬렉션의 섬세한 컬러 삽화를 보라. Lucia Tongiorgi Tomasi, ed., *An Oak Spring Flora: Flower Illustration from the Fifteenth Century to the Present Time* (Upperville, VA, 1997)도 보라.

방문하기도 했고, 이 부자는 1634년에 약 750개였던 표본 컬렉션을 이후 20여 년간 두 배로 늘렸다(얼마나 많은 정원용 재료들이 유입되었을지를 가늠해 볼 수 있다). 조개껍질을 포함한 다른 축적된 전리품들은 램버스(Lambeth)에 있는 그들이 '방주'라고 부른 곳에 저장해 두었다.[24] 이 '다양하고 기이한 약초와 꽃이 있는 작은 정원'과 트러데스컨트 박물관(Musaeum Tradescantianum) 소유자들의 묘비는 램버스에 있는데, "견고히 닫힌 세계 속에 경이로운 세계(A world of wonders in one closed shut)"를 소유한 이들이라는 적절한 묘비명이 적혀 있다.[25]

이러한 식물원과 캐비닛을 위한 또 다른 용어로는 '극장(theatre)'이 있는데, 여기에는 '완전한 극장', 아이템들의 쇼 혹은 소개라는 이중의 의미가 있다. 그리하여 장자크 부아사르(Jean-Jacques Boissard)와 테오도르 드 브리(Theodor de Bry)는 1596년의 그들의 엠블럼 책을 『인생 극장(Theatrum vitae humanae)』이라고 불렀고, 헨리 피첨(Henry Peacham)은 자신의 엠블럼 컬렉션인 『영국의 미네르바(Minerva Britanna)』(1612)를 '영웅적으로 창안한 정원'이라고 묘사했다. 파킨슨은 자신이 쓴 식물 개요서인 『식물 극장(Theatrum Botanicum)』의 표지 겸 서문 페이지에 두 개의 기둥 사이에 있는 무대 위에서 아담(최초의 정원사)과 솔로몬(전형적인 과학자)이 제스처를 취하고 있는 모습을 그렸다(도판 104). 이 기둥은 지중해의 서쪽 끝을 지킨다고 하는 전설 속 헤라클레스의 기둥인데,[26] 근대 초기에 이는 경계를 넘어 미지의 세계로 여행하고자 하는 야망을 환기하기도 했다. 하지만 이런 기둥은 런던의 글로브 극장(Globe Theatre)에 있는 천상의 이미지로 장식된 캐노피를 지탱했고, 파킨슨의 무대에도 나타난다. 이 무대에서 배우들은 인간사의 다양한 역할을 연기했다("온 세상은 하나의 무대이고, 모든 남자와 여자는 단지 배우일 뿐"). 이와 비슷하게, 식물원은 방문자의 즐거움과 배움을 위해 전 세계의 식물을 표현했다. 파킨슨의 극장에 있는 아담과 솔로몬처럼, 큐레이터들은 그들의 전문 기술과 지식을 선보였다. 오늘날 일상어로서 '극장'은 정원의 컬렉션이나 공연이란 의미를 잃었지만, 델라웨어의 롱우드 정원(Longwood Gardens)이나 파리의 베르시 공원(Parc de Bercy)과 같이 여전히 다양한 정원 양식과 식재로 이루어진 레퍼토리를 온전히 재현하

24 David Sturdy, 'The Tradescants at Lamberth', *Journal of Garden History*, 2 (1982), pp. 1-16.

25 [역주] 현재는 런던 램버스 지구에 있는 정원 박물관(Garden Museum)이 되었다.

26 [역주] 지브롤터 해협의 고대 명칭으로, 지구가 평평하다고 믿던 시대에는 세상의 끝으로 여겨졌다.

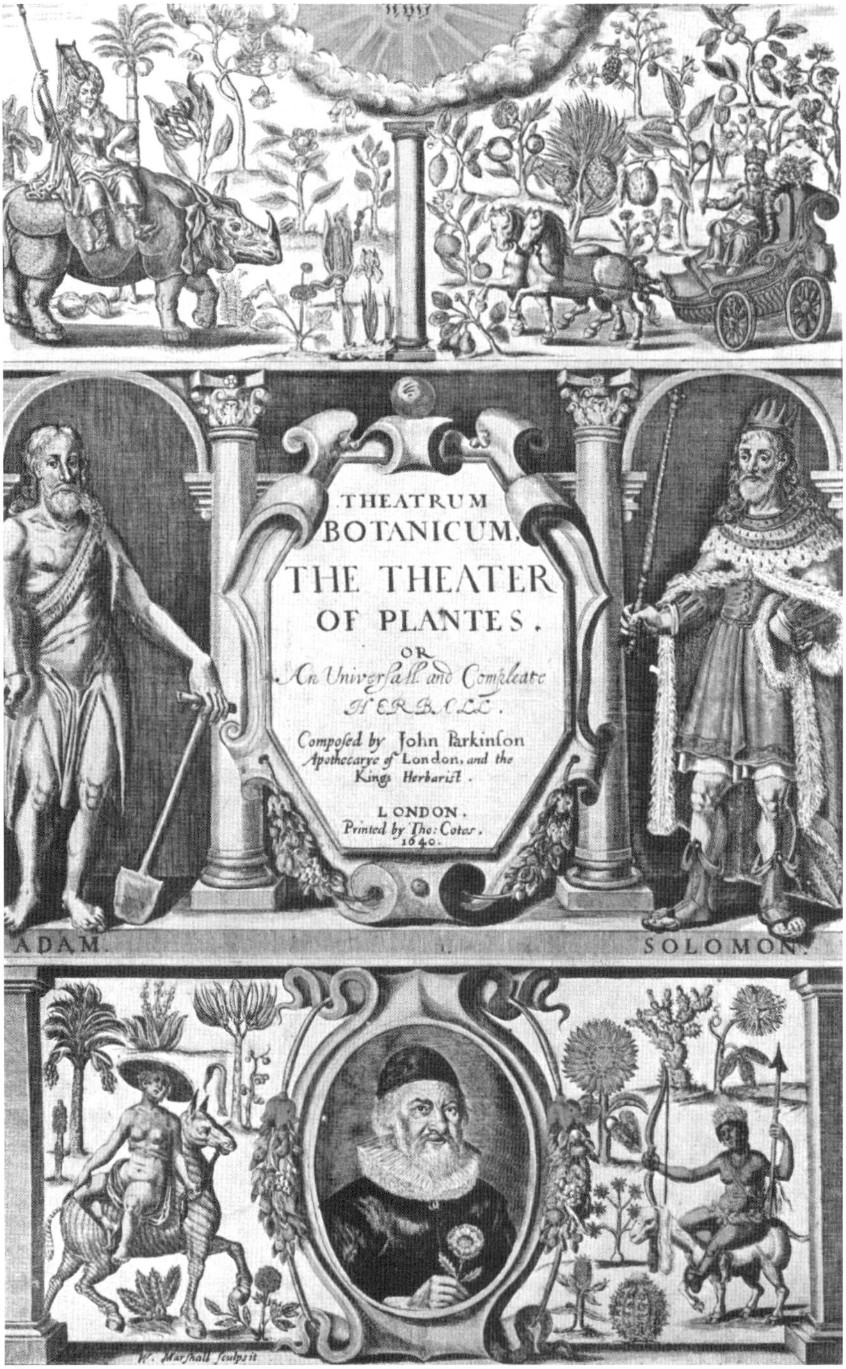

104 존 파킨슨, 『식물 극장』(1640)의 표지.

고자 하는 정원들도 많다.

잉글랜드의 초기 수목원은 런던의 주교인 헨리 컴턴(Henry Compton)이 17세기 말에 풀럼(Fulham)의 정원에 조성한 것이다. 북아메리카의 나무가 그의 전문 분야였고, 스티븐 스위처는 그가 1,000종이 넘는 "이국적인 식물"을 보다 추운 기후에 적응하도록 "난로와 정원(stoves and gardens)" 속에 두었다고 기록했다. 이 컬렉션에 재배와 연구라는 이중의 목적이 있는 것은 분명했으나, 다른 영지와 정원을 위해 그리고 미적 가치를 위해 나무를 공급하기도 했다. 나무 컬렉션이 만들어진 데에는 여러 역사적 이유가 있다. 이는 물론 전시를 위한 것이었지만, 후대에는 그저 목재 생산, 조선(造船), 심지어는 영지의 사냥용 숲을 만들기 위한 경우도 있었다.

존 에벌린이 왕립 협회의 의뢰를 받아 1664년에 쓴 나무에 대한 책의 제목은 『실바, 혹은 임목과 폐하의 영지에 있는 목재용 수목의 증식에 대한 논고(Sylva, or A Discourse of Forest-Trees, and the Propagation of Timber in his Majesties Dominions)』로, 임학과 관련된 상세한 사항을 주로 다루고 있다. 후에 낸 개정판(1670, 1679, 1706년)에서 에벌린은 협회에 대한 긴 논문을 썼고, 나무 재배와 고대부터 이어져 온 나무 재배와 나무 전승에 대한 그의 성찰이 추가되었다. 그는 적절하게도 "이 나라 곳곳에 유용한 목재용 나무 수백만 그루를 심을 때"라고 주장했다.[27] 실제로, 북아메리카에서 들여온 새로운 나무들이 국토 곳곳에 보급되면서 영지의 구성과 그곳의 풍경화식 정원 디자인은 급격하게 바뀌었다.

상업과 방위를 위해 선박을 제작하게 되면서 목재에 대한 수요가 국가적으로 늘어났기에, 잉글랜드는 이를 위한 수목 재배에 헌신적이었다. 찰스 2세에게 헌정한 『실바』에서 에벌린은 잉글랜드의 '항해'의 영광을 찬양했으며, 왕과 그의 나라가 "나무와 숲에 계속 주의를 기울여 돌보는 한" 이 영광은 결코 훼손되지 않을 것이라고 강조했다. 따라서 비록 왕 개인에 국한될지라도 임목에 대한 범국가적인 관심은 수목 재배에 대한 헌신의 초기 사례라 하겠다. 『그림으로 본 영국』(1707)에 수록된 캐쇼브리(Cassiobury),[28]

27 Frances Harris and Michael Hunter, eds., *John Evelyn and his Milieu* (London, 2003); Therese O'Malley and Joachim Wolschke-Buhlmahn, eds., *John Evelyn, the 'Elysium Britannicum' and European Gardening* (Washington, DC, 1998)와 Evelyn, *Elysium Britannicum*.

28 [역주] 영국 와트퍼드(Watford)에 있던 시골 저택과 파크.

『영국의 새로운 극장(Nouveau Théâtre de la Grande Bretagne)』(1708)에서처럼 숲의 나무가 줄을 지어 늘어선 긴 애비뉴, 혹은 캐쇼브리의 에섹스 백작(Earl of Essex)의 사위인 제3대 칼라일 백작(the third Earl of Carlisle)의 캐슬 하워드에 있는 레이 숲(Wray Wood)에서처럼 수많은 동판화에 방대한 삼림지대가 나타난다(도판 119-124 참고). 하지만 에벌린은 그가 "벌채하지 않은 수풀의 신성함과 활용"이라고 부른 것의 미학과 역사적 의의에 특히 주의를 기울였다. 이는 그가 1670년에 출간한 두 번째 판본에 추가한 글로, 1706년의 네 번째 판본에서 보다 상세하게 기술했다.[29]

18세기에 영국의 경관 조성 취미가 변화하면서 애비뉴나 광대한 삼림지대를 줄이는 대신, 정원 내부의 엄격한 틀을 벗어난 덜 형식적인 경관에 대한 보다 새로운 관심과, 저택에 바로 인접한 정원의 경계 너머에 있는 파크랜드에 대한 보다 큰 강조로 방향이 바뀌었다. 게다가 정교하거나 방대한 화단에 대한 관심이 줄어들고, 이와 더불어 삼림 지대의 나무 아래에 관목을 심는 작업이 크게 늘어났다. 더글러스 체임버스(Douglas Chambers)는 1701년에서 1750년 사이에 61종의 나무와 91종의 관목이 영국에 새로 도입되어 이 나라에서 가장 중요한 일련의 풍경화식 정원에 집중적으로 보급되었다고 보았다. 호러스 월폴에게 있어 서리주에 있는 페인스힐(Painshill)은 이 나라에서 가장 아름다운 '숲 혹은 야생적인 정원' 중 한 곳이 되었다. 이곳도 여전히 (소유자의 집과 일직선상에 있는) '열쇠 구멍'[이라는 별명으로 불리는 구역-역자]에 일곱 겹의 동심원 구조를 만들고 각기 다양한 종(자작나무, 소나무와 자작나무 섞어 심기, 유럽 적송)을 심는 등 기하학적인 요소로 구성되어 있다. 하지만 이국적인 나무(삼나무, 낙엽송, 노간주나무)의 식재에는 보다 자연스러운 양상이 나타난다. 잉글랜드 전역의 산림과 숲이 풍부해지고 발전하면서 이후 '케이퍼빌리티' 브라운과 험프리 렙턴(Humphry Repton)이 자주 활용하는 재료가 되었고, 가장 인상적인 효과를 낼 수 있게 되었다.

앞서 보았듯, 초기의 수목원은 대개 개인의 후원을 받았다. 초기 미국 컬렉션은 1798년 참오동나무(*Paulownia imperialis*)와 같은 종을 모은 뛰어난 컬렉션으로 시작했고, 이후 1907년 피에르 뒤퐁(Pierre du Pont)이 이를 구입해 개인적으로 개발한 뒤 펜실베이니아주의 롱우드 가든에서 공공에 공개했다. 후에 글로스터(Gloucester) 근처의

29 이곳과 다음 단락은 체임버스의 책 *The Planters of the English Landscape Garden*의 3, 6, 7장에서 도움을 받았다.

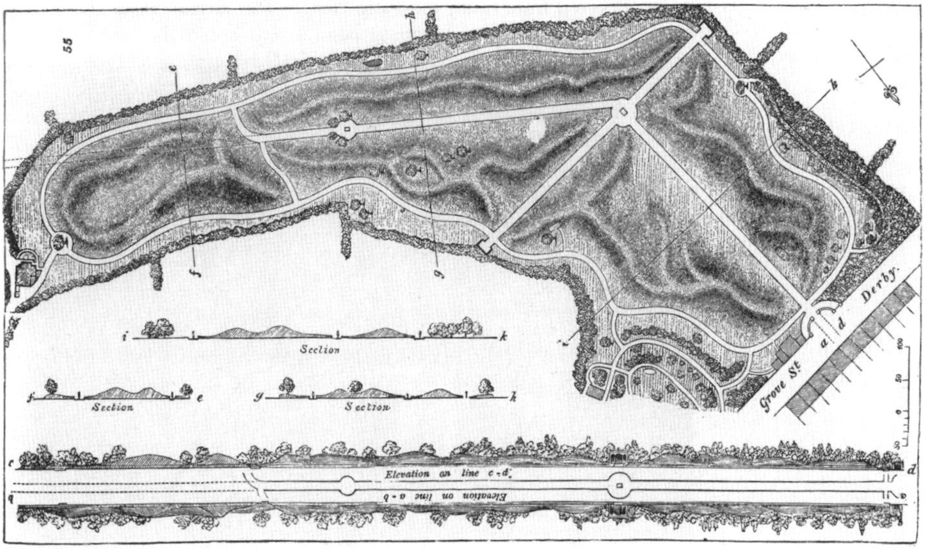

105 존 클로디어스 라우던, 더비 수목원(Derby Arboretum) 도면, 1839.

웨스턴버트(Westonbirt)에서도 로버트 스테이너 홀퍼드(Robert Stayner Holford)가 또 다른 유명한 수목원을 설립했고, 그의 아들 조지가 이를 이어 나갔다. 이들은 식물 사냥꾼들을 고용해 전 세계 온대 기후에서 자라는 희귀하고 알려지지 않은 나무들을 수집하도록 했고, 영지에서 증식과 교잡에 대한 열정을 펼쳤다. 이후 이곳들은 삼림위원회(Forestry Commission)로 양도되었다.[30]

초기의 공공 수목원 중 하나는 더비(Derby)에 세워졌다. 이곳은 박애주의자 조지프 스트럿(Joseph Strutt)이 정원의 즐거움을 위해 그리고 '일반 대중의 마음속에 나무와 관목에 대한 흥미를 일깨우기 위해' 기증한 곳으로, 존 클로디어스 라우던(John Claudius Loudon)이 설계해 1840년에 공공 공원으로 개장되었다(도판 105).[31] 공공 공원에서는

30 A. 브루스 잭슨(A. Bruce Jackson)이 편찬한 *Westonbirt Arboretum. Catalogue of the Trees and Shrubs* (Oxford, 1927)에는 수목원의 전성기가 명확하게 기록되어 있다. 하지만 이런 노력이 정원 디자인의 세계와 그 정교화에 미친 영향에도 불구하고, 삼림위원회와 큐 왕립 식물원이 켄트주에 있는 국립 소나무 재배원(National Pinetum)에서 행한 국유림의 시범 식재 발달은 이 장에서 다루지 않는다.

31 Melanie Louise Simo, *Loudon and the Landscape* (New Haven, CT, 1988) 중 특히 10장과 11장의 도움을 받았다.

다량의 초본 식물보다는 나무와 관목이 관리하기 편했다. 그렇지만 라우던은 매주 다른 꽃을 화분에 담아 제공할 것을 권장했다. 더비 수목원의 배치는 공공 정원과 산책로에 대한 라우던의 일반적인 제안과 일치했다. 즉, 두 애비뉴가 교차하다 남동쪽으로 길이 꺾어지고 비정형적인 부지 경계 주위로 보조적인 길 혹은 '연결되는 작은 산책로'가 놓였다. 그는 돌로 만들어진 앉을 자리를 원형으로 배치하고 그 중심에는 분수나 조각상을 위한 자리를 만들 것을 권장했는데, '끝을 표시하는 오브제가 없는' 직선의 산책로에는 '의미'가 결여되어 있다고 생각했다. 여러 양묘장에서 가져온 나무와 관목에는 번호를 매겼고, 베르나르 드 쥐시외(Bernard de Jussieu)[32]의 체계에 따라 라벨을 붙였다. 그리고 방문자들이 해설과 인용문을 참고하면서 컬렉션을 감상할 수 있도록 안내 책자가 출판되었다. 그가 작업한 다른 많은 경관에서처럼 각각의 종은 분리되어 고유의 공간을 부여받았고, 밀집시켜서 픽처레스크한 효과를 내기보다는 의도적으로 인공적인 배치를 취했다. 심지어 라우던은 20년 후 더비의 컬렉션 전체를 뽑고 다시 심어야 한다는(부분적으로는, 그리하여 방문자들이 이제 막 생긴 '숲'보다는 단일한 품종을 보고 이해할 수 있게 하자는) 제안을 하기도 했다. 이는 실현되지 않았고, 오늘날에는 많은 나무가 개버즘단풍나무[33]로 대체되었다. 픽처레스크한 디자인을 기대했을 미국에서 온 몇몇 방문자들은 수목원의 모습에 실망했는데 A. J. 다우닝(A. J. Downing)은 공원의 '경치가 좋지' 않다고 생각했고, 다른 미국인 찰스 메이슨 호비(Charles Mason Hovey)[34]는 언덕이 '자연스럽지' 않다고 생각했다. 반면 영국에서는 과학적 관심과 사회사상이 결합된 더비 수목원이 찬사를 받았다. 〈리터러리 가제트(Literary Gazette)〉는 이곳이 "넓은 세계의 천연 자원의 보고이자 전형"이라고 평가했다. 심지어 다우닝과 호비도 이런 수목원이 인구가 밀집한 미국의 도시에 아주 필요한 시설이라는 점을 인정했다.

라우던은 1834-1837년에 걸쳐 여덟 권으로 된『영국의 나무와 관목(Arboretum et Fruticetum Britannicum, or, The Trees and Shrubs of Britain)』을 사재를 들여 출간했다. 컬렉션을 배타적이고 개인적인 영역에 남겨 두기보다는 많은 이가 이용할 수 있도록 공

32 [역주] 프랑스의 식물학자(1699-1777).

33 [역주] 낙엽성의 잎이 넓은 대형 나무로 원문에는 sycamore로 표기되었다. 미국에서는 sycamore maple이라고 불리고 학명은 *Acer pseudoplatanus*다.

34 [역주] 미국의 양묘업자, 종자 상인, 언론인(1810-1887). 두 권으로 된『미국의 과실(The Fruits of America)』(1848-1856) 등의 책을 출간했고, 영국 런던과 에든버러 왕립 협회의 명예 회원이었다.

개하려는 그의 배려는 나무에 대한 그의 애정 및 지식과 맞아떨어졌다. 그는 저서『묘지의 설계와 식재, 관리에 대해(On the Laying Out, Planting, and Managing of Cemeteries)』(1843)의 상당 부분을 식재와 나무의 활용에 대해 세밀하게 다루는 데 할애하면서 앞서 출판한 여러 권으로 된 프로젝트를 언급했다. 나무에 대한 특별한 관심은 '가드네스크(Gardenesque)'[35] 디자인에 대한 요청으로 이어졌고, (정원사들은 자연의 우연성을 무시해야 한다는 조슈아 레이놀즈 경[Sir Joshua Reynolds]의 말을 인용해) 식재가 '이상적인' 자연을 장려해야 한다는 점을 자각하게 했다. 식물들이 이것저것 뒤섞여 마구 자라는 픽처레스크한 풍경과는 대조적으로, 그는 가시적인 '식물과 관목의 식물학'을 장려하고자 했다. 심지어는 꽃도 이러한 방식으로 사용되어서 정해진 장소에서 완벽한 아름다움을 드러내게 되었다. 하지만 그는 당시의 픽처레스크 식재 유행을 단순히 거부하기보다는 보완하고자 했다. 그는 (그의 주장에 따르면 이전의 풍경화식 조원가들보다 더 실력 있고 해박한) 자신의 식물학적 전문 지식으로 정원술에 적절한 인공성을 도입하고자 했다.「공공 정원과 산책로의 설계에 대한 논평(Remarks on Laying Out Public Gardens and Promenades)」(1835)에서 그는 "예술은 어디에서든 솔직히 드러나야 하고" 자연과 혼동되어서는 안 된다("모든 정원은 예술 작품이다")고 주장했다. 그리고 1831년에 버밍엄 식물원(Birmingham Botanical Garden) 설계를 의뢰받았을 때(실현되지는 않았다), 그는 모든 나무와 관목, 꽃을 주변에 임의로 분산시키기보다는 이를 무리로 묶거나 연결시키고자 했다. 그는 식물을 형태가 지닌 자연적 유사성에 따라 분류하는 쥐시외의 분류 체계를 사용했는데, 이는 그가 어떤 방식으로 자신의 비전을 시행하는지를 핵심적으로 알려 준다. 그 장소가 정원이든, 공원이든, 식물원이든, 아니면 수목원이든지 간에 말이다.

미국을 위한 공공 수목원에 대한 다우닝과 호비의 관심은 마운트 오번 묘지(Mount Auburn Cemetery) 계획과 1842년에 하버드 대학교에 기증된 케임브리지의 아놀드 수목원(Arnold Arboretum)을 통해 어느 정도는 실현되었다. 이러한 장소의 발전에는 여러 문제가 관여되었다. 1792년에 설립된 매사추세츠 농업 장려 협회(Massachusetts Society for Promoting Agriculture)는 하버드 대학교에 자연사 교수직을 최초로 마련하고 식물원을 설계했다(케임브리지의 리니언 스트리트[Linnaean Street] 인근의 가든 스트리트[Garden

35 [역주] 라우던이 고안한 용어로 그는 정원을 조성한 부분을 알아볼 수 있도록 주변 식물을 제거하고, 정원 내부를 관리하며, 기하학적 화단에 식재할 것을 제안했다.

Street]에 표식만이 남아 있다). 하지만 하버드 대학교는 관심을 보이지 않았고, 이후 협회는 그 역량을 오늘날 매사추세츠 대학교의 전신인 농업 단과 대학을 세우는 데로 돌렸다.

한편 매사추세츠 원예 협회(Massachusetts Horticultural Society, 1829년 창립)는 농업에 대한 강한 열정을 지닌 보스턴의 명사 집단과 함께 교외 묘지를 조성하는 데 힘을 모으고 있었다. 여기에는 양묘장 소유주, 〈뉴잉글랜드 파머(New England Farmer)〉의 발행인, 미국 전역에서 구할 수 있는 온갖 사과를 재배하는 이가 포함되었다.[36] 이들은 식량을 생산하는 식물뿐 아니라 꽃과 장식적인 관목과 나무의 재배에도 관심이 있었다. 협회는 마운트 오번 묘지를 위해 임대한 땅을 보유했고, 초기 4년 동안 운영한 다음 1831년에 기증했다. 협회가 꿈꾸던 실험 정원은 1833년 6월 마운트 오번에서 첫 결실을 맺었고 정원과 묘지 위원회가 구성되었는데, 초대 감독관은 경험 많은 정원가이자 양묘업자인 이가 맡았다. 하지만 협회와 묘지 측 간에 이해가 지속적으로 상충했고, 결국 이들을 분리하는 계획이 세워졌다.

묘지는 살아 있는 이들을 위로하고 죽은 이들을 축복하도록 나무와 꽃을 배치하는 일과 관련된다. 그리고 라우던이 그의 1843년의 책 『묘지의 설계와 식재, 관리에 대해』에서 명시했듯이 이러한 관심사는 이와 유사한 성격의 여러 묘지(일부는 사기업이고, 때로는 배당금을 지불했으나 마운트 오번은 그러지 않았다)에 영향을 미쳤다. 영국에는 켄살 그린(Kensal Green, 1832)과 하이게이트(Highgate, 1839)가 있었고, 필라델피아에 있는 로럴 힐(Laurel Hill, 1836)은 마운트 오번의 사례를 따른 최초의 미국 묘지가 되었다. 이러한 묘지에는 곡선 길과 보조적인 길이 있고, 배치는 땅의 굴곡을 따라 다양하고 비정형적이었다(도판 106). 이들은 명백히 픽처레스크 경관의 유행에 따른 것이었지만, 그 특정한 존재 이유를 고려해 보면 죽은 이들 사이를 걷는다는 숭고한 경험의 제공에도 찬성했던 것으로 보인다. 또한 [유럽의 신분제 사회를 떠올리게 하는-역자] 대부분의 개인 파크 및 정원과 달리 묘지는 민주주의 국가의 방문자들의 기호에도 맞았다. 이는 다우닝이

36 Barbara Rotundo, 'Mount Auburn: Fortunate Coincidences and an Ideal Solution', *Journal of Garden History*, IV (1984), pp. 255-267; Blanche Linden-Ward, 'Strange but Genteel Pleasure Grounds: Tourist and Leisure Uses of 19th-century Rural Cemeteries', in *Cemeteries and Gravemarkers: Voices of American Culture*, ed. R. E. Meyer (Ann Arbor, MI, 1989), pp. 293-328.

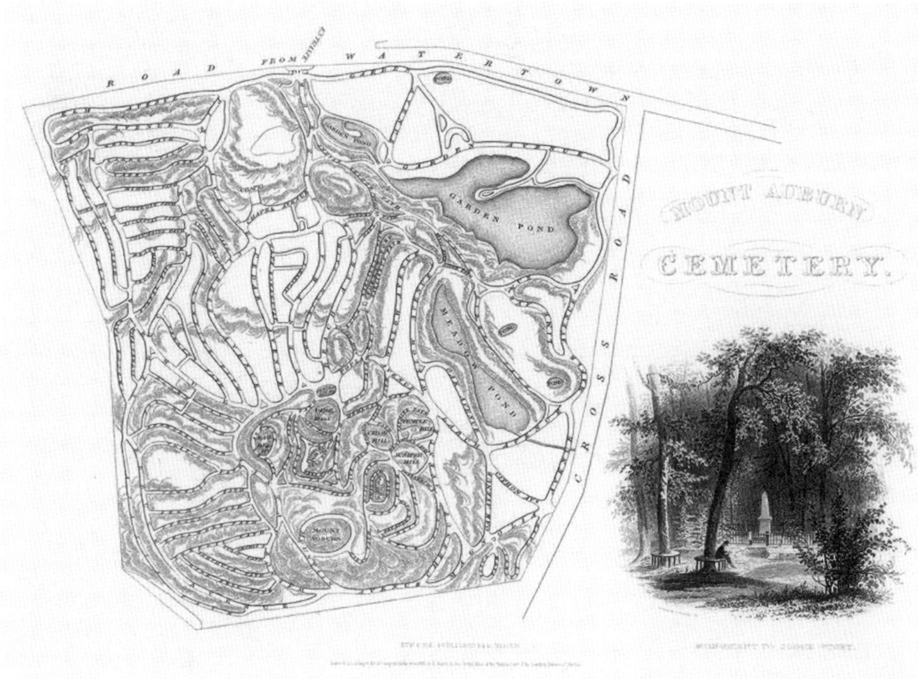

106 코넬리아 W. 월터(Cornelia W. Walter)를 따라 제임스 스밀리(James Smillie)가 그린 마운트 오번 묘지, 1847.

1848년에 〈호티컬처럴리스트(The Horticulturalist)〉에 게재한 「공공 묘지와 정원(Public Cemeteries and Gardens)」에서 강조한 점이다. 곧 여러 묘지에서 안내서를 만들어 유명한 묘비의 위치뿐 아니라 묘지에 심어진 식물도 표기했다. 『필라델피아 인근의 로럴 힐 묘지 안내서(Guide to Laurel Hill Cemetery near Philadelphia)』(1844)에서는 묘지의 역사와 몇몇 핵심적인 기념물에 대해 설명한 뒤, 그곳에서 발견되는 '식물학적 풍요로움'의 목록과 개인 부지 소유자들의 묘지를 개선하기 위한 조언을 제공한다.

수목원은 반드시 자리를 잘 잡아야 하고, 고유한 과학과 관리를 확립하는 일은 더욱 중요하다. 그리하여 농학과 원예학 학교로 시작된 케임브리지의 아놀드 수목원은 『미국의 나무 설명서(Manual of the Trees of North America)』의 저자인 찰스 스프라그 사전트(Charles Sprague Sargent)에 의해 1872년 수목원으로 변모했다. 그는 옴스테드를 불러 부지를 설계하고, 이를 보스턴 일대의 시립 공원 부지들을 연결하는 '에메랄드 네클리스(Emerald Necklace)'[37]라는 그의 대형 프로젝트와 연결시켰다. 프로젝트의 목적은 '토종이든 외래종이든 실현 가능한 한 모든 나무와 관목과 초본 식물'을 수집하고 전시하는 것이었다.

하지만 새로 지어진 모든 현대적인 수목원과 식물원이 주요 재료라 할 수 있는 식물에만 집중하지는 않는다. 그리고 최근의 장소들은 새로운 디자인과 다른 용도도 확장하고 있다. 우선 다른 활동으로 관심을 끌면, 이를 통해 식물학과 나무에 대한 관심이 증가할 것이라는 점에는 의심의 여지가 없다. 뉴질랜드 웰링턴에 있는 식물원에는 현대 조각 작품이 상당히 많이 전시되어 있고, 필라델피아의 펜실베이니아 대학교 부속 모리스 수목원과 주정부는 나무 꼭대기에서의 다양한 모험이나 조각뿐 아니라 기차 모형을 통해 방문자들을 참여시킨다. 형식적으로는 식물학적 연구와 즐거움에 헌정된 장소 내에 있는 다양한 관심 대상, 혹은 (라우던이 말했듯) '의미'를 조합해 이를 찾아내는 방문자들의 범위는 크게 확대되었다. 최근의 디자인들은 우리가 그 형태를 어떻게 생각하고, 그리하여 그 내용을 어떻게 볼지를 극적으로 확장시켰다. 페터 라츠(Peter Latz)의 1995년 '유럽 도시' 이벤트를 위한 룩셈부르크의 키르흐베르크 고원(Plateau de Kirchberg)의 수목원과 녹지대 마스터플랜은 전통적인 수목원 풍경에 신선한 변화를 가져왔다. 보르도의 새 식물원을 위한 카트린 모스박(Catherine Mosbach)의 설계에는 식물을 과(科)로 구분하기보다는 생육 조건에 따라 배치하고, 환경 갤러리(열한 곳의 서식지)와 논밭(레이던 식물원을 떠올리게 하는 길다란 직사각형의 띠 형태), 방문자들이 못 사이에 있는 불규칙한 통로의 격자 위를 걸어 다닐 수 있는 수경 정원 구역이 마련되었다.[38]

37 [역주] 보스턴 일대의 공원들을 가로수길(parkway)과 물길로 연결하는 공원 시스템의 명칭으로, 각 공원과 녹지 공간을 초록색 보석인 에메랄드에 빗대었다.

38 라츠의 계획은 Udo Weilacher, *Between Landscape Architecture and Land Art* (Berlin and Boston, MA, 1999), pp. 134-135에, 모스박의 계획은 Peter Reed, ed., *Groundswell: Constructing the Contemporary Landscape* (New York, 2005)에 설명되어 있다.

9장

극장으로서의 정원

우리는 16세기와 17세기를 정원과 극장 사이의 교류가 가장 생생하고 혁신적이었던 시기, 정원 조성가들이 무대 디자이너이기도 하고 또 그 반대이기도 했던 시기, 프로시니엄(proscenium)[1]이 있는 진짜 극장이 생기기 이전에 정원이 공연 장소가 되던 시기, 정원과 목가적인 배경이 가면무도회와 오페라의 배경으로 인기 있던 시기, 정원 자체가 계단식 극장과 엑세드라의 형태였던 시기라고 생각한다. 하지만 르네상스 훨씬 이전에도, 그리고 그 이후에도 극장과 정원(혹은 경관)은 강력하게 연결되어 있었다. 고대 그리스의 관객들은 방대한 풍경을 배경으로 상연되는 극을 관람했다(도판 107과 도판 7을 보라). 고대 로마의 예를 들면, 포르티코와 같은 공공 정원이나 개인 빌라에서 정원은 사람들에게 보여지는 자리이자, 정원의 소유자나 공인이 어떻게 행동하고 말하는지를, 어떻게 자신의 할 바를 수행하는지를 지켜볼 수 있는 기회를 제공한다. 소플리니우스는 자기 빌라 주변의 토스카나 풍경을 야생의 자연과 경작된 자연의 다양한 경치가 보이는 일종의 계단식 극장으로 보았다. 18세기에는 런던의 복솔 가든이 연극적 역할을 이어 갔지만, 이곳은 결코 공연을 위해 확보된 공간의 사례에 그치지 않았다. 음악가와 가수의 소리가 들리고, 불꽃놀이와 같은 스펙터클이 보이고, 식사용 부스에 있는 유명한 방문자들을 볼 수 있는 곳이었다. 식사를 하는 보다 부유한 이들은 지나

1 [역주] 액자 모양의 구조물인 프로시니엄 아치(proscenium arch)가 무대(stage)와 앞무대(apron)를 구분하는 전통적인 극장 형태. 객석의 관객은 액자와 같은 틀을 통해 무대 위 공연을 감상하게 된다.

107 에피다우로스에 있는 그리스 극장.

가는 군중을 훑어볼 수 있었다. 오늘날에도 우리는 보고 보이기 위해, 의식적이든 무의식적이든 간에 도시의 세계 그리고 마음속 세계의 배우이자 관중이 되기 위해 공원과 정원에 간다. T. S. 엘리엇(T. S. Eliot)의 J. 프루프록(J. Prufrock)[2]이 "그대가 만나는 얼굴들을 대면할 얼굴을 준비한다"라고 했듯, 우리는 여기에서 각자 연기를 하고 타인들에게 보여질 수 있으며, 이는 연극적 의상의 문제와 적절한 공적 페르소나를 가정하는 전략을 시사한다.

종교적인 드라마와 세속적인 드라마를 공연할 장소가 부족했던 적은 한 번도 없었다. 그리스와 로마 신전, 기독교 교회, 영주의 저택과 성에 있는 대형 홀, 연회장, 길드가 무대 위나 길거리 사이로 끌고 온 마차 위에서 다양한 이야기를 공연할 수 있는 도시 등 모든 곳이 공연 장소가 될 수 있었다. 하지만 고대의 원형(6장을 보라)을 모방하곤 하는 르네상스 정원의 규모가 커지고부터는, 연극 공연에 적합하도록 개조된 장소가 생겨났다. 바티칸의 벨베데레 안뜰은 부분적으로는 이곳을 방문한 고위 성직자들과 대사들을 격에 맞고 장려하게 환대하기 위해 고안되었다. 당시의 정치에서 이는 도시의 거리와 마을의 관문, 그 외의 무대에서 행해지던 익숙한 의식이었으나, 점차 웅장한 정원이나 안뜰을 배경으로 행해졌다. 일찍이 벨베데레 안뜰의 하단을 물로 가득 채우고 모의 해전(로마의 나우마키아) 공연을 하려 했고, 1565년의 카니발 시기에는 토너먼트가 열리기도 했다. 이 긴 안뜰의 가장 높은 부분은 양쪽에 오르내리는 계단이 있는 작은 무대 형태를 취했을 텐데, 이는 고대 로마 시기에 프라이네스테에 있는 포르투나 여신의 사원을 본떠 만들었다. 세를리오에 의해 분류된(도판 77을 보라) 이 우아한 '이중 계단'은 가운데 원형 공간 아래 계단에 있는 관객 혹은 방문자들과 위쪽 무대에서 벌어지는 '공연'을 동시에 보여 주는 공간으로 인식되었다. 작지만 감정을 풍부하게 드러내는 이런 구조는 내부에서 열리는 전시를 보라고 청하며 방문객들을 환대하는 테이트 브리튼 미술관의 터너 갤러리 입구에서도 나타난다. 그리고 이 구조는 정원이 드러내는 온갖 흥미로운 일로 방문자들을 초대하는 제스처가 되어, 1900년대의 예술과 공예 운동의 주택에서 더욱더 강하게 환기되었다(도판 218과 222를 보라). 게다가 벨베데레 중앙 안뜰의 뒤편에 있는 바티칸의 조각 컬렉션은 당시 기준으로는 최근에 발

2 [역주] T. S. 엘리엇의 시집 『J. 앨프리드 프루프록의 사랑 노래(The Love Song of J. Alfred Prufrock)』에 등장하는 시적 화자의 이름.

굴된 고대 조각품들의 전시장이었고, 이는 방문자들에게 교황의 명망을 드러냈다.

프랑스어로는 '리외 테아트랄(lieu théâtral)', 이탈리아어로는 '루오고 테아트랄레(luogo teatrale)'라고 하는 연극적 이벤트를 위한 장소의 전반적인 발달은 주요한 연구 대상이 되어 왔다.[3] 하지만 오늘날 우리가 근대 극장의 시작이라고 받아들이는 형태를 탐색하면서 공연을 위한 장소로서의 정원에 관심을 기울이기는 하지만, 이러한 발달이 정원에 미친 결과와 영향은 대개 간과되었다.[4] 벨베데레는 안뜰과 정원의 무대로서의 가능성을 탐색할 수 있는 기회였고, 이러한 탐색은 16세기 내내 빈번하게 이루어졌다. 17세기에는 단순히 정원이 공연 무대로 쓰이는 것을 넘어, 무대 양옆의 날개와 각광을 갖춘 진짜 무대가 설치되었다. 이는 개인 극장뿐 아니라 오늘날 대중 극장이 된 현대적 실내 극장이 처음으로 조성되던 때와 시기를 같이한다.

우리는 정원 공간이 어떻게 공연에 점진적으로 활용되었는지뿐 아니라 정원의 방문과 수용[5]을 새로운 관점에서 추정하게 했는지도 보아야 한다. 정원에서의 연극이나 공연의 가능성을 가장 잘 보여 주는 물리적 요소는 무대 같은 대(臺)나 테라스, 아레나 혹은 마차 경주장(고대 로마의 형식), 줄지어 놓인 벤치, 방문자들이 이벤트에 경탄할 수 있도록 종종 곡선으로 만들어진 앉을 자리나 (또 다른 로마적 요소인) 엑세드라, 그로토, 혹은 무대 위에서처럼 방문자들을 위한 쇼를 기계 장치로 상연하는 작은 극장이나 핍 쇼가 있다. 팔라디오(Palladio)[6]도 빌라 바로 근처 부지에는 "거대한 극장의 양

3 유용한 이미지가 많은 Jean Jacquot, Élie Konigson et Marcel Oddon, dir., *Le Lieu Théâtral à la Renaissance* (Paris, 1964)와 Jean Jacquot, dir., *Les Fêtes de la Renaissance* (Paris, 1956 and 1960) 그리고 *Il Luogo Teatrale a Firenze* 전시 도록(Florence, 1975)을 보라. 프랑스어와 이탈리아어로 된 다른 출판물도 많다. 영어로 된 사례는 Stephen Orgel and Roy Strong, *Inigo Jones: The Theatre of the Stuart Court*, 2 vols (Berkeley and London, 1973); John Harris, Stephen Orgel, and Roy Strong, *The King's Arcadia* (London, 1973); Alois Maria Nagler, *Theatre Festivals of the Medici* (New Haven, CT, 1964)를 보라. 바티칸 벨베데레 안뜰에 대해서는 Rossella Leone, 'Torneo nel cortile del Belvedere', in *La Festa a Roma dal Rinascimento al 1870*, a cura di Marcello Fagiolo, exh. cat. (Turin, 1997)를 보라.

4 필자는 여러 글을 통해 이러한 발달에 나타난 정원의 양상에 관심을 보여 왔다. 필자의 *Garden and Grove: The Italian Renaissance Garden in the English Imagination, 1600-1750* (London, 1986, republished in Philadelphia, 1996)의 5장과 *Vauxhall and London's Garden Theatres* (Cambridge, 1985)를 활용했다. John Brinckerhoff Jackson, 'Landscape as Theater', in *The Necessity for Ruins* (Amherst, MA, 1980), pp. 67-76도 보라.

5 [역주] 저자는 정원이 후대에 다른 맥락에서 어떻게 인식되고 해석되는지를 문학의 수용 이론을 바탕으로 연구한 바 있다. 이에 대한 논의는 저자의 *The Afterlife of Gardens*(Philadelphia, PA, 2004)를 참조하라.

상(aspetto di grande teatro)"이 부여되어야 한다고 제안했고, 우텐스가 제작한 카스텔로의 메디치 빌라 그림(도판 18을 보라)을 보면 아레나가 어떻게 보였는지를 정확하게 알 수 있다.

피렌체의 피티궁에서 안뜰과 보볼리 정원의 아레나로 이어지는 정교한 오르막길은 다양한 연극적 배경을 제공한다. 특히 언덕의 내리막 경사를 이용해 만든 마상 경기장은 모든 종류의 과시적 전시를 위한 원형 극장으로 쓰였다. 이 장소는 처음에는 단순한 잔디밭에 불과했으나 1599년에 나무 좌석을 놓고, 그 후에 돌로 만든 좌석(지금도 있다)이 설치되어 본격적인 공연장이 되었다. 여기서는 야외 발레, 승마술 쇼(영국인 방문자들이 매우 경탄했던 '말 춤'), 음악극이 상연되었는데, 이런 공연들의 대표적인 후기 사례가 1637년 페르디난도 2세의 결혼을 축하하는 축제를 담은 스테파노 델라벨라(Stefano Della Bella)의 드로잉으로 남아 있다(도판 108). 연극적 공간이라는 아이디어 전체가 너무나 새로웠기에 영국인 방문자들은 베네치아 극장에서의 '소음악극(musical Drammata)' 공연과 '여러 번 장면이 바뀌는' 시에나의 오페라 하우스에 대한 기록을 남겼을 뿐 아니라, 이런 스펙터클을 향유하는 ("무대의 방식을 따라 만들어진") 정원도 시에나의 광장이나 제노바의 항구처럼 경탄의 대상이 되었다. 토머스 버넷은 "파르테르를 향한 면이 분수와 조각으로 가득한 극장처럼 보인다"라며 마조레 호수의 이졸라 벨라에 찬탄을 보냈고(도판 109), 프라스카티(Frascati)의 빌라 몬드라고네(Villa Mondragone)를 방문한 존 에벌린은 그곳이 "여가 시간을 보내는 극장"이라고 기록했다(도판 110). 그 말의 의미는 분명하지 않으나, 그는 전체를 아우르는 개관(conspectus) 혹은 완전한 컬렉션이라는 뜻으로 '극장'이라는 단어를 사용했다. 그곳 안뜰의 한쪽 끝에는 높은 대(臺)가 있고, 애프스 뒤쪽의 벽에 있는 일곱 개의 벽감은 알베르티가 복원한 고대 극장의 일곱 출입문을 상기시킨다. 그리하여 안뜰 아래쪽에서 보면 이는 분명 무대처럼 보이고, 대(臺)에는 여러 개의 분수가 더해져 활기를 띠었다.

또 다른 메디치 가문의 가족 행사에서는 파리의 튈르리 정원(Jardin des Tuileries)을 활용했는데, 카트린 드 메디시스(Catherine de Médicis)가 폴란드 대사들을 환영하기 위

6 [역주] 안드레아 디피에트로 델라곤돌라(Andrea di Pietro della Gondola, 1508-1580). 르네상스 시기에 베네치아 공화국에서 활동한 건축가로, '팔라디오'라는 별칭은 젊은 시절 후원자였던 잔 조르조 트리시노(Gian Giorgio Trissino)가 붙여 준 이름이다.

108 스테파노 델라벨라, 〈보볼리 원형 극장에서의 기마 발레(Equestrian Ballet in the Boboli Amphitheatre)〉, 1661, 에칭.

109 M. A. 달레(M. A. Dal Re), 『즐거움의 빌라(Ville di Delizia)』(1726)에 수록된 마조레 호수의 이졸라 벨라의 극장.

110 프라스카티, 빌라 몬드라고네의 극장.

해 개최한 공연이 그것이다(도판 111). 앙투안 카롱(Antoine Caron)의 그림은 프랑스의 열여섯 개 주를 나타내는 숙녀들이 특별히 만든 파르나소스산에 도착하는 순간을 담은 궁정 발레 장면을 묘사한다. 산 위에는 악기를 연주하는 아폴론과 뮤즈들이 있다. 이곳에 있는 궁정인들은 이 스펙터클의 배우이자 관람객이고, 프랑스 영토의 풍요로움을 과시하는 뮤즈들의 공연은 파르나소스산이라고 하는 고전 신화의 유명한 선례를 떠올리게 한다. 하지만 군주의 정원에 있는 고정된 요소로 이와 같은 즉석 이동식 배

111
1573년 9월, 카트린 드 메디시스가 주최한 튈르리 정원에서의 폴란드 대사 환영 연회. 발루아 왕가의 축제(Fêtes des Valois)를 위한 태피스트리.[7] 오른쪽에 악사들이 음악을 연주하는 파르나소스산이 보인다.

112
조반니 궤라, 〈프라톨리노의 '파르나소스산' 복제품 위에 있는 악사들을 보기 위한 계단식 극장〉, 1604.

경을 만들 수도 있는데, 종종 수력으로 작동하는 퍼포먼스로 완성되기도 한다. 이 파르나소스산은 프라톨리노에 있는 메디치 빌라에서 만들어졌다. 16세기 후반의 조반니 궤라의 그림에서는 그곳의 파르나소스산뿐 아니라 음악 공연을 감상하는 방문자들이 이용한 작은 **엑세드라** 좌석도 볼 수 있다(도판 112).

정원은 주요한 궁정 공연 혹은 프라톨리노에서와 같은 지역의 작은 오락거리에 적합한 장소가 되었을 뿐 아니라 곧 연극적 행사를 위한 특별한 무대를 제공하게 되었다. 이탈리아 정원에는 몇몇 야외극장이 남아 있는데, 루카(Lucca) 일대에 있는 야외

7 [역주] 16세기 중반 프랑스 왕실의 축제를 담은 여덟 개의 태피스트리 연작.

113
루카 인근 마를리아의
빌라 레알레, 17세기 후반.

극장의 수를 통해 공연의 빈도를 짐작할 수 있다. 콜로디(Collodi)에 있는 빌라 가르초니(Villa Garzoni)의 언덕 위로 오르막을 따라 조성된 방대한 정원은 그 자체가 거대한 극장처럼 보인다. 방문자들은 입구가 있는 아래쪽에서 스펙터클을 올려다보게 된다. 한쪽에는 배우들이 무대 양쪽 날개를 통해서 입장할 수 있는 소규모 극장도 마련되어 있었다. 이와 비슷한 마를리아(Marlia)의 빌라 레알레(Villa Reale)[8]를 담은 17세기 말의 동판화(도판 113)에도 오른쪽에 또 다른 극장이 보이는데, 주목 산울타리로 만든 '날개' 부분과 배경, 회양목으로 된 '각광', 무대 앞의 '프롬프터 박스', 곡선형으로 이루어진 관객석(무대 위 세 개의 벽감에 놓인 배우들의 조각상과 함께 여전히 남아 있다)이 있다. 빌라 부지 전체를 실제로 무대로 사용하지 않았다 하더라도, 이는 이탈리아 정원이 이와 유사한 연극적 공간을 얼마나 잘 활용했는지를 시사한다. 마를리아에는 이와 같은 공간이 두 군데 있는데, 빌라 뒤에 있는 한 곳은 또 하나의 극장처럼 보이고, 빌라의 오른쪽에 있는 주목으로 만든 곡선의 알코브 벽감은 사각형의 못을 마주하고 있다. 루카 지역의 다른 빌라인 빌라 토리자니(Villa Torrigiani)는 여러 다른 빌라들처럼 18세기에 유행한 '영국풍' 조경을 도입했지만, 이곳에는 플로라의 정원이라고 불리는 작은 침상원(sunken garden)이 보존되어 있었다. 정원의 한쪽 끝에 있는 테라스에는 여러 갈래로 나뉘는 아름다운 난간이 있고, 그 아래로는 다양한 작은 그로토를 탐색할 수 있다(도판 114). 정

8 [역주] 원문에는 "오늘날 빌라 페치 블런트(Villa Pecci-Blunt)"라고 되어 있으나, 2015년 매각 이후에는 다시 '빌라 레알레'로 불린다.

114
루카 인근의 빌라 토리자니,
플로라의 정원.

원의 반대쪽 끝부분에 있는 바람의 그로토에는 일부 수력 효과가 보존되어 있어 오늘날에도 솟구치는 물줄기 때문에 밖으로 나가지 못하게 되는 경험을 할 수 있다.

토리자니의 소규모 테라스 아래에는 작은 방이나 그로토가 포함되어 있었지만, 일반적인 이탈리아 정원에는 보다 크고 때로는 복잡한 그로토가 수용되었고 대부분은 뒤쪽의 '무대'에 조각상을 놓았는데 조각상을 움직이거나 작동시키기 위해서 수력 장치를 이용했다. 이 또한 정원사가 보이지 않는 곳에서 기계 장치를 조작해 작동했을 것이다. 존 에벌린은 쇼 자체뿐 아니라 무대 뒤 방문도 즐겼다. 이러한 유형의 훌륭한 사례는 살로몽 드 코스의 『동력의 원리』(1615)로 출판되었다. 이 책은 님프 갈라테이아와 그녀에게 홀딱 반한 외눈박이 거인 폴리페모스의 조각상, 갈라테이아의 소라 껍질이 파도 사이로 미끄러지듯 지나가도록 할 기계 장치, 그리고 그녀를 나아가게 할 '무대 뒤'의 윈치(winch)를 모두 보여 준다(도판 115). 오늘날 이런 장치는 거의 남아 있지 않다. 벽감과 그로토의 조각상과 같은 정적인 설치물은 여전히 볼 수 있지만 기계 장치는 남아 있지 않아서 방문자들은 그 테마와 움직임을 스스로 상상해 내야 한다. 때로는 주변에 있는 물의 유희를 통해 조각상이 활기를 띠기도 하는데, 가령 빌라 데스테의 으르렁대는 용은 입으로 물을 뿜고, 수반 전체에서 물이 요란하게 솟아오를 때면 여전히 그럴듯한 효과를 낸다. 앙드레 르노트르가 보르비콩트나 샹티이(Chantilly)의 테라스에 도입한 벽감과 같은 것도 물에 둘러싸여 있지만, 근본적으로는 르노트르가 보기에 '유치한' 장치를 사용하지 않고 다양한 장소마다 그곳에 어울리는 이야기를 전달하도록 고안된 것이다.

115 살로몽 드 코스, 『동력의 원리』(1615). 님프 갈라테이아와 거인 폴리페모스, 이들을 움직이게 하는 기계 장치를 볼 수 있다.

이탈리아와 프랑스의 정원에는 극장이 주요한 구성 요소인데, 특히 기후의 영향으로 야외 전시를 하기 좋았기 때문이다. 북구에서 온 방문자들은 이러한 조우를 즐겼고, 이 문화의 일부를 잉글랜드로 가져갔다. 왜냐하면 잉글랜드에서도 정원은 왕실 행차의 핵심적인 부분이 되었기 때문이다. 여기에서 잉글랜드에서 이루어진 이탈리아풍의 모방과 차용을 추적하지는 않겠다(이는 다른 곳에서 다루었다[9]). 하지만 이렇게 확장되고 정교해진 정원의 활용은 왕실 공연의 핵심적인 부분이 되었고, 정원이 배경으로 등장하는 극장과 궁정 오락에 가면극이 나타나는 데에도 영향을 미쳤다.

왕실의 시골 영지 방문은 왕가의 위엄을 과시하는 동시에 시골 저택(country house)의 시설을 선보이는 자리였다. 왕가는 무료로 제공되는 환대를 즐겼겠지만, 저택 주인은 환대와 공연, 그리고 이를 행하는 정원에 엄청난 비용을 들였을 것이다.[10] 레스터 백작(Earl of Leicester)은 1575년 엘리자베스 여왕을 자신의 새로 단장한 정원에 맞아들

9 필자의 *Garden and Grove*를 보라.

10 John Nichols, *The Progresses of Queen Elizabeth I*, 5 vols (London, 1823); *The Progresses... of James I*, 4 vols (London, 1828); Ian Dunlop, *Palaces and Progresses of Elizabeth I* (London, 1962).

였다. 동시대 인물인 로버트 레인햄(Robert Laneham)은 이곳을 "좋은 향기가 나고, 신선하고, 너른 나무 그늘, 수목, 앉을 자리, 산책로로 아름답게 꾸몄다. 뛰어난 기교와 비용, 정성을 들여 매우 훌륭한 설비를 갖추었다. 향기로운 나무와 땅으로 자연은 저 먼 곳까지 우아함을 떨치는데, 마치 디아나가 자신의 여가를 위해 돌아다닐 곳을 구상한다면 이럴 것 같다"라고 묘사했다. 이에 부응해 엘리자베스도 이곳에서 처녀 여왕, 사냥꾼 디아나의 모습으로 표현되었다. 1591년 하트퍼드 경(Lord Hertford)은 특별히 초승달 모양으로 파낸 호수 위에서 화려한 연회를 마련하여 여왕을 킨티아(Cynthia)[11]로 형상화했다.

제임스 1세와 그의 왕비의 순행길에도 비슷한 공연이 이루어졌다. 1604년 윌리엄 콘월리스 경(Sir William Cornwallis)이 하이게이트에 있는 그의 저택과 정원에서 이들을 맞았고, 배경과 극중인물로 분한 배우들에 의해 아주 매끄럽게 진행되는 야외극이 펼쳐졌다. 정원의 조각상처럼 꾸민 배우들이 국왕 부부를 환영하고 이들에게 말을 걸었는데 첫 번째는 메르쿠리우스 신이었고 그다음은 마이아, 플로라, 제피로스, 오로라였다. 만찬 후에는 판 신과 사티로스 무리가 포도주가 흐르는 분수 근처에서 춤을 추었다. 9년 후 왕비는 캐버셤(Caversham)에서 토머스 캠피온(Thomas Campion)이 고안한 공연으로 환대받았는데, 이곳의 소박한 정원도 충분히 활용되었다. 그녀가 파크의 경계 가까이 갔을 때 거친 인물이 덤불 속에서 나타나 그녀의 수행원에 '맞섰고', 계단식 정원에 다가갔을 때는 우아하게 차려 입은 정원사와 그의 시종이 그녀를 맞았으며, 근처 나무 그늘에서는 가수들이 세레나데를 불렀다. 1634년 7월 뉴캐슬 백작은 볼소버 성(Bolsover Castle)에서 찰스 1세와 헨리에타 마리아 왕비를 영접했다. 이때 벤 존슨(Ben Jonson)이 고안한 축연에서 등장인물들은 중심부에 비너스 분수가 서 있는 특별히 조성된 정원에서 사랑의 본질에 대한 이야기를 나누었다.

제임스 1세와 찰스 1세 시기에 점점 더 인기를 끈 가면극에서 정원을 배경으로 쓰는 일은 많았고, 그 완성도도 매우 뛰어났다.[12] 1611년 이니고 존스(Inigo Jones)가 디자인한 『오베론(Oberon)』[13]에서는 처음에 땅 위로 드러난 바위 부분이 ("최대한 야생적

11 [역주] 달의 여신 디아나의 별명 중 하나.

12 가장 유용한 텍스트로는 Stephen Orgel and Roy Strong, *Inigo Jones* (Berkeley, 1973); John Harris, Stephen Orgel, and Roy Strong, *The King's Arcadia* (London, 1973) 참조.

으로") 갈라지며 "눈부시고 장엄한 궁"을 드러낸다. 이는 정원을 거닐며 새로운 풍경을 발견하는 경험과 비슷한데, 실제로 이탈리아 정원을 방문한 이가 자신의 경험을 묘사할 때 쓰는 표현과 아주 유사하다. 헨리 워튼 경(Sir Henry Wotton)은 어디인지 분명히 확인되지 않은 이탈리아의 장소에 대해 쓰면서 마치 "마법에 의해 새로운 정원으로 옮겨진 듯" 다양한 "**산과 계곡**(*mountings* and *valings*)"에 대해 말한다. 이를 가면극 〈영국의 하늘(Coelum Britannicum)〉의 대본에 나온 무대 지시와 비교해 보자.

> 다시 장면은 여느 곳과는 달리 산뜻하고 새롭고 쾌적한 전망으로 변한다. 가장 새로운 부분은 낮은 나무들 주위로 여러 산책로와 파르테르가 놓인 아주 즐거운 정원을 보여 준다. 그리고 산책로의 양쪽마다 분수와 그로토가 있고, 제일 먼 곳에는 아치 위로 산책로가 높이 놓인 궁이 있다. 그 위로는 사이프러스 나무를 심은 옥외 테라스가 있고, 이 모든 것은 웅장한 빌라를 드러내려는 듯한 장식으로 이루어졌다.

에드먼드 워컵(Edmund Warcupp)은 『원래의 영광, 폐허, 부흥 속의 이탈리아(Italy in Its Original Glory, Ruine and Revival)』(1660)에서 "첫 번째 정원으로 가는 내리막길에는 페가수스 거상(巨像)이 나타난다" 혹은 "배 모양 속에 섬이 솟아오른다"라며 티볼리를 정말 하나의 가면극으로 인식한 이탈리아 문헌을 번역했다.

정원 속 그로토는 이러한 연극적 무대 장치의 핵심적인 요소를 제공한다. 새뮤얼 대니얼(Samuel Daniel)과 이니고 존스가 기획한 1610년의 〈테티스의 축연(Tethys' Festival)〉에서 장면의 전환이 "화려하게 장식된 여러 개의 동굴 속의 님프"의 등장을 통해 표현되었고, 프리즈와 조각은 바다 생물을 묘사하며, 님프들을 위한 벽감이 등장한다. 요크 공작(Duke of York)이라는 한 궁정인은 테티스를 찾으러 갔다가 실제로 정원을 헤맸던 것처럼 갑작스럽게 나타난 "수풀 속에서 어렵사리" 그녀를 발견할 것이다. 바다의 여신 테티스의 테마는 빌라 데스테의 정원에도 비슷하게 나타난다. 이니고 존스와 윌리엄 데버넌트(William Davenant)의 궁정 가면극 〈루미날리아(Luminalia)〉(1638)에서는 혼란과 무질서의 **토포스**가 정원 예술의 변모를 통해 극복된다. 막간의 어릿광대 익살

13 [역주] 『오베론, 요정 왕자(Oberon, the Faery Prince)』는 벤 존슨이 쓴 희곡으로, 이니고 존스가 1611년의 초연 무대와 효과를 디자인했다.

극 후에 "장면은 줄지어 선 나무, 분수, 조각상, 나무 그늘, 그로토, 산책로와 같은 것들이 브리타니데스(Britanides)의 아름다운 정원을 표현하려는 듯한 아주 즐거운 풍경으로 바뀐다." 실제 정원을 산책하는 이들은 계속해서 더 많은 정원을 발견하겠지만 앉아 있거나 가만히 서 있는 가면극의 관객들은 무대 장치의 환영에 의지할 수밖에 없고, 그에 따라 〈루미날리아〉에서는 무대 장치가 열리면서 "정원의 더 먼 곳에 있는 부분"이 나타나고, 그곳에 여왕이 모습을 드러냈다. 극 속에서 정원이 펼쳐지고, 그 안에서 극에 참여한 왕실 일원들의 모습은 조화로운 통치와 사교의 기술과 결합된다. 이렇게 궁정인이 직접 연기하는 공연, 무엇보다도 가면극을 통한 변형의 은유는 당시의 정치 현실과는 종종 상충되는 듯한 이상적인 세계를 보호하는 역할을 했다. 따라서 정원은 거대한 환영의 공간이었지만, 모두가 결국에는 이곳을 떠나 바깥에 있는 소란한 세계를 직면해야 한다.

17세기 연극이나 오페라 공연에 정원 배경을 삽입한 사례는 상당히 많은데, 이는 물론 실제 정원에서의 비슷한 경험을 유도한다. 이니고 존스는 가면극과 정원 작업 모두에서 자신의 기술을 과시했다. 이와 비슷하게 무대 디자이너로 활발히 활동한 베네치아 출신의 자코모 토렐리(Giacomo Torelli, 1608-1678)는 많은 디자인을 했는데, 그로토 파사드와 축을 중심으로 조성된 풍경은 연극의 플랫(flats)[14]과 배경막에 흥미롭게 재현될 수 있었다.[15] 실제 정원의 효과와 환영적인 무대 배경의 기묘한 융합은 1565년 로마의 바르베리니궁(Palazzo Barberini)에서 일어났다. 무대 밖 정원에서 실제로 물을 끌어온 분수가 무대에 줄지어 늘어섰고, 무대의 샘 너머로 보이는 그림 속 정원들은 실제 정원을 더욱 풍성하게 만들었다.

실제 정원과 환영적인 무대 배경 사이의 독특한 교환을 통해 정원이 어떻게 경험되고 이해되는지를 잘 보여 주었지만, 이를 입증할 자료를 찾기는 쉽지 않다. 하지만 16세기와 17세기에 그려진 동판화에는 거의 예외 없이 정원 속에서 반응하고 움직이는 사람들의 모습이 담겨 있다. 사람들은 손짓하고 몸짓하며, 사건을 향해 달려가고, 간혹 화가들이 배우가 보는 동작 교본을 모방하거나 심지어 베껴 그린 방식대로 행동

14 [역주] 연극 무대에서 사용하는 장치용 판자나 천으로, 무대의 배경이나 공간적 환상을 표현하는 데 사용된다.

15 이는 Per Bjurström, *Giacomo Torelli and Baroque Stage Design* (Stockholm, 1961)에 예시되어 있다.

한다. 궤라가 그린 프라톨리노의 파르나소스 앞에 있는 원형 극장에는 이런 인물들이 있고, 몬드라고네나 이졸라 벨라의 풍경에도 묘사되어 있다(도판 109, 110, 112를 보라). 많은 경우 이미지들은 관습적인 **점경 인물**(*staffage*)을 활용했겠지만, 정원 경험이 방문 목적의 한 부분을 차지했고 방문자들은 대개 정원의 중요한 에피소드 앞에서 반응을 보이는 모습으로 나타난다는 점을 시사한다.

수많은 현대의 정원 사진은 정원 속 인물들을 신경쓰지 않는다. 우리는 풍경을 보지만 배우 혹은 심지어 관중은 보지 않는다. 우리는 풍경을 감탄하며 바라보지만, 보는 사람이나 그들의 반응을 보지는 않는다. 이는 '자연스러운' 풍경의 모습이 사람들의 행동을 자극하기보다는 그 자체로 감탄의 대상이 되었던 18세기의 경관 조성 실천에서의 변화가 낳은 불가피한 결과로 보인다. 16세기 말과 17세기에 이탈리아와 프랑스의 정원 개념이 크게 유입된 결과 영국 정원에도 정원 극장이 있었다. 하지만 이런 정형적인 형태는 점차적으로 제거되거나 지형 속에 흡수되었다.

찰스 브리지먼(Charles Bridgeman)은 1738년에 사망할 때까지 여러 영지에서 작업을 했는데, 그의 작업에서 눈에 띄는 특징 중 하나는 '극장'이었다. 대부분 잔디를 이용해 공간을 배치했지만 경사로와 배경도 풀로 만들어졌기에 관리가 잘되지 않았고(잔디밭의 경계를 뚜렷하게 유지하려면 끊임없이 관심을 기울여야 한다) 점차 주변 경관에 흡수되었다. 그의 극장이나 그 자체의 의미에 대해 논의가 이루어진 바는 거의 없지만, 도면과 동판화를 훑어 보기만 해도 현장과 스케치 도면에 극장이 얼마나 자주 나타났는지를 짐작할 수 있다.[16] 이런 공간이 극장으로 얼마나 쓰였는지, 혹은 그렇게 불렸는지는 분명하지 않다(라우섬에 한 예가 있기는 하다). 하지만 이들의 묘사를 보면 에임즈버리(Amesbury)에서와 같이 항상 무대의 양쪽 날개 부분처럼 좁아지는 산울타리나 경사로로 재현되고, 정원 디자인에서 가장 끝부분에 있는 언덕에는 종종 숲으로 둘러싸인 무대 같은 공터가 위치한다. 트링(Tring)과 캐슬 힐(Castle Hill)에서는 조금 다른 변형이 시도되었으나, 위로 올라가는 언덕에는 여전히 계단식 플랫폼 다섯 개의 흔적이 남아 있다.

16 Peter Willis, *Charles Bridgeman and the English Landscape Garden* (London, 1977; new and augmented edition, Newcastle upon Tyne, 2002)에 많은 도면과 동판화가 수록되었다. 켄트의 스케치에 나타난 연극적 공간의 사례는 필자의 *William Kent: Landscape Garden Designer: An Assessment and Catalogue of his Design* (London, 1987)을 보라.

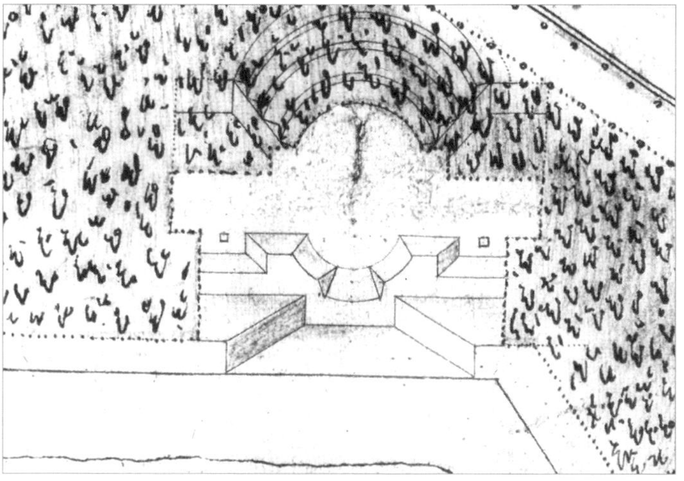

116
라우셤에 있는 찰스 브리지먼이 설계한 극장, 그가 제작한 것으로 추정되는 도면의 세부, 1720년대.

117 라우셤의 브리지먼이 설계한 극장이 있던 자리의 현재 모습. 윌리엄 켄트가 개조했지만 얀 판노스트(John van Nost)의 납 조각상은 남아 있다.

도싯(Dorset)주 이스트버리(Eastbury)에는 『영국의 비트루비우스(Vitruvius Britannicum)』 제3권의 동판화에서처럼 "재주 많은 찰스 브리지먼 씨가 설계하고 완성했다"라고 기술되어 있고, 정원의 끝부분에는 원형 못 주변에 경사진 극장이 있다. 서리주의 클레어몬트(Claremont)에는 웅장한 계단식 극장이 있는데, 제임스 톰슨(James Thomson)은 이를 '계단식 언덕'이라고 불렀다. 이곳에는 세를리오의 벨베데레 동판화에 나온 이중 계단을 채택한 정교한 경사로와 계단이 있고, 이는 스위처의 책 『유체 정역학과 수력학 일반 체계 개론』(1729)에 동판화로 수록되었는데, 이 또한 브리지먼의 것으로 여겨진다. 그것이 진정으로 활용된 극장이든, 혹은 정원의 특정한 정점을 표시하는 방식이든 간에, 좁아지는 나무숲이 방문객을 끌어들인다. 때때로 작은 언덕과 결합된 이러한 브리지먼의 제안은 건튼(Gunton)을 위한 스케치와 스토 정원의 조감도에서 발견된다. 소위 여왕의 극장(Queen's Theatre)이라 불린 공간은 경사로가 꼭대기에 있는 기둥 쪽으로 이어진다. 브리지먼이 사망하기 얼마 전 스토에서의 작업을 기록하도록 자크 리고(Jacques Rigaud)가 의뢰한 일련의 풍경화에서는 극장 배치가 있는 풍경이 그리 눈에 띄지 않는다(한 장면에서 멀리에 있는 여왕의 극장이 보인다). 이로써 18세기 초 경관이 연극적 차원을 자아내고 또 수용하는 방식을 놀라울 정도로 생생하게 보여 줌으로써 배우와 관람객이 모여 반응하던 정원의 세계와 조우하게 된다.

윌리엄 켄트는 다른 이유로 자신의 정원과 스케치에 연극적 에피소드를 수용했을 것이다. 브리지먼은 자신의 경관 속에 있는 극장과 경사로의 정형적 형태를 프랑스의 다양한 모델 속에서 끌어왔다면, 켄트는 이탈리아와 영국에서 무대 디자이너로 활동했다. 정보는 별로 없으나 켄트는 아마도 윌리엄 탈먼(William Talman)[17]이 로마의 비르투오지 아카데미(Academy of Virtuosi)[18]를 위해 기획한 1711년의 뛰어난 공연을 보았을 것이다. 그리고 이탈리아에서 돌아온 지 4년 후인 1724년 그는 드루리 레인(Drury Lane)에 있는 왕립 극장에서 의상과 배경 작업을 했다. 그는 1731년 황태자를 위한 가면극의 의상을 디자인했고, 5년 뒤에는 세미 칸타타 오페라 〈히메나이오스의

17 [역주] 영국의 건축가 겸 조경 설계가(1650-1719). 골동품 애호가이자 예술품 수집가인 그의 아들 존 탈먼(John Talman, 1677-1726)이 1709-1717년 사이에 이탈리아를 여행했다.

18 [역주] 정식 명칭은 교황청 판테온 비르투오지 순수 예술과 문학 아카데미(The Pontifical Academy of Fine Arts and Letters of the Virtuosi al Pantheon).

축연(Il Festa d'Imeneo)〉[19]의 무대 디자인을 한 것으로 추정된다. 하지만 배우와 공연 스케치도 있는데 그중 하나는 존 소언 경 박물관(Sir John Soane Museum)에 소장되어 있다. 여기에는 계단식 무대 위에 목가극의 배우이자 가수가 나타나 있고, 배경에는 스토와 리치먼드에 그가 조성한 폐허로 보이게 만든 은거지가 있는데, 앞에는 '아르카디아'라고 새겨져 있다. 이곳은 무대에 나타난 사티로스나 여자 양치기 등장인물에게 적합할 것이다. 채츠워스(Chatsworth)에서의 디자인 컬렉션 중에는 달이 솟아오르는 숲속 못의 스케치가 있는데, 이는 의심할 여지 없이 가장 좋은 무대 배경이 되었을 것이다. 이것이 클레어몬트를 위한 프로젝트라는 주장에는 설득력이 없는데, 이는 분명 이니고 존스의 가면극 디자인 중 하나를 참고한 것이기 때문이다. 채츠워스에는 무대 디자인을 모아 묶은 폴리오(folio)가 있으며 그중에는 배경 디자인이었을 제안도 있다. 숲속에는 파빌리온과 배들이 경주를 하는 넓은 호수가 보인다. 여기에는 팔라디오의 로툰다를 축소해 얹은 거대한 바지선도 포함된다.

벌링턴은 1720년에 이니고 존스의 스케치를 구입했는데, 켄트는 분명히 이를 알고 있었을 것이며 이는 무대 디자인과 정원 효과에 대한 그의 관심 역시 뒷받침한다. 치직에서 켄트는 다른 버전의 엑세드라 두 개를 고안했는데, 하나는 벽감과 피라미드가 있는 건물로 이후 그는 스토에 있는 영국 명사의 사원(Temple of British Worthies)에서 이를 다시 활용했다. 그것은 모여든 사람들이 비문을 보고 영국의 위인들을 살펴보도록 하는 간접적인 메시지를 '연출'한다. 그는 치직에서 이를 커다란 반원형 산울타리로 교체하고, 벽감 속에 전신 조각상을 배치했다. 이곳의 개방적인 분위기는 조각상을 살펴보거나 벤치에 앉아 쉴 사람들을 공간 속으로 초대하며, 그곳의 '무대'에서부터 집 쪽으로 펼쳐진 정원을 바라보게 만든다. 이는 문자 그대로, 팔라디오와 이탈리아의 정원 문화를 영국적인 장면으로 수용하기 위해 벌링턴이 기획한 공연이다.

켄트 특유의 정원과 풍경 스케치를 보면 비슷한 연극적 경험에 대한 관심을 나타내는 일련의 공간이 있다. 언덕의 수풀 사이에는 빈터가 있는데, 종종 [고전적인 분위기를 부여하는-역자] 항아리를 놓았고, 양쪽 가장자리에 헤르메스 주상을 세워 무대처럼 보이기도 했다. 라우셤 정원에서는 켄트의 인물들이 생각에 잠기고 채츠워스에는 캐

19 [역주] 히메나이오스(Hymenaios) 혹은 히멘(Hymen)은 아폴론과 뮤즈 사이에서 태어난 아들로, 결혼 축제의 신이다.

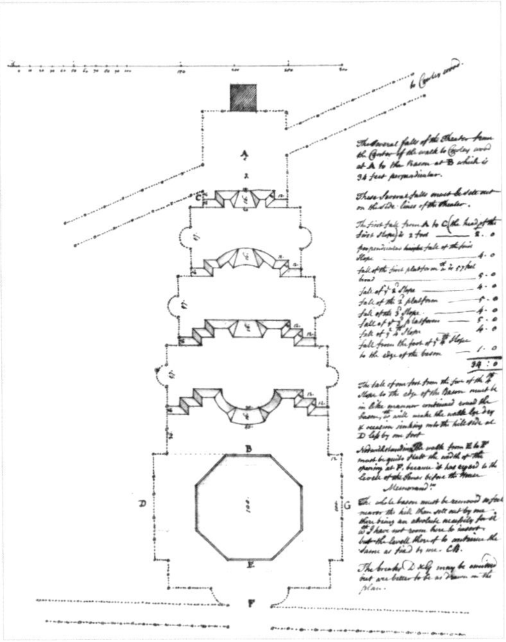

118
찰스 브리지먼(추정), 하트퍼드셔(Hertfordshire) 주 트링(Tring)에 있는 정원 극장을 위한 설계, 1720년대 초.

스케이드 또는 아치와 오벨리스크가 있으며 유스턴 홀(Euston Hall) 파크랜드에는 심지어 방대한 비스타나 농사를 짓는 시골 같은 특별한 풍경을 향해 손짓하는 대(臺)가 보인다. 그는 홀크햄 언덕(Holkham hillside)을 위해 정교하게 디자인한 엑세드라 터널을 제안했지만 실행되지는 않았다. 켄트는 알렉산더 포프의 그로토를 스케치했는데, 이제 그곳에는 그가 이탈리아에서 보았을 법한 조각이나 기계 장치보다는 진정 영국적인 것들이 자리를 차지하고 있었다. 이는 켄트가 스케치를 통해 정원이 어떻게 사용될지에 대한 관심을 유도하고, 실제 정원에서 관람자를 그곳의 경관 경험을 통해 의미 있는 구성된 순간으로 이끄는 데 관심이 있었음을 보여 준다는 점에서 주목할 만하다. 켄트는 연극계에서 쌓은 독특한 경험을 새로운 경관 미학의 탐색으로 옮겨 왔다. 그리고 한 특정한 정원에서 그는 이러한 제안이 암시하는 바를 실현한 것처럼 보인다. 브리지먼은 처웰강을 따라 라우셤 정원을 위한 극장을 설계했다. 이곳에서 이 극장은 지역적인 여흥을 위한 아주 특별한 무대였을 수도 있고, 아니면 그저 방문자들이 무대 위에 자리를 잡고 강 너머로 보이는 옥스퍼드셔주의 시골 풍경을 관조하는 곳이었을 수도 있다(도판 116과 도판 128). 켄트가 1739년에 정원을 재조성하게 되었을 때 그는 브리지면의 정형적인 경사로와 풀이 우거진 대(臺) 형태를 제거했지만, 무대를 암시하는 몇몇 요소들을 남겨 두었다. 세 군데의 꼭대기에는 목가적인 인물상 석 점이 자기 차례를 기다리는 배우들처럼 서 있다. 라우셤의 숲속 작은 빈터에서는 여전히 이 극적인 순간과 현대의 방문객들에게 열려 있는 가능성을 만끽할 수 있다.

이러한 정원의 순간을 감상하기란 연극적 디자인의 잔상이 남아 있는 장소에서조차도 어려운 일이다. 그리고 그 경험을 포착하는 일은 더욱 어렵다. 하지만 오늘날 거의 모든 공원과 정원 방문에는 연극적인 가능성이 나타난다. 우리는 다른 사람들이 자기 역할을 하는 것을 보고, 우리 자신도 어떠한 역할을 한다. 그리고 이를 촬영한 사진은 현대적인 디자인으로 포토샵 처리가 되어, 조경가들은 각양각색의 사람들이 롤러스케이트를 타거나, 휴대폰으로 통화를 하거나, 수다를 떨거나 걷는 모습을 간단하게 붙여 넣을 수 있다. 이는 모든 디자인 제안의 기본 도구가 되었다(도판 243을 보라). 하지만 이 수많은 사람은 사실 오래되고 아주 흔해 빠진 **점경 인물**에 불과하다. 왜냐하면 대부분의 경우 이들은 예전의 화가들이 경관이 어떻게 받아들여질 것인지에 주목하여 그림 속에 녹여 냈던 바를 보여 주지 못하기 때문이다. 아이러니하게도 우리는 컴퓨터로 만든 새로운 픽처레스크인 '컴퓨터레스크(computeresque)'를 재발견했지만 대개 이는 이전에 픽처레스크가 고무했던 바에 미치지 못한다.

10장

'사이성'의 정원:
앙드레 르노트르와 윌리엄 켄트 사이

18세기 영국의 역사 기록학(historiography)은 '자연스러운 것'과 '영국적인 것'이 무엇보다도 높게 평가받는 최고의 단계에 이를 때까지 이론과 실천을 밀고 나가려 했으며, 호러스 월폴은 이 거침없고 놀라운 미래를 가장 열렬히 지지했다.

> [자연스러운] 정원술에 대한 [영국적] 취미가 금세기가 시작되기 전까지 나타나지 않았던 이유는, 그것이 자유민의 제국(Empire of Freemen), 즉 군대와 정복 정신이 아니라 교역으로 형성되어 개인 재산의 가치로 유지되며, 고귀한 투쟁 후의 긴 평온함을 누리고, 부와 건전한 판단력을 통해 즐거움을 분별 있게 개선하는 제국이 만들어 낸 적절한 조합의 결과였기 때문이다.

새로운 자료와 데이터로 인해 그의 애국심과 디자인 내러티브에 의구심이 제기되었음에도 그의 주장은 계속해서 영향을 미쳤다. 앙드레 르노트르나 윌리엄 켄트 중 어느 쪽에도 동의하지 않겠다고 한 드릴 수도원장(Abbé Delille)[1]처럼 조용히 항거한 이

1 [역주] 프랑스의 시인(1738-1813)으로 본명은 자크 드릴(Jacques Delille)이다. 『정원, 혹은 풍경을 장식하는 예술(Les jardins, ou l'art d'embellir les paysages)』(1780)로 명성을 얻었다. 루이 16세의 동생인 아르투아 백작(Le Comte d'Artois)의 총애를 받아 생세브랭 수도원(Abbaye de Saint-Séverin)을 하사받았으나 실제 성직자는 아니었다.

도 분명 있었다("나는 켄트와 르노트르 사이에서 결코 어느 쪽도 선택하지 않겠다"). 이후 이러한 양자택일을 거부하고 실제 역사적 실천을 통해 이론의 관성을 극복하면서 발전해 가는 새롭고 놀라운 정원술의 가능성과 활기에 주목한 영국인 건축가 존 D. 세딩(John D. Sedding)도 있었다.

1891년에 출판된 유고집『과거와 오늘날의 정원 기술(Garden Craft Old and New)』에서 세딩은 17세기와 18세기 초에 시작된 '영국적' 정원술, 그리고 그에 대한 견해 일부를 옹호한다. 하지만 이는 조경의 미래를 내다보기 위한 것이 아니라 당시의 특정한 역사적 순간을 기리려는 의도였다고 볼 수 있다. 르노트르적 실천과 켄트·브라운의 영국적 사고 사이에 놓인 작업에 대한 주의를 환기하기 위해 그는 "사이성(betweenity)-이행기의 정원"이라는 다소 어색한 명칭을 붙였다.[2] 그리하여 세딩은 정원의 역사에서 간과되기 쉬운 시기에 대한 관심을 환기하는 데 기여했고, 역사에 대한 이해를 바탕으로 1900년경 나타나기 시작한 새로운 정원술에 대해 논평했다(18장 참조).

하지만 이 장에서는 그가 지적한 1700년대경의 관념과 실천을 다룬다. 그렇다면 앙드레 르노트르와 윌리엄 켄트 '사이'에는 무슨 일이 있었는가? 크게 두 가지로 나누어 살펴볼 수 있는데, 하나는 1700년 르노트르의 사망 이후 프랑스에서 무슨 일이 있었는가이고, 또 하나는 조지프 애디슨과 초기 잉글랜드 정원 조성가의 이론과 실천에 대한 것이다. 이들 중 누구도 '영국식' 정원술이 결국 어디로 이어질지 미리 알지 못했다.

사실 조지프 애디슨은 1712년 〈스펙테이터(Spectator)〉 제414호에서 당시의 정원 양식을 문제 삼은 바 있다.

> 우리의 영국 정원은 프랑스나 이탈리아의 정원만큼 애호가들에게 즐거움을 주지 못한다. 그곳에서는 넓은 면적의 땅에 정원과 숲이 잘 섞여 있어 모든 곳이 인공적인 투박함을 재현하는데, 이는 우리 나라에서 마주치는 단정함과 우아함보다 훨씬 더 매력적이다.

2 이는「풍경화식 정원(Landscape-Garden)」이라는 제목이 붙은 장에 있다(p. 122). 필자가 *Garden and Grove: The Italian Renaissance Garden in the English Imagination, 1600-1750* (London, 1986: new paperback edition, Philadelphia, 1996)에서 비슷한 시기를 다룰 때는 세딩의 작업을 접하지 못했다. 이 책은 월폴의 내러티브에 천착한 이들의 검열을 완전히 통과하지 못했다! 하지만 필자는 세딩과 동시대에 풍경화식 정원 이전 시기에 상당한 관심을 보인(사실 314쪽 중 234쪽에 달한다) Alicia Amherst, *A History of Gardening in England* (1895, 2nd ed., 1896)에 간략하게 경의를 표했다.

이는 아마 1688년 [메리 2세와 그녀의 남편이 공동으로-역자] 잉글랜드와 스코틀랜드의 왕위에 오른[3] 뒤 널리 확산된 네덜란드식 정원술의 세밀함과 보다 규모가 작은 형식주의에 대한 반응일 것이다. 하지만 그가 강조한 부분을 통해 훨씬 제약이 덜하고, 미학적으로 보다 흥미로운 면이 암시된다. 그는 정원과 삼림 지대가 섞인 "인공적인 투박함(Artificial Rudeness)"을 가져와 (즉 보다 복잡한 지형을 '재현'하기 위해 인공성을 고안하는) 상상력을 끌어내는 경관을 높게 평가했다. 그리고 그는 1701년에서 1703년 사이에 유럽 대륙을 여행할 때 알게 된 이탈리아와 프랑스의 정원술에 특히 관심을 보였다(이 주제를 다룬 그의 『논평집(Remarks)』은 이후 1721년에 출판되었다).

〈스펙테이터〉의 같은 호에서 그는 왜 영국의 영지에서는 소유자의 즐거움뿐 아니라 이익도 보장해 주도록 "나무를 곳곳에 심어 일종의 정원이 되게" 할 수 없는지 묻는다. "헐벗고 장식되지 않은 채 [두기보다는] (…) 버드나무가 무성한 습지, 혹은 오크 나무의 그림자가 드리워진 산"에서는 두목(頭木) 작업[4]과 임업을 할 수 있다. 마찬가지로,

> 옥수수 밭도 즐거운 조망이 된다. 그 사이에 놓인 산책로를 조금 신경 써서 만들고, 풀밭이 만드는 자연스러운 자수에 약간의 예술과 나무와 꽃으로 꾸며 죽 늘어선 산울타리들을 더해 개선하고, 토양이 이를 받아들일 수 있다면 우리는 자신의 소유물로 아름다운 경관을 만들 수 있으리라.

풍경화에 대한 애디슨의 관심은 잘 알려져 있으나, 더 중요한 것은 그가 제안에서 사용한 용어다. 그가 관심을 둔 것은 '조망(prospect)', 즉 감탄의 대상이면서 또 먹고 살 거리를 마련하는 '일종의 정원'에 대한 비전이었다. 가령 풀밭에는 '자연스러운' 것이 아니라 '자연의 자수'가 필요한데, 이 용어는 프랑스의 정원 용어 파르테르 드 브로드리(*parterre de broderie*)[5]를 번안한 것으로, 그는 토종 식물을 활용해 영국적인 모습을 드러내는 정원을 도입하고자 했다.

3 [역주] 의회와 네덜란드의 빌럼 판 오라녀 3세(Willem III van Oranje)가 연합해 제임스 2세를 퇴위시킨 명예혁명을 말한다. 이후 메리 2세와 윌리엄 3세가 공동 군주가 되었다.

4 [역주] 아래쪽 가지들이 잘 자라도록 윗가지를 잘라내는 일.

5 [역주] '자수 파르테르'라는 뜻의 프랑스어. 회양목을 전정해서 '수를 놓은' 듯한 문양을 만드는 기법이다.

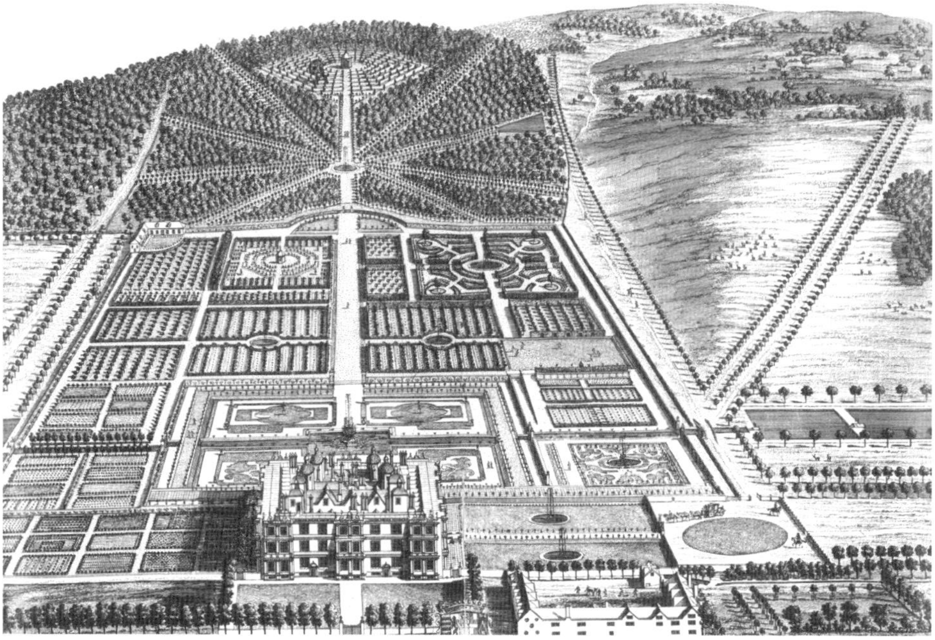

119 윌트셔주 롱리트(Longleat), 킵과 크니프의 『그림으로 본 영국』(1707)에 수록된 동판화.

애디슨은 유럽 대륙 여행을 통해 특히 성이나 빌라에서 멀어질수록 점차 영역의 경계가 약화되는 정원의 경험을 분명하게 인식하고 있었다. 이 개념은 16세기 말에 이탈리아 인문주의자들이 제시했으나, 17세기 말에 이르자 그 형태가 땅과 여러 동판 풍경화에 가시적으로 드러났다. 소유자의 영지는 세 부분으로 나누어 다루어졌고, 그곳의 전망은 장소와 해당 영지에 따라 다양하게 구성되었다. 하지만 계획은 대개 다음과 같았다. 우선 집 근처의 땅, 온전한 의미에서의(*proprement dit*) 정원은 훨씬 더 정형적으로 처리되었다. 그다음으로는 정형적으로 설계된 과수원이나 수풀이 있었는데, 때로는 미로처럼 꾸며지기도 했다. 마지막으로는 들판이나 심지어 황무지가 펼쳐져 가까운 지평선까지 이어졌으며, 멀리 언덕이나 산에서 경관이 마무리되기도 했다. 이 형식은 동판 풍경화에 분명히 나타나며 부감 투시도를 통해 영토의 단계적 변화, 전체 영토에 대한 '관념' 혹은 '축도'가 직접적으로 드러난다. 특정한 사례(도판 119와 함께 도판 93도 보라)를 보면 정돈된 영토 옆으로 '긴' 전망이 배치되는데, 이 또한 먼 곳의 언덕에 있는 미로 같은 숲에서 끝난다. 세딩은 아주 가시적이고 일반적으로 수용되는 이 배치를 묘사하며 "이행의 정원(garden of transition)"이라고 불렀다(이는 두 역사적인 정원 양식 사이의 이행이라는 그의 선언일 뿐만 아니라, 한 영지 내에서 나타나는 경관 방식의 연속을 가리키는 표현이기도 하다).

세딩은 빅토리아 시대의 정숙함을 가미해 이 양식을 "인공성의 끝자락을 살짝 건드리는 '자연스러운 야생'"이라고 했고, 다른 곳에서는 "정형성이 점증하는 외양의 성취"라고 보다 미학적으로 묘사했다.

> 집 바로 근처의 땅을 대칭적인 계획과 눈에 띄게 장식적인 처리에 할애하는 것은 매우 중요하다. 그리고 대칭은 장식된 부분에서 꾸며지지 않은 부분으로, 이어 탁 트인 들판으로 점진적으로 완화되어 가야 한다. 즉 영지의 경계에서는 보다 야생적인 효과를 주는 것으로 시작해, 집에 가까이 갈수록 정교한 효과가 나타나야 한다.

그는 이에 앞서 17세기 영국 정원술의 단계를 논하면서 경관이 어떻게 작동해야 하는지에 대한 이 비전을 반복해 제시했다.

> 당신은 영국의 정원이 두드러지지 않게 경계 지어지는 방식에 주목할 것이다. 집의 둘레 혹은 근처에는 테라스와 건축적 부속물로 꾸며진 정돈된 정원이 있을 것이다. 그다음에는 매끄럽게 깎인 잔디밭이 이어지고 여기저기에 심긴 멋진 나무들이 주변을 에워싸는데, 무심한 듯하지만 아주 멋지게 배치되어 있다. 잔디밭 너머 파크에는 양치식물이 무성한 헤더 초지가 펼쳐진다. 그곳에서는 얼룩무늬 사슴이 풀을 뜯고 토끼들이 뛰어다니며 햇빛 아롱진 숲길이 서로 만나 점차 초록 속으로 사라진다. 근처의 삼림 지대에는 협곡 사이의 강, 풀과 옥수수가 자라는 가파른 들판, 오두막과 밀짚이 쌓인 농장 마당, 마을의 회색빛 교회 탑이 지난다. 전나무가 자라는 산등성이와 히스가 거무스름하게 펼쳐진 들판을 지나 멀리 있어 푸르스름하니 희미하게 흔들리는 선처럼 보이는 곳으로 나아간다.

이러한 구상에는 19세기 후반 영국의 정취가 짙게 묻어나며, 이는 1890년대의 사고와 영국 고유의 예술과 공예 운동 정원 조성의 부흥과도 맞닿아 있다. 하지만 이 구절은 초기의 동판화와 프랜시스 베이컨, 섀프츠베리 백작, 윌리엄 템플(William Temple),[6] 존

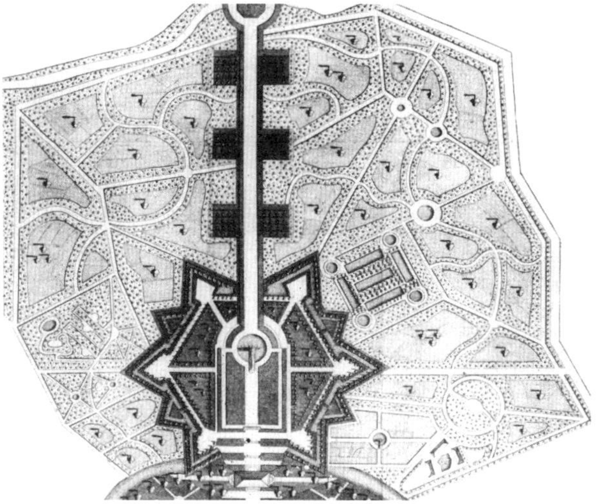

120
스티븐 스위처의 『시골의 도상학』(1718)에 수록된 〈시골 정원으로 나누고 심은 패스턴의 영지〉.

에벌린 그리고 애디슨 자신의 다양한 글에서 접하게 되는 경관 조성에 대한 그의 예리한 감각도 드러낸다. 이는 정원의 역사에서 다소 간과된 순간이며 여전히 그러하다.

애디슨 이후로 몇 년만 지나면 정원과 숲 공간의 삼중 구조, 곧 '점진적' 배열을 거의 공식처럼 포착한 듯한 최근의 영국식 배치를 발견할 수 있다. 이는 스티븐 스위처의 『시골의 도상학(Ichnographia Rustica)』에 최초로 나타났는데, 1715년에 『귀족, 신사, 정원사의 여흥(The Nobleman, Gentleman, and Gardener's Recreation)』이라는 다른 제목으로 처음 출판되었고, 1718년에는 세 권으로 확장되었다(후속판은 1742년에 나왔다). 스위처는 〈시골 정원으로 나누고 심은 패스턴의 영지(Manor of Paston divided and planted into Rural Gardens)〉의 동판 풍경화(도판 120)를 예로 들었다. 자신이 '정원술의 방대한 방식'이라고 이름 붙인 것을 기술하기 위해 그는 '**프랑스인들이 위대한 방식**(*la grande manière*)이라고 부른 것'을 차용했는데, 이는 아마도 애디슨처럼 네덜란드식 정원 조성 취향에 대한 견제였을 것이다. 하지만 그의 텍스트 또한 패스턴의 지도에서 암시된 규모와 비

6 [역주] 영국의 외교관, 정치가, 작가(1628-1699). 정계 은퇴 후 시골에 은거하며 정원을 가꾸고 글을 썼다. 그는 『에피쿠로스의 정원에 대해(Upon the Garden of Epicurus)』에서 유기적이고 자연스러워 보이는 중국 정원의 특징을 '샤라와지(Sharawadgi)'라는 용어로 칭했다. 이 글을 통해 템플은 영국 풍경화식 정원의 선구적 인물 중 한 사람으로 평가받으나, 사실 그는 중국 정원을 본 적이 없고 '샤라와지'의 뜻도 밝혀지지 않았다.

율, 경관 경험의 범위에 대한 영국적인 감수성을 보여 준다.

그는 이용할 수 있는 땅의 배치를 두 종류로 나누었고, 이 둘 너머에 있는 세 번째 배치도 암시했다. 첫 번째는 대칭적인 수풀 정원으로, 집 아래쪽의 요새를 연상시키는 보루 형태의 정원 안에 배치되었다. 여기에는 원형 못과 분수, 직선으로 뻗은 일련의 길이 있다. 이 구역은 긴 알레를 따라 더 멀리까지 나아가고 또 다른 원형 보루에서 끝나는데 여기에는 분수가 없다. 이 저택의 진입 도로인 애비뉴의 측면을 따라 직사각형의 작은 숲들이 길을 가운데 두고 서로 마주 보는 형태로 배치되어 있다. 이 배치를 둘러싸고 고도로 인공적이고 호기심을 자아내는 경관이 보다 가벼운 톤으로 그려진다. 그곳에는 숲 일부를 개간해 만든 공터와 구불구불한 산책로가 이어진다. 몇몇 지점에서는 보다 정형적인 흔적이 드러난다. 보루 형태의 정원 오른쪽에 있는 작은 사각형의 부지는 물고기를 기르는 못이 있는 텃밭으로 보이며, 그 너머에 있는 보다 비정형적인 삼림 지대는 빈 땅이다. 삼림 지대 가장자리를 따라 놓인 산책로로 추측해 보건대, 그곳은 그 너머로 보이는 풍경과 구분되지 않는 전원 지대다. 보루 담장의 흔적이 남아 있지 않기 때문에, 설계된 삼림 지대와 그 너머에 있는 보다 넓은 경관을 도랑이나 하하(ha-ha)[7]로 분리했으리라고 짐작해 볼 수 있다.

사실 이 설계는 20여 년 후인 1736년에 골동품 애호가 윌리엄 스터클리(William Stukeley)가 그림스소프(Grimsthorpe)를 방문했을 때 정확히 그러한 모습으로 실현되어 있었다. 그는 전문가는 아니었지만, 충분히 이해 가능한 스케치(도판 121-124)를 남겼는데, 이 그림은 링컨셔(Lincolnshire)주 그림스소프성의 경관이 스위처가 설계한 모습 그대로였음을 보여 주는 것으로, 『시골의 도상학』에 수록된 도식적인 계획에 나타난 것과 정확히 일치한다. 처음에는 상당히 엄격한 파르테르가, 그다음에는 (1736년경에는 잘 자라 있던) 수풀이, 마지막으로 삼림 지대의 가장자리에는 탁 트인 전원 풍경을 응시하는 것처럼 보이는 인물들이 하하 너머로 보이는 조망점이 나타난다.

스위처와 스터클리는 분명 전원 지대의 너른 조망을 포함한 다양한 경관 경험을 즐겼을 것이다. 어쨌든 이는 동시대적 사고의 여러 양상 중에서도 핵심적인 개념이었

7 [역주] 18세기 풍경화식 정원에서 널리 쓰인 경계 처리 기법으로 군대의 참호 기술에서 유래했다. 담을 두르는 대신 땅을 파서 정원의 경계를 만들었고(sunken fence), 이는 탁 트인 경관을 저해하지 않았다. 가까이 가서야 비로소 발견하고 '하하!' 하고 놀라는 데에서 이런 명칭이 생겼다고 한다.

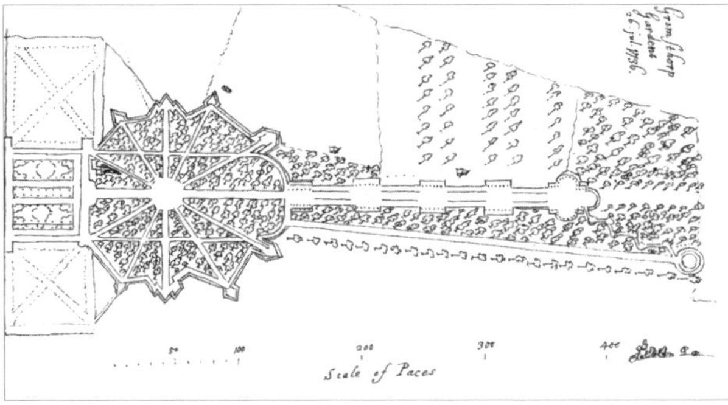

121
윌리엄 스터클리, 링컨셔주 그림스소프 정원의 스케치 도면, 1736.

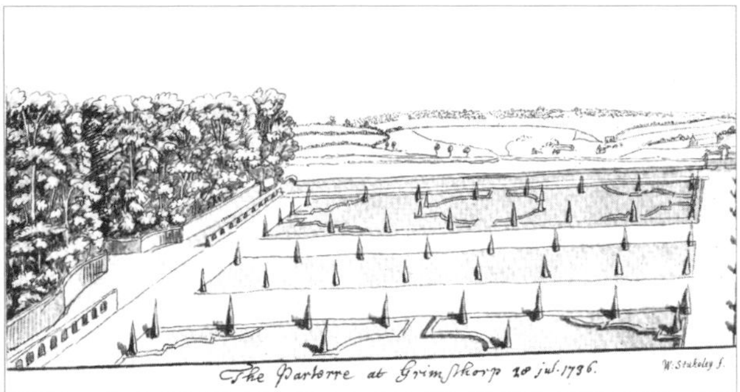

122
스터클리, 그림스소프의 파르테르 스케치, 1736.

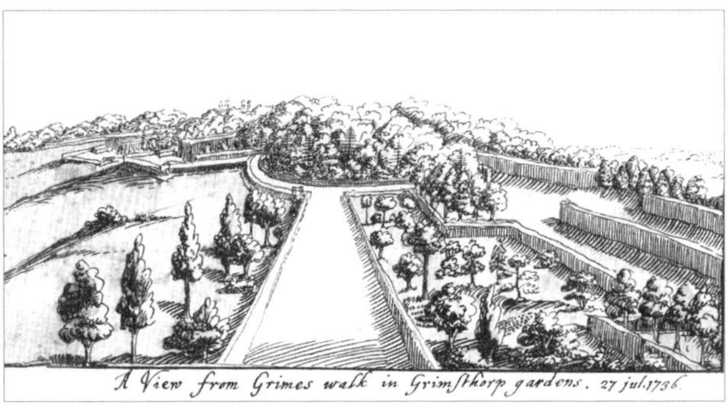

123
스터클리가 그린 〈그림스 산책로(Grimes walk)〉에서 뒤돌아본 그림스소프의 보루 형태의 정원 모습, 1736.

124
스터클리가 그린 그림스소프의 〈공작 부인의 보루(The Duchess's Bastion)〉, 1736.

다. 최근 유행하는 영국 풍경화식 정원술은 대개 전원 지대로 이어진 더 먼 곳에서 '자연스러워' 보이는 조망을 택하려는 경향이 있다. 하지만 그림스소프의 경관이나 이와 같은 곳의 핵심 요소는 방문자가 정원 곳곳을 돌아다니며 조금씩 변화하는 정원의 모습을 바라보다가 마침내는 먼 곳의 풍경을 조망하게 된다는 점이다. 사람들은 다양한 구역의 여러 형식을 하나하나 비교하고 경험하며 감상할 수 있었다.

불과 몇 년 전인 1707년에 제3대 섀프츠베리 백작이 같은 문제를 보다 철학적으로 논의한 바 있다.[8] 그는 윔본 세인트 자일스(Wimborne St Giles)에 있는 영지의 '집과 테라스에서 본 풍경'을 개선할 방법을 설명했다. 이는 시야를 가로막지 않도록 나무와 덤불을 교묘하게 처리하거나 제거하는 것과 연관된다. 그뿐만 아니라, 그는 커다란 토피어리 덤불("보다 큰 피라미드"와 "커다란 구 형태의 주목 나무") 뒤로 구주소나무(Scotch firs)와 "이와 대비되는 사이프러스"로 만든 "의도된 중간 단계"가 이어지며 시선의 흐름을 만들어 내야 한다고 언급했다. 마지막으로, "방해하는 조망"이 없는 시야는 정원 너머에 바로 인접한 전원 지대로 나아간다. "상록수의 마지막 줄 다음에는 평범한 호랑가시나무가 이어진다. (…) 먼 곳에는 당신의 눈을 위쪽으로 이끄는 언덕이 있고, 그리하여 커다랗고 오래된 주목 나무가 서 있는 들판을 다시 보게 된다." 눈은 정원의 중간 지대를 지나 그 너머에 있는 경관 속 옛 주목 나무를 향해 "이끌어진다." 하지만 이는 단지 시각적 구성이 아니라, 자연계의 특징 혹은 '개성'을 드러내는 활동이다.

1714년 섀프츠베리는 『인간, 도덕, 의견, 시대의 특징(Characteristicks of Men, Manners, Opinions, Times)』을 출판했다. 책에 실린 권두 삽화는 이전에 그려진 저자의 초상화를 사이먼 그리블린(Simon Gribelin)이 동판화로 다시 제작한 것인데, 이번에는 그를 테라스에 배치했으며 그의 뒤쪽으로는 잘 다듬어진 잔디밭과 담장, 토피어리 무리가 있고, 아마 운하도 있을 테며, 더 멀리로는 언덕과 삼림 지대가 있다(도판 125). 데이비드 레더배로가 논의했듯 이것이 섀프츠베리의 윔본 세인트 자일스에서의 초상화로 보이지는 않는데, 이 동판화에는 먼 곳에서도 알아볼 수 있는 "오래된 주목 나무"가 없기 때문이다. 이미지는 이런 지역의 실제 모습보다는 더 추상적이고, 그 대신 '특징'에 대한 섀프

8　여기에서는 데이비드 레더배로(David Leatherbarrow)가 1984년 *Journal of Garden History*에 게재하고 이어 그의 *Topographical Stories: Studies in Landscape and Architecture* (Philadelphia, PA, 2004)의 5장에 재수록된 글을 참고했다. 이 글의 pp. 266-269에는 섀프츠베리의 회고록도 재수록되어 있다.

125 존 클로스터먼(John Closterman)이 그린 제3대 섀프츠베리 백작의 『인간, 도덕, 의견, 시대의 특징』(1714)의 2판 권두 삽화를 사이먼 그리블린이 모사한 그림의 세부.

츠베리의 일반적인 개념을 압축적으로 보여 준다. 그는 모든 자연적 유형(natural types)은 구별되고 분류되어야 하며, 정원에서와 마찬가지로 여러 유형을 혼동하거나 혼합해서는 안 되고, 적용된 식물들은 명료하게 등급을 지어야 한다고 주장했다. 따라서 비율과 척도가 자연 형태를 '특징 짓는', 다시 말하자면 그 안에 내재된 특징을 끌어낸다. 이러한 방식으로 이상화된 정원 형태의 교훈을 일단 눈으로 배우고 나면 이러한 '훈련'을 그 너머에 있는 보다 넓은 경관에 적용할 수 있을 것이다. 정신적으로 그리고 물리적으로 정원 세계의 점진적인 변화를 거치면서 방문자는 이제 오래된 주목 나무를 있는 그대로 포착하고 그것의 진정한 특징을 인식할 수 있게 된다.

정원의 비율과 유형에 주목할 뿐 아니라 원근법의 가능성을 활용하고 즐기는 것이 이러한 종류의 정원에서 볼 수 있는 중요한 양상이다. 오래된 동판화에는 근대 초기 정원에서 널리 쓰인 애비뉴가 곳곳에 나타나는데(도판 119를 보라), 여전히 그 자취가 땅에 남아 있다. 하지만 18세기 말과 19세기 초의 경관 정비 작업으로 많은 애비뉴가 사라졌고, '축'을 혐오하는 현대 설계가들의 주장으로 인해 우리는 다양한 경관 구역을 비교하며 감상할 수 없게 되었다. 예를 들어 모더니즘 비평가인 크리스토퍼 터너드(Christopher Tunnard)는 "중심축을 따라 점차 축소되는 원근법적 장치"가 "인간의 마음을 무감각하게 만드는 효과"에 대해 비판했다. 분명 그는 이러한 축으로 인해 인간의 마음은 다양한 경관이 포착되는 방식을 고려하지 않게 된다고 생각했다. 우리가 간과하는 것은 축이나 애비뉴 자체가 아니고, 경관 디자인의 더 미묘한 차이를 이해하도록 주어지는 기회다.

정원 역사의 서사에서 이 '시기'는 무엇보다도 정원을 더욱 완벽하고 '자연스러운' 완성을 향해 끊임없이 발전해 나가는 과정으로 보지 않고, '자연'의 다양한 양상을 모두 포괄한다는 점에서 특히 흥미롭다. 필자는 프랭크 커모드(Frank Kermode)[9]가 『비밀의 기원(The Genesis of Secrecy)』에서 헤르메스에 대해 "사이를 오가는 신, 죽음과 삶 사이뿐 아니라 잠재된 것과 분명히 드러난 것 사이를 (…)"이라고 언급한 부분을 떠올렸다. '자연스러운' 정원술의 세계가 자신을 드러내기 시작한 18세기 중반, 브라운과 같은 후대의 가드니스트들이 보기에 1700년의 정원은 프랑스식 정원술의 죽은 세계에서 영국적인 완벽함이라는 살아 있는 세계로 나아가고자 애쓰는 일종의 '원시-풍경화식 정원(*ur*-landscape garden)', 아직은 불분명한 무엇인가를 향해 나아가는 움직임으로 회고되었을 것이다. 하지만 잠재된 것이 분명하게 드러나게 만드는 과정 자체가 눈에 띄고 이상적이기까지 한 순간이자 정원 만들기의 여러 단계들이 눈에 보이고 감각적으로 드러난 순간이었다. 시퀀스에 따라 배치되고 다양한 방식의 구성이 각각의 가능성을 최대로 끌어낸다. 필자는 이러한 복합적인 단계적 변화, 즉 서로 다른 정원 양식 사이의 복잡성과 배치를 포착하고 기록해 낸 '이행하는 정원'이 조경의 가장 완성된 형태 중 하나였다고까지 주장하려 한다. 18세기 말과 19세기에 자연스러운 경관 조성이 환호를 받았던 이래로, 예술과 공예 운동의 정원술이 '사이성'의 정원과 같은 것으로 돌아간 것도 놀라운 일이 아니다. 사실 저택에서 걸어 나와 바로 잔디밭으로 나아가는 것은 당황스러운 일이다. 그리고 정원 조성가들이 알아차리지 못했다 하더라도, 아주 작은 땅이라도 안뜰 또는 중정에서 시작하여 화원, 채소밭을 지나 층층나무와 만병초류가 덤불과 관목 아래 자라는 '야생적인' 구역으로 이어지는 점진적 구성이 훨씬 설득력 있다.

따라서 '사이성'의 정원이 어디로 **갔는지**보다는 어디에서 **왔는지**를 자세히 들여다보는 일이 남았다. 영국 풍경화식 정원이 월폴이나 그의 추종자들이 종종 시사하는 것처럼 켄트의 머리에서 갑자기 완성된 형태로 나타난 것이 아니었듯이 스위처나 애디슨, 섀프츠베리가 구상했던 1700년 무렵의 정원도 마찬가지였다. 그 기원에 대한 설명으로는 여러 가지가 있다. 애디슨은 프랑스의 넓게 펼쳐진 다양한 경관을 찬양했고,

9 [역주] 영국의 문학 비평가(1919–2010).

섀프츠베리도 유럽 대륙의 정원을 알고 있었다. 마찬가지로, 영국의 전원 지대를 날카롭고 통찰력 있게 바라본 사람이라면 영지의 범위와 다양성, 그리고 이곳의 복합적인 기능의 진가를 알아보지 못했을 리가 없다. 스위처는 "근면하고 부지런한 농장주가 돌봐야 할 숲, 들판, 그리고 먼 곳에 있는 울타리로 둘러싼 사유지"를 칭송하면서, "아무리 큰 정원이라도 그 경계" 안에 이런 요소들을 모두 담을 수 없을 것이라고 강조했다. 그는 "나의 정원은 멀리 있는 풍경의 무한한 기쁨과 자연의 광활함을 향해 활짝 열려 있어야" 한다고 주장했다. 그렇다고 "산책로와 은거를 위한 캐비닛(Cabinets of Retirement), 독서와 명상을 위한 후미진 곳에 있는 선별된 장소"와 같은 작은 부분이나 시골 주택의 일상적인 즐거움을 부정한 것은 아니었다. 하지만 영지가 제공하는 다양한 가능성은 섀프츠베리가 자연 재료의 진정한 특성이라고 부른 것과 조화를 이루고, 적절한 구분과 분류에 따라 신중하게 관리되어야 한다. 이는 바로 요크셔주에 있는 캐슬 하워드에서 실현되었는데, 그곳에서는 스위처의 손길과 소유주의 의지가 저택 동북쪽의 레이 숲에 반영되었다. 튜더 왕조 시대부터 '아름다운 젊은 숲'이라고 칭송을 받아 온 레이 숲에는 당시 인기 있던 바로크식 애비뉴와 원형 교차로(*rond-points*)가 만들어질 뻔했다. 그 대신 스위처가 1715년에서 자신의 책에 기술했듯,

> 이곳[레이 숲]은 자연을 충실히 재현했을 뿐 아니라 오히려 자연을 능가했다고 할 정도였다. 그리고 자연과 시골 정원술의 가장 뛰어난 계획에서 독창적인 것을 이끌어 냈다. 이곳에서 자연은 일종의 우연한 행보를 통해 가장 복잡한 미로를 헤쳐 나간다. 그리고 자연에 내재한 선과 보다 자연스럽고 다양한 배치 속에서 자연은 지금보다도 훨씬 더 아름다워지는 법을 배운다.

숲을 설계하기 위한 여러 제안이 있었지만, 최종 설계는 "그곳의 자연스럽고 다양한 (…) 아름다움"을 드러낸다.[10] 숲은 그 "구상"을 "진정으로 모방해" 주변 영토와 적절한 관계를 이루게 되었다.

반면 거부당한 레이 숲 계획안은 윌리엄 탈먼과 조경업자 조지 런던(George London)

10 필자는 'Castle Howard Revisited', *Gardens and the Picturesque* (Cambridge, MA, 1992)에서 이를 논의하고 삽화를 제시했다.

이 설계하거나 그린 것이 거의 분명한데, 스위처는 이들이 "숲을 망쳤을 것"이라고 덧붙였다. 이들이 경관 정비에 참고한 내용과 바로크적 계획은 대개 프랑스의 영향을 받았고, 이후 새로운 정원술에서 프랑스의 영향을 거부하는 이들에게 정당성을 부여했다. 하지만 사실 1700년경의 프랑스식 정원 조성을 꼼꼼하게 살펴보면 프랑스적 취향에 대한 애디슨의 관심은 애디슨 자신 및 스위처의 아이디어와 더 긴밀히 연결되어 있음을 알 수 있다.

잘 알려져 있듯, 앙드레 르노트르는 정원 작업에 대해 어떤 체계적인 이론도 제시한 바 없고, 1709년의 A.-J. 데잘리에 다르장빌(A.-J. Dézallier d'Argenville)과 1737년의 자크프랑수아 블롱델(Jacques-François Blondel)이 프랑스 정원 예술의 현황에 대해 상세히 관찰한 바를 출판했다. 데잘리에 다르장빌은 최근 프랑스에서의 실천에 나타난 주요 취지라고 본 것을 제시했고, 이 책은 1712년 존 제임스(John James)에 의해 『정원술의 이론과 실천(The Theory and Practice of Gardening)』으로 번역되었다. 다르장빌은 '즐거움의 정원'에 집중했지만 다양한 활동과 구역으로 완전히 보완된 '완전한 정원'의 중요성을 부인하지 않았다. 그의 책은 프랑스 정원의 배치와 주로 관련이 있으며, 위계가 뚜렷한 전형적인 도면을 다루지만, 독자는 애디슨과 스위처도 강조했던 경험을 권유하는 대목을 여러 곳에서 발견하게 된다. 베르사유(Versailles)에 익숙한 그가 정원에서 가장 '즐겁고 유쾌한' 양상을 허용하는 전망을 중시하여 평평한 부지를 높게 평가한 것은 놀랍지 않다. "산책로의 끝이나 테라스에서 주변 4 내지 5리그(Leagues)[11] 거리에 있는 마을과 숲, 강, 언덕, 초지와 아름다운 경관을 만드는 수많은 변화들을 한눈에 바라보게 해주는 즐거움"이 있기 때문이다. 그는 산책로나 **알레**의 선은 "숲과 들판을 관통해 이어져야" 한다고 보았으며, '자연스러운 요소'라고 이름 붙인 것, 즉 잔디를 사용한 경사로와 잔디와 트렐리스나 건축적인 장식을 하지 않은 산울타리를 강조했다. 그는 극장 같은 무대(theatre-like stages, 풀이 우거진 경사로와 대)를 논하고 삽화를 제시했는데, 이곳은 전원 지대를 보기에 이상적인 장소였다(9장 참조). 특히 그는 하하(제임스의 구절에서는 '아 아[Ah Ah]')의 활용을 언급했는데, 이는 프랑스어의 **소 드 루**(*saut de loup*), 직역하면 '늑대의 점프'의 영어식 버전이다. 이 장치는 1690년대 르벤스 홀(Levens Hall)

11 [역주] 옛 거리 단위. 1리그는 약 3마일, 4,000미터에 해당한다.

126 존 월리지의『농업의 체계』(1681) 3판의 표지.

에서 프랑스 출신의 정원사 보몽(Beaumont)이 적용한 바 있었으며, 이후 영국에서 소규모로는 라우셤에서부터 광대한 영역인 스위처의 '패스턴'이나 스토에 이르기까지 활용되며 중요한 의미를 지니게 되었다. 1737년경 블롱델은『별장의 배치(De La distribution des maisons de plaisance)』에서 프랑스 정원에 대한 영국의 비판을 언급했고, 다양한 범주와 규모의 도면을 제시했다. 그는 정원의 대칭성과 대조되는 요소로, "약간의 경작지가 있는 전원 지대"(애디슨이 주장한 것과는 다소 다르다)와 길고 공간이 한정된 알레에 "끼어들거나" 생기를 부여하는 "픽처레스크한 자유분방함의 활용"을 모두 높게 평가했다.

이러한 외국의 영향이 있었지만, 정원의 역사 한구석에 '사이성'의 영국 정원이 자리 잡게 된 것은 정원 조성에 대한 영국 특유의 지역적 실천과 문화적 모티브의 결과였다. 존 월리지(John Worlidge)[12]는 영지와 시골 영지를 "자극하고 활기를 불어넣고자" 했고, 글에서는 이탈리아풍의 요소(그로토, 조각상, 분수)에 대해 조언했지만,『농업의 체계(Systema Agriculturae)』의 표지에서는 정원 너머로 들판과 언덕과 숲이 어우러진 시골 풍경을 기꺼이 드러냈다(도판 126). 윌리엄 템플과 같은 다른 작가는 17세기 중반 하트퍼드셔주의 무어 파크(Moor Park)에 있는 초기 정원을 찬미하기도 했다(그의 언급은 1692년에 출판된『에피쿠로스의 정원에 대해, 혹은 1685년의 정원술에 대해[Upon the Gardens of Epicurus; or, Of Gardening in the Year 1685]』에 실려 있다). 무어 파크를 세 층위로 나눔으로써 테라스는 많은 계단으로 연결되고 정원 형태의 단계적 변화가 직접적으로 적용된다. 두 번째 층위부터는 사이에 길이 있었기 때문에 그 외에 "바위를 거칠게 쌓아 만든" "매우 야생적이고 그림자가 드리운" 요소가 집의 반대편에 있는 다른 곳으로 옮겨져야 했다. 마찬가지로, 1700년에 출판된 티모시 누스(Timothy Nourse)[13]의『복된 시골(Campania Fœlix)』에

12 [역주] 영국의 농업 전문가(1640-1700).

13 [역주] 영국의 작가(c.1636-1699).

127 티모시 누스, 『복된 시골』(1700)의 권두 삽화.

수록된 「시골 주택에 대해(Of a Country House)」에서는 다양성과 전망을 강조하고, 권두 삽화에서도 다소 구식으로 단정하게 식재한 사각형 파르테르와 테라스 아래에서 경작과 파종이 이루어지는 광활한 전원 지대를 병치시킨다(도판 127).

우리는 정원의 역사라는 서사를 다룰 때 이러한 작은 구역들이 잉글랜드 곳곳에서 어떻게 살아남았는지를 종종 잊곤 한다. 새로 유행하는 경관 조성 방식을 적용할 수 없는 영지의 사례는 (후대의 역사 기록학이 기억하는 것보다 더) 많다. 재정, 상속 문제, 혹은 다양한 지역 전통으로 인해 켄트 그리고 특히 브라운식의 개입이 불가능했다. 그 결과 오래된 정원은 주변 경관과의 연속성을 통해 정원을 소유한 이들에게 영지 전체에 얼마나 다양한 경관이 있는지를 끊임없이 인식하게 만들었다.

11장

하하를 뛰어넘어:
어떻게 보다 넓은 경관이 정원 안으로 들어왔는가

호러스 월폴은 윌리엄 켄트가 "담장을 뛰어넘어" "모든 자연이 정원임"을 발견한 것이 18세기 영국 조경의 주요한 약진이라고 규정했다.[1] 이 '발견'은 역으로 정원 바깥에 있는 보다 넓은 경관이 정원의 경계를 **침범**한 것이라고도 볼 수 있다. 하지만 어떤 방향으로 보더라도 월폴의 주장은 그의 의도만큼 혁신적이지는 않았다. 켄트 이전의 정원들도 아주 다양한 방식으로 둘러싸인 영역 너머로 시선을 돌렸고, 보다 넓은 경관의 요소들을 정원에 더욱 가까이 끌어들였다. 따라서 월폴이 '뛰어넘기'를 새로운 경관 취미의 핵심 요소로 만들고자 했음에도 불구하고 그것은 깜짝 놀랄 만큼 혁신적이진 않았다. 켄트는 분명 보다 넓은 영역과 정원을 나란히 배치하는 방법을 잘 활용했다. 하지만 켄트가 의도한 '모든 곳이 정원'인 자연 속으로 이동한다는 변화만큼이나 흥미로운 것은 넓은 경관이 정원 안으로 들어와 정원이 지닌 형태와 특성을 취하는 것에 대해 방문자들이 받는 느낌이었다.

정원과 경관 사이의 양방향적 교환은 1748년에 출판된 윌리엄 길핀(William Gilpin)의 스토 정원에 대한 『대화(Dialogue)』에 명료하게 설명되어 있다. 한 인물은 담장을 뛰어넘자고 하고, 다른 이는 전원을 불러들이자고 한다.[2] 이 차이는 상당히 뚜렷해 보인

1 월폴의 글은 여러 번 재출간되었다. 본문에 인용된 부분은 필자가 쓴 소개글이 있는 판본에서 가져왔다(New York, 1995, p. 43). 중요한 논집인 Isabel Wakelin Urban Chase, *Horace Walpole: Gardenist* (Princeton, NJ, 1943)도 보라.

다. 캘러필러스(Callophilus)는 전자에 해당하는 전통적인 견해를 전개하면서 "정원은 경계를 넘어 연장되었고, 자치주의 절반, 마을, 농사일, 소 떼, 사슴 무리를 비롯해 즐거운 것이라면 무엇이든 받아들였으며, 다양하고 아름다운 것들이 정원 안으로 들어와 한 부분을 차지하게 된다"라고 설명한다. 반대로 그의 친구 폴립톤(Polypthon)은 전원 지대를 정원 안으로 들여올 것을 주장한다. 그는 자신이 귀족이라면 "영지를 정원으로 바꾸고, 소작인들을 정원사로 삼을 것이다. 쓸모없는 사원 대신 농가를 짓고 [나무를 잘라-역자] 의미 없는 길을 내는 대신 도로를 단장하고 보수하겠다"라고 말한다. 그는 방대하고 설계되지 않은 전원 지대의 '새로운 즐거움'을 예찬하는 밀턴의 「쾌활한 사람(L'Allegro)」의 시구를 인용해 경관 정비에 대한 자신의 급진적인 견해를 뒷받침한다. 이는 〈스펙테이터〉에서 애디슨이 영국의 영지에 소유자의 즐거움뿐 아니라 이익에도 기여할 "나무를 곳곳에 심어 일종의 정원이 되게" 하자고 한 호소를 암시하는 것일 수도 있다(앞 장을 보라).

'자연'의 이러한 두 방향의 움직임은 켄트의 남아 있는 걸작인 옥스퍼드셔주의 라우셤에서 완벽하게 나타난다. 그는 길핀이 스토를 방문한 지 몇 년 되지 않은 1739년부터 이곳에서 작업을 했다. 정원의 안팎을 모두 다루는 켄트의 작업은 탁월한 동시에 전형적이다. 부분적으로는 그의 설계가 특별했기 때문이었고, 또 부분적으로는 그가 대상지의 우연적인 상황에 반응했기에 나타난 결과였다. 정원을 방문한 사람들은 자연스럽게 대상지 경계의 낮은 쪽을 따라 흐르는 처웰강 너머를 바라볼 기회가 많았다. 그것은 정원 뒤쪽에 있는 산등성이에서부터 시작된 경사가 강둑에서 끝나면서 강 너머의 광활한 목초지와 비탈을 마주하게 되는 지형 덕분이기도 했다. 켄트는 사원과 테라스, 사람들의 시선이 모두 강과 강변의 목초지 너머를 향하도록 배치했다. 따라서 집에서 나오면 가장 먼저 광활한 풍경이 눈에 들어오고, 회랑이 있는 프라이네스테 테라스를 포함한 다양한 앉을 자리와 건물들이 모두 한 방향을 향해 있다는 인상을 받게 된다. 켄트는 또한 정원 밖에 있지만 눈길이 닿는 곳도 다양하게 개선했다. 그는 그리 멀지 않은 언덕 위에 고딕 양식의 아치를 '아이캐처(eyecatcher)'로 배치했다. 또한 정원에서 내다보면 왼쪽으로 방앗간이 하나 보이는데, 이 역시 부벽과 흉벽이 있는 고딕

2 William Gilpin, *Dialogue Upon the Gardens... at Stowe* (Augustan Reprint Society, Los Angeles, CA, 1976).

128 윌리엄 켄트, 라우샴 정원에서 제작된 드로잉, 1739년경. 방앗간 사원(Temple of the Mill)과 처웰강 너머 북쪽에 있는 아이캐처가 보인다.

양식으로 만들어졌다(켄트의 방앗간 드로잉은 도판 128 참고).[3] 그 결과 외부의 전원 지대는 이제 시각적으로는 정원에 속하게 되었을 뿐 아니라 그 형태가 정원의 잔디밭과 작은 숲, 덤불을 뚫고 들어왔으며, 사람들은 이를 깊이 느끼면서 먼 곳과 그보다 조금 가까운 곳을 계속해서 바라보게 된다.

이와 같은 양방향 교환의 징후는 방문자들이 정원에 들어오자마자 나타난다. 집에서 나오면 (먼 곳에 있는 아이캐처가 가장 먼저 보이는) 볼링 그린(bowling green)[4]의 왼쪽으로 하하, 즉 움푹 파인 도랑이 있어 인접한 방목지와 정원을 구분하지만 시각적 장벽은

3 이 시선(視線)은 Hal Moggridge, 'Notes on Kent's garden at Rousham', *Journal of Garden History*, 6 (1986), pp. 187-226의 다이어그램에 표시되어 있다. 필자의 논고 'Verbal versus Visual Meaning in Garden History: The Case of Rousham', in *Garden History: Issues, Approaches, Methods*, ed. John Dixon Hunt (Washington, DC, 1992), pp. 151-181에도 전재되었다.

4 [역주] 론 볼링(lawn bowling) 경기가 이루어지는 짧고 매끄럽게 다듬은 초지.

129 라우섬의 카우 캐슬(Cow Castle) 근처의 방목지 가장자리. 하하가 정원과 방목지를 분리한다. 오른쪽에는 공도에서 이어지는 원래의 정원 입구가 있다.

없다. 그 다음에 방문자는 방목지 너머로 두 개의 구조물을 보게 되는데, 하나는 총안이 있는 건물이고 다른 하나는 고전적인 양식의 입구다. 여기에서 보면 이 구조물들은 정원 밖에 있는 듯하지만, 결국에는 정원 안에 있음이 드러난다(도판 129). 볼링 그린이 끝나는 곳부터 하하의 가장자리를 따라 길이 그곳으로 이어지기 때문이다. 고전적인 양식의 입구와 앉을 자리가 있는 벽감도 정원의 일부분이며, 이 지점에서 바라보면 저택이 하하 너머로 푸르게 펼쳐진 방목지에서 솟아난 것처럼 보인다. 방목지가 정원보다 거칠게 다듬어져 있긴 하지만 방문자는 이 모든 것이 하나의 공간이라고 착각하게 되는데, 하하의 가장자리 쪽으로 걸어가면서 그렇지 않다는 것을 깨닫는다. 하지만 전체적으로 보았을 때 정원과 농지가 단절되지 않고 한 공간에 있다는 인상을 받게 된다. 그리고 다양한 건물(집, 입구, 뒤에 축사가 있는 벽감)은 모두 전체의 한 부분이자 구획이다.

17세기 초의 정원에서도 다양한 종류의 지대(terrain)가 시각적으로 병치될 수 있었지만, 담장이나 벽, 심지어는 테라스와 계단, 경관의 한쪽에서 다른 쪽으로 이어지는 경사로 등 그 경계가 보다 명확했다. 7장에서 보았던, 땅을 세 부분으로 구분한 것

130 라우섬에 있는 피터 스키메이커스(Peter Scheemakers)의 〈죽어 가는 검투사(Dying Gladiator)〉, 1743년 경. 배경에 정원의 풀밭과 방목지가 있다.

이 아주 명확하게 표시된, 예술과 자연에 대한 르로랭의 책 표지(도판 92를 보라)에서 이를 확인한 바 있다. 이와 비슷하게 18세기 초의 철학자인 섀프츠베리 백작은 정원 내부의 다듬어진 형태를 활용해 외부에서 마주칠 세계의 '진정한 자연'을 눈으로 배우도록 했다. 그리하여 18세기 중엽에는 경관과 이를 구성하는 요소들의 특정한 형태가 하나가 되도록 이상적으로 설계된 경관을 편안하게 느끼기 시작했다. 예전에는 눈과 마음으로 여러 종류의 경관이 연결되었지만, 이제는 이 경관들이 하나가 되어 그 사이를 거닐 수 있게 되었다.

켄트가 1739년 이후 라우섬의 내부 경관에 만든 두 가지 변화는 이를 분명히 보여 준다. 첫 번째는 볼링 그린의 끝부분에서 강둑 쪽으로 내려가는 경사로의 테라스를 없앤 것이다(켄트가 직접 한 것인지는 분명하지 않다). 영지의 옛 지도를 보면 18세기 초에는 이 경사면이 여러 단차로 나뉘어 있었는데, 아마도 경작을 하거나 둑을 지탱하기 위한 목적이었을 것이다. 그러나 켄트가 작업하던 시기에는 계단식 구획이 사라지고 끊김 없이 강까지 이어져, 볼링 그린과 강 너머 목초지 사이가 풀이 우거진 경사면으로 연

131 라우셤에서 프라이네스테와 비너스의 골짜기(Vale of Venus)가 있는 남쪽으로 걸어가는 길. 왼쪽에 처웰강의 굽이가 살짝 보인다.

결된다. 두 번째로 켄트는 좀 더 상류에 있는 다른 공간을 변형했는데, 이는 그의 전임자인 찰스 브리지먼이 조성한 경계가 또렷하고 기하학적인 노천 극장을 풀이 우거진 계단식 무대로 바꾼 것으로, 지금은 조각상들 사이의 삼각 측량으로만 그 위치를 확인할 수 있다. 9장에서 보았듯 연극과 정원은 밀접한 상호 관계를 누렸고, 라우셤의 작은 무대는 그것의 아주 소박한 버전이었다. 이제 그 연극적 효과가 크게 약화되었고, 대신 관심은 대부분 브리지먼풍의 연단(Bridgemanick rostrum)보다는 강변 목초지와 먼 곳의 아이캐처로 향하게 되었다(도판 116, 117과 대조).

따라서 월폴이 켄트의 '뛰어넘기'에 대해 한 말은 맞기도 하고 틀리기도 했다. 과거 디자인과의 분명한 단절을 보여 주어야 했다는 점에서는 옳지만, 켄트의 성취를 오로지 외부를 향한 움직임으로만 표현하고, 그가 얼마나 많은 시골 풍경을 정원 안으로 끌어들였는지를 간과한 점은 문제였다. 어쨌든 알렉산더 포프는 「벌링턴에게 보내는 서한(Epistle to Burlington)」에서 "시골을 불러들이라"라고 조언한다. 비록 그가 암시했던 것은 그저 시각적 충동에 불과했겠지만 말이다. "아름다운 풍경과 시골의 고귀한 전망"이 영국과 유럽의 과거 경관 디자인에서도 중요한 기준이었음을 간과했다는 점에서 월폴은 틀렸고, 적어도 편향적이었다. 심지어 켄트에게 적용한 '뛰어넘기' 메타포도

132 보르비콩트, 먼 곳의 언덕과 삼림 지대를 향한 정원의 풍경.

'하하'에 해당하는 프랑스어 소 드 루에서 빌려왔을 가능성이 있다.

"아름다운 풍경과 시골의 고귀한 전망"은 A.-J. 데잘리에 다르장빌의 1709년 책에 있는 구절이고, 이 책은 존 제임스가 1712년에 『정원술의 이론과 실천』으로 번역했다.[5] 이는 경계가 있고 잘 가꾸어진 정원 안에서 보다 넓은 경관을 감탄하며 바라보는 것이 새로운 일이 아님을 상기시킨다. 다르장빌이 책에서 다룬 보르비콩트(도판 132)나 베르사유와 같은 프랑스 정원의 방대한 배치는 사람들의 시선을 저 먼 곳으로 이끈다. 그뿐만 아니라 인접한 정원과 파르테르를 확장함으로써 우선은 인공적인 총림으로, 그다음에는 왕실이나 귀족 영지의 방대한 삼림 지대와 숲으로 시야를 확장시킨다. 그는 "아름다운 풍경"이나 "전망"을 강조해 시각적인 즐거움을 충족시켰을 뿐 아니라 소유자의 지위와 토지 소유를 예찬하기도 했다. 프랑스어 텍스트가 번역되고 몇 년 지나지 않아 조지프 애디슨이 〈스펙테이터〉 제414호에서 "나무를 곳곳에 심어 일종의 정원이 된 영지"나 "옥수수 밭도 즐거운 조망이 된다"라고 주장했을 때, 그리고 "그러

5 다음 단락의 인용문은 John Dixon Hunt and Peter Willis, eds., *The Genius of the Place: The English Landscape Garden, 1620-1820* [1975] (Cambridge, MA, 1988)에서 찾아 볼 수 있다.

하기에 우리는 들판, 초지, 숲, 강이 잘 배치되어 있는 다양한 풍경에서 즐거움을 느낀다"라고 했을 때 영국 독자들에게 전달하고자 한 것이 바로 경관을 보는 이러한 방식이었다. 그는 나아가 "모든 사람은 자신만의 아름다운 경관(즉 풍경화)을 소유해야 마땅하다"라는 주장을 했는데, 이는 실제로 동시대의 설계가들에 의해 실천으로 옮겨졌다.

예를 들어 스티븐 스위처는 그가 "시골의 방대한 정원술"이라고 이름 붙인 것을 장려했는데, 이는 "자연의 아름다움"이 "예술(Art)에 의해 오염되지 않게" 하고, "인접한 모든 전원이 시야에 개방되고 높은 담과 잘못 배치된 숲, 여러 장애물에 눈이 얽매여 (…) 갇힌 것처럼 느껴지지 않도록" 하는 것이었다. 스위처는 링컨셔주 그림스소프의 영지 계획에 참여하면서 이러한 것들을 실천에 옮겼다(앞 장을 보라). 『시골의 도상학』(1718)에서 스위처는 "시골 정원으로 나누고 심은 패스턴의 영지"의 매우 추상적인 도면을 제시했다. 하지만 20년 뒤 제작된 스케치를 보면 그곳은 확실히 덜 도식적이고 토지의 구분도 단계적으로 뚜렷하게 드러나지 않는다(도판 121-124를 보라). 스위처의 책 속 동판화 도면에는 미로처럼 복잡한 길과 꾸며 낸 듯한 수풀이 있는 부자연스러운 삼림 지대가 그려져 있는데, 이는 현대인의 눈에 "예술에 의해 오염되지 않은" 것과는 거리가 멀어 보인다. 이를 통해 스위처가 전달하고자 했던 경험을 시각적 도식으로 표현하기 어려웠음을 알 수 있다.

"시골을 불러들이라"라는 주장은 새로운 경관 조성에 있어 높이 칭송된 **영국성**(*Englishness*)과 관련이 있다. 프랑스적인 디자인은 대개 영국성이 특히 결여된 것으로 여겨졌다(앞서 언급했듯 사실은 그렇지 않았다. 물론 여기에서 문제가 되는 것은 전원 지대의 프랑스성[*Frenchness*]이었다). "시골의 방대한 정원술"을 지지한 이들은 영국 전원 지대의 특별한 정치·사회적 조건과 형태가 국민성의 영감이자 구성 요소라고 보았다. 여기에는 프랑스적인 것이 어울릴 수 없었다. 따라서 설계된 경관 속에 이러한 시골의 방대한 영역을 포함시키는 것은 외국 양식에 대한 영국의 우월성을 드러내는 측면 중 하나였다(도판 133).[6] 그리고 당시의 '시골(country)'이라는 단어에 담긴 이중적인 의미도 살펴보아야 한다. 이는 국가와 그곳의 지형, 혹은 전원 지대를 모두 시사했고, 그 이중성은 새로운 경관 조성에 드러난 애국심과 잘 어울렸다. 스위처가 "정원술은 영어를 정확하게

6 Linda Colley, *Britons: Forging the Nation, 1707-1837* (New Haven, CT, and London, 2005)에 수록된 영국의 국가성 형성에 대한 훌륭한 해석을 보라.

133 캐슬 하워드에서: 밴브러(Vanbrugh)의 〈네 바람의 사원(Temple of the Four Winds)〉, 〈팔라디오식 다리(the Palladian Bridge)〉, 멀리 보이는 호크스무어(Hawksmoor)의 〈영묘(Mausoleum)〉.

구사한다(Gardening can speak proper English)"라고 주장한 것도 놀랍지 않다.

애디슨과 스위처는 각각 선두에서 당대의 정원 설계를 이끌었을 것이다. 그러나 스위처의 그림스소프 동판화 도면을 통해 그러한 디자인이 오늘날 우리가 새로운 경관 조성 방식이라고 생각하는 것과는 일치하지 않을 수 있음을 분명히 알 수 있다. 하지만 1736년경 스터클리는 영토를 다루는 방식이 보다 현실적이고 전원 지대의 필요에 맞게 변화하고 있다고 보았다. 설계된 정원이나 파크랜드에서 사람들이 경험한 것은, 그 배치 형태 자체와는 관계없이, 이미 많은 사람들이 이상적인 경관으로 여긴 '시골의 광활한' 영국 경관을 떠올리게 했을 것이다. 일찍이 1713년에 아일랜드 출신의 새뮤얼 몰리뉴(Samuel Molyneux)[7]는 템스강 변 트위커넘의 피터셤 로지(Petersham Lodge)를 방문했다. 그곳에는 파르테르와 서어나무 산울타리 사이로 난 길이 있었는데, 그는

7 [역주] 영국의 정치가이자 아마추어 천문학자(1689-1728).

이에 대해서는 큰 반응을 보이지 않았다. 하지만 전원 지대와 강을 "자유로이 조망"할 수 있는 낮은 덤불이 늘어선 "전망이 좋은 곳과 수없이 많은 작고 은밀하고 어두운 산책로가 곳곳에 흩어진" 숲이 우거진 비탈에서 여기를 내려다볼 수 있었다. 11년 후 퍼시벌 경(Lord Percival)은 버킹엄셔(Buckinghamshire)주의 홀 반(Hall Barn)을 방문했다. 이곳은 1651년에서 1687년 사이에 시인 에드먼드 월러(Edmund Waller)가 프랑스식 취미에 맞게 조성한 것이지만, 1715년 이후 재조성되었다. 퍼시벌 경은 이곳의 새로운 요소에 대해 특히 놀라움을 표시했는데, 그중에는 삼림 지대 산책로의 끝을 이루며 "그 너머로 아름다운 시골과 다양한 전망을 즐길" 수 있도록 하는 하하도 있었다.

1724년경 포프가 마사 블런트(Martha Blount)에게 보낸 서한 내용 중 도싯(Dorset)주 셔본(Sherborne)의 경관에 대한 묘사에는 새로운 경관을 조성하는 데 있어서 '시골'의 역할에 대한 깊은 통찰이 드러나 있다(그는 "나의 머릿속은 정원으로 가득 차 있습니다"라고 말했다). 포프는 그곳이 "잉글랜드 전역에 흩어져 있는 수려하고 오래된 수많은 저택들" 중에서도 특출난 사례라며 극찬했고, 이 저택이 월터 롤리 경(Sir Walter Raleigh)을 위해 지어졌다는 특별한 연관성을 곧바로 언급했다. 다만 저택 자체는 "아름다운 이탈리아식 창틀"로 새롭게 단장되었다고 덧붙였다. 하지만 포프를 사로잡은 것은 파크랜드로, 나무가 우거진 이 원형 극장에는 비정형적인 정원이 완벽하게 어울렸다.

> 이들의 아름다움은 이러한 비정형성에서 비롯된다. 지형의 갑작스러운 오르내림과 굽이침은 정원의 여러 부분들 사이에 훌륭한 대비를 만들어 낼 뿐 아니라, 매우 다양한 형태와 양상의 풍경이 시야에 들어와 담을 감돌기 때문이다.

이 풍경은 영국 내전(Civil Wars)[8] 이후 파괴된 성의 폐허가 있는 셔본 지역의 마을 모습과 포프의 서한에서 몇 번이고 다시 언급되는 다채로운 전원 지대의 모습을 모두 포함한다. 폐허가 된 성에 초점을 둔 그의 서한은 방문자들의 시선이 "하나의 풍경에서 또 다른 풍경으로" 이어지도록 고지대를 재구성하는 방법에 대해 설명한다. 포프는 토지의 소유자가 폐허와 그곳에서 바라다보이는 풍경을 가꾸는 것은 그 자신("자비심과 선의

8 [역주] 1642-1651년 사이에 벌어진 왕당파와 의회파 간의 내전.

가 그의 영토만큼 멀리 뻗어나간다")뿐 아니라 경관이 가지는 역사적 의의(그는 오벨리스크를 세워 이를 표시해야 한다고 말했다)를 위한 일이기도 하다고 썼다.

포프는 18세기 전반부 새로운 정원 조성 양식의 대표적인 옹호자로, 친구였던 켄트에게 지대한 영향을 미쳤다.[9] 그가 빌린 트위커넘의 영지는 사방이 둘러싸인 곳이었지만, 켄트가 빌라의 강이 보이는 쪽에 전망대를 지어 준 덕분에 포프는 템스강과 그 위를 오가는 배들, 그리고 강 건너편의 전원 풍경을 즐길 수 있었다. 켄트가 기회 있을 때마다 탐구했던 것은 바로 이러한 절충이었다. 즉, 그것은 대상지의 잠재력(게니우스 로키)을 살피는 데 그치지 않고, 주변 환경과 대상지의 관계를 재구성하는 과정을 의미했다.

월폴에 따르면 켄트의 걸작은 이셔 플레이스(Esher Place, 월폴은 켄트가 여기에서 "가장 켄트다웠다[Kentissime]"라고 썼다)였다. 라우셤과 달리 이곳은 현재 거의 사라졌지만, 라우셤처럼 비탈진 대상지 아래로 개울이 내려다보이고, 그 너머로는 전원 지대의 풍경이 보이는 지형을 잘 활용했다. 실현되지 못한 켄트의 새로운 빌라 계획안을 보면 그는 빌라를 산등성이 꼭대기에 배치해 울지 추기경(Cardinal Wolsey)이 투옥되었던 15세기의 탑을 내려다보고, 그 너머로는 전원이 펼쳐지게 했다(도판 134). 켄트의 정원 배치 대부분이 현재 남아 있지 않으므로 그 실제에 대한 판단을 내리기는 어렵다. 이는 이셔도 그렇지만, 아이러니하게도 그의 정원 대다수가 조성된 이후에 점차 주변 경관과 구분하기 어렵게 되었기 때문일 것이다. 그러나 남아 있는 스케치들은 그의 두 가지 핵심적인 설계 전략을 보여 준다. 첫째는 설계되지 않은 재료와 대상지의 형태가 경관의 핵심적인 요소로 작용하도록 하는 것이고, 둘째는 넓은 영역의 풍경을 볼 수 있도록 건물과 앉을 자리 등의 구조물을 배치하는 것이었다.

삼림 지대의 경계 부분을 깎아 내어 숲속에 작은 빈터를 만들고, 제각각 서 있는 나무들을 앞쪽으로 끌어냄으로써 숲의 뚜렷한 외부 경계를 허무는 켄트의 특징은 그의 스케치마다 드러난다(도판 135).[10] 이와 같은 이중의 효과를 통해 그는 삼림 지대의

9 켄트의 다양한 경력에 대한 전시가 뉴욕 바드 디자인대학원 센터(Bard Graduate Center for Design)에서 2013년에 열렸다. 이 도록에 게재한 켄트의 조경에 대해 쓴 필자의 논고를 보라.
[역주] 이 도록은 Susan Weber, ed., *William Kent: Designing Georgian Britain*(CT, 2013)으로 출판되었다. 저자의 글은 제14장 「조경(Landscape Architecture)」, pp. 365-391을 보라.

10 켄트의 스케치는 필자의 *William Kent: Landscape Garden Designer: An Assessment and Catalogue of*

134
윌리엄 켄트, 고전적 취향의 이셔 설계, 1730년경, 펜과 담채. 아래로 몰강(river Mole) 강둑에 있는 웨인플리트 주교(Bishop Waynflete)의 탑이 보인다.

135 윌리엄 켄트, 사원과 다리가 있는 이셔 파크의 풍경, 1730년대, 연필 위에 펜과 담채.

요소를 초지로 끌어온다. 시선은 빽빽하게 자란 숲으로 다시 이끌려 그 사이의 모든 경계는 흐릿해진다. 클레어몬트의 테라스를 정비하기 위한 스케치의 주석에서 그는 "그레이트 룸(great room)[11] 앞의 평평한 테라스"를 제거함으로써 경계를 다양하게 처리한 삼림 지대로 눈길이 곧바로 향하게 할 것을 제안했다. 그는 이러한 장치를 감추지 않고 드러냈다. 조각상으로 숲의 입구를 표시했고, 연극 무대의 양쪽 날개처럼 조성한 나무 장벽으로 비탈 쪽 풍경을 가리켰다. 이로써 눈앞의 전경을 넘어서서 경관 경험을 자극하는 결과를 가져왔다. 클레어몬트에서 이루어진 켄트의 작업에 대한 토머스 웨이틀리(Thomas Whately)[12]의 이후 묘사는 구체적으로 어떤 구성 요소가 만들어졌는지는 언급하지 않았다. 그럼에도 불구하고 이는 삼림 지대를 재배치해 언덕의 옆을 따라 쾌적하고 다채로운 산책을 가능하게 했다는 점을 분명하게 보여 준다.

> 그리고 그 위로 솟아오르는 숲의 가장자리. (…) 이쪽에서는 숲속 작은 초지에서처럼 구불구불하게 이어지던 사잇길들이 넓어져 저쪽에서는 보다 너른 숲 사이 빈터가 되었다. (…) 이곳은 확실한 기쁨을 여유로이 누리거나 끝없는 즐거움 속에서 한가로이 거닐기에 좋은 장소다.[13]

켄트의 또 다른 특징적인 장치로는 유스턴 파크(Euston Park)와 홀컴 홀(Holkham Hall)을 위한 스케치에서 볼 수 있는, 풍경 너머로 점점이 흩어진 나무 덤불이 있다. 이 유명한(악명 높은) 장치는 오늘날 다소 우스꽝스러워 보일 뿐 아니라 당시에도 어색해 보였다. 특히 월폴이 이를 비판했는데, 아마도 켄트는 관목과 덤불로 만든 추상적인 토피어리나, 나무들이 늘어선 17세기 영지의 융통성 없는 애비뉴와 같은 요소에서 벗어나고자 했을 것이다. 그리고 파크랜드의 설계 구역 안에 나무들을 따로 떼어 배치함으로써, 나무의 성장을 실제에 보다 가깝게 표현하고자 했을 것이다.

월폴은 "어느 사이엔가 뒤바뀐 언덕과 계곡의 달콤한 대비", "성긴 수풀" 사이로

His Designs (London, 1987)을 보라.

11 [역주] 저택에서 응접실과 서재 등의 역할을 하던 방.

12 [역주] 영국의 정치가이자 작가(1726-1772).

13 *Observations on Modern Gardening* (London, 1770), p. 50.

136 윌리엄 켄트, 윔블던(Wimbledon)의 스케치(뒷면에 켄트의 필체가 확인되었다), 1730년대.

언뜻 보이는 "먼 곳의 풍경" 그리고 "가장 거친 불모지"가 "가장 풍성한 극장"에 바싹 붙어 있을 수 있는 밀접한 공간을 켄트의 특징으로 열거했는데, 이는 필연적으로 영국적인 경관에 시적으로 반응한 것이다. 켄트는 지역 고유의 요건을 탁월하게 관리함으로써 그곳이 지닌 가능성을 이끌어냈다. 그는 삼림 지대나 공지의 획일성을 허물었고, 풍경을 확장하거나 눈에 잘 띄지 않게 했다. 홀로 서 있는 표본목(specimen trees)에 주목하게 했으며, "남아 있는 기둥의 길게 늘어진 그림자와 격자 무늬처럼 교차하는 빛을 조화롭게 혼합시켰다." 이는 켄트가 '담장' 너머의 보다 넓은 경관에 어떻게 반응했는지를 보여 준다. 그는 정원을 파크와 연결하고(도판 136), 정원에 더 많은 "다양성과 경관"에 대한 기회를 증대시키며, 자연스러움("현대적인 정원사는 자신의 기교를 감추기 위해 재능을 발휘한다")을 부여했다.

월폴은 또한 켄트가 풍경에 주의를 집중시키기 위해 '사원'과 그곳을 바라보는 '앉을 자리'를 추가한 방식에도 주목했다. 우리는 그 배경 속에서 이 요소들이 어떻게 보였는지에만 초점을 맞추는 경향이 있다. 이는 부분적으로는 켄트의 스케치가 그들이 내부에서 바라보는 풍경보다는 외부에서 보는 모습을 그린 것이기 때문이다. 그렇지만 이 모든 요소는 사람들이 그 자리에서 주변의 영토를 바라보도록 설계되었다. 이 모든 것은 관람자 혹은 정원을 찾은 방문자에게 "가장 풍성한 장면"(여기에서 '장면'은 지형에 따른 풍경, 연극적 배경, 회화적 배경이라는 함축된 의미를 가진다)을 보여 주기 위한 것이라고 월폴은 주장한다. 월폴은 켄트로 인해 경관이 새롭게 조성되었다고 파악하는데, 그의 열광적인 표현은 "활력 넘치는 조망은 사람들이 가장 자주 찾게 될 극장이 될 것"이라는 데에서 절정에 이른다.

앞서 보았듯, 영국에는 켄트에 앞서 자연으로 '뛰어든' 선례가 있었고, 월폴 자신도 "그 뒤를 이은 모든 것의 첫걸음은 경계를 이루는 담을 허물고 도랑을 고안하는 일이었음(나는 이를 처음 생각해 낸 것이 [찰스] 브리지먼이라고 생각한다)"을 인정했다. 보다 넓은 경관과 접한 정원의 사례는 이전 시대와 문화에서도 수없이 찾아볼 수 있다. 서양의 중세 정원이 주변이 둘러싸인 내부 지향적 세계였다면, 많은 이슬람 정원은 반대로 대개 안전한 궁 안에서 방대한 조망을 즐기는 형태였다. 스페인 코르도바 근처에 있는 메디나 아자하라(Medina Azahara)[14]의 초기 이슬람 정원은 방대한 건물군으로 이루어져 있었는데, 그중에서 가장 높은 칼리프의 궁은 하단의 계단식 정원과 더불어 가깝고 먼 영토들을 시야에 모아 놓음으로써 통치자의 힘을 드러냈다. 전망대인 미라도르는 그라나다의 알람브라 등 도시의 건물군과 인근의 헤네랄리페와 같은 빌라의 특징이 되었을 것이다.

물론 켄트는 이러한 사례에 대해 거의, 어쩌면 전혀 몰랐을 것이다. 하지만 그는 이탈리아에 장기간 머무르며 로마 시내와 근처의 여러 빌라와 광대한 풍경을 조망하고 고전 시대를 연상시키는 요소로 가득한 정원을 방문했을 테고, 이탈리아 애호가(Italianophile)로서 영국에서 정원을 설계하며 분명 그때의 경험을 떠올렸을 것이다. 르네상스 빌라는 가능하면 경사진 곳에 세워졌는데, 이는 신선한 공기의 순환이라는 실용적인 이유에서였지만, 동시에 이탈리아의 비탈진 지형을 활용했던 고대 로마의 전례를 모방하고자 하는 의도 역시 이러한 경향에 영향을 끼쳤다. 소플리니우스가 자신의 빌라를 묘사한 편지는 유명한데, 켄트의 후원자인 벌링턴 경은 1728년에 로버트 카스텔이 그 편지의 영문판인 『삽화로 본 고대인들의 빌라』(도판 33을 보라)를 출판

14 [역주] 10세기 중반 우마이야 왕조가 세운 고대 도시.

하는 데 관여했을 것이다. 소플리니우스는 특히 토스카나에 있는 자연이 만들어 낸 훌륭한 계단식 극장을 상세히 묘사하면서 빌라에서 보이는 풍경을 강조했다. 셔본에 대한 포프의 묘사나, 피터셤 로지에 대한 몰리뉴의 묘사 같은 근대 초기의 경관 묘사에는 소플리니우스에 대한 암시, 혹은 이 라틴어 문헌에 대한 문학적 모방이 숨어 있는 듯하다. 켄트는 빌라에 실제 풍경 외에도 많은 가상의 경관, 가령 너른 풍경을 배경으로 한 빌라를 묘사한 파노라마 그림과 같이 **트롱프뢰유**(*trompe-l'oeil*)[15] 기법으로 그린 정원의 요소가 건물 내부의 벽과 둥근 천장에 포함되어 있음을 알아차렸을 것이다. 그는 1719년 이탈리아에서 영국으로 돌아오는 길에 유럽을 횡단하며 때때로 드넓게 펼쳐진 프랑스 시골의 영지를 볼 수 있었다. 그뿐만 아니라 파리에서는 실내 공간에 풍경을 그려 넣어 공간이 연장된 듯한 착각을 주는 '원근화(perspectives)'를 관찰할 기회도 많았을 것이다. 한정된 정원 공간이 확장된 듯한 환영을 만드는 이러한 방법은 르네상스 때 다시 활발하게 활용된 고대의 방식 중 하나였다. 켄트는 이와 같은 기법을 활용한 그림을 그려 보지는 못했지만, 영국 전원 지대에 원근화의 기술을 실현해 볼 기회를 찾아냈다.

경관 설계가로서 켄트의 발전에 대해 월폴은 "그의 마지막 설계는 보다 고상한 양식이었다. 그의 아이디어가 성공을 향해 열렸듯 말이다"라고 언급했다. 켄트가 정원의 어휘와 문법을 주변의 전원 지대로 개방했다는 점을 염두에 둔다면 이는 꽤 적절한 은유다. 월폴이 그토록 열정적으로 그 뛰어넘음을 묘사했듯, 켄트의 경관 작업은 점차 주변 전원 지대를 더 직접적으로 인용했다. 돌이켜보면, 그의 뒤를 이은 경관 설계가인 '케이퍼빌리티' 브라운은 훨씬 더 '자연스러운' 범주의 전원 이미지를 표현하는 데 매료되어 있었음을 알 수 있다. 그의 작업은 "물이 '물'로 보이도록, 잔디가 '잔디'로 보이도록" 한다는 이언 해밀턴 핀레이의 평가가 이를 명확하게 설명한다. 다시 말하자면, 브라운은 건축물 등을 추가하기보다는 자신이 다루는 자연물이 지닌 본질적인 특징을 드러내는 데 집중했다. 켄트는 분명 물과 잔디, 나무를 다양하게 조작해 그가 인식한 본질적인 자연 형태를 드러냄으로써 순수하게 추출된 경관 양식으로 나아가는 길을 제시했으나, 그가 선보인 영국 전원을 확장시킨 것은 '케이퍼빌리티' 브라

15 [역주] 실물로 착각하도록 만든 눈속임 그림이라는 뜻의 프랑스어.

운이었다. 다만 브라운은 정원을 바로 맞닿아 있는 전원을 향해 개방한 것이 아니라 전원 지대를 집 근처로 가지고 왔다. 영국 영지의 초기 삽화들은 정원이 저택으로부터 밖을 향해 뻗어 나가고, 정원 너머의 보다 넓은 경관과 맞닿으며 인공적인 요소가 사라져 가는 모습을 잘 보여 준다. 지상에서는 이렇게 조감하듯 볼 수 없다 하더라도 정원과 그곳의 경관이 하나의 온전하고 잘 조절된 전체를 구성한다는 개념이 은연중에 드러난다. 브라운의 작업은 그의 디자인을 다른 방식으로 상상하고 경험할 것을 요구한다. 이제 일반적으로 저택은 정돈된 경관, 즉 잔디밭 혹은 '잔디' 위에 배치된 것으로 묘사된다. 그리고 사람들은 걷거나, 말을 타거나, 마차를 타고 그들 앞에 펼쳐진 숲속을 파고들고 탁 트인 초원을 가로지르며 물가를 따라 놓인 구불구불한 길과 통로를 따라다니면서 주변 경관을 체험한다. 이는 정원 디자인과 활용 측면에서 중요한 발전이었다. 따라서 브라운의 작업과 이후 시대와 장소에서의 그 내생(afterlife)[16]은 별도의 논의가 필요하다.

16 [역주] 헌트는 정원이 조성된 당시와 다른 시대적·문화적 맥락에서의 정원의 수용과 해석에 대해 '정원의 내생(afterlife of gardens)'이라는 개념을 제시한 바 있다. John Dixon Hunt, *The Afterlife of Gardens* (Philadelphia, PA, 2004)를 참조하라.

12장

'자연스러운' 정원의 역할: '케이퍼빌리티' 브라운부터 댄 카일리까지

오늘날 사람들은 공원 부지가 '자연스럽다'고 생각한다. 하이드 파크(Hyde Park)나 뉴욕의 센트럴 파크, 혹은 파리의 몽수리(Montsouris) 공원에서 사람들은 자연의 일부를 느낀다. 이 공간들이 과거에 이러한 형태로 만들어지고 조성된 것임을 모두 알고 있다 하더라도 말이다. 뉴욕의 스태튼섬(Staten Island)에 있는 프레시킬스(Freshkills)와 같이 여전히 조성 중인 최근의 공원도 자연스럽다는 착각 덕분에 찬사를 받는다. 그런데 〈뉴욕 타임스(New York Times)〉(2010년 1월 25일 자)에 실린 프레시킬스에 대한 기사에서는 조경 회사 필드 오퍼레이션스(Field Operations)가 이 새로운 공원의 조성에 관여했다는 언급을 찾아볼 수 없다. 물론 기사에 공원 부서(Parks Department)가 언급되긴 했지만, 많은 이들은 그곳을 '자연'을 관리하는 기관 정도로 생각했을 것이다. 그 기사에는 잎이 다 떨어진 겨울나무가 외따로 서 있고 강한 바람이 부는 초지를 내려다보는 탐조가들의 사진이 곁들여졌다. 높다란 철조망으로 가로막혀 있어도, 많은 독자들의 눈에는 그 서식지가 그저 자연스럽게만 보였을 것이다. 사실 필드 오퍼레이션스의 본래 디자인도 이와 완전히 동일한 생태적 낙원의 이미지를 강조했었다(도판 137).

물론 인공성을 감추기 위해 기교(art)를 활용하는 일은 몇몇 조경 설계가에게는 도전이다. 하지만 이를 위한 기술은 오비디우스의 유명한 격언("진정한 예술은 기교를 감추는 것이다[ars est celare artem]")이 시사하는 것처럼 간단하지 않다. 누가 보아도 인공적인 요소는 경관 속에 어떻게든 감출 수 있겠지만, 지식과 해석이 개입되어 조정된 자연의 교묘한 **연출**(*rendition*)을 방문자들이 포착할 수 있어야 하지 않을까? 즉, 우리는 설계되

137 뉴욕 스태튼섬의 프레시킬스, 새로운 공원 부지를 위한 두 개의 안, 2001.

었지만 그와 동시에 자연스러워 보이는 (혹은 자연스러워진) 경관을 어떻게 알고 또 감상할 수 있을까? '케이퍼빌리티' 브라운은 이 딜레마에 갇힌 최초의 조경가 중 한 사람이었는데, 그때나 지금이나 그는 경관에 적용한 무기교(artless)의 기교로 찬사를 받았다. 그러나 그와 정치적 성향이 달랐던[1] 경쟁자 윌리엄 체임버스(William Chambers)는 브라운과 그를 모방하는 이들의 작업이 '평범한 들판'과 구분되지 않는다고 비판했다.

현대 조경가 댄 카일리(Dan Kiley)도 최소한의 개입만 하는 것으로 알려졌으나, 책과 사진으로 본 그의 작업에는 언제나 상당한 기교가 나타난다. 인디애나(Indiana)주 콜럼버스(Columbus)에 있는 에로 사리넨(Eero Saarinen)[2]의 밀러 하우스(Miller House)를 위해 설계한 정원의 경우, 집 주변과 그 집에서 바로 보이는 풍경에 헨리 무어(Henry Moore)의 조각상과 같은 개입이 두드러진다. 그럼에도 불구하고 주엽나무 알레 너머의 땅은 지형이 지극히 '자연스러워' 보이는 나머지, 카일리의 우아한 설계 요소를 보여주는 사진에는 드러나지도 않는다.[3] 목초지가 강가의 낮은 평야에 다다르면 잔디밭이 강물과 어우러지고, 물이 범람했다 물러나는 모습은 인공적으로 조정되지 않은 경관처럼 보인다. 이를 가능케 하는 상상력은 물론 카일리의 것이다(도판 138). 그가 설계한 곳들은 많은 작업을 통해 조성되었고, 따라서 (실제로든 외견상으로든) 자연 그대로이거나 자연스러워 보이는 것과는 거리가 있다. 하지만 우리는 종종 그것을 자연 그대로라고 느낀다.

이러한 '미니멀리즘'은 18세기 말 조경에서 새롭게 나타난 경향이었다. 그 배경은 복잡하지만 다음과 같이 정리할 수 있다. 자기만의 풍경화식 정원을 소유하길 바라는 많은 사람들, 그중에서도 특히 부르주아의 지위를 갈망하는 이들은 충분한 토지나 자본이 없었기 때문에 제한된 땅과 자금 안에서 정원을 조성해야 했다. 심지어 1745년에서 1763년 사이에 레저즈(The Leasowes)에서 시인 윌리엄 셴스톤(William Shenstone)은

1 [역주] 체임버스는 보수당의 전신에 해당하는 토리당(Tory Party)을 지지했다. 한편 풍경화식 정원을 조성한 이들은 대부분 자유당의 전신인 휘그당(Whig Party)을 지지했고, 브라운을 포함한 풍경화식 정원가들도 이에 동조했다.

2 [역주] 핀란드 출신의 미국 건축가, 산업 디자이너(1910-1961).

3 David Dillon and Gary R. Hilderbrand, *The Miller Garden: Icon of Modernism* (Washington, DC, and Cambridge, MA, 1999)의 이미지를 말한다. Dan Kiley and Jane Amidon, *Dan Kiley: The Complete Works of America's Master Landscape Architect* (Boston, MA, 1999)도 보라.

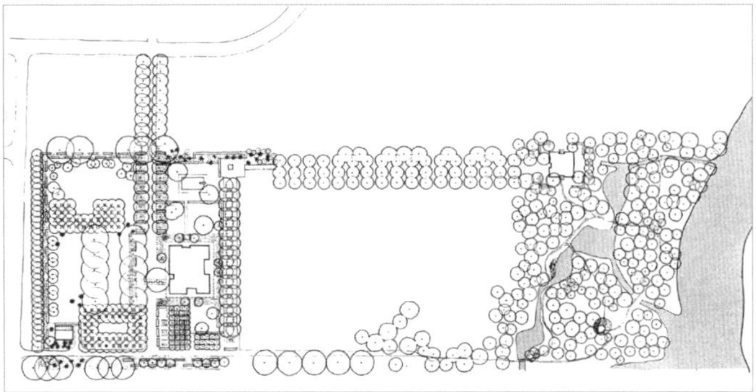

138
댄 카일리, 인디애나주 밀러 하우스의 도면, 1955. 집과 인접한 정원은 왼쪽에 있다. 이 구역과 오른쪽의 강으로 나아가는 옥외 구역은 알레로 분리된다.

비문으로 만족하고 대규모의 인공 구조물은 포기해야 했다. 면적이 작다는 것은 작은 땅 조각에 지나치게 많은 건축물을 채워 넣을 필요가 없다는 의미이므로 조각상과 비석 주문도 줄어들었다. 게다가 18세기 후반에는 해외여행을 할 수 있는 이가 많지 않았다. 유럽 대륙에서 발발한 전쟁 때문이기도 했지만, '그랜드 투어'를 고려하거나 활용하는 교육이 적었기 때문이다. 따라서 고전에 대한 지식을 참조하는 빈도가 낮았고, 한때 보다 교양 있는 정원술에서 필수적이라고 여겨지던 것이 덜 중요해졌다. 그리고 영국인들은 국내를 여행하기 시작했다. 전원 지대의 이미지가 필요하면, 이들은 니콜라 푸생이나 클로드 로랭의 고전적인 주제보다는 시골 풍경이 주로 등장하는 네덜란드와 플랑드르의 풍경화를 참고했다. 그리고 마지막으로 토머스 웨이틀리의 『현대 정원술에 대한 논평(Observations on Modern Gardening)』(1770)에서 아주 분명하게 드러나듯, 경관 조성가들은 이제 더비셔 데일스(Derbyshire Dales)나 와이강 계곡(Wye Valley)처럼 설계되지 **않은** 경관에도 관심을 두게 되었다. 이 픽처레스크한 장소에는 건물이나 조각상, 혹은 그 장소가 조경가의 작업임을 표시하는 어떠한 것도 더해지지 않았다. 이 모든 제약과 성향은 조경 지침서 저자들에 의해 기록되었는데, 그들의 미학과 '자연스러운' 경관에 대한 취미는 새로운 디자인을 정당화하는 데 기여했다. 짐작컨대 웨이틀리는 이를 자신의 이론을 개괄하는 요소로 삼았을 것이다.

역사적으로 보았을 때, 옛 정원 디자인은 언제나 보다 넓은 경관 속에 의도적이고 명시적으로 개입했고, 이를 통해 형식주의적 요소가 경관과 대비되었으며, 그 구성이 명확하게 드러났다. 심지어 전원 지대를 정원으로 '불러들이는' 일(앞 장을 보라)조차도 전반적으로 **설계된** 경관의 일부였으므로 보다 방대한 정원 조성의 한 부분으로 이

139
험프리 렙턴, 노팅엄셔(Nottingham-shire)주 밥워스(Babworth)를 위한 〈레드 북〉에서, 1790.

해되었다. 하지만 18세기 말 '특정한' 정원이라고 불러야 할 것들(파르테르, 계단, 화단)이 사라지기 시작했으며, 특히 저택 주변에서 이러한 변화가 두드러졌다(역사서에서는 그렇게 보지만 실제로 그 정도는 아니었을 듯하다). 먼 곳에 있는 들판, 삼림 지대의 수풀, 심지어는 농경지도 이제 바로 집 가까이로 왔다. 테라스와 다른 과시적인 구조물은 없어지고, 기능적인 건물을 제외한 모든 것이 제거되었으며, 기능적인 건물마저 감추어졌다. 한 곳에 앉아 풍경을 보는 자리는 여전히 인기가 있었지만(도판 139), 실제로 그곳에서 보이는 '풍경'은 원래 있던 작은 마을과 교회 첨탑, 농가 건물들이 어우러진 전원 지대의 모습이었다.

웨이틀리의 『현대 정원술에 대한 논평』에서 오늘날 상당히 유명해진 구절은 정돈되고 '자연스러워 보이는' 경관에 대한 취미를 조성하는 데 크게 기여했다. 그는 자신이 '상징적(emblematical)' 특징이라고 부른 것과 그가 선호한 '표현적(expressive)' 디자인을 대비시켰다. 하지만 모든 동시대 혹은 후대의 풍경화식 정원 조성가들이 그가 두 가지 특징으로 규정한 것을 반드시 취하지는 않았다는 점에 주목해야 한다. 특히 '표현적' 반응을 선호한다고 공언하면서도, 여전히 엠블럼 서적과 도상학적 모티프를 떠올리게 하는 옛 사고방식에 의지하는 이들이 그러했다. 하지만 웨이틀리는 경관 설계에 대응하는 새로운 방식을 다음과 같이 대변했다.

> 개성(Character)은 아름다움과 잘 조화될 수 있다. 이와 별개로라도, 개성은 이를 만들어내고자 하는 경솔한 시도가 몇 번이나 이루어질 정도로 아주 많은 관심을 끌었다. 조각

상, 비문, 심지어 회화, 역사와 신화 그리고 다양한 장치들이 이 목적으로 도입되었다. 이교도의 신과 영웅이 숲과 정원의 잔디밭 곳곳에 배치되었다. 강의 신 조각상들로 천연의 캐스케이드가 망가졌고, 인용 구절을 새겨 넣은 장식 기둥이 세워졌다. 정원 정자의 칸칸마다 왁자지껄하게 축하하며 뛰어노는 장면을 담은 그림을 그려넣었다. 사이프러스는 예전에 장례에 사용되었기에 멜랑콜리를 나타내기에 적합하다고 여겨졌다. 적절성이라는 명목으로 장식과 가구, 건물 주위는 유치한 것들로 뒤덮였다. 이 모든 장치는 표현적이라기보다는 **상징적**이다. 이는 기발한 장치일 수 있고, 또 잊혀진 관념을 상기시킬 수도 있다. 하지만 이들은 즉각적인 인상을 주지 않는다. 전체 디자인의 의도를 이해하기 위해서는 일일이 검토되고, 비교되고, 어쩌면 설명되어야 하기 때문이다. 그리고 선호되거나 잘 알려진 역사나 시, 혹은 전통적 주제를 암시해 풍경에 생동감이나 품격을 더할 수 있을지라도, 그것은 본래 정원에 속한 것이 아니기 때문에 이러한 암시가 본질이 되어서는 안 된다. 그것은 풍경 자체가 자연스럽게 암시한 듯 보여야 하며, 저절로 떠오른 일시적 이미지로 느껴져야 한다. 의도적으로 찾아낸 것도, 애써 꾸며낸 것도 아니어야 한다. 그리고 복잡한 알레고리의 해설이 아니라, 단순한 은유의 힘으로 작동해야 한다.

웨이틀리의 언급은 두 가지로 요약된다. 첫째, 설계가는 방문자에게 특정한 '알레고리적' 반응을 요구하는 인공적인 구조물과 동기, 조언을 지양해야 한다. 둘째, 이제는 설계가가 아니라 방문자가 정원이 그들에게 말을 건네는 방식을 판단해야 한다. 그들은 무엇이 '말해지는지'보다는 풍경 속에 제시된 자연적 배치에 어떻게 반응해야 할지에 더 관심이 있을 것이다.

스토처럼 상징적인 특징이 가득한 곳에도 디자인의 변화를 암시하는 것을 발견할 수 있다. 1747년에는 화합과 승리의 사원(Temple of Concord and Victory, 도판 140)이 세워졌는데, 이는 '케이퍼빌리티' 브라운이 1746-1747년에 조성한 고대 그리스의 계곡(Grecian Valley)이라는 새로운 경관 앞에 자리했다(정원의 동쪽 면을 따라 놓인 길을 없앰으로써 이 구역을 만들 수 있었다). 이는 곳곳에 사원이 있는 스토 정원의 성격에 완벽하게 부합했다.[4] 하지만 1762년에 호러스 월폴은 "스토에는 건물이 지금의 절반만 있어도 너

4 [역주] 스토 정원의 소유자인 코범 자작(Viscount Cobham)의 이름은 리처드 템플(Richard Temple)이었으며, 그의 성에 대한 일종의 말장난으로 스토 정원에는 많은 사원(temples)이 조성되었다.

140 화합과 승리의 사원, 스토.

무 많다"라고 하며 정원에 사원이 지나치게 많다고 평했다.[5] 하지만 브라운의 새로운 계곡에는 그와 달리 나무들이 솜씨 좋게 심겨 있었고, 삼림 지대의 가장자리에는 몇몇 조각상이 흩어져 있었지만 전체적으로는 숲이 '자연스럽게' 우거진 계곡이라는 인상을 주었다(도판 141). 게다가 1764년에는 정원의 눈에 잘 띄는 곳에 있던 건물을 옮겨 고대 그리스의 계곡 끝자락의 작은 빈터에 절반 정도 가려지게 두었다. 이 건물은 한때는 건축가의 이름을 따서 기브스의 건물(Gibbs's Building)이라고 불렸고, 이후 같은 장소에 다시 지어진 후에는 디아나의 사원(Temple of Diana)이라는 이름으로 불렸다. 주요 정원에 잘 어울리지 않는 사원을 눈에 덜 띄는 장소에 두려는 의도였든 아니든 간에, 이 새로운 위치에서는 잘 보이지 않았다. 새로 옮긴 장소에서 이 사원의 이름은 다시 전원시의 사원(Fane of Pastoral Poetry)으로 바뀌었다(다소 고풍스러운 이 명칭은 유행이 지난 테마임을 나타내고, 또 아마도 '자연스러운' 풍경 속에서 새롭게 부여받은 역할을 암시하기 위한 표현이었을 것이다). 이 새로운 이름과 정원의 가장자리라는 훨씬 눈에 덜 띄는 위치는 스

5 *Horace Walpole's Correspondence with George Montagu, II* (New Haven, CT, 1948), p. 44.

141
존 클로드 네이츠(John Claude Nattes), 〈스토의 고대 그리스의 계곡〉, 1805, 연필과 담채.

토의 전체 풍경에서는 큰 변화가 아니었을 테지만, 보다 자연스러워 보이는 디자인이 생겨나고 있음을 분명히 암시했다.

1770년 토머스 웨이틀리는 스토의 이 구역에 있는 화합과 승리의 사원을 해설하는 데에 책의 한 장을 통째로 할애했다. 하지만 그는 건물의 메시지나 의미보다는 고대 그리스의 계곡에 해가 비칠 때의 명암을 자세히 설명했다. 그리고 그는 "몇몇 요소의 종류와 위치는 (…) 아침의 **활기**(*spirit*), 낮의 **과잉**(*excess*), 혹은 저녁의 **절제**(*temperance*)를 [전하며] **그 자체가**(강조-필자) 하루 중 주요한 부분을 특징 짓는 인상으로 뒤덮이거나 그런 인상을 자아내도록 조정되었다"라고 논평했다. 여기에 축약된 그의 긴 논고는 '그 자체로' 의미 있는 정원 내의 요소들을 결합한다. 이는 부분적으로 그것들이 주어진 상황의 효과에만 의존하기 때문이고, 또 부분적으로 그 연상이 방문자들에 의해 생겨나기 때문이다. 이것이 웨이틀리의 정원 미학의 주요 테마다. 책의 다른 곳에서 그는 물의 풍경이 어떻게 그가 '특징'이라고 이름 붙인 것을 통해 인상을 일으키고 상상력을 자극하는지에 대해 보다 개괄적으로 논평했다.

> 물과 관련되지 않는 관념이나 물이 강화하지 못할 상상이 거의 없을 정도로 물의 특징은 아주 다양하다. 어둡고 흐릿하게 반사되는 그림자로 어둑한, 고여 있는 깊은 못은 멜랑콜리의 장소로 적합하다. 두 음울한 강둑 사이에 고여 있고 움직임과 색채가 모두 둔하

다면, 강조차도 표정 없는 공허한 눈 같다. 무겁게 꾸물대는 굼뜨고 조용한 개울 너머로는 어떤 기교로도 사라지지 않고 햇빛에도 흩어지지 않는 우울함이 전달된다. 부드럽게 웅성대는 맑고 얕은 실개천은 그저 졸졸 흐르고 잔물결을 일으키며 침묵을 강요하고, 고독과 어울리고, 명상으로 이끈다. 빛나는 모래 바닥 위 작은 소용돌이 속에서 까불대거나 자갈 사이에서 와글대는 상쾌한 물결은 사방에 명랑한 분위기를 퍼뜨린다. 속도를 높이고 더 휘저으면 물결은 어느 정도까지는 활발하지만 정도를 지나치는 순간 이들은 감각을 깨우는 대신 불안하게 만들기 시작한다. 급류의 으르렁거림과 격렬함, 그 힘, 그 난폭함, 그 맹렬함은 공포를 유발하곤 한다. 이 공포는 원인으로든 효과로든 숭고함과 밀접하게 연관된다.

설계가가 계획했든 아니든 간에, 풍경의 다양한 현상에 대한 이러한 반응은 방문자들에게 매력적으로 보이기 위한 것이지, 특정한 의미나 메시지를 고취하기 위한 것은 아니다. 이러한 설명은 아주 모호하지만 웨이틀리가 반응의 폭이 얼마나 넓은지를 설명하고자 했음을 고려해 보면 불가피하다. 하지만 전반적인 효과는 웨이틀리가 이 글에서 선호하는 경관 속의 단조롭고, 덜 조직된 구조를 더욱더 선명하게 만든다. 누군가가 명상을 하거나, '고독(solitude)'에 응하거나 '활기를 띠게' 되는 방식은 각자의 성향이지 더 이상 의무가 아니다. 왜냐하면 이는 특정한 사물과 느슨하게 연결되어 있을 뿐이기 때문이다. 게다가 다음 페이지에서 웨이틀리는 더 이상 특정한 선험적 관념이나 특징에서 파생되지 않고, 어디서든 발견될 수 있는 다양한 반응을 구분한다.

랜슬럿 브라운의 별명은 그가 주어진 경관에서 식별해 내려 한 '가능성(capabilities)'뿐 아니라 이를 도출해 내는 고유한 능력 때문에 붙여졌다.[6] 브라운의 여러 작업을 보면 그가 대상지의 자연적 요소를 다루고자 했음이 분명히 드러난다. 게다가 도면이나 당시 제작된 동판화에 원안대로 남은 그의 경관 설계 방식은 자연계의 자연적 형태와 요소에 대한 그의 강조를 증명하는 듯하다. 컴브리아(Cumbria)주의 라우더 파크(Lowther Park)를 위한 도면을 보면 삼림 지대가 풍성하고 길게 펼쳐져, 집이 차지하는 공간은 협소하게 묘사된다(도판 142). 스토에 있는 화합과 승리의 사원은 고대 그리

6 [역주] 랜슬럿 브라운은 대개 '케이퍼빌리티' 브라운('Capability' Brown)이라고 불린다. 이 별명의 유래와 관련해서는 이 책의 38쪽 주 2 참고.

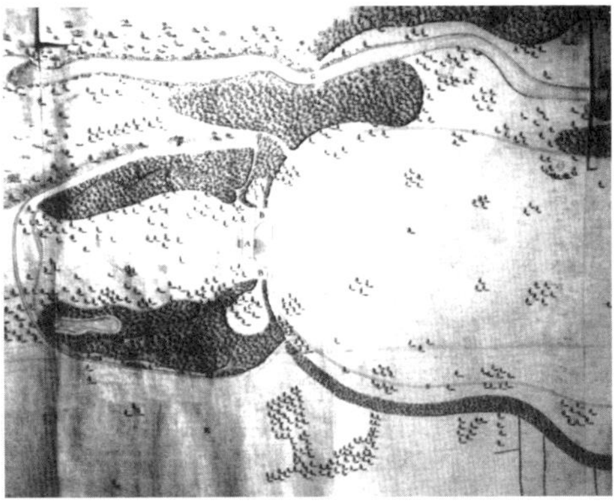

142 랜슬럿 브라운, 웨스트모얼랜드(Westmoreland)[7]주 라우더 파크를 위한 도면, 1763.

스의 계곡이 시작되는 부분에서, 적어도 20년 뒤 우리가 웨이틀리의 눈을 통해 볼 때는 건물 자체뿐 아니라 위치와 효과 때문에도 시각적으로 덜 두드러졌다. 이와 비슷하게, 브라운은 블레넘의 글라임강을 보다 넓은 수역으로 확장해 "밴브러의 장엄한 다리에 어울릴 만한"(도러시 스트라우드[Dorothy Stroud]의 표현이다) 곳으로 만들었지만, 동시에 그 거대한 구조물은 절반쯤 가려져 경관 속에서의 영향력이 약화되었다(도판 143).

브라운은 자신의 경관 속에 건물이나 다른 구조물을 배치하는 데 거리낌이 없었다. 그는 라우더 홀에 '화원을 위한 장소'를 제안하거나, 파크의 도입부에 일부러 반쯤 폐허가 된 문루를 설계할 수도 있었다(둘 다 실행되지는 않았다). 그는 조경가인 만큼이나 건축가이기도 했던 것이다. 하지만 그는 땅을 옮기고, 나무를 심고, 물을 대는 데에 탁월했고 전체 효과로 보면 구조물은 최소한의 눈길만 끌게 되어 있었다. "그의 특징적인 스타일은 여러 종류의 나무가 띠를 이루어 곳곳에 있고, 호수와 강을 이용해 큰 효과를 내고, 그 너머의 전원 지대와 혼합되는, 개방되어 있고 풀이 우거지고 탁 트인 넓은 공간"[8]이다. 여러 가지 유보적인 평가에도 불구하고, 조경을 지역 고유의 방식으로 바꾸어 놓았다는 것이야말로 브라운이 명성을 얻을 정당한 근거일 것이다. 여기에서는 암시와 환상이 웨이틀리가 장려했던 공감(empathetic affects)으로 대체되었다.

브라운은 여러모로 보수적인 미학자였다. 그는 예술가가 아름다움의 이상적인 형태, 즉 현재 지형의 형태를 넘어선, 시간을 초월해 불변하는 영속성을 탐색해야 한

7 [역주] 잉글랜드 북서부의 옛 주로 현재는 컴브리아주에 속한다.

8 필자가 크게 도움을 받은 Robert Williams, 'Making Places: Garden-mastery and English Brown', *Journal of Garden History*, 3(1983), pp. 382-385의 브라운 전시 평론에서 인용했다. Dorothy Stroud, *Capability Brown* (new edition, London, 1975); Roger Turner, *Capability Brown and the 18th-century English Landscape* (2nd ed., Chichester, West Sussex, 1999) 그리고 *Capability Brown and the Northern Landscape*, exh. cat., Tyne and Wear County Council Museums (1983)도 보라.

143 호수를 넘어 블레넘궁으로 이어지는 파크 내 밴브러의 다리, 옥스퍼드셔주.

다는 오랜 믿음을 가지고 있었다. 부유한 고객을 위해 수많은 도면과 설계도를 그릴 때 브라운은 주택 건물과 영지 내의 건물을 무시할 수 없었지만, 그 장소를 추상화된 이상적인 경관 속에 놓고 바라볼 수 있는 안목을 가지고 있었다. 그의 디자인이 대부분 넓은 영지를 위한 것이었음을 고려하면, 이는 영지 전체를 부각하기 위한 것이었다. 정교한 도면을 제시하는 그의 습관을 통해 이는 더욱 강조되었다(이는 상세한 도면을 제시한 적이 거의 없는 윌리엄 켄트와 비교된다).

정원과 파크의 배치 변화는 킵과 크니프의 롱리트 동판화(도판 144와 119 비교)와 1757년 이후 브라운이 시행한 변화를 비교하거나, 그림스소프의 정교한 공간과 1772년에 브라운이 설계하고 지역 노동자들이 작업했을 결과를 그린 이후의 동판화와 비교함으로써 쉽게 포착할 수 있다. 이러한 판화들은 18세기 동안 일어난 경관 디자인의 중요한 변화를 담고 있다. 그렇지만 동시에 이는 어떤 장소는 변할 수 있어도(분명히 그러하다), '자연'은 그렇지 않다고 여기는 현대의 역설적인 관점을 암시하기도 한다. 예술가가 이상적인 자연을 포착해야 한다는 브라운의 역사적이고도 오랫동안

144 윌트셔주의 롱리트 하우스와 파크, 1757년 이후 브라운이 옮긴 천국의 문(Heaven's Gate)에서 본 풍경.

유지되어 온 전통을 의식한다면, 우리는 (지구 온난화에도 불구하고) 자연계에도 어느 정도 시간을 초월해 불변하는 영속성이 있다고 볼 수도 있다. 브라운만의 고유한 디자인(도판 145)이 녹아든 펫워스(Petworth)나 헤어우드(Harewood), 블레넘, 롱리트, 헤브닝엄(Heveningham), 모카스(Moccas), 혹은 워번 파크의 오늘날의 모습을 떠올려 보면, 세심하고 정교한 기교를 통해 사실상 그와 다른 이의 작업을 만들어 낸 인공적인 요소가 감추어진 방식을 그리 어렵지 않게 이해할 수 있다. 하지만 브라운이 설계한 경관의 물리적 재료는 시간과 함께 성장하고 쇠퇴하는 살아 있는 재료, 즉 나무와 숲, 시야의 변화에 의존한 것이었기에, 그가 의도한 인공미와 자연미의 미묘한 균형을 오늘날 온전히 감지하기란 쉽지 않다.

프랑스의 조경가 장마리 모렐(Jean-Marie Morel)의 디자인은 브라운의 작업과 비슷해 보일지라도 다른 이론적 관점을 발전시켰다. 모렐(1810년 사망)은 거의 50년간 왕의 정원(이후 파리 식물원)의 책임자였고,[9] 그곳에서 헌신적인 식물학자들을 맞이했다. 그중에는 루소(Rousseau)도 있었고, 가장 중요한 인물로는 기념비적인 44권짜리 『박물

9 [역주] 원서의 오류로, 모렐이 아니라 뷔퐁이 1739년 왕의 정원 책임자(intendant)로 임명되어 프랑스대혁명 전까지 근 50년간 근무했다.

145 서식스주 펫워스에 있는 '케이퍼빌리티' 브라운의 경관.

지(Histoire naturelle, générale et particulière)』를 집필한 위대한 박물학자 조르주루이 르클레르, 뷔퐁 백작(Georges-Louis Leclerc, Comte de Buffon)도 있었다. 뷔퐁은 자연계를 유기적이고 변하기 쉬운 현상의 체계로 보았다. 왕립교량도로학교(Ponts et Chaussées)[10]에서 수련한 모렐은 경관이 어떻게 작동하고, 또 그에 따라 형성될 수 있는지를 이해하는 데 뷔퐁의 관점이 아주 효율적인 개념임을 인식했다. 그는 또한 경관을 다루는 예술을 건축 영역에서 분리해, 지형 혹은 **지역**을 온전히 이해하는 데 바쳐야 한다고 보았다. 그의 공학 기술은 다음을 포함했다.

> 지표면과 지표면 아래의 지질학적 기원, 지형의 경사(비탈), 바위의 형성과 노두를 포함한 자연적 지형의 식별 (…) 그리고 수역과 같은 자연 경관 요소 (…) 범람원, 비탈, 지표나 지하의 샘, 습지와 습지대, 식생 (…) 우세한 나무와 식물의 종, 그리고 이들 각각의 역사.[11]

10 [역주] 프랑스의 유서 깊고 명망 높은 고등교육기관의 하나. 1747년에 설립되었고, 후에 국립고등교량도로학교(École Nationale des Ponts et Chaussées)로 명칭이 변경되었다.

11 모렐에 대한 주요 작업은 조지프 디스폰지오(Joseph Disponzio)에 의해 이루어졌다. 여기에서 인용된 그의 'Jean-Marie Morel: A Catalogue of his Landscape Design', *Studies in the History of Gardens and Designed Landscapes*, XXI/3-4 (2001)과 'Jean-Marie Morel and the Invention of Landscape

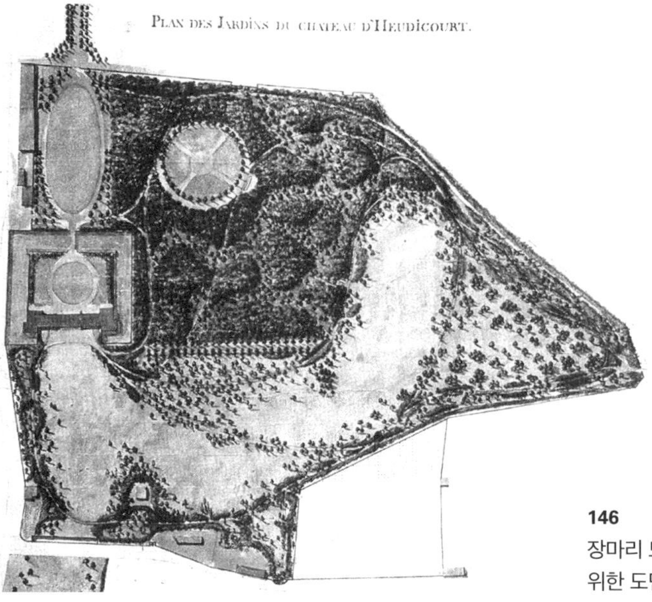

146
장마리 모렐, 외디쿠르(Heudicourt)를 위한 도면, 1805년경.

그가 설계한 곳은 거의 남아 있지 않다. 그러나 몇몇 도면을 통해 그의 작업이 자연적이고 유기적이며 변하기 쉬운 현상의 범위와 과정을 드러냈다는 점과 물리적 경관과 풍경을 예리하게 관찰한 뒤 그곳의 근원적인 구조를 정원 조성에 적용했음을 짐작할 수 있다(도판 146).

모렐의 이론은 1776년에 처음 출간된 주요 저서 『정원 이론(Théorie des jardins)』에 정리되어 있다(1802년에 확장된 개정판이 출간되었으며, 유감스럽게도 아직 영어 번역본은 없다[12]). 그는 자연적인 지형을 어떻게 조성하는지를 세심하게 설명하면서 토머스 웨이틀리와 동일한 관점을 취한다. 모렐은 웨이틀리보다 더 주의 깊고 상세한 분석을 통해 다양한 지형의 형태와 과정에 반드시 개입해야 함을 강조할 뿐 아니라, 상징적 특징이

Architecture', in *Tradition and Innovation in French Garden Art*, ed. John Dixon Hunt and Michel Conan, Penn Studies in Landscape Architecture (Philadelphia, PA, 2002), pp. 137-159를 보라. 두 논고 모두 모렐에 대한 그의 컬럼비아 대학교 박사학위 논문(2000, 미출간)에서 발췌했다.

12 [역주] 2019년 영어 번역본이 출판되었다. Jean-Marie Morel, *Theory of Gardens*, trans. Joseph Disponzio (Washington, DC, 2019).

아닌 자연적·표현적 특징이 방문자들의 반응에 미치는 효과를 설명한다. 모렐은 아마 아래와 같이 물의 여러 효과에 대해 논하면서 웨이틀리의 글을 염두에 두거나, 적어도 그 글의 프랑스어 번역본(1771년 출판)을 참고했을 것이다.

> 경관 속의 물은 육체의 정신과 같다. 물은 풍경에 생기를 불어넣는다. (…) 물이 고여 있거나, 천천히 흐르거나, 빠른 속도로 나아가거나, 힘차게 빠져나가거나, 시끄럽게 흘러 내려갈 때의 인상은 모호하지도 불분명하지도 않다. (…) 잔잔한 물의 거울은 관람자에 따라 다양한 그림을 반영한다. 1,000여 개의 효과를 가지는 이 모든 뉘앙스는 자연의 그림을 풍부하게 하는 자원을 무한히 제공하며, 자연의 표현을 다양하게 한다. (…) (모렐의 2판, p. 126, 필자 번역)

브라운과 모렐 이후의 많은 조경 설계에서 그들의 자연스러워 보이는 기술을 적용했다. 1788년, 브라운의 선례를 따르고자 한 험프리 렙턴은 종종 브라운과 유사하거나 동일한 영지에서 작업했다. 렙턴은 '스스로를 건축가라고 여겼던' 전임자 브라운과 달리, 종종 건축적인 요소들을 채택하면서도 자신은 건축가가 아니라고 생각했다. 하지만 자연스러운 경관을 만드는 기술을 발휘하면서 시작된 그의 경력은 소규모 부지를 보유한 고객의 요청에 부응하는 것으로 바뀌었다. 이들은 가정적인 풍경이 보다 분명하게 드러나기를 바라거나, 도시 외곽에 교외 빌라를 소유한 이들이었다. 은퇴를 목전에 두고 그는 런던의 스퀘어[13]를 설계했다. 브라운과 모렐을 비롯해 그들의 몇몇 추종자로 대표된 자연스러운 정원술이 유행하며 '최고의 시기'를 맞은 이래, 조경은 자연스러운 디자인에 대한 존중과 인위적 개입을 숨기지 않는 장소 만들기 사이에서 갈팡질팡하고 있었다.

때로 이러한 동요는 취미와 이데올로기의 시류에 따른 결과였다. '케이퍼빌리티' 브라운의 교훈은 자주 오해받거나 형편없이 모방되었고, 그 결과 19세기의 정원 만들기는 그의 '밋밋하거나 자연스러운' 경관에 반발했으며 곧 다양한 **파브리크**, 폴리와 다른 구조물이 경관 곳곳에 배치되었다(다음 장을 보라). 한편 천연(인간이 개입하지 않은) 또

13 [역주] 영국의 스퀘어는 공동 주택 건물들로 둘러싸인 일종의 중정으로, 대개 주민들만 이용할 수 있는 반개인적(semi-private) 공간이다.

는 길들여진 자연 환경에 새로이 관심을 보인 20세기에는 이런 장치들에 대한 이의가 제기되었다. 그때부터 조경은 대체로 지나치게 가공된 정원 설계에 대한 불신을 특징으로 하게 되었다(게다가 풍경화식 정원술 자체까지 멀리하게 되었다). 각각의 장르가 특유한 재료를 존중하고 따라야 한다는 모더니즘 예술 고유의 원리는 이와 같은 미니멀리즘적인 변화를 지지했다. 회화에서라면 이는 이야기나 내러티브를 거부하고, 캔버스의 평평한 표면 위의 형태와 색채에 초점을 둔다는 의미였을 것이다. 조경에서 이는 경관 자체의 재료, 즉 경관을 구성하는 흙과 공기, 불(햇빛), 물을 배치하는 데에만 관심을 두게 했다.[14] 하지만 조경가들이 그들의 작업이 인정받고 기교와 기술이 잘 보이도록 드러내고, 웨이틀리와 모렐을 비롯한 경험주의 철학자들이 높게 평가한 방식으로 개인의 감성에 기여하기를 바랐을 것이라는 점도 이해할 만하다. 하물며 환경적 책무를 강하게 느끼고, 훨씬 더 자연스러운 디자인을 선호하는 현대의 설계가들조차도 여전히 자신의 작업을 드러내고 싶어 한다. 예를 들어 최근의 작업은 빗물 배수 시스템처럼 실용적인 아이템조차도 눈에 띄는 훌륭한 경관 요소로 받아들여진다는 점을 강조하고, 대중이 무엇을 해야 하는지를 알려준다.

따라서 지난 200년간의 경관 설계는 '자연스러운' 정원에 대한 요구와, 이런 정원이 전문 설계가의 작업임을 드러내고자 하는 욕구 사이에서 흔들려 왔다고 할 수 있다. 누군가는 개인을 위한 작업과 공공 작업을 구분하는 패턴을 알아볼 수 있으리라고 생각한다. 공공 작업은 경관을 보고서도 이를 잘 알아차리지 못하는 대중의 눈에 띄어야 하며 뜻을 유창하게 전달해야 한다. 사람들은 도심의 일부이거나 도심에 가까운 경관이 자연스럽거나 목가적이기를 바라겠지만, 건축가들은 반대로 그들의 작업이 보다 눈에 띄기를 바랄 것이다. 개인 소유 부동산의 경우 이렇게 눈에 잘 띄는 홍보를 고집할 필요가 없다(그럼에도 그렇게 하는 사람이 꼭 있기는 하다). 이에는 여러 이유가 있는데, 우선 작업이 아무리 눈에 띄지 않더라도 토지의 소유자는 그것이 전문가의 작업임을 알고 있다. 또한 규모를 보더라도 넓은 영지가 보다 '자연스러운' 요소들을 흡수할 수 있다. 이러한 딜레마, 즉 조경에 나타난 가치의 대립은 댄 카일리나 로리 올린(Laurie Olin)의 공공 작업과 개인을 위한 작업을 비교해 보면 확연히 드러난다. 그 작업들은

14 이 재료들에 대해 자세히 설명한 Udo Weilacher, *Between Landscape Architecture and Land Art* (Basel, 1996)의 서문을 보라.

'자연스러움'에 대한 판단이 그 위치와 주변 경관, 그리고 그것을 보는 개인적인 경험이나 사진적 재현의 특이성에 따라 다른 역할을 한다는 점을 시사한다.

올린의 공공 작업은 그의 책과 전시를 통해서도 알 수 있듯 개인을 위한 작업보다 훨씬 유명하고 눈에 띄었다. 사실 개인 고객을 위한 작업은 거의 공개되지 않는다.[15] 그러나 개인을 위한 설계에 대한 지식(개인 고객을 위한 그의 설계와 다른 이들의 설계에 대한 그의 연구)이 그의 공공 프로젝트에 영향을 미쳤음은 부인할 수 없다. 그 공공 설계 중 이목을 끌지 못한 것은 없었다는 점을 분명히 할 필요가 있다. 심지어 어떤 것은 노골적으로 요란하고 어떤 곳은 확연히 이목을 끄는데, 이와 같이 의도적으로 인공성을 드러내는 공간에서 우리는 자연스러운 것이 얼마나 중요한지를 떠올리게 된다. 따라서 한 사람이 어떻게 장소에 반응하는가, 어디에 앉고 무엇을 보는가에 많은 것이 좌우되는데, 이런 것이 바로 공공 공간에 적합한 요소다. 솔트레이크시티(Salt Lake City)의 예수 그리스도 후기 성도 교회(Church of Jesus Christ of Latter-Day Saints) 콘퍼런스 센터의 옥상에서는 꼭대기로 갈수록 많아지는 플랜팅 박스를 눈앞에서 마주할 수도 있고, 멀리 있는 언덕과 대초원의 초지를 바라볼 수도 있고, 혹은 도시의 윤곽과 식물이 심겨진 옥상을 감상할 수도 있다. 이 장소의 다양한 용도와 '자연'에 대한 다른 견해를 제시하는 방식은 이곳을 찍은 사진을 통해 드러난다. 사진은 다양한 순간을 분리해 내지만, 기발하거나 비현실적인 관점으로 왜곡될 수도 있다. 맨해튼의 브라이언트 공원(Bryant Park)의 우거진 나뭇가지를 위에서 찍은 사진은 실제로 공원 안에 있을 때와 전혀 다른 인상을 준다. 맨해튼 끝자락에 있는 와그너 공원(Wagner Park)의 식재 화단의 기하학적 배치는 아주 기발하지만 지상에서는 거의 알아차릴 수 없다. MIT에 있는 레이 앤드 마리아 스타타 센터(Ray and Maria Stata Center)는 사진으로 보면 주위의 도시적 환경이 확연히 눈에 띄지만, 올린은 전경에 문자 그대로 나무가 우거진 경관(treescape)을 그려내듯이 제시했다. 잎이 우거진 시카고의 미드웨이 플레이전스 윈터 가든(Midway Plaisance Winter Garden)에서처럼 어떤 대상지는 사진으로든 현장에서든 철저히 자연스

15 *Transforming the Common Place, Selections from Laurie Olin's Sketchbooks* (New York, 1996); *Olin: Placemaking* (New York, 2008). 그는 *Regional Garden Design in the United States*, ed. Therese O'Malley and Marc Treib (Washington, DC, 1995)의 'Regionalism and the Practice of Hanna/Olin, Ltd.'에 개인을 위한 디자인 한 가지를 간략하게 언급하고 도판을 수록했다.

147 로리 올린과 피터 아이젠먼, 웩스너 시각 예술 센터(Wexner Center for the Visual Arts), 오하이오주 콜럼버스, 오하이오 주립 대학교, 1983-1989.

럽게 보여야 하고, 또 그렇게 보이도록 만들어진다. 조각이 식재보다 눈에 덜 띄곤 하는 몇몇 회사의 조각 정원에서도 그러하다.

솔트레이크시티의 지붕 식재나 게티 미술관의 선인장 정원처럼 어떤 곳은 눈에 띄게 '자연스럽다'. 어떤 곳은 드문드문 그리고 모호하게 자연스러워 보이는데, 기업 본사와 비즈니스 캠퍼스를 위한 해나/올린 사무소(Hanna/Olin Ltd.)의 초기 작업에서 부드럽고 목가적인 경관이 본관을 둘러싸고 있는 것이 그 예다. 하지만 특히 '자연'의 역할을 매우 설득력 있게 해내는 곳은 오하이오 주립 대학교(Ohio State University)의 웩스너 센터(Wexner Center)로, 아이젠먼(Eisenman)[16]이 옛 병기고를 정교하게 탈바꿈시킨 장소로 평가받는다. 올린은 여기에 주변 대초원의 경관을 추상적으로 적용했다. 그 결과로 흥미로운 통행로들이 생겼지만, 길 너머에서는 흔들리는 풀무리가 가장 두드러

16 [역주] 건축가 피터 아이젠먼(Peter Eisenman)이 건축 설계를 했다.

148 댄 카일리, 파운틴 광장, 텍사스주 댈러스, 1985.

진다(도판 147). 이곳이 어떻게 만들어졌는지를 알고 있는 이들조차도 이 경관이 천연 서식지라고 믿고 싶어질 정도다.

댄 카일리가 인간이 개입하지 않은 천연 강 범람원의 느낌을 밀러 정원에 도입한 기교를 앞에서 언급한 바 있다. 그는 상황에 따라 능수능란하게 형식적인 개입을 조절할 수 있었다. 버몬트(Vermont)주에 있는 자신의 집과 사무실, 커리어 팜(Currier Farm, 버몬트주), 그레고리 하우스(Gregory House, 미네소타주), 셔피로 레지던스(Shapiro Residence, 뉴욕주 웨스트포트[Westport]), 키멀 레지던스(Kimmel Residence, 코네티컷주), 혹은 커스코 레지던스(Kusko Residence, 매사추세츠주)와 같은 개인 소유의 대상지에서는 결코 카일리 고유의 우아하고 뚜렷한 형식주의가 등한시되지 않는다. 하지만 많은 경우 면적이 넓기 때문에 '자연스러운' 부분을 위한 여지를 남겨두고 있다. 그의 공공 프로젝트 역시 다양하다. 워싱턴 외곽의 덜레스 공항(Dulles Airport)의 진입로가 그의 설계라고 짐작하기는 쉽지 않다. 콜로라도 스프링스(Colorado Springs)의 공군사관학교에 조성한 방대한 부지와 산비탈의 경계는 의도적으로 흐리게 처리되었고, 이를 통해 자연이 대상지로 침투한다. 하지만 다른 경우 그의 공공 공간은 댈러스(Dallas)의 파운틴 광장(Fountain Place)이나 탬파(Tampa)의 뱅크 오브 아메리카(Bank of America)에서처럼 풍부하고 활기차며 많은 요소를 결합한 공간이다. 하지만 '자연스러운' 요소라고 부를 수밖에 없는 것이 두드러지면서 때로는 [카일리 작업의 특징인-역자] 매우 체계적인 형식주의조차 완화된다. 두 개의 수경 정원(도판 148)이나 오클랜드 미술관(Oakland Museum)의 층계참 덤불, 혹은 캔자스시티(Kansas City)의 헨리 무어 조각 정원(Henry Moore Sculpture Garden)[17]의 계단을 따라 심긴 나무의 경우에서처럼 말이다.

조경 설계에서 자연스러운 것의 역할은 모렐이 언급한 물의 효과만큼이나 다양하다. 18세기 말경에는 풍경이 와이강 계곡이나 더비셔 데일스의 지형적 경관만큼이나 자연스러워야 한다는 뚜렷한 인식이 생겨났다. 비록 이러한 경관이 수많은 자연적 사건과 인간 활동에 강력한 영향을 받아 변형된 것임에도 말이다. 이러한 미니멀리즘으로 인해 그 경관은 '평범한 들판'으로 오해받을 위험을 감수해야 했다. 따라서 조경가는 건축적 구조물을 다시 한번 삽입하거나, 설계된 경관 속에서 수정되고 재구성된 자연계의 자원을 보다 눈에 띄게 드러내는 방식으로 그들의 손길을 다시금 드러내 보여야 했다. 결국 설계자가 경관을 고안하고 구성하는 것만큼이나, 이제 관람자가 풍경이 어떻게 조작되었는지를 발견하고 감상하는 것이 중요한 역할이 되었다.

17 [역주] 헨리 무어의 작품이 다수 전시된 캔자스시티 넬슨 앳킨스 미술관(Nelson-Atkins Museum of Art)의 도널드 J. 홀 조각공원(Donald J. Hall Sculpture Park)을 말한다.

13장

중국 정원과 예술의 협업

프랑스의 전문가 조르주 메텔리에(Georges Métailié)[1]는 "'중국 정원'이라는 용어와 '문인 정원(scholar gardens)'이라는 용어가 때때로 구별 없이 통용"된다고 불만을 토로하며, 따라서 "문인 정원이 중국 것은 맞지만 모든 중국 정원이 문인 정원은 아니라는 점을 기억할 필요가 있다"라고 언급했다. 요지는 납득할 만하다. 차라리 사가원림(私家園林)[2]과 황가원림(皇家園林)으로 구분하는 편이 더 나을 것이다. 물론 이 둘도 규모는 다르더라도 그 성격이나 범위에서는 종종 겹칠 때도 있지만 말이다. 중국 정원과 산수를 외딴 곳에 있거나 그렇게 보이도록 조성한 데에서 자연 그대로이거나 자연스럽게 만든 주변 풍경을 향유하는 곳과 상당히 넓은 부지에 위치해 있음에도 건물이 중심이 되는 곳으로 나눌 수도 있다.

중국 정원을 논할 때 유독 문인 정원을 따로 다루고자 하는 경향이 지속적으로 나타나는데, 이는 다양한 중국 정원에 대한 수많은 레퍼토리 중에서도 특히 흥미롭다. 순전한 문인 정원은 서로 다른 조경적 요소를 포괄하며, 보다 넓은 범위의 중국 정원 예술을 보여 주는 전형이라는 데서 그 매력을 발견할 수 있다. 특히 문인들의 정원에는 시와 회화, 조원 예술이 협업하는 독특한 경향이 나타나고, 서예는 이 모든 예술들 속에 스며 있으며 이들을 매개하는 역할을 한다. 11세기의 중요한 특징이었던 이러한 협

1 [역주] 프랑스 출신의 중국학자, 민족 생물학자, 과학사가(1942-).

2 [역주] 중국의 개인 정원을 논할 때 자주 쓰이는 표현으로 맥락에 따라 '원림' 혹은 '정원'으로 번역한다.

149 쑤저우, 졸정원의 가장자리를 따라 놓인 회랑.

업은 은자와 학자의 삶 그리고 친구와 가족의 모임을 표현하는 방식에 지속적으로 영향을 미쳤다. 명나라의 관료 왕헌신(王獻臣)은 "정원에 물을 대고 푸성귀를 키우기(灌園鬻蔬)"[3] 위해 16년에 걸쳐 졸정원(拙政園)을 조성했다고 하는데, 이 말은 문자 그대로의 뜻보다는 시적인 표현으로 받아들여야 한다. 문징명(文徵明)은 1533년에 이곳을 서른 한 점의 그림으로 그려 냈다.

그런가 하면 최근 중국에서 온 엽서에는 쑤저우(蘇州) 망사원(網獅園)의 모습이 담긴 네 장의 우표가 연달아 붙어 있었는데(도판 151), 중국 우정국이 학술 자료의 출처로는 적합하지 않을 수 있지만 이곳에 가장 먼저 지어진 건물 중 하나가 서재인 만권당(萬卷堂)이기에 이 우표는 '중국 정원'의 이미지가 문인 정원임을 시사한다고 하겠다. 하지만 시간이 지나면서 변화한 것은 망사원뿐만이 아니며, '중국 정원' 자체도 역사

3 [역주] 서진(西晉)의 문인 반악(潘岳)이 쓴 「한거부(閑居賦)」의 구절로, 졸정원이라는 이름의 유래가 되었다. 영미권에서는 '정원을 가꾸고 푸성귀를 판다(to cultivate my garden and sell my vegetable crop)'로 번역되었으나, 여기에는 「한거부」의 원문을 옮긴다.

150
쑤저우의 망사원.

151
쑤저우의 망사원이 담긴
중국 우표.

속에서 변화를 거듭해 왔다. 게다가 중국의 많은 논객들도 정원의 한시성(ephemerality)을 반복적으로 언급했다.[4] 하지만 이번 장은 학자 혹은 문인의 정원에서 이루어진 중

4 하지만 수 세기 동안 이루어진 정원에 대한 논의를 아무렇게나 건너뛰는 것은 비전문가에게는 곤혹스러운 일이다. 중국 정원에 대해 필자는 앨리슨 하디(Alison Hardie)의 새 서문이 수록된 Maggie Keswick, *The Chinese Garden: History, Art and Architecture* (new edition, London, 2003)와 특히 사진 선정이 탁월한 Osvald Sirén, *Gardens of China* (New York, 1949)의 도움을 받았다. 앨리슨 하디가 번역했으며 훌륭한 사진이 실린 Ji Cheng, *The Craft of Gardens* (New Haven, CT, 1988)도 활용했다(계성, 안대회·김성우 공역, 『원야: 중국 조경 및 건축의 고전적 이론서』, 예경, 1993). Joanna F. Handlin Smith, 'Gardens in Ch'i Piao-chia's Social World: Wealth and Values in Late-Ming Kiangnan', *Journal of Asian Studies*, 51(1992), pp. 55-81도 보라. 중국 정원 예술에 관한 특집호에 수록된 Stanislaus Fung, 'Guide to secondary sources on Chinese gardens', *Studies in the History of Gardens and Designed Landscapes*, XVIII/3 (1998), pp. 269-286에는 중국 정원에 대한 방대한 2차 문헌 목록이 있다. 펑은 *Studies in the History of Gardens and Designed Landscapes*, XVIII/3과 XIX/3, 4의 편집을 맡아 서구의 독자들이 중국 정원 예술의 복잡성을 감상할 수 있는 기회를 제공했고, 필자도 이에 큰 도움을 받았다.

국적인 예술의 협업과 이에 대한 과거와 현재의 견해에 초점을 둔다. 이 장의 핵심 주제 중 하나는 중국의 정원이 '지상에 존재하는' 정원이든, 시와 그림에 등장하는 상상 속 정원이든, 언제나 '매개된 공간'으로 인식되었다는 것이다. 정원을 설계하거나 이해할 때, 글과 문화적 전통의 매개가 필수적이었다. 그러나 오늘날에는 중국인들 사이에서도 이에 대한 이해가 거의 사라졌다.

다른 문화에서도 문학 및 회화와 같은 다양한 예술에 기대어 정원을 만들고 묘사한 사례가 있다. 가령 18세기 영국 풍경화식 정원에서는 사원에 이름을 붙일 때 고전적 암시를 읽고 해석하는 특별한 기술이 필요했고, 19세기 말 예술과 공예 운동의 정원에서는 정원사와 건축가가 협력했다. 하지만 예술 간의 협업은 중국의 문인 정원에서 훨씬 더 강력하고 풍부하게 이루어졌고, 명대 말기(1573-1644)에 특히 그러했다. 이러한 협업은 황가원림에도 적용되었겠지만 화가가 조성한 문인 정원에 대한 기록이 훨씬 많다. 그리고 정원을 조성할 때에는 서예, 회화 그리고 시의 협업을 넘어, 서로 연결된 다양한 예술의 렌즈를 통해 정원을 관찰하는 방식이 존재했다. 중국 정원은 본질적으로 간접적인 성격을 띤다. 명 말기에 화첩이 출간되면서 조금 바뀌기는 했지만, 실제 장소를 그린 그림조차도 대부분 대상지 자체를 연구하기보다는 산수화에 대한 글을 참조했다.[5]

중국 정원에 대한 논의는 종종 본질주의적인 시각에 치우쳐 있으며, 여러 시대를 너무나 쉽게 오가기 때문에 중국 정원이 큰 변화 없이 조성되어 왔다는 인상을 준다.[6] 역사적 자료와 이미지 사이를 바삐 오가는 이러한 논의는 획일적인 정원 문화를 제시하는 듯하다. 남아 있는 초기 사례가 부족해서 초기의 정원 대신 후대의 정원이 논의 대상이 되는 점도 이와 분명히 관련이 있을 것이다. 하지만 이는 또한 옛 시인이나 화가, 심지어는 조원가 중에서도 대가를 예찬하는 중국인들의 관습에서 기인한 측면도 있다. 고봉한(高鳳翰)은 시인 도연명(陶淵明)이 정원에서 일하는 모습을 떠올리게 하는

5 이 주장을 비롯해 이번 장의 다른 부분은 앨리슨 하디의 도움을 받았다. Craig Clunas, *Pictures and Visuality in Early Modern China* (Princeton, NJ, 1997), 5장도 보라.

6 이는 천총저우(陈从周)와 같은 저자의 경우에도 마찬가지다. 다양한 역사적 순간을 염두에 두고 있기는 하지만, 그의 분석은 본질주의적 입장을 길게 다루는 경향이 있다. 이 장의 주석 35를 보라.
[역주] 천총저우(1918-2000)는 중국 고전 원림의 대가로 여러 원림을 복원했을 뿐 아니라 1980년 뉴욕 메트로폴리탄 미술관에 명나라 양식의 정원을 조성하는 작업을 이끌었다.

장면을 그렸는데(1727), 이는 아주 오래전에 일어난 일이다(도판 152). 1560년 전곡(錢穀)이 그린 또 다른 그림은 353년에 시인들이 난정(蘭亭) 옆 숲속 개울가에 모였던 유명한 사건을 묘사한다.[7] 하지만 여러 해설에서 중국 정원의 실제 사례가 본질주의적인 것으로 설명되고, 그 근거가 되는 문헌 자료와 지리적 위치가 넓게 흩어진 것처럼 보이더라도, 이는 17세기에 특히 유행한 의원(意園, 상상 속 정원)과 몇몇 특징을 공유한다.

명 시대의 은자인 유사룡(劉士龍)은 자신의 상상 속 정원을 '오유원(烏有園)'이라고 불렀다. 이 정원은 실제로는 존재하지 않고 글 속에만 존재했다. 그는 "글로 쓴 정원만이 전해질 수 있다"라고 썼다. 또한 "풍경은 감정 속에서 태어나고(景生情中)", "형상은 붓 끝에 매달려 있다(象懸筆底)"라고 썼고, 따라서 "범위와 배치"의 제약 없이 "한계를 넘어설 수 있는 구성"에 힘을 쏟고자 했다. 그는 중국 정원 문화의 주요 관심사 중 하나인 덧없음이라는 토포스를 분명하게 활용한다. 1674년부터 글로써 '장취원(將就園)'을 조성한 황주성(黃周星) 또한 "나는 단지 사방 천하의 산수 가운데 가장 아름다운 곳을 택했다"라고 하며 상세한 형태와 정원적 실천의 충만함을 상상 속에서 구현한다.[8] 물론 이런 의원과 [정원에 대한-역자] 서구의 이상적인, 유사 플

152 고봉한(1683-1749), 〈초당예국도(草堂藝菊圖)〉, 1727, 종이에 먹과 담채. 정원을 가꾸는 학자를 그린 것으로, 1300여 년 전 사망한 시인 도연명을 연상시킨다.

7 [역주] 왕희지가 353년 음력 3월 3일 당대의 명사들을 초대해 연 난정연회를 말한다.

8 [역주] 『장취원기』는 조선시대 문인들의 의원관에 큰 영향을 미쳤다. 번역문은 서유구, 임원경제연구소

라토닉한(quasi-Platonic) 관점을 혼동해서는 안 된다. 의경(意景)에 대한 허구적 묘사는 오히려 프랜시스 예이츠(Frances Yates)[9]가 탐구했던 서양의 기억 체계와 같은 방식을 통해 더 잘 이해할 수 있다. 특히 연설자가 기억해야 할 항목들을 상상의 집(여기서는 정원)의 특정한 장소에 배치해 저장하고 활용한 체계에 빗댈 수 있다.[10] 하지만 의경에 대한 이러한 중국식 해설을 이해하는 데 보다 유용한 방법은 이를 **토포스** 혹은 상투어, 수 세기에 걸친 가드니스트의 글에 대한 전문적이고 학문적인 검토에서 끌어낸 경관 요소와 테마, 관념, 연상되는 요소의 집합으로 보는 것이다. 중국적 상황에서는 이것이 보다 타당하고 적절한 비유일 것이다. 하이델베르크의 호르투스 팔라티누스와 같은 17세기 말 유럽의 경관을 생각해 본다면 말이다. 여기에서도 온갖 정원 테마와 장치를 이용할 수 있었지만, 이 정원이 실제로 조성되었다는 점에는 의심의 여지가 없고, 분명히 '실재'했다(그리고 아직도 존재한다)는 점에서 차이가 있다.

유사룽은 이전의 모든 중국 정원에 대한 기억을 소환해 자신의 의원을 설명하려는 것처럼 보인다(그는 특히 이격비[李格非]의『낙양명원기[洛陽名園記]』를 떠올린다). 중국의 유구한 정원 조성 전통에서 끌어온 여러 범주에 대한 이야기가 그의 의원에 대한 글의 한 부분을 이룬다. 앞서 언급한 황주성 또한 자신의 '정원'을 묘사할 때 도연명의『도화원기(桃花源記)』에서 언급된 지형을 활용했다. 유사룽은 사람들이 직접 오르거나, 먼 곳에서 올려다볼 수 있는 중국 곳곳의 유명한 산악 풍경 사례를 언급하고, 정원의 석가산을 '쌓아올린 각도'에 주목한다(이는 산수화에서 쓰이는 필법에 참조가 될 수도 있을 것이다). 그는 특히 산과 강을 뚜렷하게 표현했는데, 강을 파내어 산을 만들 것이기 때문이었다. 경관을 뜻하는 한자 '산수(山水)'는 문자 그대로 산과 물을 의미한다. 그는 산에서 흘러내리는 내를 파내어 강을 만들고 이를 넓혀 낚시를 하거나 관상하는 연못을 만들지만, 또 여러 가지 방식으로 물을 다시 흐르게 할 수도 있다고 말한다. 그런 다음 그는 나무, 관목과 꽃에 대한 논의를 이어가면서 가능한 형태와 활용을 기준으로 하는 분류 체계를 자세히 설명한다. 그다음에는 건물과 안뜰, 그리고 그곳의 다양한 형태와 연상

옮김,『임원경제지 이운지 1』(서울: 풍석문화재단, 2019), pp. 94-113을 참조하라.

9 [역주] 영국의 역사 저술가(1899-1981).

10 Stanislaus Fung, 'The Imaginary Garden of Liu Shilong', *Terra Nova*, II/4 (1997), pp. 15-21. 그의 'Notes on the Make-do Garden', *Utopian Studies*, IX/1 (1998), pp. 142-148도 보라.

을 다룬다. "비각은 하늘을 찌르고, 구름은 처마에 놓여 있다. 숭루는 땅에서 솟아나며, 버드나무는 세공된 난간을 스친다." 원숭이는 밤중에 소리 지르고, 학은 "향기로운 아침"에 울고, "무늬 있는 물고기는 물결 너머로 뛰어오른다." "우아한 매력이 있는 사물과 감상할 만한 가치가 있는 것들." 길들은 구부러져 한적한 구석과 동굴, 평대(平臺), 얼핏 보이는 "들판을 덮고 있는 푸성귀"와 같이 정원의 위험하고 경이로운 지점 모두를 찾아낸다. 그리고 그러한 위험의 전율("두려운 폭포", 벼랑에 걸터앉은 정자)에도 불구하고, 완벽히 상상 속에 존재하는 이 정원에는 병이나 불쾌함과 같은 온갖 위협이 존재하지 않는다. 이러한 의원에는 두 가지 주요 특징이 있다. 물질적 요소가 없고, 그렇기에 정원은 덧없음을 비껴갈 것이다. 실제로 많은 정원이 모든 것을 담을 수 있는 '무한히' 넓은 토지를 확보하고 다양한 것을 연상케 하고자 애썼으며 큰 비용을 들였다. 유사룡과 황주성의 정원은 노력하지 않고도, 그리고 비용을 들이지 않고도 마음의 눈으로 이를 성취할 수 있다.

18세기 중엽의 또 다른 '상상 속' 정원은 중국 소설 『홍루몽(紅樓夢)』에서 유래한다. 이 소설에서는 정원이 실제로 지어진 곳인 것처럼 제시된다. 그리고 소설 속에 정원을 삽입함으로써 소설은 인물들의 관계를 이끄는 긴장감과 모호한 관점으로 가득해진다. 또한 정원은 실제로 지어진 곳인 양 쇠퇴하고 폐허가 되어 버린다. 소설 속 변증법적 구조 안에서 구불구불하고 복잡한 정원은 중심 주택군의 형식적 배치와 의례, 사회적 규범과 대비를 이룬다. 남성 중심적인 사회와 '학자-관료' 계급의 가문 속에서 어린 주인공 가보옥(賈寶玉)은 정원이라는 덜 제약적인 세계에서 위안을 찾는다. 정형적인 중정과 '자연스러워 보이는' 정원의 이러한 대비는 흔히 보이는 배치이기도 하다(도판 153).[11] 그렇기는 하지만 대관원(大觀園)의 서사에서 전개되는 **토포스**와 방문객들 간의 대화는 당대에 유행하던 개념을 역설하거나 풍자하는 순간을 제공하고, 이러한 장소가 어떻게 조성되었는지에 대한 관념을 풍부하게 제시한다.

제17회의 서사는 학자-관료의 집에 있는 일종의 황가원림과 관련된다. 이는 집의 가장인 가정(賈政)이 새로 '완성된' 정원을 방문한 한 무리의 '문객'을 이끌어 가는 사건을 중심으로 전개된다. 가정의 아들은 새로 완성된 그 정원에 몰래 들어갔다가 들키고,

11 소설 내의 긴장과 인물들에 대한 논의는 Xiao Chi, *The Chinese Garden as Lyric Enclave: A Generic Study of 'The Story of the Stone'* (Ann Arbor, MI, 2001), 특히 8장을 보라.

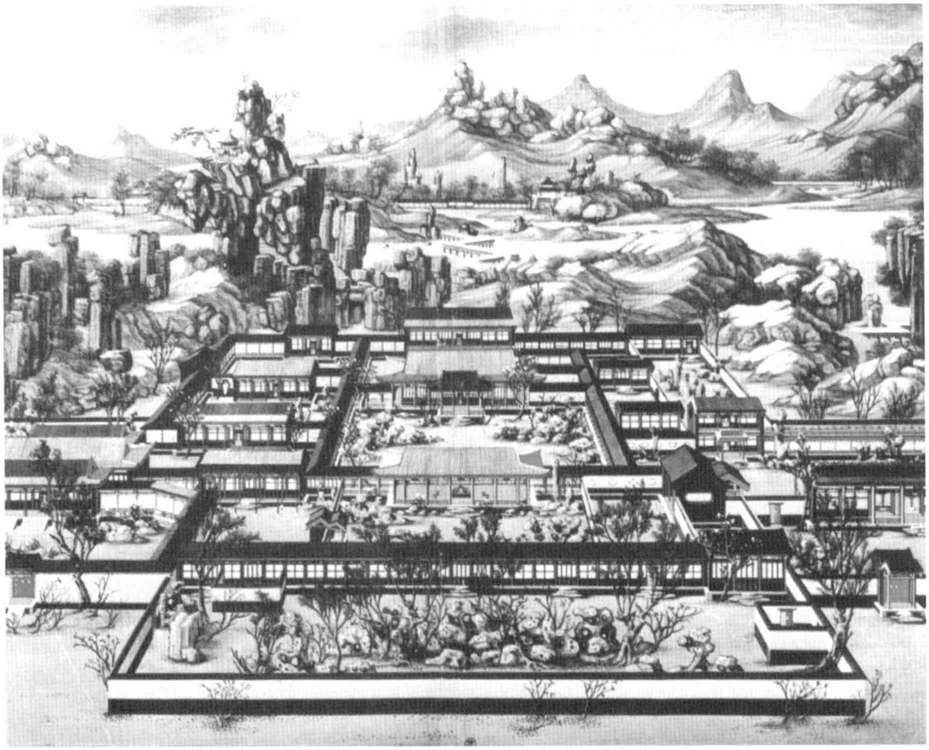

153 생활 구역이 다양한 정원과 맞물리고 그 너머의 경관으로 이어지는 중국의 영지.[원명원 사십경 중 옹정제가 집무를 보던 〈근정친현(勤政親賢)〉 일대를 그린 작가 미상의 18세기 그림-역자]

아버지의 명에 따라 무리를 따르게 된다. 사실 보옥은 편액과 대련에 들어갈 시구를 짓는 재주를 꽤 성공적으로 선보였고, 적어도 이 문객들을 만족시켰다. 새로 지어진 대관원은 물리적으로는 완성되었지만, 정원의 다양한 요소에 이름을 붙이는 것을 포함한 모든 종류의 연상이 결여되어 있었다. 가정이 말했듯, "이렇게 드넓은 경치에 수많은 정자와 건물이 이름 없이 쓸쓸하게 그대로 있게 되는 것이니 아무리 화류방창한 산천 경개라도 빛이 나지 않을 것은 자명한 일"이다. 귀비(貴妃)[12]의 방문에 앞서 가정은 정원을 살펴보고 "우선 건물과 경치에 맞도록 두 글자나 서너 글자로 그 의미를 담아 잠시 등롱에다 적어 걸어 두었다가" 귀비께서 납시었을 때 그 이름을 확정해 주시는 것

12 [역주] 황제의 귀비가 된 가보옥의 누이 가원춘(賈元春)을 말한다. 대관원은 그녀의 친정 나들이를 위해 지어졌다.

154 조설근(曹雪芹)의 『홍루몽』 속 정원인 대관원을 19세기에 상상해 재구성한 모습.

으로 하자고 제안한다.

정원은 사방이 둘러싸여 있어 이들은 '밖에서 어떻게 보이는지를 보기 위해' 정원의 문을 닫는다. 정문을 감상한 뒤 안으로 들어가면(도판 154), 모여 있는 (아첨에 능한) 사람들은 자신들 눈앞을 가린 가파른 비탈에 감탄하면서 이것이 없다면 "신비가 사라질 것이다"라고 말한다. 이어 문객들은 20쪽에 걸쳐 정원을 완전히 '순회'하면서 이름을 지어 새기려 마련해 둔 바위, 나무와 관목이 우거진 골짜기, 개울과 못, 강둑과 주변 비탈 위에 있는 화려하게 칠한 정(亭), 작은 정자가 위에 올려져 있거나, 높은 대(臺)가 있어 위로 솟아오른 듯 보이는 다리, 울창한 대숲에 숨겨져 있는 회칠한 집, 볏짚 지붕을 얹은 오두막, 살구나무, 작은 농경지, 샘이 솟아 나오는 동굴과 그 외의 많은 것들을 맞닥뜨린다.

이 구불구불하고 언덕이 많은 정원의 각 지점에서 가정은 아들에게 적절한 이름이나 대련을 지어 보라고 한다. (다른 사람들 앞에서 자신의 아들을 낮추어야 하는 관습 때문에) 많은 호통(뿐만 아니라 일부 마지못한 감탄)과 함께, 품격은 조금 떨어질지라도 다른 문인들의 기여를 통해 광범위한 지명, 문학적 암시와 지역적 연상이 제시된다. 이들의 논의는 여유롭게 이어졌지만, 이런 의견 교환은 다소 허식적인 모임의 특징을 드러낸다.

때로는 한 번에 스무 개에서 서른 개에 이르는 많은 이름이 언급되는데, 대개는 시시하거나 가식적이다. 하지만 보옥은 이들에게 "묵은 것을 새기는 것이 지금 것을 새기는 것보다 낫다"라는 옛 책에서 읽은 구절을 인용하며, 정원의 주된 요소가 아닌 산을 마주하자 그는 이제부터 멋진 경치가 시작된다는 의미일 뿐이라고 말하고는 상건(常建)[13]의 "곡경통유처(曲徑通幽處, 굽은 길로 그윽한 곳에 이르는 곳)"를 권한다.

이제 다른 이들도 그를 따라 시적 암시를 생각해 내고, 그렇지 못할 경우 고대의 옛 정원을 떠올린다. "잘된 것을 모방하는 데에는 잘못이 없으니" 말이다. 새로 완성된 이 정원에는 분명히 고전에서 참조한 권위와 그윽한 멋이 필요하다. "이름을 붙이는 일"은 인간이 사물을 인식하고 세계를 해석하는 수단이다.[14] 보옥에게는 장소의 성격과 이에 수반되는 (장소나 방문객의) 예법(decorum)에 대한 예리한 감각이 있다. 그뿐만 아니라 그는 언어적 뉘앙스를 잘 포착하고, 다른 시인들의 묘사를 인용해서 말할 수 있다. 장소에 이름 붙이는 일을 만족스럽게 해낸 뒤 보옥은 특정한 장면을 묘사하는 대련을 지어 보라는 명을 받는다. 쑤저우의 우원(耦園)에서는 지금도 이러한 종류의 대련을 볼 수 있다. 그는 식물에 대해 잘 알 뿐 아니라 고대 문헌의 출처를 밝힘으로써 주변 환경을 보다 섬세하게 암시하는 대련을 지을 수 있다. 뻔하거나 지나치게 평범한 서술을 싫어하는 그는 아버지가 '마을'의 초가집 중 하나를 '자연스럽다'고 하는 까닭에 대한 아주 흥미로운 논의에 참여한다.

> [보옥이 말하기를] 지금 이곳의 장원(莊園)은 분명 인간이 만든 인위적 산물이지요. 멀리에 이웃마을이 있는 것도 아니요, 가까이에 성곽이 둘러져 있지도 않습니다. 산을 배경으로 하나 산맥이 없고 물을 앞에 두었으나 수원이 없습니다. 높은 곳에는 은은한 산사의 고탑이 보이지 않고 낮은 곳으로는 저자로 통하는 다리도 없이 초연히 외롭게 드러나 있을 뿐이니 대관을 이루지는 못하옵니다. 앞서 본 곳은 자연의 이치와 기운을 갖추고 있어

13 [역주] 당나라의 시인. 청신(清新)하면서도 담박(淡泊)한 어조로 자연과 유유자적한 경관을 노래한 산수·전원 시를 주로 썼다.

14 David L. Hall and Roger T. Ames, 'The Cosmological Setting of Chinese Gardens', *Studies in the History of Gardens and Designed Landscapes*, XVIII/3 (1998), p. 185. John Makeham, 'The Confucian Role of Names in Traditional Chinese Gardens', *Studies in the History of Gardens and Designed Landscapes*, XVIII/3 (1998), pp. 187ff도 보라.

비록 대나무를 심고 샘물을 끌어들였지만 **인공적으로** 꾸민 듯하지는 않습니다. 옛사람이 '자연스러운 그림'이라고 한 말은 바로 그럴 만한 땅이 아닌 곳에 억지로 만들거나 그럴 만한 곳이 아닌 곳을 억지로 꾸민 것을 가장 경계한 말입니다. 그렇게 하면 비록 백방으로 정밀하게 꾸민다고 하더라도 끝내는 어울리지 않게 되기 때문이지요.[15]

이 대화로 어떤 확고한 미학을 규정하려는 것은 아니지만, 이는 소설 속의 맥락에서 흥미로운 문제를 제기한다. 새로 조성한 정원은 주변에 흥미로운 자연환경이 없기 때문에, 전통적으로 정원의 필수적인 부속물로 여겨지던 '장원(莊園)'을 조성해야만 하는 것이다. 하지만 보옥이 시사하듯, 이 또한 정원의 다른 '자연스러운' 부분의 수준과 이에 대한 인식에 맞추어져야 한다. 『홍루몽』의 화자는 문객들이 제시한 고대의 시구가 자연스러움과는 거리가 멀다는 것을 암시한 듯하다. 실제로 이들은 새로운 정원에 특정한 관점을 부여한다. 아무리 자연스럽게 보인다 하더라도 정원은 그것이 재현하는 바를 통해 읽히고 반응을 얻는다. 게다가 초기 도교 문화로 거슬러 올라가는 '자연'과 '인공' 사이의 확고한 구분보다는 중국어에서 '인간'과 '자연'이 분리되어 있지 않다는 점과 관련이 있다. 이는 우리가 인공적인 것을 다루는 방식에 즉각적인 영향을 미친다(이는 서구적 태도와 아주 다른 부분이다).

제17회에서의 이런 다양한 대화에 빠진 것이 하나 있다면 회화에 대한 명시적인 언급이다. 물론 보옥이 장면 후반부에 그가 '억지로 만든 풍경'이라고 부른 것의 부적절한 사례로 '자연스러운 그림'을 언급하기는 했지만 말이다. 하지만 소설의 후반부로 가면 회화에 관한 언급이 나타난다. 예컨대 새로 결성된 '시사(詩社)'에서는 '산수 속에서 즐기는 학자들'이라는 가상의 그림에 첩과 하녀들이 등장해도 된다는 허락을 받는다. "시를 쓸 수 있는 이라면 누구나 그림 속에 들어올 수 있다." 더 나아가, 그 장면에서 문인들이 인용하는 시인이나 옛 글들 중 일부가 서예로 주석을 단 회화적 형식을 암시하거나 그에 의존하고 있음을 짐작할 수 있다. 장소에 이름을 붙이는 일이 끝나면 마침내 정원은 완성되고, 모든 정원은 보여지는 모습에 부합하고 그것을 확장하는 설명과 기호가 덧붙여진 풍경이 된다. 그리고 화자 자신도 이야기 속에 그러한 풍경들이

15 [역주] 저자가 참조한 『홍루몽』의 영문 번역본과 약간 차이가 있으나, 중국 원전을 번역한 최용철·고민희의 공역본(『홍루몽』, 나남, 2009)을 참조해 옮겼다.

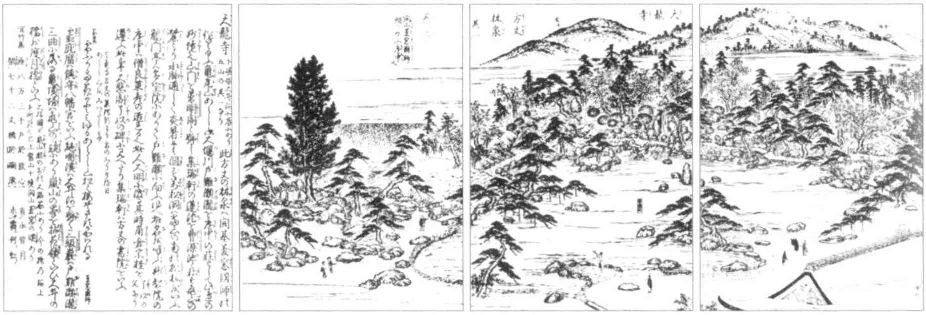

155 주석("정원 설계의 옛 그림")이 있는 그림. 천총저우가 발견했다.[원서의 오류로 도판 210의 교토 텐류지의 정원 목판화가 중복 수록되었다-역자]

어떻게 상상될 수 있는지에 주의를 기울이며 풍광을 이루는 단순한 요소들을 나열하는 시구를 서술 중에 삽입함으로써 시와 회화의 이러한 협업에 참여한다.

물길을 세 갈래로 나누는
하얀 대리석 다리가 그 위를 가로지르고
반원형 교각 위에는
입을 벌린 괴수의 머리가 양편에 조각되어 있고

혹은

도미(酴醾)꽃[16]과
목향의 시렁 아래를 지나 (…)

요약하자면, 글과 그림 속의 의원은 단순한 묘사나 보고가 아니라 우리가 이들을 현실 속에서 어떻게 인식하고 이해할 수 있을지를 정확히 보여 주는 한 그것은 '진짜'다. 한자로 문화(文化)는 '글의 힘을 변형시킨다'는 뜻이고, 한 현대의 논평가는 한 사람이 "그림 속에 살기 시작했다면 그는 더 이상 정원 속에 있지 않다"라는 점에 주목했다(도판 155).[17]

16 [역주] 동백꽃을 말한다.

17 데릭 보드(Derek Bodde)가 쓴 Bradley Smith and Wango Weng, *China: A History in Art* (London, 1973)

실존하든, 그림 속에 있든, 시적 재현이든 현존하는 중국 정원의 두드러진 특징은 여러 프레임이나 렌즈를 통해 어디서나 그 모습을 감상할 수 있다는 점이다. 문자 그대로 우리는 정원 속의 다양한 프레임을 통해 정원을 본다. 단에 앉아 기둥 사이로 풍경을 보고, 발이나 무늬가 새겨진 격자를 통해 그 너머에 있는 것을 본다. 꽃 모양의 창을 통해서, 혹은 지그재그 형태이거나 구불구불한 툇마루 아래로 전개되는 정원의 먼 부분을 언뜻 볼 수 있다. 우리는 정원 담 속의 월량문(月亮門)[18]처럼 장식적이고 틀 형식으로 된 문을 통해 안으로 들어간다(도판 156). 하지만 우리는 언어의 렌즈를 통해서도 정원을 본다. 집의 각 부분에서 붓글씨로 쓰인 연관된 이름이나 문학 텍스트 구절과 맞닥뜨리고, 글을 통해 장소를 이해하게 되는 것이다. 옛 그림이나 중요한 시를 참조하거나 과거의 중요한 선례를 떠올려 정원 전체나 각 부분에 이름을 붙이는 일은 우리가 장소를 감상하는 방식, 상상을 통해 정원을 인식하는 필터 혹은 렌즈가 된다. 일시적이거나 역사적인 사례를 떠올리는 것은 정원의 물리적 공간을 이해하는 데 도움이 되고, 과거의 대가와 소유자를 인식하는 것은 시간과 공간이 교차하게 만든다. 조원가의 이름을 알게 되는 것이 흔한 일은 아니지만, 쑤저우에 있는 환수산장(環秀山莊)의 석가산은 과유량(戈裕良)의 작업으로 알려져 있다(쑤저우의 전통 정원은 현재 유네스코 세계문화유산에 등재되어 있다).

156 베이징에 있는 윤지(允祉) 황자[19]의 저택에서 오스발드 시렌(Osvald Sirén)이 찍은 조롱박 모양의 정원 문.

의 서문. 두 번째 언급은 *The Craft of Gardens*에 실린 Maggie Keswick의 서문 23쪽에서 인용되었다.

18 [역주] 개구부가 보름달처럼 둥글게 만들어진 문.

19 [역주] 청나라 강희제의 셋째 아들.

157 쑤저우의 정원[예포(藝圃)-역자]에 있는 월량문.

회화는 먼 곳에 있는 은거지와 소박한 정자를 보여 주는데, 이러한 장소는 그곳에 살거나 종종 그곳을 찾는 이들이 풍경을 가장 잘 볼 수 있는 곳, 경관을 가장 생생하게 체험할 수 있는 곳에 위치한다. 복잡하고 세밀한 〈원명원사십경도(圓明園四十景圖)〉나 오빈(吳彬)[20]이 그린 〈작원불계도(勺園祓禊圖)〉와 같은 많은 그림에서[21] 경관은 고정된 자리에서 주변 경관을 보거나 '취할' 수 있는 장소로 나타난다. 천총저우는 이를 "자리에서 보는 풍경"이라고 칭했다. 그가 "움직이며 보는 풍경"이라고 부른 것도 있는데, 이는 풍경 속을 걸으면서 관찰하는 각도가 바뀌는 것을 말한다(도판 158). 정적인 풍경과, 탐색하면서 포착한 순간은 정원의 충만한 경험을 가능하게 해준다.[22]

158 회랑으로 둘러싸인 못을 가로지르는 다리 위에 인물들이 있는 전형적인 배치다. 못이나 석조와 같은 중심 정원의 요소를 둘러싼 이런 길은 방문자들이 정원 주위를 돌거나 정원을 가로지르며 둘러볼 수 있도록 할 것이다.[청나라 화가 탕이분(湯貽汾)의 〈애원도(愛園圖)〉, 1848의 부분-역자]

1553년 완성된 문징명의 〈졸정원도영(拙政園圖詠)〉에는 놀랍고 복잡한 산문과 서른한 점의 독립된 그림이 있으며 각 그림마다 간략한 해설과 압운 시가 붙어 있다.[23] 따라서 중국 정원의 두드러지는 특징을 포착하는 방식 중 하나는 이들이 미묘하지만 의도적으로 의미를 전달하는 수단을 이해하는 것이다. 시서화가 각각 정원 조성에 기

20 [역주] 명나라 말기의 화가.

21 이 그림들은 Che Bing Chiu, *Yuanming Yuan, Le jardin de la Clarté parfaite* (Paris, 2000)에 수록되어 설명되었다. 화권에 대해서는 화권이 첨부된 Philip K. Hu, 'The Shao Garden of Mi Wanzhong (1570-1628): Revisiting a Late Ming Landscape through Visual and Literary Sources', *Studies in the History of Gardens and Designed Landscapes*, XIX/3-4 (1999), p. 314를 보라.

22 Chen Congzhou, *On Chinese Gardens*를 참조했다. 이 장의 주석 35를 보라.

23 Andong Lu, 'Deciphering the Reclusive Landscape: A Study of Wen Zhen-Ming's 1533 Album of the Garden of the Unsuccessful Politician', *Studies in the History of Gardens and Designed Landscapes*, XXXI/1 (2011), pp. 40-59.

여하는 바에 대해 8세기의 장안 황제(長安 皇帝), 즉 현종은 '삼절(三絶)'이라고 명명했다.[24] 18세기에 한 평론가는 각기 경관을 다루고, 포착하며 설계하는 "시와 회화는 모두 학자의 일이며, 인간의 감정과 정서를 표현하는 수단이다"라고 썼다. 당나라 화가 왕유(王維)는 자신의 [망천(輞川)-역자] 별서를 그렸는데, 그 그림에 그곳의 완벽함에 대한 자신의 시 스무 편을 함께 적어 넣었다고 추정된다.[25]

(실제와 상상의) 정원을 이해하기 위한 예술의 협업은 높은 학문적 수준과 시서화 추구로 널리 알려진 북송 시대(960-1127)의 특징이 되었다. 이 시기에는 조원과 돌 수집이 큰 관심을 받았다.[26] 북송 시대에는 정원과 경관에 대한 글이 쏟아져 나왔는데, 이격비의 『낙양명원기』[27]와 주장문(朱長文)[28]의 『오군도경속기(吳郡圖經續記)』는 당시 쑤저우에 지어진 정원에 대해 이야기한다. 이런 정원을 이해하는 데 무엇보다 중요한 것, 즉 정원이 시나 회화에 어떻게 묘사되었는가보다 더 중요한 것은 그곳이 그 소유자들이 관료로서의 공무에서 벗어나 자신의 개성과 특징을 가다듬고 드러낼 수 있는 세계였다는 점이다. 서양의 사례가 보여 주듯 이는 중국 정원만의 독특한 점은 아니지만, 집단 예술을 끌어오는 능력은 그 소유자들에게 특별하면서도 더 큰 의미를 부여했다. 여러 학자들이 정원을 취해 조성하는 일은 다양한 범주의 소유자(상인, 황실 귀족, 문인)에게 농업적·미학적 이상뿐 아니라 경제적·정치적 이상을 드러내고, (황실과 중앙 정치와 다른) 지역 의식이나 정체성을 밝히며, 사교적 교류를 통해 소유자의 지위를 때로는 소상하게 밝힐 기회를 제공했다.[29] 여기에는 개인 소유자 혹은 가문의 소유물, 즉

24 Michael Sullivan, *The Three Perfections* [1974] (New York, 1980), p. 7과 p. 17을 인용했다(마이클 설리번, 문정희 역, 『최상의 중국 예술: 시·서·화 삼절』, 한국미술연구소, 2015).

25 George W. Robinson, *Poems of Wang Wei* (Harmondsworth, 1973).

26 이 부분과 이어지는 부분에서는 Robert E. Harrist Jr., *Painting and Private Life in Eleventh-Century China* (Princeton, NJ, 1998)의 도움을 받았다.

27 Philip Watson, 'Famous Gardens of Luoyang, by Li Gefei', *Studies in the History of Gardens and Designed Landscapes*, XXIV/1 (2004), pp. 38-54에 소개되고 번역되었다. 주장문의 글은 번역되지 않았다.

28 [역주] 송나라 시기 오현 출신의 문인.

29 Kenneth J. Hammond, 'Wang Shizhen's Yan Shan Garden Essays: Narrating a Literati Landscape', *Studies in the History of Gardens and Designed Landscapes*, XIX/3-4 (1999), pp. 276-280은 특정한 정원의 소유에 대해 상세히 서술했다. Joanna F. Handlin Smith, 'Gardens in Ch'i Piao-Chia's Social World', *Journal of Asian Studies*, 51 (1992); Craig Clunas, *Fruitful Sites: Garden Culture in Ming Dynasty China* (London, 1996).

159 노홍이 그린 것으로 추정되는 〈초당십지도〉 중 한 장면의 세부, 8세기, 종이에 먹과 담채.

모든 건물, 과수원, 식물, 나무, 석가산, 수경 시설에 대한 상세한 조사가 포함되었다.

송대 초기의 주요 그림인 이공린(李公麟)의 〈산장도(山莊圖)〉는 '용면산(龍眠山)에 넓게 놓인 담장 없는 그의 정원'을 그린 것이다. 화가가 자신이 소유한 곳을 그리는 것은 당시에 상당히 드문 일이었지만, 이공린은 유명한 선례인 8세기 초의 왕유의 〈망천도(輞川圖)〉와 노홍(盧鴻)의 〈초당십지도(草堂十志圖)〉를 분명히 알고 있었다(도판 159). 이는 이공린이 별서를 떠나 있을 때 그린 것으로, 자신의 소유물과 주변에 대한 일종의 비망록이다. 이공린의 화권 중 소식(蘇軾)[30]과 소철(蘇轍) 형제의 인장이 찍히고 발문(跋文)이 달린 불완전한 모사본 여섯 점만이 흩어진 채 전해진다. 그들의 논평에서는 〈산장도〉를 일종의 지형도, 즉 실제 여행의 대체물을 원하는 이들을 위한 '와유(臥遊)'로 소개한다. 이 그림은 보는 이들로 하여금 "자신의 발을 믿고 자연스럽게 길을 찾으며 주위를 돌아다니게", "모든 개울과 바위와 풀과 나무를 알게", 그리고 그 지역의 어부와 나무꾼과 마주치도록 해준다. 특히 소철은 「이공린의 산장에 대한 제사와 스무 편

30 [역주] 송나라 시기의 대문호(1037-1101)로, 흔히 소동파라고 부른다.

160
이공린(1049-1106)이 그린 것으로 추정되는 〈산장도〉 화권의 〈발진오(發眞塢)〉, 〈향모관(薌茅館)〉, 〈영락암〉 장면, 종이에 먹.

의 시(題李公麟山莊圖)」에서 어떻게 이공린이 서로 연관된 장소 열여섯 곳을 연속적으로 묘사했는지 논했다. 화첩에 없지만 이름이 붙은 풍경들도 마지막에 덧붙여졌다. 예전에 버나드 베런슨(Bernard Berenson)[31]의 소장품이었던 화첩은 '한 경점(景點)' 안의 별서를 보여 주며, 소철의 발문이 배치되어 있다.

이 화권은 풍경 속을 거닐다 우연히 마주치는 여행자들을 묘사하는 한편, 실제로 이동하면서 풍경을 감상하거나 그러한 탐방을 상상하는 즐거움과 의무를 드러내는 수단이 된다(도판 160). 또한 그 화권에는 폭포와 나무로 둘러싸이고 흙과 돌로 된 작은 언덕 위에 세워진 건덕관(建德館)이나 묵선당(墨禪堂), 비전암(秘全庵)처럼 방문객들이 논평하기 위해 발길을 멈추었을 많은 명소도 표시되어 있다. 영락암(瓔珞巖)과 같은 곳은 어떤 상황을 상상하게 하기 위한 것이라기보다는 그 지역의 지형에서 영감을 받은 것처럼 보인다. 각 이미지와 병치되는, 소철이 붙인 이름과 논평은 장소의 재현에 반응하는 방식뿐 아니라 원래의 장소가 어떻게 수용되었을지도 암시한다. 그뿐만 아니라, 로버트 해리스트(Robert E. Harrist)[32]는 화권과 발문이 화가/소유자와 논평자 사이에 당시 실제로 있었을 법한 대화의 형태로 구성되어 있음을 시사한다. 묵선당에서 '묵선(墨禪)'의 예술은 서예와 화예를 모두 포함한다. "모든 것이 선이다." 이제 언덕과 강이 주제가 되었듯이 "먹 한 방울이" 펼쳐져 산천이 된다.

31 [역주] 리투아니아 출신의 미국 비평가로 르네상스 분야의 대가다(1865-1959).

32 [역주] 컬럼비아 대학교의 명예교수로, 중국 미술사의 대가다(1951-).

161 환수산장의 석가산.

〈산장도〉 화권은 "광의의 중국 정원은 인간의 즐거움을 위한 경관이다. 그가 멈추는 곳에 정자를 놓고, 그가 돌아다니는 곳에 길을 닦고, 그가 건너는 곳에 다리를 걸치고, 그가 쉬는 곳에다 움막을 짓고 (…) 그러면 하나의 정원이 탄생한다"[33]라는 점을 인식하게 해준다. 북송 시대 정원의 물리적 흔적은 오래전에 사라졌고, 우리는 역사적 정원, 상상 속의 정원에 의존할 수밖에 없다. 쑤저우에는 후대의 정원이 있으므로 이전 시대의 정원에 대해 알기 위해 이를 조심스럽게 활용할 수 있겠다. 물론 20세기에 많은 곳이 재구성되었지만 말이다. 하지만 붓글씨로 쓰인 구절을 읽을 수 없는 이들, 신비한 명명의 특이함에 그저 즐거워할 뿐 그 깊은 의미는 짐작하지 못하는 이들, 보옥과 문객들이 했던 것처럼 정원의 요소를 고전의 전거와 관련지을 수 없는 이들, 정

33 Wango Weng, *Gardens in Chinese Art* (New York, 1968), p. 5.

원이 '자연스러운지' 아닌지 혹은 단순함이라는 원래의 관념에 부합하는지를 판단할 수 없는 이들의 중국 정원에 대한 이해에는 막대한 문화 격차가 나타난다. 또한 서양인들은 많은 정원이 작품을 알아볼 수 있는 유명한 설계가의 작업으로 여겨지는 대신 원소유자의 현현으로서 제시된다는 점에 당혹감을 느낀다. 소유자가 정원을 직접 설계했을 수도 있겠지만, 우리가 반응해야 할 대상은 그의 개성과 인품이다. 낙양의 명원을 조성한 이들에 대한 글에서 이격비는 "정자와 대(臺), 꽃과 나무 모두 그의 눈이 한 설계와 그의 마음의 기예에서 나온다. 따라서 구불거리거나 곧은 곳, 넓거나 빽빽한 장소 모두 깊은 사유를 드러낸다"라고 말했다.[34] 이는 우리의 개인적 반응이라는 또 다른 '렌즈'를 놓고, 그 결과 우리와 정원 사이의 거리를 더한다.

일부 서양인들에게는 중국 정원을 어느 정도 '이국적'이거나 '동양적인(Oriental)' 것으로 보는 것이 구미에 맞을 것이다. 또한 근래에는 서양인들이 설계가의 렌즈나 매개를 인식하지 못한 채 어떤 정원이 실제 그대로거나 '자연스럽다고' (잘못) 생각하는 경향이 있다. (많은 서양의 조경에서도 그러하듯) 이는 중국에 대한 이해를 심각하게 훼손하는 일이다. 하지만 그들은 중국 문화에 익숙하지 않은 것이지, 정원 만들기 자체가 낯선 것은 아니다. 중국의 정원 만들기에 쏟는 관심은 초기의 원유부터 산속 은둔처, 도시나 교외의 대상지에 이르며, 황실의 한정된 장소(enclaves)부터 문인들의 은거지에까지 이른다. 정원 조성에 대한 중국의 관심은 매우 지속적이고 복잡하다. 이는 설계의 원칙만큼이나 수용에서도 마찬가지다. 서양의 조경 담론과 비교해 보면, 해당 정원이 어떻게 그리고 왜 조성되었는지를 아주 작은 세부까지 빈틈없이 파악하는 것이 중요하다. 지리적·역사적 상황과 신화적·종교적 신앙에 대한 참조는 문화의 일부분이므로 정원의 의미에 다가가는 한 단계 높은 수준의 참조가 된다.

1980년대에 한데 묶여 출판된 다섯 편의 글에 나타난 천충저우 교수의 분석에는 정원 조성에 대한 전념과 헌신의 면모가 분명하게 드러나 있다.[35] 무엇보다도 그는 정원의 조성과 이해를 세심하게 구분하고자 한다. 이는 "힘든 작업"이고, "조합된 한자

34 Robert E. Harrist Jr., *Painting and Private Life in Eleventh-Century China*, pp. 50-60. 이 구절을 따라 세 곳의 정원을 묘사했다.

35 Chen Congzhou, *On Chinese Gardens* (Shanghai, 1985)는 중문과 영문이 병기되어 있고, 도판이 다수 수록되었으나 안타깝게도 도판 설명이 없다.

162 쑤저우 예포의 못에 있는 곡절교(曲折橋).

에는 많은 뜻이" 담겨 있다. 하지만 이는 규칙이 엄격하다는 의미는 아니다(이는 적어도 일을 명쾌하게 만들 것이다!). "고정된 공식"은 없으며 "중요한 것은 이러한 법칙을 독창적으로 적용하는 것이다." 하지만 석가산에는 "어떤 법칙"이 존재한다. 지역마다 예술과 문화, 시대가 범위를 규정하므로 정원이 "임의적으로" 모두 똑같아 보일 수는 없다. 하지만 "중국 정원의 풍경은 풍경이 없는 곳에서, 소리는 소리가 없는 곳에서, 움직임은 움직이는 곳보다는 고요한 곳에서 추구되어야 한다"와 같은 그의 몇몇 견해는 오히려 디자인을 통해 무엇이 바른 안목인지 이해하는 것조차 어렵게 만든다. 정원 설계와 감상 모두에서 결정적으로 중요한 것은 훌륭한 솜씨, 그리고 무엇보다도 '통달'이며, 통달은 종종 상충되는 개념 간의 성공적인 대화를 통해 얻어진다. "휴식 없이는 움직임이 없고, 그 반대도 마찬가지다." 정원을 축소하거나 축도하는 것에 대한 그의 견해는 "제한된 구역 안의 무한한 공간감"을 조성하는 고대의 위요된 공간을 전제로 한다. 가령 이격비의 글을 읽을 때면 충만함과 다양함이 느껴지지만, 언급된 여러 원림이 상당히 작다는 것을 인식하기는 어렵다. 따라서 비례는 필수적이다. '널찍함'과 '유연함', 항목들의 대비와 상호 의존성은 "정원 디자인의 핵심"이다. 하지만 관습적으로 왕조에 따라 기술하는 방식 대신, 그는 쑤저우 4대 명원의 특징 혹은 가능성을 "자리에서 보는 풍경", "움직이며 보는 풍경", 고아함 그리고 "장중함과 장엄함"에 따라 구분하는 편을 선호한다.

때로 우리는 서양의 정원 만들기에서 예술의 협업, 서구의 종합예술(*Gesamtwerken*)을 언급할 수도 있다. 하지만 천충저우가 말한 "시적이고 회화적인 개념에 의존하는 정원의 서정적이고 예술적인 가치"는 디자인 속에서 보다 근본적인 개념이 어떻게 구현되는가에 달려 있다. 회화의 원리 또한 정원 디자인에 적용되고, 정원을 배치할 때는 그 구성을 따라야 한다. 또한 "시와 정원의 구성 사이에는 공통점"이 있다. 그는 "과거에 온전히 속한 것이 있고, 현재의 것이 있다"라고 하며 범주를 중시했다(이는 그가 이 글을 쓰던 1960년대와 1970년대의 시대적 순응을 시사한다. 이때는 관광 산업이 부흥해 옛 정원들을 서둘러 재개장하고 복원해야 했다). 그림 한 점을 가만히 감상할 때든 산책을 하듯 두루마리 그림을 읽어 나갈 때든, 우리는 특정한 중요한 요소나 "풍경의 연속성과 통합성"을 강조하는 것을 수반한다. 이때 결정적인 요소는 "자아의 현존"이다. 회화의 주제는 예술가의 마음이나 "생기"가 외부로 투사된 것이며, 이는 정원을 만들 때도 마찬가지다. 경관의 위치와 정원의 구조에 반응할 때 '함의'란 '정수' 혹은 우리가 '게니우스 로키'라고 이름 붙인 것을 이해하는 방식이 된다. (천총저우가 여러 번 인용한) 『홍루몽』에서 등장인물들이 논한 것처럼 어떤 아취를 얻어야만 장소에 어울리는 이름을 지어 새겨 두는 일을 '끝마칠' 수 있을 것이다. 마지막으로, 그는 심지어 유명한 정원조차도 복원되었을 때 [원래의 정취를 되살리는 데에-역자] 실패했다는 점에 특히 관심을 보인다(많은 서양적 분석, 특히 현대의 실무자들이 자신의 작업과 관련해 한 분석에서는 실패에 대한 논의가 철저하게 도외시되므로 이는 흥미로운 지점이다).[36] 그리하여 그는 『의산잡찬(義山雜纂)』[37]에 열거된 '훌륭한 풍경의 효과를 필연적으로 망치는 일'[38]을 반복적으로 언급하고, '최근 몇 해' 동안 이루어진 형편없는 수리 작업을 개탄한다(이는 정치 풍토에 대한 또 다른 완곡한 표현이다).

서양인뿐만 아니라 중국인들조차도 이 정원 문화의 많은 부분을 잃어버렸다. 존 민퍼드(John Minford)는 "쑤저우의 경이로운 정원 중 한 곳을 둘러보며" 이상함을 느낀다. "온전히 그곳에 있으려면 정원은 그것이 한 부분을 이루는 전 우주를 다시 불러 모아야 하는데, 이는 진보나 그와 비슷한 명목하에 완전히 흩어졌다."[39] 하지만 이것이 바로 이 독특한 정원 문화의 본질이다. 그 세계는 진정한 이해와 상상력의 회복을 통해서만 되살릴 수 있다. 1장에서 논의했듯 성스러움의 내재 혹은 의미의 유희가 정원에서 완전히 사라지지는 않았고, 우리는 여전히 정치적·경제적 토대 위에서 정원의 본질을 이해할 수 있다. 도교나 불교, 유교를 신봉하지 않을 수도 있지만 연민과 겸손, 무사무욕에 대한 전자의 헌신, 그리고 세속에서의 도덕적 행위에 대한 후자의 강조는 여전히 무시할 수 없는 미덕이다. 왜냐하면 이들이야말로 '지자요수 인자요산(智者樂水仁者樂山)'(공자)을 가능하게 하기 때문이다.

36 이 흥미로운 의견은 칼 스타이니츠(Carl Steinitz)의 것이다. 1947년에 그는 실패에 대한 논의를 제안했으나 하버드 대학교 디자인대학원의 설계가들은 일종의 세심하게 계획된 무관심을 보였다(개인적 대화).

37 [역주] 당나라 말기 시인 이상은(李商隱, 813-858)이 지은 책.

38 [역주] 여섯 가지의 살풍경(殺風景)을 말하는데, 이는 약수터에서 발을 씻는 행위(清泉濯足), 아름다운 꽃 위에 빨래를 너는 행위(花上乾裙), 집을 크게 지어 산을 가리는 행위(背山起樓), 거문고를 불쏘시개 삼아 학을 삶아 먹는 행위(焚琴煮鶴), 꽃을 감상하면서 술을 마시지 않고 차만 홀짝거리는 행위(對花嘗茶), 청량한 바람이 불어오는 소나무 아래에서 쉴 때에 불현듯 사또 행차를 알리고 지나가는 행위(松下喝導)다.

39 John Minford, 'The Chinese Garden: Death of a Symbol', *Studies in the History of Gardens and Designed Landscapes*, XVIII/3 (1998), p. 258.

14장

폴리, 파브리크, 픽처레스크 유희

정원 폴리 혹은 프랑스 사람들이 파브리크라고 부르는 것은 18세기 말에서 19세기로 접어들 무렵의 픽처레스크 운동에서 가장 두드러지게 유행했던 것으로 보인다. 이 시기에는 지배계층의 정원에서 시작한 유행이 수많은 작은 영지, 교외 빌라, 공공 공원으로 퍼져 나갔다. 당시 이와 같은 유행을 촉진하는 출판물이 상당히 많이 나와 어떻게 이런 구조물을 구상하고 세워야 하는지, 그 의미나 암시하는 바를 어떻게 이해해야 하는지를 보여 주었다. 그렇긴 해도, 패턴 북을 통한 픽처레스크 열풍 이전에 있던 정원 건물의 유행, 그리고 최근 다시 나타나는 폴리에 대한 관심에 주목하는 것도 의미가 있을 것이다.

픽처레스크가 절정에 달했을 시기에 출판된 패턴 북과 다른 책들을 먼저 살펴보자.[1] 이는 소규모 영지와 교외 정원 등 다양한 공간을 위한 각종 구조물과 요소를 고안하려는 시도로, 대개는 귀족의 정원에서 선별해 수집한 것이었다. 이 책들에서는 때로 지역의 장인이나, 심지어는 아마추어 정원사도 이런 구조물을 제작할 수 있다고 제안하기도 했다. 19세기 초까지 이런 책 중 다수가 여러 언어로 출판되어 언어적 경계를 넘어 빠르게 확산되었다. 이는 가능한 것(그네, 정자, 항아리)과 불가능해 보이는 제안(물 위에 떠 있는 중국 정원, 유명한 고대 건축물의 대형 복제품, 사공 열 명이 노를 젓는 정교한 곤돌라)

1 이 사례에서는 필자가 집필한 *The Picturesque Garden in Europe* (London, 2002)의 관련 페이지와 'Folly in the Garden', *The Hopkins Review* (new series), I/2 (2008), pp. 227-262의 논의를 참조했다.

163 영국의 패턴 북에서 발췌한 삽화: 토머스 라이트, 『여섯 개의 독창적인 정자 디자인(Six Original Designs of Arbours)』(『보편 건축』의 제1권, 1755).

164 독일의 패턴 북에서 발췌한 삽화: J. G. 그로만과 F. G. 바움가르트너, 『정원 애호가와 영국식 배치, 정원 주위에 시골 영지를 소유한 이(…)를 위한 아이디어 저장고(Ideenmagazin für Liebhaber von Gärten, englischen Anlagen und für Besitzer von Landgütern(…)』(1796-1806)에 수록되어 있는 물 위에 떠 있는 중국식 정원.

을 모두 포함한다. 토지 소유자들은 광범위한 문화적 요소를 참고하여 아주 다양한 장소, 설령 가본 이가 있다 하더라도 그 수가 아주 적은 곳을 떠올리게 하는 장소를 정원에 만들 수 있었다. 그리스와 로마의 구조물은 물론이고, 터키나 이집트 형식의 사원, 보트, 특히 중국풍 다리, 페르시아 방식(그게 무엇이든지 간에!)의 나인핀 볼링장, 티롤풍 방앗간, 무어풍 무덤, 이집트풍 관문, 중국풍 지붕이 달린 회전의자, 혹은 로빈슨 크루소의 오두막도 포함된다. 이 중에는 합리적이고 심지어는 필수적인 요소도 있었지만, 그마저도 환상적이거나 상징적인 모습으로 장식되었다. 포도나무 재배 기술자의 숙소는 거대한 포도주 통 모양이었고, 사냥용 오두막은 사냥의 여신인 디아나에게 헌정되었다. 이는 몹시 잡다하거나, 이국적이거나, 비현실적인 성격을 띠었지만, 각기 나름의 포부를 담고 있었다. 이들은 선정하여 세운 다양한 구조물을 통해 어떤 '의미'를 전달하기를 간절히 바랐을 것으로 보인다.

아주 초기의 사례로는 1721년 요한 베른하르트 피셔 폰에를라흐(Johann Bernhard Fischer von Erlach)의 『역사적 건축물의 초안(Entwurff einer historischen Architektur)』을 들 수 있는데, 이는 동방의 사례를 자랑삼아 내세우는 가장 초기의 유럽 텍스트 중 하나다. 하지만 영국에서도 디자인을 제안하고자 하는 바람이 거세게 불었고, 이들 저작과 그 제목을 개략적으로 보아도 이 분야의 풍부함과 독창성을 짐작할 수 있다(도판 163). 왕성한 저술가 배티 랭글리(Batty Langley)는 1728년 『정원술의 새로운 원칙(New Principles of Gardening)』을 통해 여러 건물과 트롱프뢰유를 적용한 끝부분을 제안했다.[2] 그에 못지않게 다작한 윌리엄 해프페니(William Halfpenny)와 존 해프페니(John Halfpenny) 부자는 『중국식 사원을 위한 새로운 디자인(New Designs for Chinese Temples)』(1750), 『적절하게 장식된 중국과 고딕 건축(Chinese and Gothick Architecture Properly Ornamented)』(1752), 『고딕 취미의 시골 건축(Rural Architecture in the Gothick Taste)』(1752), 『시골 신사의 소형 안내서(The Country Gentleman's Pocket Companion)』(1753)를 출간했다. 한편 윌리엄 라이트(William Wrighte)는 『그로테스크 건축(Grotesque Architecture)』을 세 판본(1767, 1790, 1802)으로 내놓았다. 토머스 라이트(Thomas Wright)의 훌륭하지만 아쉽게도 비상업적 출판물인 『보편 건축(Universal Architecture)』은 1755년의 『여섯 개의 독창적인 정자 디

2 [역주] 랭글리는 정원 애비뉴의 끝부분에 원근법을 적용한 그림을 걸어 착시 효과를 낼 것을 제안했다.

자인』과 1758년의 『여섯 개의 독창적인 그로토 디자인(Six Original Designs of Grottos)』의 두 권으로 출판되었고, 훌륭한 최신판이 있다.[3]

1796년에서 1806년 사이에 J. G. 그로만(J. G. Grohmann)과 F. G. 바움가르트너(F. G. Baumgärtner)는 다섯 권짜리 『아이디어 저장고(Ideenmagazin)』를 프랑스어와 독일어로 출간했고, 이는 곧 이탈리아와 러시아, 폴란드, 슐레지엔, 네덜란드에 널리 유통되었다고 한다. 다양하고 보다 이국적인 제안에는 마헌(Machern), 락센부르크(Laxenburg)와 같은 곳에 실제로 존재하는 동시대 독일 정원의 판화, 잔디 롤러, 해시계, 이웃과의 의사소통을 위한 신호 시스템과 같은 실용적인 장치 그리고 회전목마와 다트판, 대관람차, 그네처럼 공공 축제 마당에서 흔히 볼 수 있는 수많은 요소들이 배치되었다. 『아이디어 저장고』에 이어 곧 네덜란드의 양묘업자인 헤이스베르트 판라르(Gijsbert van Laar)가 1802년 『정원 장식 저장고(Magazijn van Tuin-Sieraaden)』를 선보였다. 그는 일부 디자인을 다른 이들로부터 도용했지만, 설계 도면과 입면도를 모두 제시했다. 그의 재료는 저렴하고 조잡했으나 작은 은둔처, 고인을 기리는 기념물, 냉수욕장, 새장, 놀이용 배 등 그가 제안한 정원 요소들은 부르주아 정원가들이 매력을 느낄 만한 부분이 분명 있었다. 그가 제시한 정원 구조물의 종류는 놀라울 만큼 다양했지만, 동시에 터무니없었다. 하나의 예로 농장의 건물은 세 가지 양식으로 제안되었는데, 하나는 완전히 새 것, 다른 하나는 '폐허처럼 보이게 만든 것', 마지막 하나는 실제로 거의 허물어져 가는 것이었다.

곧 이와 비슷한 출판물이 연달아 나왔다. 1809년에 J.-C. 크라프트(J.-C. Krafft)와 P.-F.-L. 뒤부아(P.-F.-L. Dubois)의 두 권짜리 출판물이 나왔는데 『픽처레스크 정원과 그 구성에 포함될 수 있는 다양한 유형의 파브리크와 관련된 프랑스 및 외국의 여러 건축가의 작품집(Productions de plusieurs architectes français et étrangers, relatives aux jardins pittoresques et aux fabriques de divers genres qui peuvent entrer dans leur composition)』이라는 제목이 설명을 대신할 것이다. 이 책이 건축적 전문성을 인정받았다는 사실에서 픽처레스크 유행이 이

3 이 출판물들에 대한 논평의 전문은 Eileen Harris, assisted by Nicholas Savage, *British Architectural Books and Writers, 1556-1785* (Cambridge, 1990)를 보라. 이 책에 실린 출판물 연대표(pp. 513ff)는 이 주제와 그에 관련된 출판이 풍성했음을 시사한다. 아일린 해리스는 *Arbours & Grottos* (London, 1979)의 뛰어난 번각본을 소개하기도 했다.

165
가브리엘 투앵의 1828년판 『모든 종류의 정원 도면 해제』

제 전문가들의 손안에 안전하게 들어왔음을 확인할 수 있다! 이후 1820년에 가브리엘 투앵(Gabriel Thouin)은 『모든 종류의 정원 도면 해제(Plans raisonnés de toutes espèces de jardins)』를 출간했고, 두 차례 개정판을 냈으며, 1828년판에는 컬러 도판을 추가했다. 그는 '모든 종류의 정원'을 대상으로 평면도와 다양한 **파브리크**를 보여 주는 단면도를 함께 제시했다(도판 165). 그가 다양한 종류의 배치도와 장식을 반드시 명확하지는 않더라도 일정한 기준에 따라 분류했다고 가정한다면, 책 속의 구조물들이 각각의 성격에 맞게 적절히 배치되었으리라고 기대할 수 있다. 이 책에는 그가 **경관**(*paysages*)이라고 이름 붙인 것과 차이를 보이는 중국식, 영국식 그리고 비정형적인 경관 디자인이 포함되어 있다. 이 경관은 농경지, 삼림 지대, 목가적인 파크랜드, **카리에르**(*carrière*, 승마를 위해 확보해 둔 공간)로 구성되었다. 다른 출판물들이 이 책의 뒤를 이었는데, 그중 몇몇은 부르주아 주택

166 빅토르 프티,『전원주택』에 수록된 벨베데레를 위한 프로젝트(1850년경).

을 대상으로 했다. 빅토르 프티(Victor Petit)는 자신의 이름에 어울리게[4] 1855년경부터『전원주택(Habitations champêtres)』에 집과 별채, 오두막, 정자를 위한 소규모의 구조물을 제시했다(도판 166).

이러한 제안들을 검토하는 일은 흥미롭고 즐거운 작업이다. 그러나 동시에 보다 진지한 질문도 생겨난다. 이러한 제안은 어디에서 비롯된 것이며, 그 목적은 정확히 무엇일까? 그 기원을 추적하는 일은 비교적 쉽다. 가령 중국풍 지붕이 달린 회전의자는 마리 앙투아네트(Marie Antoinette)가 프티 트리아농(Petit Trianon)에 설치한 것을 모델로 한 것이 분명하고, 이것의 현대적 버전은 놀이공원과 장터에 기본적으로 설치되는 아이템이 되었다. 하지만 이런 아이템의 유행이 보다 광범위한 지역으로 확산되면서, 이용자들이 장식에 담긴 본래 의미를 잘 이해하지 못하는 경우가 많아짐에 따라 귀족 등의 상류 지배층이 만들어 누리던 장소에 기원을 둔 관념들이 그곳에서는 어떤 의미를 가질 수 있을 것인가라는 새로운 문제가 제기되었다.

매우 중요한 초기 출판물로는 조르주루이 르루주(Georges-Louis Le Rouge)가 1776년부터 연속적으로 발행한 종이 표지로 된 작은 동판화 컬렉션 혹은 카이에(*cahiers*)[5]가 있는데, 이는『영국-중국식 정원(Jardins anglo-chinois)』혹은『유행하는 새로운 정원의 세부(Détails des nouveaux jardins à la mode)』라고 알려졌다.[6] 이는 패턴 북이 아니라 유럽과 중국 전역의 다양한 정원을 수록한 방대한 모음집으로, 동판화의 수는 도합 500장

4 [역주] 그의 성 '프티'는 '작다'라는 뜻이다.

5 [역주] 여러 장의 종이를 모아 엮고 표지를 붙여 책 형태로 만든 인쇄물의 명칭.

6 쉽게 참조할 수 있도록 느슨하게 제본된 이 카이에의 뛰어난 번각본이 Connaissance et Mémoires에서 출간되었고(Paris, 2004), 여기에서 도판을 취했다. 이것이 첨부된 Véronique Royet, *Georges Louis Le Rouge. Les jardins anglo-chinois*가 프랑스 국립도서관에서 출간되었다(Paris, 2004).

가까이 된다. 이는 인상적인 기록이며 주의 깊게 연구할 가치가 있다. 르루주는 치직이나 스토, 이셔, 클레어몬트, 큐(Kew)와 같은 유명한 영국 정원의 삽화와 도면을 빌려 왔지만 항상 정확한 것은 아니었다. 그는 특히 윌리엄 체임버스, 조지 비컴(George Bickham)의 『스토의 아름다움(The Beauties of Stowe)』, 윌리엄 라이트의 『그로테스크 건축(Grotesque Architecture)』 등의 글과 도판을 도용했고, 에르므농빌, 몽소(Monceau), 데제르 드 레, 랑부예(Rambouillet), 모페르튀이(Maupertuis), 모르트퐁텐(Mortefontaine)과 같은 프랑스의 정원도 소개했다. 또한 중국 정원에 대한 내용은 **카이에** 네 권 분량에 달하는데(제14권에서 제17권), 그것만으로도 분명 중국 정원과 비슷한 것들이 많은 서구 정원에 생겨나게 했을 것이다.

르루주는 유행하는 다양한 최신 정원 작업을 널리 알리는 데 분명히 관심이 있었고, 이는 여기에 묘사된 문화를 직접 경험하지 못한 이들에게 상당한 영향을 미쳤을 것이다. 하지만 그의 **카이에**를 숙독한 이들이 실제로 얼마나 박식했는지, 그렇다고 해도 다양한 **파브리크**를 어떻게 해석했는지 알기는 어렵다. 게다가 르루주의 많은 이미지는 전체적으로 상당히 다양한 **파브리크**와 그 절충적인 양식, 대체로 복잡한 평면도와 여러 나라에 걸친 분포를 예찬하기 위한 것이었으며, 이를 폭넓게 설명하거나 의미를 판단하는 일은 보류했다. 그의 출판물은 일반적으로 기존 대상지에 대한 사려 깊고 안목 있는 논평보다는 (적어도) 장래의 효용에 초점을 두었다. 두 개의 사례를 통해 이를 살펴보자.

르루주 역시 스토의 방대한 정원에 주목했는데, 이곳은 이미 잘 알려진 영국의 풍경화식 정원이었고 사원을 비롯한 다른 기념물이 상당히 많았으며 그에 대한 논의도 이미 출판되어 있었다. 게다가 르루주가 스토의 동판화를 다룬 1776년보다 10여 년 전에 호러스 월폴은 스토에 너무 많은 구조물이 있다고 언급하면서 그로부터 거리를 두었다(다른 곳에서도 비슷한 이의가 제기되었다. 1780년대 뇌이쉬르센[Neuilly-sur-Seine]에 위치한 폴리 생잠[Folie Saint-James][7]을 방문한 이는 그곳의 파브리크가 '좀 적었다면 아주 아름다웠을 것'이라고 생각했다). 하지만 르루주는 네 번째 **카이에**에서 스토를 설명할 때 코범 경, 울프

7 [역주] 루이 15세의 해군 재무 감독관인 클로드 보다르 드 생잠(Claude Baudard de Saint-James)이 소유한 저택으로 정원 내의 마흔여덟 개의 폴리가 유명했다.

167
알렉상드르 드 라보르드, 『프랑스의 새로운 정원과 옛 성에 대한 기술(Description des nouveaux jardins de la France et de ses anciens châteaux)』(1808)에 수록된 데제르 드 레의 중국풍 집.

장군(General Wolfe), 그렌빌 대령(Captain Grenville),[8] 조지 1세(George I), 조지 2세(George II), 캐롤라인 왕비(Queen Caroline)[9] 등 특정 인물에게 헌정된 수많은 기념비 중 아주 적은 수만을 언급했다. 고딕 사원(자유의 사원[Temple of Liberty])이나 우정의 사원(Temple of Friendship), 고대 덕성의 사원, 영국 명사의 사원들은 전혀 논하지 않았다. 그는 이 구조물들을 도면에 숫자로 표기했지만, 그 의미를 설명하거나 묘사하지 않았다. 실제로 르루주의 동판 풍경화는 '어떤 정원에 위치한 구조물인가'라는 정보, 즉 제목을 통한 단순 식별에 집중했을 뿐, 그것들이 지닌 상징적 의미나 맥락을 해석하려 하지 않았다. 결국 그가 보여 주는 도판은 정원의 철학적 맥락보다는 형식적 양식에 초점을 두었다.

르루주가 중요하게 여겼던 또 다른 장소는 열세 번째 **카이에**에서 다룬 데제르 드 레인데, 이는 그런 주목을 받을 만한 곳이다. 이번에는 도면을 비롯해 **파브리크** 목록이 상당히 충실하게 제시되었다. **카이에**의 다른 부분에서와 마찬가지로, 르루주는 이 정원의 소유자인 몽빌 경(Monsieur de Monville)이 왜 특정한 요소들을 선정해 여기에 모아 두었는지에 대해서는 거의 관심을 보이지 않았다. 뒤늦게나마 이제 우리는 미셸 바리

8 [역주] 토머스 그렌빌(Thomas Grenville, 1719-1747)은 영국 해군 대령으로 오스트리아 왕위 계승 전쟁에서 전사했다. 그의 외삼촌인 코범 경은 그렌빌 대령을 추모하는 그렌빌 기둥(Grenville Column)을 스토에 세웠다.

9 [역주] 카롤리네 폰브란덴부르크안스바흐(Caroline von Brandenburg-Ansbach, 1683-1737)는 영국의 군주 조지 2세의 왕비로 예술과 학문을 적극적으로 후원했으며 정원 애호가로도 유명했다.

동(Michel Baridon)[10]이 했던 것처럼 다양한 철학적 전통에 대한 이해를 바탕으로 이 놀라운 장소에 반응할 수 있다.[11] 몽빌은 1774년 이후 자신의 은거지를 계획하면서 역사와 문화의 상징을 결합한 복합적 공간을 조성했다. 그는 스무 개의 요소를 구상해 배치했는데, 여기에는 티크로 만든 중국식 파빌리온(도판 167)과 (얼음 창고로 쓰이는) 피라미드, 판의 사원(Temple of Pan), 고딕 양식의 교회(실제 폐허), 터키풍 천막과 부러진 기둥(도판 2를 보라)이 포함되었다. 이 끝이 잘려 나간 기둥은 아주 거대해서 오래전에 이 파크랜드에 거인족이 살았을 것 같다는 인상을 준다(이는 현대의 라빌레트 공원[Parc de la Villette]에 있는 클라스 올든버그[Claes Oldenburg]의 절반쯤 파묻힌 거대한 세발자전거와 다르지 않다). 심지어 스코틀랜드 출신의 토머스 블레키(Thomas Blaikie)는 이를 보고 바벨탑을 떠올렸다. 최근 훌륭하게 복원된 데제르 드 레는 이브 본푸아의 말을 빌리자면 여전히 "일상생활의 정반대에 있는" 미스터리의 장소다. 이는 우리의 의식을 사로잡는 과거의 문화들을 떠올리게 하지만, 시공간을 초월하고자 하는 인간의 열망을 통해 특정한 장소와 시대의 특징을 표상하려는 의지만큼은 단연코 현대적이다. 데제르 드 레의 부러진 기둥은 거대한 부조리인 동시에 환영적 시로서, 토머스 제퍼슨(Thomas Jefferson)부터 스웨덴의 구스타프 3세(Gustav III), 앙드레 브르통과 초현실주의자들에 이르는 다양한 지지자들이 이곳에 이끌린 것도 결코 놀라운 일이 아니다.

이러한 파크와 공원을 구상하고 채우는 데 있어 무대 디자이너들의 역할은 특히 흥미롭다. 연극 무대 디자이너들은 도처에서 픽처레스크한 정원을 조성하는 데 관여했다. 베네치아 공화국 몰락 이후의 공공 정원,[12] 혹은 훨씬 이후인 1840년에서 1846년 사이에 제노바에서 무대 미술 전문가 미켈레 칸치오(Michele Canzio)가 빌라 팔라비치니(Villa Pallavicini)의 파크를 설계한 일 등이 있다. 그의 고안은 인상적이며, 히

10 [역주] 미셸 바리동(1926-2009)은 부르고뉴 대학교의 영문학과 교수로, 문화사적 맥락에서 정원의 역사를 연구했다.

11 Michel Baridon, 'The Garden of the Perfectibilists: Méréville and the Désert de Retz', *Tradition and Innovation in French Garden Art*, ed. John Dixon Hunt and Michel Conan, with the assistance of Claire Goldstein (Philadelphia, PA, 2002); Yves Bonnefoy, 'Le Désert de Retz et l'expérience du lieu', *Le Nuage rouge* (Paris, 1977).

12 도시의 몇몇 픽처레스크 정원이 무대 디자이너의 작업임을 다룬 필자의 *The Venetian City Garden* (Basel, Boston, and Berlin, 2009)의 6장과 8장을 보라. 빌라 팔라비치니에 대해서는 Fabio Calvi e Silvana Ghigino, *Villa Pallavicini a Pegli* (Genoa, 1998) 참고.

168 파리 몽소 공원의 **나우마키아.**

에로글리프가 새겨진 이집트 오벨리스크, 그로토 안의 악어, 중국풍 다리와 파빌리온, 터키풍과 인도풍 그리고 헬레니즘 시대풍의 구조물, 에트루리아 모티프와 중세의 성과 무덤, 회전목마, 시소, 미니어처 대관람차와 같은 많은 부분은 공공 정원에서 여전히 볼 수 있다. 카르몽텔(Carmontelle)이라고 알려진 또 다른 초기 무대 디자이너 루이 카로지(Louis Carrogis) 또한 샤르트르 공작(Duc de Chartres)을 위해 파리의 몽소 정원을 설계했다. 카르몽텔은 일전에 그를 위한 축제 행사 작업을 한 바 있다. 데제르 드 레 이면에 있는 충동과 마찬가지로, 그는 이것이 "모든 시대와 모든 장소"를 반영한다고 말했다. 그는 무엇을 보아야 할지 모를 정도로 많은 장면을 조합했고, 각각은 그에 맞는 구조물로 꾸려졌다. 네덜란드, 터키, 중국, 이집트, 고대 로마풍의 구조물(나우마키아[도판 168]는 여전히 남아 있지만 마르스의 사원은 사라졌다)이 농장과 포도밭 그리고 한때는 화학 실험실로 쓰였던 온실에 바싹 붙어 있다. 그 전체 구성은 너무나 놀라우며, 경박함과 열정이 모호하게 뒤섞여 있어서 이곳이 프리메이슨 의식을 위해 설계되었다는 주장에 신빙성을 부여한다(데제르 드 레에 대해서도 비슷한 주장이 있었지만 훨씬 설득력이 떨어진다). 숨겨진 의미가 무엇이든 이는 대상지의 **게니우스 로키**에 대한 지역적이고 역사적인 이해를 넘어서는 변화의 모색이었다. 오늘날 몽소 공원(현재 이렇게 불린다)이 드러내는 장소성은 달라졌다. 부유한 파리 시민들이 반려견과 함께 산책하고 아이들은 프랑

169
스토에 있던 현대 덕성의 사원과 머리가 없는 로버트 월폴 조각상의 모습을 담은 18세기 판화. 둘 다 이후에 철거되었다. 이 사원과 조각상은 근처에 있는 장려한 고대 덕성의 사원에 대한 신랄한 대응물로 설계되었다.

스 대혁명 이전의 환상을 담은 몇 남지 않은 유물 사이에서, 19세기에 오스만 남작이 다시 만든 녹지 공간 속에서 뛰어논다.

호모 루덴스(*Homo Ludens*)에게는 시시하거나 바보 같기만 한 '유희'뿐 아니라 진지한 '유희'를 허용하는 것 역시 중요하다. 연극적 유희를 위한 배경이나 축제 행사를 기획해 본 경험이 있는 무대 미술 디자이너가 이러한 정원의 조성에 관여하는 경우 대개 어떤 형태로든 유희가 포함되어 있었다. 물론 스토나 데제르 드 레에는 정치적·철학적 의미를 담은 진지한 시나리오가 있었고, 따라서 이곳에 만들어진 장치들은 그에 상응하는 특정 관념을 구체화하기 위한 것이었다. 그렇다고 해서 윌리엄 켄트의 (뒤쪽에 그레이하운드를 위한 기념비가 있는) 영국 명사의 사원 앞에서 근엄한 얼굴을 해야 한다거나, 의도적으로 폐허처럼 보이게 만든 현대 덕성의 사원(Temple of Modern Virtue) 옆에 놓인 머리가 없는 로버트 월폴(Robert Walpole)[13]의 조각상을 떠올리며 웃으면 안 된다는 뜻은 아니다(도판 169). 그러나 르루주는 자신의 책에 수록된 다양한 경관에 담긴 의미를 경시하거나 심지어 무시하면서, 큰 노력을 들이지 않아도 되고, 상상 속에 나올 법하거나 기발한 효과를 드러내기를 권했다. 패턴 북을 모방해 자신들의 땅에 환상적인 요소나 현지의 분위기를 채워 넣고자 한 이들의 경우에는 더욱 그러한 경향을 보였다. 그리고 유희적인 요소는 아무리 익살스럽게 제시된다 하더라도 소유자의 바람과 아이디어

13 [역주] 정원의 소유자인 코범 자작의 정치적 라이벌이었다.

를 분명히 드러냈다. 이는 거대한 저택의 디자인뿐만 아니라 교외의 정원에도 적용되었다(자크 타티[Jacques Tati]의 영화 〈나의 아저씨[Mon Oncle]〉에 나오는, 중요한 손님이 올 때만 가동되는 물고기 모양의 분수가 있는 속물적인 정원처럼). 그 요소들은 균형이 전혀 맞지 않거나(소박한 교외 주택의 진입로를 장식하는 거대한 중국풍 사자 도자기), 그곳에 사는 이를 본의 아니게 드러낸다(필자는 정원의 외양을 자랑거리로 여기는 교외에 살지만, 앞마당을 검은 비닐로 완전히 덮어 가렸고, 가운데 있는 화분에는 죽은 덤불만 있다).

폴리에 대한 현대적인 관심은 대개 폴리가 "크고, 고딕적이고, 과시적이며, 야심이 과하고, 쓸모가 없으며 (…) 아주 비현실적인 지역의 전설과 결부되어 있다"라고 가정한다. 폴리에 어떤 의미가 있다면 그것은 이를 "보는 이의 관점"에 따른 것이다(두 인용 모두 내셔널 트러스트[National Trust]의 『폴리: 가이드[Follies: A Guide]』에서 발췌했다). 이러한 평가는 매력적이지도, 심지어 그리 설득력 있지도 않다. 정원의 폴리나 **파브리크**는 어리석거나, 헛되거나, 시시하거나, 바보 같거나 혹은 허술해 보일 수 있다. 하지만 이러한 장치들은 **열려라 참깨**처럼 상상 속 풍경의 영속적인 세계로 들어가는 마법을 제공한다. 이런 기회를 검토해 보는 일은 더 흥미롭고, 분명히 보다 재미있는 작업일 것이다.

내셔널 트러스트의 안내서에서처럼 폴리에 대한 습관적 비판은 두 가지 중요한 요점, 즉 **게니우스 로키**의 식별과 제시 그리고 수사학에서 **활유법**이라고 부르는 것을 간과하고 있다. 활유법은 시인이나 연설자가 특정 방문자 또는 행인에게 직접 말을 할 때 풍경 속에 있는 어떤 사물이나 사람을 상상하게 하는 장치다. 잘 알려진 예로, 성경에서 모세가 "네가 서 있는 곳은 거룩한 땅이니, 네 발에서 신을 벗으라"라는 목소리를 들은 것을 들 수 있다. 장소의 정령 혹은 혼이 경관 속에서 발견되거나 그곳에 깃들어 있을 수 있다는 생각을 통해, 지역 사회나 토지 소유자들은 특정 장소에 중요성이나 의미를 부여할 수 있게 되었다. 특정한 곳에서 이루어지는 이러한 의미의 소통은 특히 기념비에 나타난다. 니콜라 푸생이 그린 〈아르카디아에도 나는 있었다(Et in Arcadia Ego)〉의 목동들이 무덤을 발견했을 때, 혹은 토머스 그레이(Thomas Gray)의 시에 등장하는 시인이 '시골 교회 묘지'의 묘비 앞에서 사색에 잠길 때처럼 말이다.[14] 이러한 방식으로, 고안되어 정원 안에 놓인 많은 요소는 그곳을 지나가는 사람들에게 그 형태, 비문

14 [역주] 영국의 시인 토머스 그레이의 시 「시골 교회 묘지에서 쓴 비가(Elegy Written in a Country Churchyard)」(1750-1751)를 말한다.

이나 다른 표지 그리고 대상지 자체를 면밀히 살펴보고 추론함으로써 그 '메시지'에 관심을 가지라고 조언할 수 있다.

중요한 소유자와 관련되어 있거나(베르사유), 소유권의 전통이 긴(라우셤) 정원은 그 중요성에 말을 걸고 참여하는 다양한 요소로 장소에 표시를 남길 수 있다. 때로 이러한 장소는 자명하고 국지적인 '메시지', 즉 자연스럽고 그 장소에 적합해 보이는 조언이나 계기를 드러냈다. 이어져 내려오는 혈통이나 지역적 중요성이 없는 장소는 의미를 드러내는 장치를 고안해 내야 한다. 이를 통해 방문자들이 장소에 반응할 수 있게 되며, 심지어는 소유자도 자신의 소유권과 장소를 재확인하고 안심할 수 있다. 이는 원래 폴리나 파브리크 혹은 정원의 다른 요소에 기대되는 바였다. 이러한 구조물들은 장소를 바라보고 이해할 수 있게 해주는 렌즈의 역할을 했고, 고안되고 주의 깊게 연구될 수 있었으며, 사려 깊은 방문자들은 그 요소들과의 소통을 통해 무언가를 얻었을 것이다. 어떤 것은 허풍스럽고, 어떤 것은 교육적이었다. 고안된 것이라 하더라도 사려 깊을 수 있고, 실제로 흥미를 유발할 수도 있다. 또 어떤 것은 그저 상상 속에나 나옴 직한, 호기심 많은 이를 위한 놀이터일 수도 있다.

170 '고딕풍 우정'에 헌정된 기념물, W. G. 베커(W. G. Becker), 『자이퍼스도르퍼 계곡』(1792).

순전히 교육적인 목적으로 파브리크를 사용하는 것에 대해서는 조지프 스펜스(Joseph Spence)가 1747년 『폴리메티스(Polymetis)』[15]에서 개괄적으로 서술했다. 스펜스는 옥스퍼드 대학교에서 시를 가르치는 교수였고 후에는 역사도 가르쳤으며, 동시대의 기획에 크게 관여한 가드니스트였다. 『폴리메티스』에서 그는 사원과 다른 건축물이 가득한 경관을 고안하려 했는데, 이는 로마의 신과 신화에 대한 지식이 심각하게 부족해

15 [역주] 책략가, 다양한(교활한) 재주라는 뜻. 폴리페모스의 섬을 빠져나가는 데 성공한 오디세우스에 대한 표현에서 유래한다.

171 파사우 아카데미의 미술 교사 J. F. 카를이 1792년에 제작한 파사우의 프로이덴하인 파크 드로잉의 팩시밀리 사본, 1921.

2 Le Tombeau de Marc Aurel.

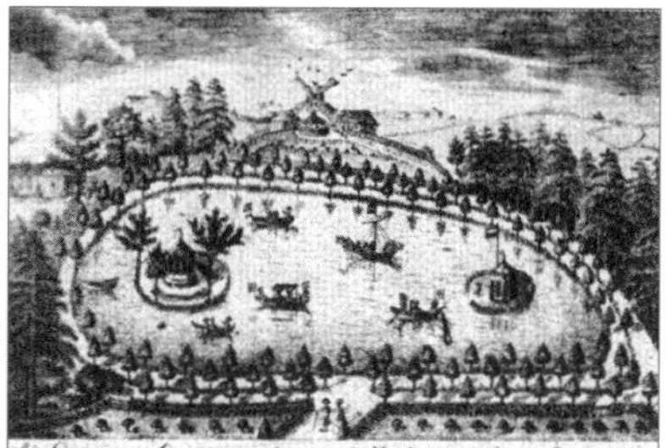

L'Etang aux Cygnes et à son coté le Moulin à vent servant de pigeonier

2 L'Office.

4 La Ruine d'un Arc Triomphal Romain.

3 Le Quillier.

4 L'Obelisque.

6 Les Champs Elisées.

5 Les Eaux de Santé et les bains du Danube orné d'un temple et d'une chute

6 La Superbe Cave d'Heidelberg avec une Avant-Cour entourée de Tilleuls deux Allées à coté, et en arrière une petite Forêt des Tilleuls.

8 La Terrasse du Belvedère, et le Cabinet aux Miroirs, et la triple Allée dans le Fond.

7 L'Isle de Reconnoissance au Sauveur de l'Allemagne

8 Volière aux Canaries au Bois des Rossignols

보이는 세대를 교육시키기 위함이었다. 각각의 건축물은 해당하는 신을 예찬하고, 그 신과 관련된 메달과 조각상, 설명과 같은 참조할 내용을 함께 제공할 것이다.

> 언덕 등성이에 있는 로툰다와 그 주위를 빙 둘러선 콜로네이드가 보이는가? 그 안에는 위대한 천상의 신들이 있다. (…) 조각상들은 맞춤 제작된 벽감 속에 놓여 있고, 고대 부조의 복제품이나 그와 관련된 그림으로 장식되어 있다. (…) [또한] 메달과 보석, 판화와 스케치를 넣을 서랍 (…)

1780년대 초 드레스덴 근처에 실제로 조성된 자이퍼스도르퍼 계곡(Seifersdorfer Tal)의 경관에도 좀 더 감상적이긴 하지만 교육적 목적이 있었다(도판 170). 이곳에는 숲과 초지, 계곡과 절벽 사이의 사원과 새겨진 글, 인물의 흉상, 진리와 덕목에 바쳐진 제단, 고딕풍 우정에 헌정된 기념물을 비롯해 라우라를 향한 페트라르카의 열정, 괴테의 젊은 베르터, 에드워드 영(Edward Young)의 「밤 생각(Night Thoughts)」, 로런스 스턴(Laurence Sterne)의 요릭 목사(Parson Yorick)[16]를 아우르는 풍성한 참고 자료가 곳곳에 흩어져 있었다. 자이퍼스도르퍼 계곡은 이곳에 모여든 감상적인 영혼들이 쉽게 다가갈 수 있는 곳이었다.

다른 곳들은 더 학구적이거나 혹은 더 난해했으며, 일부는 프리메이슨적인 미스터리로 둘러싸여 있다. 라이프치히 서쪽의 마헌에서는 구불구불한 오솔길이 모두 고전적 구조물과 고딕 구조물, 기사의 성(Ritterburg), 신고전주의 양식의 포르티코가 있는 이집트 피라미드로 이어진다. 하지만 건축물들을 통해 다양한 문화를 드러내는 경관의 마지막이자 가장 위대한 사례 중 하나로 프로인덴하인(Freundenhain, 친구의 총림)을 들 수 있다. 이는 18세기 말 파사우(Passau)의 주교후(Fürstbischof)[17]가 자신의 여름 별장으로 조성한 곳이다(이후 1889년에 기쁨의 총림이라는 뜻의 프로이덴하인[Freudenhain]으로 이름이 바뀌었다). 이 파크는 교구의 선행 캠페인(도로, 병원, 극장)의 일환으로 대중에게 개방되었으며, 1780년대에는 협곡을 따라 두 부분으로 나뉘고 숲이 우거진 경관 속에 여러 장면

16 [역주] 스턴의 소설 『트리스트럼 섄디(Tristram Shandy)』의 등장인물.

17 [역주] 원문에는 Cardinal Archbishop(주교 추기경)이라고 되어 있으나 가톨릭 주교이면서 동시에 세속 영지를 소유하고, 영지에 대한 주권을 지닌 주교후(Fürstbischof)가 더 정확한 명칭이므로 수정함.

172 먼 곳에 '아이캐처'로 파운틴스 수도원의 폐허가 보이는 스터들리 로열.

이 조합되어 채워졌다. 진입 도로로 연결되어 방문자들은 적어도 스물네 개의 건물과 심지어는 마을과도 맞닥트릴 수 있는데, 그중 일부는 네덜란드 일꾼들이 만든 것이었다. 부지의 대부분은 이제 식물이 무성하게 자라고 구조물은 훼손되었지만, 파사우 아카데미의 미술교사였던 J. F. 카를(J. F. Karl)이 1792년에 모든 주요 **파브리크**를 기록해 두었다(그의 스케치[도판 171]는 1921년의 팸플릿에 번각되었다).

모든 나라와 지역은 저마다 그 장소를 식별하고 방문객의 관심을 끌기에 적합한, 그럴듯하거나 믿기 어려운 방식을 찾아낼 수 있었다. 영국의 정원은 지역이나 국가에 중점을 두는 동시에 그곳에서 회상되는 사건이나 인물을 기릴 수 있다. "노래하던 예쁜 새들이 떠나 폐허가 된 성가대석"[18]처럼 실제 건물과 폐허가 된 교회의 잔재가 이곳의 전체 역사에 대한 연상을 불러일으킬 수도 있다. 레저즈에 있는 셴스톤의 소수도원이나 [헨리 8세의 수도원 폐쇄령으로 문을 닫은-역자] 이후 스터들리 로열(Studley Royal)의 파크와 정형식 수경 정원에 흡수된 요크셔주의 파운틴스 수도원(Fountains Abbey)에서처럼 말이다(도판 172). 진짜 구조물이 부족한 경우에는 적합한 고안물로 충당할 수

18 [역주] 셰익스피어 소네트 73의 한 구절.

있었다. 서리주의 페인스힐에는 고딕 탑과 측면이 개방된 벨베데레가 있었는데, 그것은 충분히 우아하긴 하지만 다소 부조화스럽다(월폴이 완전히 용납한 것은 아니었다). 포프의 친구인 배서스트 경(Lord Bathurst)은 '진정으로' 오래된 건축물을 소유하고자 하여, 1721년에서 1734년 사이에 사이런세스터(Cirencester)에 위치한 자신의 파크에 알프레드 대왕(King Alfred)의 홀을 세웠다. 이는 또한 1688년의 명예혁명 이후 중요해진 고대 영국의 자유 전통에 대한 지지를 표명하기 위함이기도 했다. 또 다른 지주인 스타우어헤드의 헨리 호어에게 알프레드 대왕은 같은 지역 출신이었기에 특별한 의미가 있었다. 호어는 자신의 정원 위 언덕 능선에 알프레드의 탑(Alfred's Tower)을 세우고, 벽감에는 왕의 조각상을, 그 아래에는 "영국 왕실의 창시자이자 (…) 가장 훌륭한 법과 배심원 제도를 선사한 분, 잉글랜드 자유의 수호자"라는 비문을 새겼다(토머스 하디[Thomas Hardy]가 1914년의 시 「해협의 포성[Channel Firing]」에서 '스토튼 탑[Stourton Tower]'을 전쟁 중에 보호되어야 하는 영국의 장소로서 '카멜롯, 별빛이 비치는 스톤헨지[Camelot, and starlit Stonehenge]'와 결부시킴으로써 그 요지를 정확히 파악했다). 그럼에도 호어는 브리스틀(Bristol)에서 가져온 진짜 중세 시대의 시장 십자가(market cross),[19] 성 베드로의 펌프(St Peter's Pump)[20]라는 또 다른 진품 유물, 글래스턴베리 수도원(Glastonbury Abbey)의 스테인드글라스와 같은, 특별한 지역적 특색을 띠지 않는 다른 고딕 요소 역시 추가했다. 이는 모두 기존의 교구 교회와 예로부터 이어져 온 영국성의 선언을 결합시키는 것이었다.

1800년 즈음, 프랑스의 경관은 데제르 드 레와 같은 문화사의 **장기지속**(*longue durée*)[21]이나 에르므농빌 영지를 유지시킨 국가 정치의 현황을 재검토하는 데 특히 공을 들였다. 에르므농빌에서 지라르댕 후작(Marquis de Girardin)은 여러 화가의 방식을 따라 장면을 조성했고, 테오크리토스(Theocritus)[22]부터 게스너(Gessner)[23]와 루소에 이르는 일군의 작가들을 참조한 비문을 세웠다. 하지만 정치적 신념이 확고했던 그는 많

19 [역주] (중세 유럽의) 시장에 세워 놓은 십자가 혹은 십자가 형태의 집.

20 [역주] 알프레드 대왕이 전투 중 물을 청하는 기도를 올리자 샘이 솟았다는 기적적인 일화와 관련되었다. 영국 브리스틀의 성 베드로 교회에 있던 것을 호어가 스타우어헤드로 옮겨왔다.

21 [역주] 프랑스 사학자 페르낭 브로델(Fernand Braudel)의 개념으로, 삼분 구조의 맨 아래에 있는 '거의 움직이지 않는 역사'를 말한다.

22 [역주] 고대 그리스의 목가 시인.

23 [역주] 콘라트 게스너(Conrad Gessner, 1516-1565). 스위스의 박물학자이자 서지학자.

173
파리 북동쪽 에르므농빌에 있는 현대 철학의 사원.

174
에르므농빌의 포플러나무 섬에 있는 루소의 무덤.

은 다른 설치물도 지시했다. 현대 철학의 사원은 미완성 상태로 남겨졌고, 바닥에는 언젠가 철학이 그 잠재력을 온전히 인식할 때 세워질 기둥이 눕혀져 있었다(도판 173). 이는 단지 과거뿐 아니라 미래에 대한 관심을 환기한다는 점에서 폴리 중에서도 독특하다. 장 자크 루소가 자연 속에서 살 수 있도록 지은 소박하고 토속적인 오두막 또한 미래 지향적이고 현대적이다. 에르므농빌에서 이 철학자가 숨을 거둔 뒤, 위베르 로베르(Hubert Robert)의 설계로 포플러나무가 있는 섬에 무덤(도판 174)이 세워지면서, 이 풍경은 애가적인 성격을 띠게 되었다. 하지만 지라르댕은 루소의 기념물뿐 아니라 아르카디아 초원, 자유의 나무,[24] 지역 주민들이 활쏘기를 연습할 수 있는 표적, 원시 건축물과 선사 시대의 묘실의 사례와 같은 다른 요소도 사용함으로써 그의 영지가 농민들

175 에르므농빌에 있는 숯꾼의 오두막.

을 잘 대접하고 교육시키는 곳, 그리고 긍정적인 사회·정치적 미래를 구상할 수 있는 장소가 되도록 했다.

이처럼 유럽이 정원 구조물에 매료되었던 것은 기발하고 경쾌한 전시를 즐겼기 때문만이 아니라, 진지한 목적 때문이기도 했다. 그 놀라운 장면들에 감탄하는 것을 넘어서, 한 사람의 정신을 이끌어 가는 것, 혹은 그 구조에서 진지한 의미를 찾아내는 것은 때로 어려운 일이다. 알다시피 어리석은 행동에는 끝이 없고, 폴리의 즐거움도 사라지지 않는다. 따라서 현대 건축이 폴리의 부활을 활용한 것도 놀라운 일은 아니다. 괴짜로 알려진 버너스 경(Lord Berners)은 1935년에 옥스퍼드셔주의 패링던 하우스(Faringdon House)에 약 33.5미터 높이의 고딕 탑을 세웠다. 이후 정원 박람회들에서도 폴리의 부활이 나타난다. 그런 장소에서 폴리의 수명은 분명 짧지만 반향은 클 것이라는 인식을 통해 폴리는 계속해서 고안되었다. 1989년 네덜란드의 플로리아

24 [역주] 자유의 나무(Arbre de la liberté)는 고대부터 이어진 기념수 풍습이 변형된 것으로, 자유를 상징하는 나무 한 그루를 중요한 장소에 심었다. 프랑스 대혁명 이전부터 있었으나 이후 널리 보급되었다.

176 라빌레트 공원의 운하 옆에 줄지어 선 폴리.

드(Floriade)[25]를 위해 젊은 건축가들은 폴리 세트를 제안했고, 출판을 통해 이 장르의 역사를 간결하면서도 호의적으로 추적했다.[26] 하지만 임시 장소조차 없이, 구체적인 실용성이나 그럴듯한 지형을 분명하게 드러내지 않는 독특한 형태를 즐겨 활용한 건축가들도 있었다. 1983년에 뉴욕과 로스앤젤레스의 갤러리에서는 〈폴리: 20세기 말 경관을 위한 건축(Follies: Architecture for the Late-Twentieth-Century Landscape)〉 전시가 열렸고, 리졸리(Rizzoli) 출판사는 건축가 열아홉 명이 제안한 폴리 설계안을 담은 도록을 출판했다. 앤서니 비들러(Anthony Vidler)는 서문에서 이제는 익숙해진 폴리의 모호함("잘해야 숭고하고 최악의 경우에는 경박한", p. 13)을 높게 평가하고, 그것의 비뚤어진 내적 논리("순수한 의미로 (…) 세계로부터 물러난")를 예찬했으며, "억압된 것, 거부된 것, 그리고 완전히 불가능한 것을 위한" 피난처를 제공한다는 점에서 그 현대적 의의가 있다고 주장했다. 이 호소는 적어도 이 장르가 오늘날의 프로이트적 폴리로 확장되는 데 역할

25 [역주] 네덜란드에서 10년마다 개최되는 국제 정원 박람회.

26 [역주] Bernard Colenbrander, Patricia Deiters, and Erik de Jong, Red., *Follies voor de floriade: Biennale Jonge Nederlandse Architecten 1989* (Rotterdam, 1989).

을 했다.

1983년 전시 참가자 중 한 명이었던 베르나르 추미는 미국 전시와 동시에 라빌레트 공원의 국제 설계 공모를 통해 실제 폴리들을 세웠다. 다채로우나 많은 이들에게는 공허한 표현으로 보이는, 격자형으로 배치된 선명한 붉은색의 폴리(도판 176)는 다소 아이러니하기는 해도 기민한 모티브라는 인상을 준다. 추미에 따르면 격자 자체는 어느 곳에든 세우고 확장할 수 있기에 이상적으로 현대적인 형태다. 라빌레트에서 붉은 폴리의 격자는 다른 구조물과 만나면 제 일부를 그 건물에 밀착한 채 다음 지점으로 이동해 나간다. 또는, 기존의 역사적인 지형을 무시한다. 다시 말해 추미가 폴리를 사용하는 방식은 폴리 그 자체, 그리고 게니우스 로키의 개념 전체가 아무 의미 없어 보인다는 사실을 상기시킨다(라빌레트에 있는 대부분의 구조물에는 기능이 없다). 이 구조물이 참조한 것이 있다면 러시아 구축주의(Russian Constructivism)를 들 수 있을 테지만 격자 자체는 무장소적(placeless)이고 무제한적(limitless)이다. 추미의 디자인은 냉소적으로 전통에 의지하면서도 전통의 종말을 축하하는 것처럼 보인다.

하지만 다행히도 이것이 끝은 아니었다. 우도 바일라허의 『정원에서(In Gardens)』나 루이자 존스(Louisa Jones)의 『정원 방문자 안내서(The Garden Visitor's Companion)』와 같은 최근의 책은 특별히 폴리에 초점을 두지 않는다. 그러면서도 '자연스러운 정원'에 대한 선호를 냉담하고 단호하게 비판하는 정원 작업이 갑작스레 융성하는 현상을 조명한다(12장을 보라). 님케사르그(Nîmes-Caissargues)에 있는 베르나르 라쉬의 벨베데레나 파올로 뷔르기(Paolo Bürgi)의 지질학적 전망대(Geological Observatory)에서처럼 다른 설계가들도 폴리를 세울 수 있다(19장을 보라). 노먼 포스터(Norman Foster)가 님의 19세기 오페라 하우스를 재설계할 때 철거된 파사드를 라쉬가 벨베데레에 포함시켰듯, 버려진 건물들은 새로운 경관 속에서 폴리로서의 새로운 역할을 발견했다. 시애틀의 개스웍스 공원(Gas Works Park)은 사용되지 않는 건물을 보여 주는가 하면, 뒤스부르크 노르트(Duisburg-Nord)의 강철 골조는 크게 호평 받고 자주 화제가 되는 폴리가 되었다. 이제 산업적 유산은 (연상을 일으키는 대상인 동시에 옥외 활동 시설로서) 새로운 공원의 흥미로운 부분으로 남아 있다(도판 187과 235를 보라).

고유한 시각적 형태와 의미의 전달자로서의 구조물을 고안하고 활용할 기회를 탐색하고 즐긴 영국의 세 대상지를 살펴보며 마무리하겠다. 이는 이언 해밀턴 핀레이의 리틀 스파르타, 찰스 젠크스(Charles Jencks)의 우주적 사색의 정원(Garden of Cosmic

Speculation), 나이얼 홉하우스(Niall Hobhouse)의 하드스펜(Hadspen)[27] 조경 계획이다.[28]

리틀 스파르타에는 '인간 지나가는 자(man a passerby)'라는 단어가 새겨진 돌이 있다. 그곳에서 방문자들은 여러 새겨진 글을 지나가게 되고 다양한 요소(입구, 핵잠수함 상부 구조의 미니어처, 전함 미니어처, 층계형 출입구, 디딤돌, 거위 오두막, 도판 177)와 맞닥트리는데, 이들 중 상당수에는 글귀가 새겨져 있다. 모든 사람이 이를 알아차리거나 읽지는 않더라도 말이다. 그럼에도 이곳은 매우 재미있게 읽히는 정원이며, 여기에 쓰인 활유법은 정원의 명령을 듣고 반응할 기회를 준다. 핀레이의 '폴리'(그가 이 용어의 관습적 의미에 아주 철저하게 반대했기에 이 단어를 쓰기는 조심스럽다)는 소규모로 삽입되었다. 이는 신중한 지시와 동기가 이곳에 가장 잘 어울리고, 또 핀레이의 재정상 보다 화려한 요소를 도입할 수 없었기 때문이다(리틀 스파르타를 위해 계획되었던 유난히 큰 사원은 지나치다고 여겨졌으며, 이와 어울리는 장소는 다른 곳에서 발견되었다). 요컨대 이 놀랍고 도발적인 정원 작업은 은밀하고 더욱 간접적인 훈계로 작동한다.

177 리틀 스파르타에 있는 이언 해밀턴 핀레이의 거위 오두막. 한때 거위가 있었기에 이는 폴리가 아니다.

게니우스 로키와 그 수사적 훈계가 다소 다른 방식으로 표현된 곳도 스코틀랜드에 있다. 덤프리스(Dumfries)주에 있는 포트랙 하우스(Portrack House)의 정원[29]은 찰스 젠크스와 매기 케스윅(Maggie Keswick)이 설계했고, 놀라운 설치 작업들이 최대의 효과를 발휘하고 있다. 이는 핀레이의 정원보다 훨씬 더 요란하고, 또 어떤 점에서는 보다 모호하다. 한편 이곳은 눈을 즐겁게 하고 끊임없이 몰입하게 만드는 거대한 조각적 형태와 정원 배치로 채워져 있다. 형식적으로 잘 구성된 제법 넓은 경관 속에서 전혀 예

27 [역주] 서머싯(Somerset)에 있는 고택. 나이얼 홉하우스는 2007년에 정원 재설계 공모전을 후원했다.

28 앞의 두 곳은 여기에서 간략하게만 논의한다. 보다 자세한 논의는 필자의 *Nature Over Again: The Garden Art of Ian Hamilton Finlay* (London, 2008) 및 Charles Jencks, *The Garden of Cosmic Speculation* (London, 2003)에서 볼 수 있다. 홉하우스와의 개인적 대화와 그의 도움에 감사한다.

29 [역주] 우주적 사색의 정원을 말한다.

178 스코틀랜드 덤프리스주에 위치한 우주적 사색의 정원. 블랙홀 테라스와 현재는 연구실로 개조된 18세기의 팔각형 건물이 멀리 보인다.

상치 못하게 이 모든 것을 발견하는 일은 아주 흥미롭다(도판 178). 이 정원이 표현하는 **로쿠스, 게니우스**는 사실 우주적 창조라는 세계 전체다. 또 다른 한편으로 DNA와 프랙탈, 카오스 이론, 블랙홀, 쿼크, **장기지속** 그리고 우리를 거의 130억 년 전으로 데리고 가는 창조의 역사의 '도약'에 대해 알아야 할 것들을 분석하려면 젠크스가 쓴 풍성하고 품격 있는 책이 필요하다. (필자처럼) 새로운 복잡성 과학에 익숙하지 않고 (그 감각적인 형태의 아름다움을 넘어) 파동과 꼬임, 나선 혹은 우주의 주름의 의미를 포착할 수 없거나 원자와 이중나선 구조의 형태와 구조를 쉽게 이해할 수 없다면, 이를 모두 자세히 설명하고 해석하는 책이 필요하다. 일찍이 젠크스는 창조적인 서사(꼭대기에 있는 물이 쏟아져 나오는 분수에서 아래쪽 정원에 있는 경작과 설계의 황금시대로 이어지는 '문명의 발전')가 있는 빌라 란테와 '비전(祕傳)적이고 대중적인 테마'가 있는 보마르초라는 두 이탈리아 정원에 대한 저서에서 이를 언급했다. 이 두 장소에서 우리는 풍부하면서도 도전적인 정원 요소들의 레퍼토리, 지역적인 동시에 보편적인 의미를 탐색하기 위한 우리의 기술과 능력을 확장하는 장치와 마주하게 된다. 따라서, 계몽주의의 맥락에서 데제르 드 레와 같은 정원이 탄생했던 것처럼, 우리는 오늘날의 시대가 과학적·철학적 유산에

179 런던 메트로폴리탄 대학교 학생들이 설계해 세운 하드스펜의 숲속 벨베데레.

충분히 통달해 우주적 사색의 정원을 온전히 파악할 수 있을 때까지 기다려야 할지도 모른다.

서머싯주 하드스펜에 있는 나이얼 홉하우스의 가문이 소유한 저택의 조경 작업은 진행 중이다.[30] 이곳은 원예적 정원 가꾸기와 새로운 농업적 영지의 가능성에 대한 재고의 일환으로서의 정원에 대한 새로운 접근법을 모색하고 있다. 진정으로 개념적이고 현대적인 부지(혹은 장소)를 고안하는 과정은 우선 FOA[31]의 지원을 받아 19세기에 조성된, 담으로 둘러싸인 정원을 대대적으로 재구성하는 일(D자 모양의 포물선처럼 생겼는데, 직선으로 된 가장자리가 경사 아래쪽과 그 너머의 농지를 마주한다)로 시작되었다. 하드스펜 프로젝트는 설계가와 다른 전문가들, 심지어는 후원자나 소유자의 개입조차 넘어선다. 과거의 빈약한 역사주의 혹은 모더니즘이 남긴 폐허와 가장 존경받는 가드니스트인 지킬, 루티엔스, 시싱허스트(Sissinghurst)의 비타 색빌웨스트(Vita Sackville-West) 등의 독실한 믿음을 넘어서는 방향으로 나아간다. 여기서 건축은 정원 가꾸기의 부분 집합으로만 이해된다. 대략적으로 이해하자면 폴리가 18세기에 한때 그러했던 것처럼 새로운 비전을 촉진하고 불러일으키는 것은 바로 이 지점이다. 경관에는 **파브리크**가 포함될 것이다. 피터 스미스슨(Peter Smithson)이 제작한 목조 탑과 런던 메트로폴리탄 대학교(London Metropolitan University)의 학생들이 만든 목조 벨베데레(도판 179)가 이미 조성되었다. 스미스슨의 탑과 두 개의 산업용 컨테이너(안쪽이 도서관으로 아름답게 개조되었다)는 영지 어디로든 옮길 수 있어, 에댕의 '파크로 밀고 나가 해를 마주 볼 수 있도록 바퀴를 단 정찬용 집'을 어렴풋이 떠오르게 한다(2장을 보라). 이제 우리에게는 이동식 폴리가 있고, 유희는 계속된다!

30 [역주] 이후 여러 논쟁이 있었고, 정원 재조성 작업은 중단되었다. 2013년 나이얼 홉하우스는 200여 년간 가문에 내려오던 하드스펜 저택과 정원을 매각했다. 현재 이곳은 부티크 호텔로 운영되고 정원도 새로 조성되었다.

31 [역주] 런던에 본사를 둔 '국제 설계 사무소(Foreign Office Architects)'의 약어.

15장

공공 공원의 발명

우리는 지금까지 사냥용 파크와 오락을 위한 파크를 살펴보았다. 이 두 가지 유형은 한쪽에 상류 지배층, 다른 한쪽에 대중이 있는 스펙트럼의 양극단을 대표한다. 이 둘 사이에는 19세기에 많은 이들의 지지를 받은 이래로 오늘날까지 이어지고 있는 대안적인 공원 경관이 존재한다. 이 공원들은 두 가지 의미에서 분명히 민주주의적이다. 공원은 여러 부류의 남자와 여자, 아이들이 다양한 상황에서 이용하기에 이용자의 범위가 넓다. 공원은 심지어 참정권이 시민 전체로 확대되기 이전부터 훌륭한 시민의 가치를 고취하는 수단으로서 의식적으로 이용되었다. "도시 공원은 (…) 혼잡한 도시 생활이 심신을 쇠약하게 만드는 정도를 경감시켜 준다"[1]라는 일반적인 인식은 실제로 이 공간들이 수행하는 역할이 우리가 생각하는 것 이상으로 중요함을 시사한다.

공공 공원의 역사에서 일반적으로 알려진 두 개의 초기 공원은 뮌헨의 영국정원(Englischer Garten, 1789)과 버컨헤드(Birkenhead)에 있는 '민중의 공원(People's Park, 1847)'이다. 두 공원 모두 일반 대중을 위해 조성되었고, 어떤 저택이나 성(城)과도 관련이 없다. 하지만 이러한 공원이 생기기 전에도 많은 도시에는 '공동의 즐거움(common pleasures)'에 대한 욕구를 충족시키기 위해 이용되던 공간이 있었다. 이런 공공 공원의 초기 버전 그리고 이러한 공간이 19세기와 20세기에 널리 세워졌다는 보다 중요한 사

1 Anita Berrizbeita, 'The Amsterdam Bos: The Modern Public Park and the Construction of Collective Experience', *Recovering Landscape*, ed. James Corner (New York, 1999), p. 187.

실은 정원의 세계에 흥미로운 문제를 제기한다.

첫 번째, 정원의 관념은 공원 조성에 어떤 기여를 했을까? 개럿 에크보는 "정원 설계는 조경 설계의 기초다. (…) 개인 정원 작업은 사람과 환경 사이의 관계를 찾아낼 수 있는 유일한 방식임이 분명하다"[2]라고 했다. 다른 이들은 정원과 공원 사이의 다른 연결 고리에 주목했다. 건축가 존 커레어(John Carrère)[3]는 1902년 존스 홉킨스 대학교 강연에서 상류 지배층이 아닌 이들이 공공 정원을 경험하면 "자신의 아름다운 정원을 만들고자 애쓰게 되고, 궁극적으로는 아름다운 도시에 대한 새로운 요구"로 이끌 것이라고 했다.[4] 하지만 개별 시민을 위한 정원을 설계한 동시대의 많은 조경가들은 정원과 공공 공원을 발명하라는 요구 사이의 연결 고리를 보려 하지 않는 경향이 있다. 공원은 종종 '공공 정원'으로 기술되기도 하지만, 우리는 대개 정원을 근본적으로 사적인 공간이라고 가정하므로 이것은 기이한 역설이 된다. 따라서 공원을 조성하라는 요청을 가장 먼저 받은 조원가들이 어떻게 [개인 영지의 정원 주위에 있던-역자] 파크랜드에서 공원[공공 녹지 공간-역자]에 대한 영감을 받았는지는 여전히 의문이다. 오늘날에도 공원 조성 유형에서는 아니더라도, 용어에서 그 영향을 찾아 볼 수 있다. 공공 공간은 항상 사적 공간과의 비교를 통해 규정된다.

두 번째는 무엇이 대중을 구성하는가와 어떤 대중의 필요와 요구가 어떻게 공원의 창조에 영향을 미쳤는가 하는 것이다. 지역성, 지방자치, 시민의식 혹은 국민성은 공원의 설계에 얼마나 영향을 미쳤는가? '대중(public)'은 항상 존재했고, 어떤 형태든 민중(populace)은 인식되고 '통제'되어야 했으며, 이들이 활동을 추구할 수 있는 범위가 정해져야 했다. 아테네와 로마의 공용 휴양지에는 모임을 위한 장소가 있었지만 율리우스 카이사르와 같은 인물들은 '공동의 즐거움'을 위해 로마의 개인 정원을 개방하기도 했다(3장을 보라). 중세 도시는 주민들이 여러 목적으로 활용할 수 있는 다양한 오픈스페이스를 마련했다. 베네치아와 같은 도시에는 도시가 형성되던 초기부터 각 교구

2 Mark Treib and Dorothée Imbert, *Garrett Eckbo: Modern Landscapes for Living* (Berkeley, CA, 1997), p. 94에서 인용.

3 [역주] 미국의 건축가(1858-1911).

4 Rachel Iannacone, 'Open Space for the Underclass: New York's Small Parks (1880-1915)', PhD dissertation, University of Pennsylvania, 2005에서 인용. 필자는 이 장의 관련 논의에서 미국의 공공 공원에 대한 이해를 크게 넓혀 주는 이 자료의 도움을 받았다.

마다 캄포(*campo*, 문자 그대로는 초지를 의미하며, 대부분은 19세기까지 포장이 되어 있지 않았다)가 있었고, 이는 특정 교구 지역 주민들의 중심점이 되었다. 오늘날 훨씬 더 세속적인 문화 속에서도 캄포는 여전히 지역 활동의 중심지다. 하지만 베네치아에는 정부의 중심지인 중앙 광장(piazza)도 있었는데, 이곳은 1268년에 최초로 포장되었다. 베네치아 최초의 진정한 공공 정원인 자르디니 푸블리치(Giardini Pubblici)는 1810년대에 나폴레옹(Napoléon)이 근대 프랑스 문화를 강제로 도입해 만든 것으로, 현지의 전통적인 사회적 관습과 그다지 어울리지 않는 이질적인 공간이었다.[5]

공공 공원은 대개 규칙을 써 붙이거나 규칙을 어긴 사람을 고발함으로써 방문자를 통제했다. 로마인들은 정원에서 할 수 있는 일을 명시한 렉스 호르토룸(*lex hortorum*, 정원의 규칙)을 공표했고, 오늘날에도 이와 비슷한 공고문이 공원 입구에 붙어 있다. 공놀이 금지, 스케이트보드 금지, 시끄러운 음악 금지, 자전거 타기 금지 등 해서는 안 되는 것을 젊은이들에게 알려 주는 안내문은 여전히 끝이 없다. 19세기에 공원에서 운동을 하는 것이 허가되었을 때에도 [운동 종목과 활동 공간 등을 나누는 방식으로-역자] 남녀는 분리되었다. 옴스테드는 자신의 공원에서 무엇을 허락할 수 있는지에 대한 생각을 분명히 했다. 센트럴 파크에 동물원과 메트로폴리탄 미술관이 생기는 데에는 몇 년이 걸렸지만, 그는 공원의 데어리(The Dairy)에서 신선한 우유를 제공하는 것은 허용했다. 한편 2004년 센트럴 파크 당국은 그레이트 론(Great Lawn)에서의 공화당 전당대회(Republican Party Convention) 반대 시위를 불허했다.

오늘날 공원에서 무엇이 '공동의 즐거움'을 구성하는가에 대한 생각은 지난 백 년 동안 근본적으로 변했으며, 이는 장소에 따라 매우 다르며 상황마다 다르게 규정된다. 그러나 이러한 변화가 특정한 스포츠 활동을 수용하는 것을 제외하면, 공공 공원의 개념이나 형식적 개념에 실제로 영향을 미쳤는지는 명확하지 않다. 특별히 설계된 것은 아니더라도 대중적 소비를 위해 사용된 공간에 대한 초기의 논평에 따르면 상황은 그다지 달라지지 않았다. 17세기 말에 왕실이 소유한 튈르리 정원을 개방하도록 콜베르(Colbert)를 설득했을 때, 이곳이 달리 갈 곳이 없는 이들을 위한 장소가 된다는 것이 근거가 되었다. "사람들은 맑은 공기를 마시며 병에서 회복하기 위해 오고, 어떤 사람들

5 필자는 *The Venetian City Garden* (Basel, Boston and Berlin, 2009)의 6장에서 이에 대해 논의했다.

은 교회보다는 정원에서 논의하기 좋은 사업이나 결혼 같은 주제로 이야기를 하러 왔다." 런던을 찾은 스위스인 베아 루이 드 뮈라(Béat Louis de Muralt)는 1726년에 "사람들은 대도시의 먼지와 혼란, 소음에서 벗어나기 위해 그곳(세인트 제임스 파크)에 간다. 그리고 날씨가 좋은 날에는 숙녀들이 그곳에서 장신구를 뽐낸다"라고 기록했다. 그는 또한 그곳을 도시 안에 있어도 "시골에 있다고 상상하는", "주위에 나무로 둘러싸인 산책로가 있는 넓은 땅"으로 묘사했다.

세 번째로, 초기 공원이 당대의 유행이었거나 '자연'의 표현이었다면 어떻게 그 개념이 20세기 후반과 21세기 초의 정원에 남아 있었을까? 우리는 여전히 처음 시작되었을 때처럼 공원을 휴식과 오락을 위한 야외의 녹지 공간(콜베르가 공공 공원의 용도로 인식한 것, 루이 드 뮈라가 세인트 제임스 파크에서 인정한 것)으로 보고, 또 이를 고수하는 걸까? 아니면 "공원은 더 이상 필요하지 않다. (…) 공원과 푸른 잎은 낡아빠진 클리셰가 되어 버렸다"[6]라는 아드리안 회저(Adriaan Geuze)의 과장된 주장에 동의하는가?

특히, 미국에서 '랜드스케이프 어버니즘(landscape urbanism)'이 유행하며 크게 홍보되는 오늘날 공원은 도시의 '자연'에 어떻게 대응하는가?[7] 근대 사회를 규정하는 특징이 되는 공공 공원의 전통은 어떻게 혁신의 도전을 받았으며, 그 혁신은 무엇인가?

다른 나라에서와 같이 세인트 제임스 파크, 리전트 파크(Regent's Park), 그리니치 파크(Greenwich Park), 하이드 파크와 이에 인접한 켄징턴 가든(Kensington Gardens) 등 영국의 초기 근대 공원은 모두 왕실 소유였다. 하이드 파크에서는 1867년의 제2차 선거법 개혁(Reform Act of 1867)을 지지하는 격렬한 시위가 벌어졌는데, 당시 그곳은 대중이 이용할 수는 있었지만 아직 공공 영역은 아니었다. 공원과 정원은 대개 옷을 적절하게 갖추어 입고, 또 예의 바르게 행동하는 방문자들에게 개방되었다. 심지어 프랑스에서는 튈르리 정원에서 신사들이 검을 빌려 '즉석에서' 장소에 걸맞은 품위를 갖추었다.[8] 이 정원들은 잘 보존되어 프랑스 대혁명 이후 대중에게 완전히 개방되었다.[9]

6 Martin Knuijt et al., eds., *Modern Park Design: Recent Trends* (Bussum, 1993), p. 38. 다양한 공공 공원에 대한 탁월한 조사와 서술은 Alan Tate, *Great City Parks* (London, 2001) 참고.

7 Mohsen Mostafavi and Ciro Najle, eds., *Landscape Urbanism: A Manual for the Machinic Landscape* (London, 2003); Charles Waldheim, ed., *Landscape Urbanism Reader* (New York, 2006) (찰스 왈드하임 엮음, 김영민 역, 『랜드스케이프 어바니즘』, 조경, 2007).

8 [역주] 프랑스 대혁명 이전에는 귀족만이 검과 같은 무기를 휴대할 수 있었다.

180
센트럴 파크, 플레이그라운드 남쪽의 브라이들 로드(Bridle Road)를 위한 아치길 아래의 오솔길, 『센트럴 파크 위원회 제3차 연간 보고서(Third Annual Report of the Board of Commissioners of the Central Park)』(1860).

하지만 왕실 정원과는 별개로 도시의 다른 구역도 공공의 이용을 위해 계획되었다. 초기 사례는 파리 아르스날(Arsenal, 병기고) 인근의 마유(Le Mail)로, 이곳에서는 **마유 경기**(*Jeu de Mail*)[10]가 열렸고 구경꾼들이 돌아다니며 경기를 관람했다. 그곳에는 줄지어 선 나무들이 그림자를 드리우고 있었다. 이러한 시설은 프랑스 전역에서 크게 유행했다. 물론 런던에도 **몰**이 있었으며 초반에 누렸던 인기가 사그라든 뒤에도 이 경기는 살아남았다. 1616년 마리 드 메디시스(Marie de Médicis)는 파리에 쿠르 라 렌(Cours la Reine)을 조성하도록 했는데, 이곳은 길이가 1,500미터, 폭이 50미터에 길을 따라 늘어선 나무로 보행로와 마찻길이 분리된 곳이었다. 여기에는 공놀이장과 같은 기능은 없었다. 이곳에 나타난 교통과 보행자의 분리는 팩스턴(Paxton)의 버컨헤드 공원과 옴스테드의 센트럴 파크 설계(도판 180)의 초기 모델이 되었다. 그다음 세기에 아마추어 건축가 루이 드 몽드랑(Louis de Mondran)은 이런 산책로가 한 도시의 핵심적인 '장식(embellishment)'이라고 예찬했다. 1752년의 툴루즈, 1755년의 보르도, 1757년의 루앙, 1774년의 님과 같

9 바스티유 함락 직후 혁명가들은 튈르리를 측량했고, 비이오 레네 데딘(Billiot l'Aîné d'Edine)의 정교한 조사는 버지니아주 어퍼빌(Upperville)의 오크 스프링 가든 도서관(Oak Spring Garden Library)의 소장 자료로 보존되어 있다.

10 [역주] 긴 자루가 달린 망치로 공을 쳐서 철제 고리 사이로 통과시키는 놀이로 오늘날 크리켓과 골프, 하키 등의 기원이 되었다. 중세와 르네상스 시기에 이탈리아에서 크게 유행했고 16세기에 프랑스로 전파되었다. 영어 단어 mall은 영국에서 이 놀이를 '몰(mall)'이라고 불렀고, 몰 경기를 하던 양옆으로 나무가 늘어서 있었던 데에서 유래한다.

은 다른 프랑스의 도시에도 넓은 가로수길과 산책로가 생겼다.[11]

산책로의 핵심적인 설계 요소는 그곳이 녹지 공간이고 교외라는 점이었다. 사용되지 않는 총안이 있는 흉벽 위에 조성된 많은 산책로에서도 전원 지대의 풍경을 감상할 수 있었다. 이를 지칭하는 **불바르**(*boulevards*)[12]라는 용어는 결국 대개 나무가 줄지어 심겨져 있지만 근처의 전원 지대는 보이지 않는 시내의 거리를 가리키게 되었다. 직선의 길에서 사람들은 자연스럽게 움직이게 되고, 산책하는 사람의 정신을 산만하게 만들 만한 것이 별로 없었다(조각이나 회화, 정원의 특징이 없었다). 영어에는 이탈리아어의 **파세자레**(*passeggiare*, 산책하다)에 해당하는 활동이나, 이러한 활동이 일어나는 장소를 지칭하는 프랑스어 용어인 **프롬나드**(*promenade*, 산책로), 때로는 **프롬누아르**(*promenoir*, 산책장)에 해당하는 말이 없다. 영어에는 해변 산책로(seaside promenade)라는 말이 있으나 여기에도 '산책'이라는 활동이 지닌 뉘앙스가 결여되어 있다. 이곳은 걷기 위한 장소이지만, 걷기(walking)는 산책(promenading)이 아니다('소요하기[taking a turn]'나 '거닐기[strolling]'가 산책에 가까울 것이다). 산책은 여전히 특별히 프랑스적인 활동으로 여겨진다. 철학자 알랭 핑켈크로트(Alain Finkielkraut)는 "가장 좋은 의미에서의 서양 문명(그가 뜻한 것은 물론 프랑스다)은 산책과 함께 태어났다"라고 말한 바 있다(〈뉴욕 타임스〉 2008년 7월에 게재). 파리의 버려진 철로 위에 조성된 현대의 프롬나드 플랑테(Promenade Plantée)는 그 의미를 보다 분명하게 보여 준다. 비록 조깅의 도래로 산책의 개념이 급격하게 바뀌긴 했지만 말이다. 뉴욕의 하이 라인(High Line)은 분명히 '산책로'이고, 조깅하는 사람들이 이용하기에는 너무 짧다.

런던에는 몰뿐 아니라 스퀘어도 있었다. 이는 대개 주변의 주민들에게만 개방되었을 뿐 아니라 부지도 귀족에게서 임대한 것이었지만, 공원의 기능을 할 기회가 있었다. 하지만 스퀘어는 독특한 특징을 가지고 있어서 나폴레옹 3세(Napoléon III)는 런던 망명 중 이를 크게 상찬했다. 그는 1860년대 오스만 남작이 감독하던 파리에 이를

11 이 부분의 프랑스 자료는 Richard Cleary, 'Making Breathing Room: Public Gardens and City Planning in Eighteenth-century France', in *Tradition and Innovation in French Garden Art: Chapters of a New History*, ed. John Dixon Hunt and Michel Conan (Philadelphia, PA, 2002), pp. 68-81의 도움을 받았다.

12 [역주] 프랑스어 'boulevard'에서 유래한 말로, 원래는 군사용 성벽의 윗부분을 지칭하는 용어였다. 이후 허물어진 성벽 위를 산책하는 관습이 생기면서 '도로'라는 오늘날의 뜻을 지니게 되었다.

181
파리 곳곳에 있는 여섯 개의 스쿠아르, 아돌프 알팡, 『파리의 산책로』(1867-1873)에서.

182
뮌헨에 있는 영국정원의 도면과 풍경, F. L. 폰 스켈, 1806.

'스쿠아르(Squares)'라는 이름으로 도입했다(도판 181). 건축가인 아돌프 알팡(Adolphe Alphand)은 불바르 사이의 빈 공간, 새로운 도시 계획의 '찌꺼기'라고 불리던 곳을 '스쿠아르'로 채웠다(여전히 이 영어식 명칭으로 불리고, 사람들의 왕래도 빈번하다).[13] 어쩌면 나폴레옹 3세는 존 클로디어스 라우던이 공공 스퀘어 조성에서 "지금까지 우리를 능가해

13 '찌꺼기(leftovers)'에 대해서는 Antoine Grumbach, 'The Promenades of Paris', trans. Marlène Barsoum and Hélène Lipstadt, *Oppositions*, 8 (Spring 1977), pp. 49-67을 보라. '스쿠아르'의 도면은 Jean-Charles Adolphe Alphand, *Les Promenades de Paris* (Paris, 1869; republished 2003) 참고.

183 뮌헨의 영국정원.

온 대륙의 이웃"이라며 경의를 표한 것에 조금이나마 보답한 것일지도 모른다. 『정원술 백과사전(An Encyclopaedia of Gardening)』(1822, 이후 개정)에서 라우던은 여러 나라의 정원의 역사를 다루면서 여러 공공 산책로 중 빈의 프라터(Prater)와 아우가르텐(Augarten), 파리의 샹젤리제를 언급했고, 외국의 사례로 식물원과 묘지, 심지어는 프랑스 전역에 있는 준공공 사냥용 파크도 포함시켰다. 그는 영국이 '반사회적 특징'으로 인해 지금까지 공공 공원에 대해 관심을 갖지 않았지만, 유럽 대륙의 사례를 접함으로써 이 악조건에서 '벗어나기를' 바랐다!

뮌헨의 영국정원은 프랑스에서 대혁명이 일어난 해인 1789년에 조성되었다. 이 정원은 프리드리히 루트비히 폰 스켈(Friedrich Ludwig von Sckell)과 미국인 벤저민 톰프슨(Benjamin Thompson, 후의 럼퍼드 백작[Count Rumford])의 작업이었다(도판 182). 널찍한 초지와 삼림 지대, 수로로 인해 영국정원은 (이름이 암시하듯) '영국적인' 풍경화식 정원의 특징을 지니며, 산책을 위한 이상적이고 목가적인 시골 풍경을 연출한다. 대리석 석판에는 "이곳을 자유롭게 돌아다니고 새로운 힘을 얻어 각자의 의무로 돌아가라"라는 방문자를 위한 안내문이 적혀 있다. 이곳의 디자인은 단순함과 튼튼한 형태, 두 세기 동

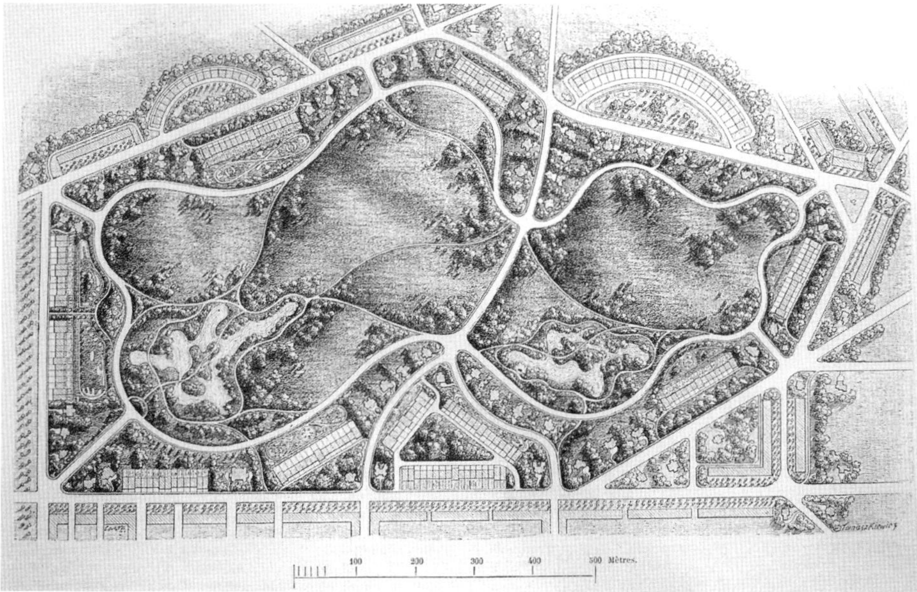

184 버컨헤드 공원, 아돌프 알팡, 『파리의 산책로』(1867-1873).

안 이곳을 이용한 대중의 요구에 대한 열린 태도가 결합되어 오래 유지되었다. 버컨헤드 공원은 아주 여유로운 규모는 아니지만(도판 184), 넓은 마차 도로로 둘러싸이고 공원을 관통하는 또 다른 길에 의해 둘로 나뉜 이 공원에는 작은 호수가 숨어 있는 탁 트인 잔디밭이 있다. 그 호수를 팔 때 나온 흙으로 만든 언덕에는 충분히 자란 나무(상록수와 외래종)를 심었고, 호수에는 물 위를 가로지르는 다리, 바위 정원, 정형식 화단과 관목 숲이 있는데 이는 모두 영국의 19세기 개인 정원 양식을 반영한 것이었다. 1849년에는 휴게용 건물이 추가되었다. 버컨헤드 공원은 의회가 제정한 일련의 법률과 공공 사업 선정 위원회(Select Committee on Public Works, 1833)와 같은 위원단 활동의 결과로, 공원을 둘러싼 민간 주거용 부지를 매각하여 조성 자금을 충당하는 전매 사업 방식으로 조성되었다. 1843년에 작업을 의뢰받은 조지프 팩스턴은 공원 입구에 위치한 여러 관리 사무소와 공원 주변에서 공원 부지를 내려다볼 수 있는 빌라의 도면을 설계했다. 그는 채츠워스의 정원사인 토머스 베일리(Thomas Bayley)를 영입했고, 경관 설계를 보조한 에드워드 켐프(Edward Kemp)는 이후 40년간 공원 감독관으로 근무했다. 1850년에는 옴스테드가, 2년 뒤에는 A. J. 다우닝이 버컨헤드를 방문하여 경탄해 마지않았다. 버컨헤드는 센트럴 파크 계획에 영감을 주었다.

옴스테드는 1870년의 강연에서 "눈부시게 아름답고 불가피하게 인공적인 조건 하에 **사람들이 모인** 것을 보는 것이 한때 공공 공원의 목표였다고 기억한다"라며 공공 공원에 대한 자신의 비전을 설명했다(강조-옴스테드).[14] 하지만 그가 인식했듯이 그것은 어디까지나 '한때'였고, 설계는 '불가피하게 인공적'이었다. 옴스테드에 대해 글을 쓰는 이들은 공원에서의 자연과 인공에 대해 옴스테드가 한 조언을 종종 잊어 버리곤 한다. 이 점은 우리가 문화적 상황의 변화 속에서 자연과 인공물이 어떻게 함께 작동하는지를 이해하는 데 주목해야 함을 상기시켜 준다.

옴스테드와 복스(Vaux)가 센트럴 파크에서, 그다음에는 브루클린의 프로스펙트 공원(Prospect Park)에서 이루어 낸 것과는 대조적으로, 19세기 말 뉴욕에는 비(非)옴스테드적인 작은 공원들이 있었다(이애너컨[Iannacone]의 연구를 보라). 이 공원들은 규모나 활용 면에서 결코 센트럴 파크처럼 '자연스러울' 수 없었다. '푸른 이파리'는 있었지만 담장으로 가로막혀 있어서 사람들은 그 사이의 길이나 근처 거리에서 바라보아야 했다. 이 공원들은 새로 이민 온 사람들이 많이 사는 다세대 주택의 입주자들에게 옥외 공간과 그네, 놀이터(남녀 구분), 집유소, 수유모들을 위한 쉼터, 정원을 가꾸거나 농장 학교에 다니는 일의 이점을 소개하기 위해 설계되었다. 이러한 공원은 (일반적으로) 이민자 문화가 지배적인 구역에 위치하는 한편, 다소 역설적이게도 그 새로운 시민들에게 미국인으로서의 정체성을 심어 주기 위한 목적으로 설계되기도 했다.

대개 목가적이고 넓은 섬과 같이 외딴 공원과 다양한 지역에 흩어진 작은 포켓 파크(pocket park)가 뒤섞인 구성은 이 사기 뉴욕시에서 발달하여 미국 전역으로 확산되었다. 이는 다른 나라에서도 흔한 일이었지만 미 대륙의 방대한 규모와 더불어 공동의 즐거움과 격식에 얽매이지 않는 업무를 위한 오픈 스페이스에 대한 수요로 인해 미국 수백 개의 마을과 지자체에는 작은 공원과 공공 정원이 조성되었다. 주 의회 의사당과 주 정부 청사 주변에는 공공 녹지 공간이 조성되었고, 대학과 학교, 호텔은 조경을 통해 준공공 활동을 유도했다. 옴스테드는 다양한 지형과 지역적 특성에 세심하게 대응한 설계를 통해 막대한 명성과 영향력을 얻었고, 그로 인해 여러 지역에서 활동하

14 Frederick Law Olmsted, *Public Parks and the Enlargement of Towns* (Cambridge, MA, 1870).

185 일리노이주 캐리(Cary)의 콘트리트 장식품 정원에 있는 '매력적인 꿈의 계곡(An Inviting Dream Valley)'.

는 공원 조성가들의 작업은 상대적으로 가려졌다. 그중 일부는 전문가였지만, 일부는 지역에서만 재능을 인정받았다. 공원이 이러한 다양성을 이루고 미국 전역으로 파급된 것은 놀랍지만, (수많은 공공 공원과 정원에 대한 정보를 가장 잘 제공할 수 있는, 곳곳에 존재하는 향토 역사가들을 제외하면) 학문적 관심은 거의 받지 못했다. 이 공원들은 설계상 그다지 독창적이지 않았고, 일부는 분명 소박하거나 오래가지 못했지만, 그럼에도 지역 차원에서는 인기가 많고 생기 넘치며 흥미로운 공간들이었다(도판 185).

어디에 있든 이러한 소규모 공공 정원과 공공 공간의 용도는 지역의 명사를 기리는 것이었다(그들 중 몇몇은 그 시설의 비용을 부담했다). 즉, 그러한 공간은 지역의 유명인과 예술가, 전쟁 중 희생된 지역 공동체의 구성원을 기념하는 데 활용되었다. 프랑스 대혁명의 여파로 사람들은 (자유의 나무와 같은) 조각상 등의 재현물을 통해 애국심과 시민의 자질에 대한 교훈을 학습하게 되었다. 부분적으로는 기념적이고 교훈적이며 심지어 교육적이기까지 한 이런 공원들은 오랫동안 공공 공간의 특징으로 자리 잡아 왔다. 처음에는 왕족이나 군인의 조각상이, 그 후에는 보다 다양한 중요 인물의 조각상이 놓였다. 런던 채링 크로스(Charing Cross) 구역의 템스강 변에 있는 작은 빅토리아 임

뱅크먼트 정원(Victoria Embankment Gardens)은 제국 낙타 부대(Camel Corps)[15]와 함께 길버트와 설리번(Gilbert and Sullivan)[16] 등을 기리는 공간으로 조성되었다. 오늘날에는 공원의 교육적 역할이 이렇게 계획적이고 직접적이진 않지만(대표적인 예외로는 메모리얼이 있다[17]), 로런스 핼프린이 『도시(Cities)』(1963)에서 주장했듯이 "폭넓은 다양성으로 선택의 자유가 있고, 사람과 도시 환경 사이의 상호 작용을 극대화하는" 창의적인 도시라는 모티브는 여전히 대부분의 현대 공원 설계에 남아 있다. 공공 보건과 건강에 기여하는 것을 넘어, 21세기의 공공 공원은 대중이 인간과 환경의 복잡한 관계와 자연을 이해하도록 교육하고 지구의 생태적 건강을 개선하는 데 힘을 보탠다. 이들은 이러한 관점을 시사하는 데 그치기도 하고, 대중을 위한 자신의 역할을 명확하게 드러내기도 한다. 토론토의 요크빌 공원(Yorkville Park)에는 바위, 빙벽, 습지대, 식물 식재로 구성된 온타리오의 경관과 식물이 전시되어 있다(도판 237과 238을 보라). 한편 스태튼섬의 프레시킬스 공원은 대상지의 층위를 일부 드러내도록 설계되었다. 이곳은 한때 염수 늪지였다가 이후 농지로 이용되었고, 그다음에는 뉴욕의 주요 매립지(폐쇄되었으나 세계무역센터의 잔해를 수용하기 위해 재개장되었다)로 사용되었다. 이제 수십 년 동안은 레크리에이션 활동, 탐조, 야생 식물과 조류 서식지의 보호 및 관리를 지원하는 데에 초점을 두고 점진적으로 성장하는 공공 공원이 될 것이다(도판 137을 보라). 한때는 거대한 가스 공장이 있던 부지였고, 그다음에는 그다지 특별한 것 없는 밀레니엄 돔(Millennium Dome)[18]이 들어섰던 그리니치 반도(Greenwich Peninsula)[19]는 조경가 미셸 데비뉴(Michel Desvigne)가 "중간 경관(intermediate landscape)"이라 부른 것으로 재건될 예정으로, 자생 수종인 서어나무 숲과 관목이 점차 간벌되고, 그 빈터는 아직 정해지지 않은 다양한 공원 활동을 위한 공간으로 활용될 것이다. 약 1,214제곱미터의 대상

15 [역주] 제1차 세계대전 중 중동 지역에서 활동한 부대명.

16 [역주] 빅토리아 시대의 극작가 W. S. 길버트(W. S. Gilbert)와 작곡가 아서 설리번(Arthur Sullivan)을 말한다.

17 메모리얼의 교육적 역할은 다양한 분야에 영향력을 미치고 있으며, 메모리얼의 수는 크게 증가했다. Erika Doss, *Memorial Mania: Public Feeling in America* (Chicago, IL, 2010) 참고.

18 [역주] 건축가 리처드 로저스(Richard Rogers)가 설계한 아레나.

19 [역주] 1997년부터 영국 정부가 추진하고 있는 도시 재생 대상지. 1999년 개장한 밀레니엄 돔은 이후 영국의 통신사 O2에 매각되었고, 2007년 실내 공연장과 극장, 전시장 등이 있는 복합문화시설 더 오투(The O2)로 재개장했다.

186 파리 라데팡스 구역의 쿠르브부아(Courbevoie)에 위치한 디드로 공원(Parc Diderot), 2000년경.

지 전체가 [이전 가스 공장 부지의 오염된 토양을 세척하는 등의 방법을 통해 조성된-역자] 깊이 약 1.8미터의 새로운 토양 위에 지어질 것이기 때문에 이곳은 '중간적'이기도 하지만 완성된 후에는 마치 오랜 세월에 걸쳐 자라 온 자연스러운 숲처럼 보일 것이다.[20]

크든 작든, 고도로 설계되었든 매우 생태적이든 간에 새로운 공공 공원은 공원이 지어진 도시나 지역성을 촉진하고 강화하는 데 유용했다. 필라델피아에서는 스쿨킬 강을 따라 놓인 다양한 오픈 스페이스를 모아 페어마운트 공원(Fairmount Park)을 조성했다. 이는 뉴욕의 센트럴 파크에 대응하는 것이었다(사실 총면적은 더 넓다). 20세기 프랑스에서는 미테랑(Mitterrand) 대통령의 **그랑 프로제**(*grands projets*)를 통해 라빌레트 공원(도판 176을 보라), 앙드레 시트로엥 공원(Parc André Citroën), 베르시 공원(Parc de Bercy), 파리 라데팡스(La Défense) 구역의 디드로 정원(Jardin Diderot, 현재는 공원, 도판 186) 등 여

20 뉴욕 현대 미술관 전시 도록 *Groundswell: Constructing the Contemporary Landscape* (New York, 2005)와 *Case: Downsview Park Toronto*, ed. Julia Czerniak (Munich, 2004)의 토론토 공원을 위한 응모작 모음을 보라. 이 책에는 그중 여러 새로운 공원 부지에 대한 논의와 삽화가 수록되었다.

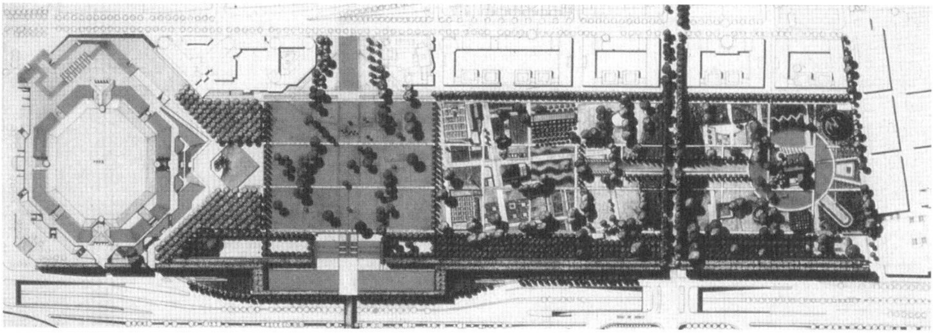

187 파리 베르시 공원 도면, 1990년대 초.

188 뒤스부르크 노르트 란트샤프트 공원, 페터 라츠+파트너 설계, 1990년대.

러 훌륭한 현대적 공원이 조성되었다. 이는 파리 전역의 여러 구(區, arrondissement)에서 지역 문화와 생활의 편의를 분명히 향상시켰다. 이 공원들의 범위와 만듦새는 분명 놀라웠고, 그 여세는 버려진 창고와 철로가 있던 곳에 조성된 18구의 에올 정원(Jardin d'Éole)으로 이어졌다. 버컨헤드나 센트럴 파크와 같이 이에 앞서 조성된 공원 중 일부는 주변의 상업 지구와 주거지를 끌어들이는 장소가 되었다. 파리에서도 더 이상 활용되지 않거나 버려진 땅에 많은 공원이 조성되었다. 라빌레트는 파리의 도축장, 시트로엥은 자동차 공장과 사무실, 베르시는 포도주 창고 자리(도판 187)에 조성된 것이다. 더욱이, 지난 30년간 많은 공원이 오염되거나 버려진 부지를 정화한 뒤 그 위에 새 공원을 건설하는 방식을 취해 왔다. 초기의 대표적인 예로는 리처드 하그(Richard Haag)가 시애틀의 개스 웍스 공원에서 수행한 작업(1971-1988)을 들 수 있다. 하지만 페터 라츠+파트너(Peter Latz+Partner)가 설계한 독일의 루르 지역에 있는 뒤스부르크 노르트 란트샤프트 공원은 독성 물질이 남아 있거나 황폐해진 경관을 새로 복원하는 사례 중 가장 성공적이고 영향력 있는 곳이 되었다(도판 188). 여기에서는 시애틀 개스 웍스 공원에서처럼 상징적인 폐공장 구조물 더미를 사용하지 않고 따로 남겨 두는 대신 버려진 용광로와 난로, 광석 저장고, 철로를 수용하여 새로운 용도를 부여했다. 뒤스부르크 노르트에서 이 거대하고 숭고한 잔재는 등반용 암벽, 잠수 탱크, 보행자 산책로, 자전거 길, 어린이 놀이터로 탈바꿈했다. 하지만 이와 더불어 벚나무, 선구 식물(pioneer planting), 저류지, 샐비어 화단이 있는 정원도 여럿 있다. 토종이나 외래종 식물은 슬래그 더미와 울타리로 둘러싸인 정원에서 무성하게 자란다. 그중 한 곳에는 암페르츠하우젠(Ampertshausen)에 있는 라츠의 자택 정원에도 사용되었던 회양목으로 만든 물결 모양의 파르테르가 조성되어 있다.[21]

정원 설계와 식재에서의 혁신적인 재활용이 뒤스부르크 노르트의 설계에서 아주 분명하게 드러났듯, 현대 공원 부지 설계의 근본적인 문제는 공원 부지가 어떤 형태를 취해야 하는가였다. 토머스 웨이틀리는 1770년에 영국 정원술의 본질을 다룬 저서

21 *Learning from Duisburg Nord* (Munich, 2010)의 단편 모음을 보라. 뒤스부르크 노르트 란트샤프트 공원은 유명세를 얻을 만한 곳이지만, 페터 라츠+파트너의 작업 중에서 독특한 편은 아니다. Udo Weilacher, *Syntax of Landscape: The Landscape Architecture of Peter Latz and Partners* (Basel, Boston and Berlin, 2008)에는 뒤스부르크 프로젝트에 대한 분석이 풍부하게 실려 있다.

를 출판한 지 1년 뒤에 프랑스어 번역판을 발간하면서 정형적이고 축으로 공간을 분할하는 기하학적인 배치가 공공 정원에 더 잘 어울린다는 점을 인정하는 주석을 추가했다. 하지만 이 제안으로도 버컨헤드 공원이나 1860년에 재설계된 불로뉴 숲(Bois de Boulogne)이 곡선의 길, 구불구불한 개울, 불규칙한 식재 방식으로 조성되는 것을 막지는 못했다. 과거에 사냥용 파크로 쓰인 불로뉴 숲에 쭉 뻗어 있던 넓은 가로수길은 알팡에 의해 미로처럼 얽힌 길과 마찻길로 바뀌었다. 이러한 방식은 작은 개인 정원에 적용될 경우 그 구불구불한 형태가 우스꽝스럽게 보일 수 있지만, 대형 공원에서는 때로 큰 효과를 발휘하기도 한다. 하지만 알팡은 유행에 따라 불로뉴 숲의 오래된 프랑스식 애브뉴를 '영국식' 배치로 바꾸었다. 이 두 라이벌 양식의 첨예한 대치는 공원 조성에 지대한 영향을 미쳤고, 이론과 물리적 배치에 있어 민족주의적 구성 방식에 대한 양자택일의 문제는 여전히 남아 있다.

이는 일찍이 미국 출신의 헨리 터커맨(Henry Tuckerman)이 공원에 적용된 프랑스의 기하학적 양식이 자연을 왜곡한다고 비판하고, '다른 것이 섞이지 않은' 자연의 매력에 대한 프랑스식 감수성이 얼마나 평가 절하 되었는지를 개탄했을 때 시작되었다. 마찬가지로, 오스만이 새로이 개조한, 파리를 가로지르는 불바르의 축이 만드는 격자를 몹시 싫어했던 프랑스 작가 에드몽 드 공쿠르(Edmond de Goncourt)는 이것이 "미래의 미국 바빌론(some American Babylon of the future)"[22]에 대한 무시무시한 예언이라고 생각했다. 이와 반대로 토머스 헤이스팅스(Thomas Hastings)는 '시골풍의' 공원 경관은 도시와 상반되며, 도시의 공원과 오락 공간은 "인근 도로의 엄격한 선과 일치하며 조화를 이루도록 재설계되어야 한다"라고 생각했다.[23] 옴스테드는 엄격한 (그리고 이제는 도심에 있는) 직사각형 속에 조성된 센트럴 파크 곳곳에 목가적인 초지와 완만한 언덕, 비정형적인 연못 그리고 덤불 속에 감추어진 미로 같은 램블, 베데스다 분수와 그곳의 광장으로 이어지는 나무가 줄지어 선 넓은 산책로를 배치함으로써 교묘하게 타협했다(그는 프랑스식 디자인에서 따온 이러한 직선 구조가 어떤 저택으로도 이어지지 않는다고 변명할

22 Heath Schenker, 'Parks and Politics during the Second Empire in Paris', *Landscape Journal*, 14 (1995), p. 205에서 인용. 필자는 이 자료와 그의 신간 *Melodramatic Landscapes* (Charlottesville, VA, 2010)에서 큰 도움을 받았다. 터커맨의 발언은 *Maga Papers about Paris* (New York, 1867), p. 157에 있다.

23 David Gray, *Thomas Hastings, Architect: Collected Writings. Together with a Memoir* (Boston, MA, 1933), p. 243.

필요를 느꼈다). 아드리안 회저는 영국식이든 프랑스식이든 상관없이 공원에는 더 이상 '푸른 잎'이 필요하지 않다고 생각했고 도발적으로 식물 하나 없이 로테르담의 스하우뷔르흐플레인(Schouwburgplein, 극장 광장)을 설계했다. 이곳은 상대적으로 비어 있고 금욕적이며 심지어는 불쾌하기까지 하지만, 다양한 활동과 군중으로 채워지는 밤에는 완전히 다른 곳이 된다. 『모자이크: 웨스트 8(Mosaics: West 8)』(영문판, 2008)에 게재된 다른 인상적인 작업들을 설명할 때도 그는 푸른 잎에 대한 놀라울 정도로 기이하고 믿기 어려운 논평을 남겼다.

그렇지만 '자연'은 단순히 푸른 잎이나 식물, 혹은 '프랑스식'이나 '영국식' 배치에 대한 오마주의 문제가 아니다. 프레시킬스와 토론토의 다운즈뷰 공원(Downsview Park) 두 곳에서 모두 제시되었듯, 동식물상과 지질학은 설계의 기법을 넘어 교육적이거나 도시에 유용한 기능을 하도록 의도되었다. 이 두 공원은 지역성을 드러내는 것이라면 무엇이든 끌어내고, 매립이나 군부대 시설에 의해 빼앗기고 망가진 것을 다시 제자리에 드러내고 회복시키는 것을 목표로 했다. 그리고 이는 종종 성공적인 공원의 특징이 되어 왔다. 빈의 튀르켄샨츠 공원(Türkenschanzpark)은 지역 열차가 방문객들을 실어 나르는 산악 경관에서 영감을 얻었다. 뷔트쇼몽은 황량한 채석장과 쓰레기장, 중죄인들을 위한 교수대가 있던 이전 모습을 감추었지만, 원래 그곳에 있던 절벽과 동굴은 여전히 드러나 있다. 대서양 해변으로 향하는 초고속 열차(TGV) 플랫폼 위에 지어진 파리의 아틀랑티크 정원(Jardin Atlantique)은 해안가의 판자 산책로와 절벽 동굴, 오솔길, 해변 식재, 필수적인 기상 관측소로 이루어진 상상의 세계를 활용한다(도판 236을 보라). 로런스 핼프린이 오리건주 포틀랜드에 조성한 일련의 분수는 인근의 캐스케이드산맥(Cascade Mountains)[24]의 형상을 추상적으로 표현했다. 그리고 댄 카일리는 댈러스에 위치한 사무실로 둘러싸인 훌륭한 파운틴 광장에 텍사스의 습지대를 재해석하여 활용했다(도판 148을 보라).

모더니즘 조경은 지역성을 배제한 채 세계 어디에나 적용 가능한 균질한 공원을 세계 곳곳을 누비는 조경가들이 무비판적으로 이식하는 경향이 있었지만, 이런 유감스러운 경향은 공원 조성에 진정한 활력을 불어넣지 못한다. 마땅한 선례가 없었기

24 [역주] 북아메리카 서부 태평양 연안에 있는 고원상(高原狀) 산지.

에 다우닝과 옴스테드는 유럽의 공원, 특히 영국과 독일의 공원을 참조했다. 하지만 젊은 나이에 세상을 떠난 다우닝과 달리, 옴스테드는 외국에서뿐만 아니라 허드슨 계곡(Hudson Valley)과 같은 독특한 국내 경관에서 빌려 온 아이디어로 눈에 띄는 미국적 경관을 조성함으로써 성공을 거두었다. 1865년 옴스테드가 요세미티에서 작업을 하던 중 캘버트 복스와 센트럴 파크 작업에 복귀할 때, 그는 "공화주의 예술의 이상을 우리가 통제하려는 땅에 가장 뛰어난 형태로" 옮기라는 요청을 받았다. 그의 작업은 '옮김'과 '통제'라는 두 가지 원리를 중심으로 이루어졌다. 그는 외래적 요소와 야생적인 토착 경관을 선택적으로 활용하여, 시민적 책임과 행동의 무대를 제공하는 대규모의 도시적 형태를 창조했다. 옴스테드는 영국의 '가드니스트' 개념과 라우던의 작업을 알고 있었지만 이를 차용하지는 않았다. 왜냐하면 그는 이 양식이 '**진정한 공원**(the *park proper*)'(강조-옴스테드)에는 적절하지 않다고 생각했기 때문이다. 외국에서 빌려 온 것은 언제나 그에게 영감을 주었고 미국의 경관으로 옮겨졌다. 일본의 정원 문화가 미국 서부에 상당한 영향을 미치던 시기인 1986년에서 1991년 사이에 이루어진 뉴욕시 브라이언트 공원의 정비 작업은 파리의 뤽상부르 정원(Jardin du Luxembourg)에서 영감을 받은 것으로, 즉각적인 성공을 거두었다. 이곳은 지면을 자갈로 처리했고, (옴스테드가 센트럴 파크의 몰[Mall]에 줄지어 놓고, [올린의] 배터리 파크 시티[Battery Park City]와 [마사 슈워츠의] 재비츠 플라자[Javits Plaza]에서 여전히 창의적으로 다시 사용되고 있는 전형적인 공원 벤치 대신) 수십 개의 1인용 의자가 놓였다.

그러나 이것이 오픈 스페이스와 오락에 대한 요구가 있는 곳이라면 어디든 상상력이 풍부한 공원이 설계되었다는 의미는 아니다. 너무나 많은 20세기의 공원이 따분하고 실용적이었던 것은 사실이지만, 이를 충분히 누리는 사람들도 존재했다. 상상력이 결여된 생활 편의 시설, 즉 무뚝뚝하고 진지하며 심지어는 지나치게 생태적인 작업은 진정으로 상상력 넘치는 설계들, 즉 르네상스 시기의 작업을 떠올리게 하는, 공원과 정원의 연극적인 잠재력을 암시하는 시도들에 의해 도전을 받았다. 하지만 필자가 현대 조경의 산문과 운문이라고 부르는 것에 대한 논의는 19장으로 미룬다.

(메모리얼의 인기를 제외하고) 기록되어야 할 풍경화식 공원의 발전 중 하나로 조각 공원과 정원의 유행이 있는데, 이는 르네상스 시대의 정원에서 그 원형을 찾아볼 수 있다. 오늘날 많은 미술관에는 조각 정원과 공원이 있다. 이는 많은 현대 조각이 거대해서 미술관에 수용하기 어렵고, 애초에 야외에 전시되도록 구상되었기 때문이다. 이

189
뉴질랜드의 웰링턴 식물원.

190 상하이 남서쪽의 천산(辰山)에 2010년 개장한 상하이 천산 식물원의 방대한 부지(206헥타르)에는 서른 개가 넘는 테마 정원이 있고, 다양한 [기후-역자]대(帶, zone)와 종(種)의 선별된 모음, 온실 그리고 사진에 보이는 물에 잠긴 채석장이 있다. 방문자들은 경사진 터널을 통해 물에 떠 있는 보행로로 내려올 수 있다.

러한 경향은 종종 루턴(Luton)에 있는 핀레이의 '조각' 공원(시 당국은 이렇게 부른다),[25] 뉴질랜드의 웰링턴(Wellington) 식물원(도판 189), 오스트레일리아의 캔버라 조각 정원(Canberra Sculpture Gardens), 웨스트 8이 다양한 정원과 초지, 삼림 지대의 체커판으로 설계한 네덜란드 오테를로(Otterlo)의 크뢸러 뮐러 미술관(Kröller-Müller Museum) 조각 정원처럼 농지나 식물원, 혹은 옛 파크나 삼림 지대를 활용하는 완전히 새로운 종류의 공원에 대한 요구를 끌어냈다. 뉴욕 현대 미술관(Museum of Modern Art)의 조각 정원, 캔버라의 호주 국립 미술관(National Gallery of Australia)의 조각 정원, 뉴욕의 스톰 킹 아트 센터(Storm King Art Center), 이탈리아 피스토이아(Pistoia) 인근의 파르코 디 첼레(Parco di Celle), 일본 나오시마(直島)섬, 피렌체의 포르테차 디 벨베데레(Fortezza di Belvedere)와 같은 옥외 전시장이나 런던의 배터시 공원(Battersea Park)과 같은 조각 공원에는 모두 조각품 컬렉션이 배치되어 있다. 조경가들은 이러한 경관을 설계하거나 이와 같이 개조하는 데 큰 역할을 했다. 이사무 노구치(Isamu Noguchi)는 휴스턴의 릴리 앤드 휴 로이 컬렌 조각 정원(Lillie and Hugh Roy Cullen Sculpture Garden)을, 피터 워커(Peter Walker)는 텍사스주 댈러스의 내셔 조각 센터(Nasher Sculpture Center)를, 안도 다다오(安藤忠雄)는 나오시마의 조각 공원을 설계했다. 워싱턴 D.C.의 내셔널 갤러리에는 올린 스튜디오(Olin Studio)의 새로운 조각 공원이 있고, 시애틀 미술관(Seattle Art Museum)에는 도로와 철로 위로 놓인 외팔보 플랫폼이 복원된 해안가 쪽으로 기울어져 내려가는 와이스/맨프레디 아키텍츠(Weiss/Manfredi Architects)의 새로운 올림픽 조각 공원(Olympic Sculpture Park)이 있다. 미니애폴리스(Minneapolis)의 워커 아트 센터(Walker Art Center)에는 마이클 밴 발켄버그와 미셸 데비뉴가 새로 설계한 두 개의 조각 정원이 있다. 하나는 정원처럼 둘러싸인 네 개의 공간과 알레, 겨울 온실과 클라스 올든버그의 〈스푼브리지와 체리(Spoonbridge and Cherry)〉 분수가 중심을 차지하고 있는 자연스러운 들판이 대비를 이룬다. 다른 하나는 미셸 데비뉴가 설계한 새로운 삼림 지대 정원이다. J. 폴 게티 미술관은 프랜 스타크(Fran Stark)와 레이 스타크(Ray Stark)[26] 부부의 20세기 조각 컬렉션을

25 [역주] 영국 베드퍼드셔(Bedfordshire)주 루턴에 있는 스톡우드 공원(Stockwood Park)에 1986년 핀레이가 조성한 임프루브먼트 정원(The Improvement Garden)을 말한다. 그는 그리스 신화와 로마 건축부터 18세기 풍경화식 정원에 이르는 다양한 시대를 아우르는 조각 작품을 배치하여 과거 이곳에 있던 스톡우드 파크 영지를 떠올리게 했다.

26 [역주] 할리우드의 영화 제작자인 레이 스타크(Raymond Otto Stark, 1915-2004)와 그의 아내 프랜시

191
마사 슈워츠, 조지아주 애틀랜타의 리오 쇼핑 센터(Rio Shopping Center, 1988-2000).

기증받았고, 원래 부지를 설계했던 올린 스튜디오의 도움을 받아 이를 세심하게 배치했다.[27] 이 조각 컬렉션의 옥외 전시 공간은 [개인이 소유한 방대한 녹지 공간인 파크를 현대의 맥락에 맞게 재해석한-역자] 오늘날의 파크(*park du jour*)처럼 보이고, 이는 다른 공공 정원에 맥락과 상관 없이 임의로 조각상들을 배치하는 일이 상당히 줄었다는 의미로 볼 수 있다. 그리고 보다 재치 있고 유머러스한 옥외 조각도 있다. 웨스트 8도 네덜란드의 A2 고속도로를 따라 목초지에 높이 8미터에 달하는 거대한 세 개의 공기 주입식 소를 설치해 많은 운전자들을 즐겁게 했다. 마사 슈워츠는 초창기에 애틀랜타의 한 쇼핑몰(현재는 이용되지 않는다)에 근처 정원용품 상점에서 구입한 황금빛 개구리를 5점 형식(quincunx)으로 배치했다(도판 191). 보다 최근에 그녀는 베스트팔렌(Westphalia)의 정원을 돼지, 풍차, 난쟁이, 미니어처 우물, 양, 플라밍고 등 51개의 정원 장식품으로 채우

스 브라이스(Frances Brice, 1940-1992)를 말한다. 이들은 열정적인 예술품 수집가였고 사후 소장품을 게티 미술관에 유증했다. 이는 게티 미술관의 프랜 앤드 레이 스타크 조각 정원(Fran and Ray Stark Sculpture Garden)이 되었다.

27 Antonia Boström, ed., *The Fran and Ray Stark Collection of 20th-century Sculpture at the J. Paul Getty Museum* (Los Angeles, CA, 2008)에서 이 조각 공원을 다루었다. Philip Jodidio, *Tadao Ando at Naoshima: Art, Architecture, Nature* (New York, 2006)도 보라. 게티 미술관의 구내 설계와 어원 정원에 대해서는 *Olin: Placemaking* (New York, 2008), pp. 64-87; Lawrence Weschler, *Robert Irwin Getty Garden* (Los Angeles, CA, 2002); David R. Marshall, 'Gardens and the Death of Art: Robert Irwin's Getty Garden', *Studies in the History of Gardens and Designed Landscapes*, XXIV (2004), pp. 215-228을 보라.

면서 이 모티브를 좀 더 발전시켰다. 이는 엄밀히 말해 조각 정원은 아니지만, 많은 미술관이 세운 보다 진지하고 심지어는 엄숙하기까지 한 조각 정원을 비꼬는 작업이다. 이 독일에서의 정원 작업 또한 한시적이었다.

공공 공원은 역사적으로, 은유적으로, 상징적으로 자연(혹은 자연들)과 도시 사이에 있다. 이 두 조건은 인류 역사의 매우 초기에 한쪽은 에덴동산, 다른 한쪽은 바벨탑으로 재현되었다. 에덴동산은 두 사람을 위한 특전이 부여된 사적 경관이었고, 이 둘에게는 천연 자원이 자비로우면서도 풍성하게 제공되었으며 그들을 막는 것이 거의 없었다(나무 한 그루에 대한 금지는 오늘날 공공 공원에 게시된 금지 목록에 비하면 아주 사소한 명령처럼 보인다). 바벨탑은 에덴에서 추방된 이래 흩어져 세상을 떠돌던 여러 부족들이 자신들을 모두 수용할 거대한 탑이 있는 도시를 세우고자 한 시도였다. 하지만 신은 공통 언어라는 은혜를 내리지 않고 "그들을 (…) 온 땅으로 흩어 버렸다." 우리가 도시 안이나 도시 근처에서 모이는 곳은 공공 공원 부지다. 대개 설계나 수용에 대한 언어를 공유하지 않았음에도 공원은 에덴에 대한 아득한 기억을 조금이나마 유지하고 있다는 감각을 공유하는 장소다. 그 노스탤지어를 수용하는 방법은 공원 자체만큼이나 다양하고 민주적이다. 그렇지만 누군가는 자연 그대로의 오염되지 않은 에덴의 비전이 공공 정원, 그리고 무엇보다도 도시에 있는 정원보다는 국립공원의 보다 야생적인 장소에서 충족된다고 본다. 국립공원에 대해서는 다음 장에서 살펴보겠다.

16장

국립공원과 세계박람회 정원

세계박람회를 비롯해 대중적 소비를 위한 국립공원과 지방공원(regional park)은 19세기의 발명품이며, 오늘날 전 세계로 확산되었다. 하지만 정원 조성의 추진력과 경관 형태의 변화는 각기 다르게 나타났다. 이들은 새로이 등장한 경관을 현대적 맥락에서 경험할 수 있는 기회를 각각 제공했다. 국립공원과 지방공원은 과거의 수렵지처럼 울타리로 둘러싸여 있지는 않았지만, 본질적으로 식별 가능한 구역이자 대개 상당히 아름다운 장소로 설정되었다. 오늘날 이곳들은 민주적으로 모든 이에게 개방되어 있으며 동식물 서식지 보존이라는 새로운 의무를 지닌다. 19세기 말 도처에서 융성했던 도시의 공원들 역시 동일한 민주주의적 의제를 공유하고 있었지만, 공원 조성을 의뢰한 이들의 사회적·시민적 요구에 따라 타협이 이루어지곤 했다. 하지만 뉴욕의 센트럴 파크나 필라델피아의 페어마운트 공원과 같은 가장 큰 공원도 국립공원이나 지방공원으로 지정된 영역에 비하면 규모가 훨씬 작고, 덜 다양하며, 덜 '야생적'이다. 가령 옐로스톤(Yellowstone)과 요세미티는 도심과는 멀리 떨어진 외딴 곳에 위치한다는 점에서 구별된다. 특히 초기에 이를 기획한 이들은 이처럼 넓고 독립된 곳을 감정과 정신을 위한 휴양지로 숭상하곤 했고, 많은 이들에게 이곳은 세속 문화 속의 성지가 되었다. 정원의 역사가 크세노폰이 그리스어로 **파라데이소스**라고 번역한 페르시아의 **파이리다에자**(*pairidaeza*)에서 시작되었다면(2장을 보라), 대규모 국립공원 혹은 지방공원은 그 마지막 형태 중 하나일 것이다.

세계박람회 또한 과거의 정원과 경관에 빚을 지고 있지만 다른 형태를 취한다. 세계박람회는 경관 자체가 전시의 일부이고, 경관 속에 일련의 파빌리온이 배치되며, 많은 경우 전문 디자이너에 의해 설계되는 것을 기본 구조로 한다. 파빌리온은 종종 여러 참가국을 나타내는 형태와 재료로 설계되었는데, 이는 픽처레스크가 유행하던 시기에 적절하게 꾸민 경관 속에 이국적인 폴리와 **파브리크**를 흩어 놓던 방식을 상업적으로 재현한 것이다. 이런 박람회는 주최국에 대한 전반적인 홍보와 함께 개별 참가국의 고유한 문화와 산업을 전시하는 것이 주요 목적이다. 몇몇 박람회는 넓은 야외 공원에서 열렸는데, 하이드 파크에 지어졌다가 이후에 시드넘(Sydenham)으로 옮겨진 수정궁(Crystal Palace)이나 1876년 100주년 박람회(Centennial International Exhibition)를 위한 필라델피아의 페어마운트 공원, 그리고 1893년 세계박람회(World's Columbian Exposition)의 부지인 시카고의 잭슨 공원(Jackson Park) 등이 대표적인 사례다. 이런 박람회는 크기나 배치된 구조물이 초기의 공원이나 정원과 물리적으로 그다지 비슷하지 않았지만, 조성 동기를 보면 베르사유의 동물원(Ménagerie)에서처럼 정치적 지도자들이 다양한 정원 건물이나 컬렉션을 전시해 자신의 명망과 권력을 과시하던 초기의 디자인을 연상시킨다. 이는 스페인의 아랍 통치자, 토스카나 지역의 메디치 빌라, 잉글랜드의 햄프턴코트(Hampton Court)궁, 네덜란드의 헷로(Het Loo)궁으로부터 독일의 여러 공국의 발현에서 나타난 사례에 이르기까지 다양했다. 국가성과 정치적 권력은 분수, 파빌리온, 컬렉션만큼이나 이러한 장소에서 큰 역할을 했다.

길게 다룰 수는 없겠지만, 국립공원과 세계박람회 이면에 있는 설계자의 창의적 사고방식과 대중이 이를 이용하고 경험하는 방식은 과거 다른 경관에서 기대하고 행동하던 방식에서 발전한 것이다. 초기에 요세미티를 찾은 이들은 정원이나 공원에서와 비슷한 반응을 보였다(1장을 보라). 사람들은 방문하기도 전에 이미 요세미티를 친숙하게 여겼고, 이는 초기의 방문자들이 이곳의 경이롭고도 도달하기 어려운 장엄한 풍경을 받아들이는 데 도움이 되었을 뿐만 아니라 그들이 요세미티에 접근할 수 있도록 하는 물리적 개입도 이끌었다. 트레일과 길, 주요 풍경을 감상하기 위해 멈추는 지점, 지정된 경로, 계곡 곳곳에 표시되고 이름이 붙여진 요소들, 심지어는 점진적으로 만들어진 행동 규칙과 규약까지 이 모두가 초기 풍경화식 파크의 요소였다. 이와 같은 행동 규제의 기원은 행동에 대해 구체적으로 경고하던 로마의 **렉스 호르토룸**으로까지 거슬러 올라가며, 오늘날에도 공공 공원에는 방문자가 어떻게 행동해야 할지를 알려주는 안내문의 형태로 이어지고 있다(피크닉 금지, 꽃 꺾기 금지, 스케이트보드 금지 등등). 물론 각 지정 구역에서의 활동을 철저하게 통제할 수 있으리라 국립공원의 설계가와 방문자들이 기대한 것은 아니다. 국립공원은 박물관이 아니었고, 많은 지역 주민들이 그 구역에서 일상을 영위했다. 한편 매일 몰려드는 관광객들의 행동은 개인 소유의 영지를 방문한 이들의 절제된 모습과는 달랐다. 박람회장을 찾은 인파는 개인 영지를 찾는 관광객보다는 공공 장소에서 그곳에 전시된 기념물과 조각상을 감상하던 군중의 규모에 가까웠다.

유럽 국가들은 미국이 옐로스톤과 요세미티를 국립공원으로 조성하면서 국립공원과 지방공원 분야에서 100여 년이나 앞서갔음을 분명히 인식하고 있었다. 반면 박람회의 진흥에 있어서는 유럽이 북미보다 앞서 있었지만, 이후 민첩하고 열정적으로 그 발달을 장악한 것은 미국이었다. 이번 장에서는 이러한 발달의 다양한 측면을 서술한다.

하나

1872년 3월 연방 정부가 조성한 최초의 국립공원은 옐로스톤이지만, 국립공원 부지(national parklands) 개발의 길을 닦은 것은 1850년대에 이루어진 요세미티의 발견과 그 후의 개방이었다.[1] 실제로 요세미티와 인근의 마리포사 빅 트리 그로브(Mariposa Big Tree Grove)의 관리가 1864년 의회에서 캘리포니아주 정부로 이관되면서 요세미티의 국립공원 지정은 1890년대에 와서야 이루어졌다. 게다가 요세미티에는 특이하고도 아마도 완전히 우연적이지는 않은 정황이 있었는데, 바로 북미 전역에 공공 도시 공원을 조성하는 일에 관여한 사람, 즉 프레더릭 로 옴스테드가 잠시 책임자로 있었다는 점이다.

1863년 옴스테드는 뉴욕과 그가 5년간 헌신했던 센트럴 파크를 떠나 캘리포니아주 시에라네바다(Sierra Nevada)산맥의 금 채굴지인 마리포사 지구(Mariposa Estate) 관리직을 맡았다. 그는 이 사업을 위한 더 나은 수원(水源)을 점검하던 중 요세미티 밸리에 처음 오게 되었다. 요세미티에 대한 그의 비전은 조경가로서의 그의 경험 및 사고방식과 완전히 일치했다. 그는 두 개의 분리된 부분(요세미티 밸리 자체와 마리포사 그로브)에 보

1 Paul Schullery, *Searching for Yellowstone: Ecology and Wonder in the Last Wilderness* (Boston, MA, and New York, 1997) 참고.

다 넓은 환경적 맥락을 부여해야만 완전한 효과를 내고 보존도 할 수 있으리라 보았다. 그는 ("방문자들이 가는 곳과 그 주변 어디든") 경관 전체의 조화를 확보해야 한다고 주장했다. 이는 풍경화식으로 조성된 개인 정원이 보다 넓은 농업 부지 내에 수용되거나, 도시 공원이 대도시 구조 속에 조화롭게 수용되는 방식과 크게 다르지 않다.

옴스테드는 시에라네바다에서 장소의 '고유한 특성'(그곳의 게니우스 로키)을 연구하고 해설했으며, 그 특징을 시각적으로 설명하기 위해 사진가 칼턴 왓킨스(Carleton Watkins)와 화가 토머스 힐(Thomas Hill), 버질 윌리엄스(Virgil Williams), 앨버트 비어슈타트(Albert Bierstadt) 등 예술가들과 열정적으로 협업했다. 그는 경관의 예술(art of landscape)이 직접 경험되든 시나 회화를 통해 경험되든 연상 관계의 구축에 의존한다는 것을 인식했기 때문에 요세미티의 풍경을 적극적으로 추천했다. 또한 모든 조경가가 주어진 대상지의 가능성에 부응하기 위해 한 것처럼 옴스테드 역시 가장 흥미로운 경관이 관심을 받도록 했으며 아름다운 나무를 예찬했다. 1865년 초대 요세미티 위원회(Yosemite Commission)의 의장으로서 캘리포니아주 의회에 제출한 예비 보고서[2]에서 그는 국립공원의 미래 비전을 제시했다. 공원의 규모와 관리에는 혁신이 필요했고, 옴스테드는 조경가로서의 사고를 통해 이를 중재했다. 사실 옴스테드는 요세미티 위원회 의장으로 활동하면서 동시에 캘리포니아주 오클랜드(Oakland)에서 두 개의 조경 설계 작업을 하고 있었다.

옴스테드는 캘버트 복스와 함께 센트럴 파크에서 구상했던 것처럼 국립공원에서도 ("대중의 휴양과 레크리에이션에 영원히 헌신하는") 민주주의의 잠재력을 보았다. 이러한 관점은 1890년 미 의회에 요세미티를 '공공 공원으로서 대중을 위한 레크리에이션 부지'로 채택하라는 요청이 들어왔을 때에도 계속 강조되었다. 또한 뉴욕의 센트럴 파크에서처럼 옴스테드는 요세미티가 방문자들을 위해 '보여지고' 적합하게 만들어져 그들이 이곳의 잠재력을 온전히 인식할 수 있도록 해야 한다고도 보았다. 위원회의 보고서에서는 불가피하게 이미지 대신 글로 요세미티를 묘사해야 했지만, 이를 통해 그는 두 가지 미묘한 논의를 펼칠 수 있었다. 첫째, 사실 어떠한 이미지도 요세미티의 인상

2 필자는 빅토리아 포스트 래니(Victoria Post Ranney)의 서문이 있는 요세미티 협회(Yosemite Association)의 보고서 재간행본(Yosemite National Park, CA, 1995)을 활용했다. 이는 *The Papers of Frederick Law Olmsted*, vol. 5 (Baltimore, MD, 2000)에도 게재되었다.

을 온전히 포착할 수 없다는 것이다.

> 요세미티를 방문하는 사람은 어떠한 사진이나 여러 장의 사진, 또는 회화를 미리 보았더라도 그곳에서는 놀라지 않을 수 없다. 장면을 충실하게 재현할 수 있다면, 방문자는 어느 순간 그의 눈이 머무르는 장면뿐 아니라 이를 통해 **연상된** 모든 것에 영향을 받기 때문이다(강조-필자).

둘째, 연상이 경관 경험의 핵심이라는 점을 염두에 둔다면, 옴스테드는 이를 다양하게 제시할 수 있었을 것이다. 어떤 연상에서는 요세미티가 비할 데 없이 독특했지만, 다른 연상에서 이를 읽는 이들은 유럽의 '알프스와 아펜니노산맥'이나 셰익스피어의 워릭셔(Warwickshire)주에서의 가장 좋은 기억('에이번강이나 템스강 상류를 여행한 이들에게 즐거운 추억')을 떠올려야 했다. 그리고 옴스테드의 표현 또한 '수풀'이나 '초지', '꽃이 핀 관목'처럼 설계된 경관이나 이상적인 경관을 연상시키는 쪽으로 바뀌었다. 옴스테드 역시 픽처레스크라는 단어를 언급하는데, 픽처레스크 문화에 익숙한 옴스테드와 같은 이에게 경관 경험은 결코 시각적인 것에만 한정되지 않았다.

옴스테드는 픽처레스크가 심각한 과잉으로 치닫던 때처럼 요세미티를 소유자의 '거짓된 취미와 변덕'으로 망가진 '개인 영지'가 되게 해서는 안 된다는 결정을 내렸다. 그는 요세미티 밸리와 마리포사 그로브를 대중 관광에 상업적으로 개방하는 안을 구상해야만 했고 이를 위해 유럽의 사례를 참고했다. 스위스는 풍경의 상업적 개발로 (그리고 무엇보다도 도로 및 철도 연결망으로) 찬사를 받았고, 뮌헨은 영국정원의 조성으로 호평을 받았다. 게다가 '아름다운 풍경이 마음에 미치는 영향'과 '신경계 및 신체 전체의 생리적 기능에 대한 정신의 밀접한 관계'에 대한 긴 논고에서 그는 "시골에 은거지를 소유했던 바빌론과 페르시아, 히브리의 위인들"뿐 아니라 "사치와 레크리에이션을 위한 1,000개가 넘는 개인 파크와 저명한 부지(notable grounds)"가 있는 시골 영지로 물러난 영국 귀족이 건강하게 장수했음을 선례로 드는데, 그가 공화주의를 강조했다는 점을 생각하면 이는 다소 이상하다. 일찍이 1864년에 옴스테드는 이미 그의 민주주의적 비전(모두를 위한 '행복의 추구')을 위해 풍경은 최소한의 방해만 받아야 한다는 점을 인식하고 있었다. "풍경의 품위를 가리거나 왜곡하거나 훼손하는 일"은 생각조차 할 수 없었다. 이미 뉴햄프셔(New Hampshire)주(수백 개의 호텔)나 스코틀랜드의 하일랜

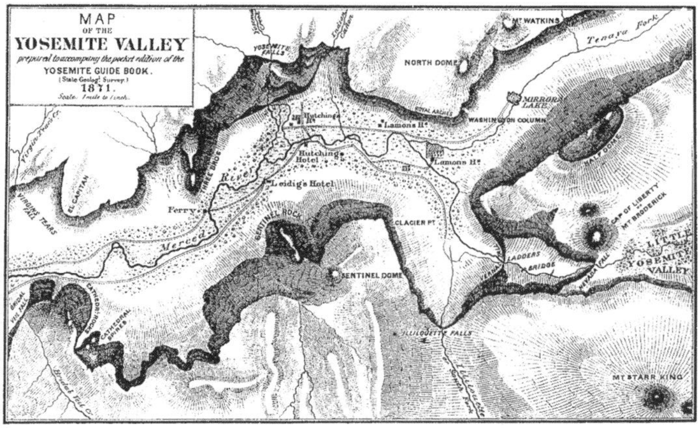

192
요세미티 밸리의 도로와 트레일 초기 지도.

드(Highlands, 철도, 증기기관선, 말)에서 이런 침입을 볼 수 있었지만 말이다. 그렇지만 옴스테드는 요세미티가 "부유한 이들의 파크"로 구입된 것이 아니기에 반드시 대중에게 개방되어야 하며, 이를 위해서는 교통수단(계곡으로 들어오는 "도로가 가장 먼저 필요하다"), 적당한 이용료의 야영장 그리고 "풍경이 뛰어난 모든 지점에 다다르는" 트레일 네트워크, 정확히 말하자면 "50킬로미터가 넘는 이중의 트레일과 산책로"를 갖추어야 한다고 주장했다. "보다 픽처레스크한 코스"를 갖춘 이러한 계곡의 "완전한 순회로"(도판 192)는 영국의 개인 [영지를 아우르는 방대한-역자] 파크랜드와 공공 공원 부지에 있는 순환로와 비슷하다. "인공적인 건설"을 줄이자는 옴스테드의 주장은 유럽 상류층의 영지에 자연스러운 경관을 조성할 때 인위적인 인상을 주는 요소를 없애던 일을 떠올리게 한다.

요세미티를 대중이 이용할 수 있도록 개방하는 방법을 조사하고 제안하면서, 옴스테드는 개인 파크랜드의 이전 버전, 즉 그곳의 형식적인 디자인, 자연스러운 풍경의 예찬, 온갖 종류의 식물 전시, (특정한 사건이나 인물을 참조하는 이름을 포함해) 지역적 혹은 나아가 국가적 역사와의 연관성 그리고 이 전체를 예술과 자연의 협업으로 구상할 때 경관 설계가가 해야 할 역할을 염두에 두고 있었던 것이 분명하다. 옴스테드가 동부의 조경 작업으로 돌아간 뒤(사실 다시는 요세미티로 돌아오지 않았다), 계곡은 관리 책임을 맡고 있던 캘리포니아 위원회(California Commissioners)와 1864년의 양여법 통과[3] 이

3 [역주] 1864년 6월 30일, 링컨 대통령이 연방 정부 차원에서 요세미티를 보호하는 '요세미티 밸리 토지 양여법(The Yosemite Valley Grant Act)'에 서명한 일을 말한다.

전에 관광 목적으로 이를 부당하게 이용했던 다양한 개인 사이의 주도권 다툼에 휘말렸다. 이 이야기는 여기에서 다루지 않는다.[4] 하지만 요세미티가 최종적으로 연방 정부에 양여되기까지 42년 동안, 사람들이 요세미티 밸리에 보여 온 물리적이고 상상적인 반응에는 요세미티를 파크와 정원으로 보는 인식이 남아 있었다. 요세미티는 [개인의 영지가 아니라-역자] 미 의회가 '요세미티 숲 보호 구역(Yosemite Forest Reservation)'으로 지정한 공공의 장소였음에도 그러했다. 캘리포니아 주지사는 1864년의 선언에서 '개선(improvement)'이라는 용어를 분명하게 사용했는데, 이는 개인의 영지 설계 및 그곳의 '개선'과 밀접하게 연결된 용어였다.[5] 또한 요세미티에 접근하는 길, 무엇보다 방문자들이 요세미티 밸리의 모든 핵심적인 요소들을 볼 수 있도록 설계된 안쪽의 길은 개인의 파크랜드에 있는 순환로와 선형 마찻길(belt rides)과 비슷했다. 요세미티에는 보행자와 말, 승합 마차, 마침내는 차량을 위한 다양한 종류의 길이 필요했다. 버널 폭포(Vernal Falls)와 네바다 폭포(Nevada Falls)에 다다르기 위한 사다리가 설치되었고, 이후에는 돌층계가 놓였다. 한편으로는 용감무쌍한 이들이 가파른 하프 돔에 오르는 것을 돕는 로프도 생겼다. 앉을 곳이 있는 판자 길이 로어 빌리지(Lower Village)와 어퍼 빌리지(Upper Village)를 연결하고, 머세드강(Merced River)을 가로지르는 다리가 있었을 것이다. 다른 많은 개인 영지에서와 마찬가지로 다양한 요소에 이름이 붙여졌다. 어떤 이름은 요세미티 밸리의 개척자, 정치인과 사업가를 예찬했고 인스피레이션 포인트, 머데스토 상공회의소(Modesto Chamber of Commerce)가 부에나비스타 갭(Buena Vista Gap)에 세운 '요세미티 최초의 풍경(First View of Yosemite)' 표지판, 심지어는 4마일 트레일(Four Mile Trail)처럼 각 장소에 대한 방문자들의 반응을 이끌도록 고안되기도 했다. 요세미티의 기묘하고 숭고한 세계를 보다 호의적이고 친숙한 곳으로 만들기 위해, 인디언 지명은 거의 완전히 앵글로·색슨어 이름으로 대체되었다(티사약[Tisayac]은 하프 돔이 되었다).

대개는 우연이지만, 요세미티도 때로는 적어도 무의식적인 연상에 기대어 몇몇 적정 수준의 픽처레스크한 요소를 받아들이고자 했다. 거대한 삼나무 둥치 둘레에 지어진 빅 트리 룸(Big Tree Room), '알파인 하우스(Alpine House)', (존 뮤어의 말을 빌리면) "아주

4 이어지는 내용은 특히 Hank Johnston, *The Yosemite Grant 1864-1906: A Pictorial History* (Yosemite, 1995)의 도움을 받았다.

5 [역주] 고객들에게 영지의 개선 가능성이 있다고 하던 '케이퍼빌리티' 브라운의 말버릇과 관련된다.

193 요세미티의 시골풍 미러 레이크 하우스, 공사 중이던 1870년에 촬영.

전망이 좋은 바위 위에 놓인 독수리 둥지처럼 걸터앉은" 오두막집, 혹은 미러 레이크 하우스(Mirror Lake House, 도판 193)와 같은 많은 초기의 건물은 정원 **파브리크**를 떠올리게 했다. 하지만 위원회는 곧 시골풍의 픽처레스크한 오두막집이 부적절하다고 여겼고, 1880년대 후반에 다수가 철거되었다. 보다 장엄한 부르주아풍 건축물이 이를 대체했는데, 존 뮤어와 같은 이들은 이를 달갑게 여기지 않았다. 그는 완벽한 빅토리아 시대 빌라 양식의 스톤맨 하우스(Stoneman House) 호텔이 "아주 거대하고 숭고한 주변 환경 속에 있으니 우스꽝스러워 보인다"라고 평했다.

번성하는 관광 산업의 요구와 수요에 맞서 경관에 대한 관념과 미학을 유지하기는 쉽지 않았지만, 그 과정에서 요세미티의 조경 작업은 선례와 비교할 수 없을 정도로 크게 발전했다. 하지만 공원의 관리는 여전히 방문자들이 공원을 돌아다니며 핵심적인 전망을 확실히 감상하도록 하고, 심지어는 적절한 감정을 느끼도록 촉진하며 지리적·문화적 역사와의 연상을 자극하는 데에 집중되어 있었다. 마치 영국의 내셔널 트러스트를 포함한 풍경화식 파크의 소유자들과 같이 말이다. 그리고 20세기 초 국립공원국은 지금은 고인이 된 저명한 조경가 로런스 핼프린을 초빙해, 폭포 접근로를 검토하여 재설계하고 요세미티 풍경의 핵심 부분을 활용해 요세미티 방문을 하나의 공연처럼 경험할 수 있게 했다.

다른 국립공원과 지방공원 역시 요세미티와 같은 문제에 직면했지만 각 곳마다 필요한 것이 다르고 다양했기에 설계된 파크랜드 전통의 영향은 줄어들었다. 유럽의 국립공원은 두 가지 상이한 문화적 기원에서 비롯되었다고 할 수 있다. 첫 번째는 독특하고 특별한 성격을 지닌 경관 지역을 영토적으로 규정하고, 그러한 지역을 관광객이 매력적인 대상으로 인식하게 하는 전통이었다. 영국에서 이는 더비셔 데일스, 레이크 디스트릭트(Lake District), 스노도니아(Snowdonia), 스코틀랜드 하일랜드, 그리고 이후에는 노퍽 호수 지역(Norfolk Broads)과 사우스다운스(South Downs)였고, 프랑스에서는 샤모니(Chamonix)와 몽블랑(Mont Blanc), 피레네산맥(Pyrénées), 혹은 보주산맥(Vosges)이었다.[6] 영국에서는 도시전원계획부(Ministry of Town and Country Planning)가 적절한 부지를 조사한 뒤 1949년에야 국립공원이 조성되었지만, 국립공원에 대한 요구는 훨씬 이전부터 있었다. 1810년 윌리엄 워즈워스(William Wordsworth)는 『호수 안내서(Guide to the Lakes)』에서 레이크 디스트릭트가 "이를 알아보는 눈과 누리는 마음이 있는 모든 이에게 권리와 지분이 있는 일종의 국가 자산"이라고 주장했다. 1871년에 코니스턴(Coniston)의 브랜트우드(Brantwood)에 주택을 매입한 이래 레이크 디스트릭트에서 살고 있던 존 러스킨(John Ruskin)은 훨씬 뒤인 1887년 3월 19일에도 같은 주장을 했다. 〈랭커스터 업저버(Lancaster Observer)〉에 보낸 서한에서 그는 "국가가 단독으로 레이크 디스트릭트를 구입해야 한다"라고 주장했다. 하지만 그는 환경 보호 운동가의 입장도 취했다. 그는 빌라의 창궐을 증오했고("이들은 후추를 뿌리듯 컴벌랜드에 하얀 상자를 뿌려 댄다"), 철도 노선이 앰블사이드(Ambleside)에서 라이달(Rydal)과 그래스미어(Grasmere, 워즈워스의 고장)까지 북쪽으로 확장되고 던메일 레이즈(Dunmail Raise)에서 케직(Keswick)까지 (레이클랜드 동쪽의 중심을 관통해) 연장되는 것에 적극적으로 반대했고, 이를 저지하는 데 성공했다.

국립공원을 위한 영감의 두 번째 원천은 귀족들의 방대한 영지나 수렵장과 달리 모든 이에게 열려 있는 공공 레저와 레크리에이션 공간을 만들자는 민주주의적 촉구였다. 철도의 도입과 발전은 먼 곳에 있는 파크랜드가 방문자들에게 개방되는 데 중요한 역할을 했지만, 도시의 방문자들이 밀어닥치면서 나름의 문제가 생겼다. 1949년의 국립공원과 전원 지대 접근에 관한 법률(National Parks and Access to the Countryside Act) 중 영국 국립공원에 대한 요구로는 '창조적 지형(creative geography)'의 제공도 있었다.[7] 말하자면, 고유한 개성과 조직이 있는 특정한 영토와 적절하게 통제되고 계획된 지형의 '창조'가 반응을 '조성'하리라는 것이다. 이는 개인 정원과 풍경화식 파크에서 방문자들을 위해 고안한 계기와 자극의 레퍼토리만큼이나 그 나름의 방식으로 교육적이

6 프랑스의 여러 장소에 대한 유용한 정보는 Catherine Desjeux et Bernard Desjeux, *Les Parcs Naturels Régionaux de France* (Nonette, 1984)에서 참고했다.

7 David Matless, *Landscape and Englishness* (London, 1998), p. 249. 필자는 이후 내용에서 이 연구의 도움을 받았다.

고 연상적이다. 어떤 종류의 파크에도 익숙하지 않은 방문자들을 위한 안내도 제공되어야 했다. 1951년 영국 국립공원국(British National Parks Commission)은 (특히 도시에서 온) 관광객들이 시골에서 어떻게 처신해야 하는지를 알려 주는 『전원 규범(The Country Code)』을 집필했다. 이는 대부분의 유럽 공공 공원의 입구에서 방문객을 맞이하는 공공 행동 수칙의 연장선상에 있었다.

국립공원에 대한 요구는 1800년경 영국에서 픽처레스크 운동이 절정에 달했을 때부터 제기되었으므로 이 넓은 영토가 시민 공원뿐 아니라 방대한 개인 파크와 비슷한 기반 위에서 경험되고 향유되는 것은 불가피했다. 게다가 일찍이 토머스 웨이틀리는 『현대 정원술에 대한 논평』(1770)에서 블레넘이나 스토와 같은 개인 파크랜드와, 와이강 계곡과 더비셔 데일스와 같은 지형 모두가 방문해 감상할 만한 장소라고 기술한 바 있다. 이러한 픽처레스크한 지형들을 위한 안내서가 만들어졌고, 진입로와 길이 정해졌으며, 특정한 장소에서 보는 조망이 권장되고 때로는 표시되었다.[8] 그리고 다른 여러 설비가 제공되자 몇몇 환경 순수주의자들은 국립공원이 너무 손상되어, 존 다우어(John Dower)가 1944년에 『도시설계학회 회보(Journal of the Town Planning Institute)』에서 말했던 것처럼 "(작은 술집이 딸린) 정원 유원지(garden pleasure-ground)"가 될 것을 우려했다. 18세기 말과 19세기 초의 작가들이 관심을 두기 시작한 방대한 경관(대표적인 사례로는 영국 제도[British Isles]의 여러 지역을 다룬 윌리엄 길핀의 픽처레스크한 『와이강 관찰[Observations on the River Wye]』이 있다) 중 많은 지역이 이후에 국립공원으로 선정되었다. 작가들은 그런 지형이 개인 영지에 있는 풍경화식 정원과는 규모와 특성 면에서 다르다는 것을 인식하고 있었다(확실히 바로 이것이 그곳의 매력이었다). 하지만 이에 반응하고, 이를 어떻게 경험해야 하는지를 설명할 때는 종종 보다 조밀하고 구조화된 곳이 주는 친근함이 적용되거나 언급되었다. 따라서 사람의 손이 닿지 않은 야생의 장소를 보고 감탄하기 전에 보다 익숙한 경험을 통해 서서히 익숙해져야 했다. "레이크 디스트릭트 중심부의 고유한 아름다움에 대한 인식"이 이곳을 둘러싼 대저택과 영지를 통해 고취된다는 점은 흥미롭다.[9]

8 몇 년 전 요크셔주 커크비무어사이드(Kirkbymoorside)에는 '놀라운 풍경으로' 가고 있음을 알리는 이상한 안내판이 있었는데, 이것이 이어지는 황야의 풍경을 망쳤을 것이다!

9 Robert Woof, 'The Matter of Fact Paradise', *The Lake District: A Sort of National Property*, ed. John

길핀은 개인 영지에서 갈고닦은 경험을 바탕으로 대중적인 전원 경관을 감상하는 것이 분명함을 보여 주는 사례를 몸소 제시한다. 1747년의 스토 정원 방문에 대한 초기의 기록과, 이후 1770년의 여행 중 와이강에서 관찰하고 12년 후에 출판된 내용의 첫 부분을 비교해 보면 이 공통의 경험에 대해 드러나는 것이 있다. 첫 번째 글에서 길핀은 광범위하게 설계된 스토의 경관의 특징으로 그가 '거친 자연'이라고 부른 것에 특히 주목하게 하려는 조짐을 분명히 드러낸다. 반면 이후의 글에서 그는 가끔이긴 해도 설계되지 않은 풍경의 배치를 볼 때 여전히 스토와 같은 파크랜드에 있는 듯 반응한다.[10]

스토에 대한 『대화』에 등장하는 인물인 폴립톤은 '주변 몇몇 자치주의 흥미로운 곳을 방문한' 경험이 있다. 여기에 풍경화식 정원이 포함되었을 수도 있지만, 그가 북쪽 자치주에서 한 여행을 상세하게 말하는 것을 보면 그보다 넓은 영역에 해당하는 경험이라는 게 분명해 보인다. 이와 비슷하게 길핀의 와이강 여행에 대한 서사는 설계된 경관을 보러 캐버셤 하우스(Caversham House)에 들르는 것으로 시작한다. 그곳에서 그는 (트집이지만) '케이퍼빌리티' 브라운의 "대단한 공적은 자연이 표시한 길을 좇는 것"이라고 언급한 다음 와이강으로 내려가는 길에 있는 퍼스필드(Persfield), 그리고 폭슬리(Foxley)와 하보드(Hafod)[11]처럼 설계된 유명한 장소를 방문했을 때 본 경관을 말한다. 스토의 부지에 들어서며 폴립톤이 가장 먼저 주목한 것은 눈앞의 건물들이 아니라, 멀리 펼쳐진 방대하고 다채로운 풍경이었다. 그는 가까운 전경을 제쳐두고, 스스로 '배경' 혹은 '원경'이라고 부른 전망에 더 큰 가치를 두었다. 그의 투덜거림 가운데 일부는 길핀이 동반자와의 대화를 활발하게 만들기 위해 고안한 것이 분명한 반면, 북부의 경치에 대한 열광은 도발적이라기보다 진심 어린 것으로 보인다. 게다가 그는 이런 성향이 스토처럼 풍경화식으로 조성된 정원에서의 경험과 어떻게 조화를 이루는지를 탐색하는 데 관심이 있었던 듯하다. 폴립톤은 물론 자신이 귀족이라면 "나의 영지를 정

Murdoch (Cheltenham and London, 1986).

10 1748년에 출판된 스토 정원에 대한 『대화』 텍스트는 Augustan Reprint Society, 출판 번호 176번(1976)에서 볼 수 있다. 필자는 이 책에서 길핀의 『와이강 관찰』의 제4판(1800)을 인용했다.

11 [역주] 웨일즈에 있는 하보드 영지(Hafod Estate)를 말한다. 18세기 후반 이곳의 소유자였던 토머스 존스(Thomas Johnes)가 조성한 풍경화식 정원이 유명했다. 웨일즈어에서 'f'는 영어의 'v' 발음이기에 '하보드'로 표기한다.

원으로 바꾸고, 소작인들을 정원사로 삼을 것이다. 쓸모없는 사원 대신 농가를 짓고 의미 없는 길을 내는 대신 도로를 단장하고 보수하겠다"라는 의견을 내면서 급진적인 방식으로 정원에 시골을 들여오는 일에 찬성한다. 그리고 그는 밀턴의 「쾌활한 사람」에 나오는 구절을 인용해 방대하고 설계되지 않은 전원 지대가 주는 '새로운 즐거움'을 예찬한다. 캘러필러스는 이와 비슷한 주장을 펼치는데, 그는 "정원이 경계를 넘어 연장되었고, 자치주의 절반, 마을, 농사일, 소 떼, 사슴 무리를 비롯한 즐거운 것이라면 무엇이든 받아들였으며, 다양하고 아름다운 것들은 정원 안으로 들어와 한 부분을 차지하게 된다"라는 보다 전통적인 견해를 자세히 설명한다. 18세기 중반까지 이러한 풍경에 대한 취미는 분명히 교양 있는 일이었고, 설계된 파크랜드와 정원 안에서 향유되었다. 비록 여전히 스토와 같은 장소에서 얻은 경험에 의존하기는 해도, 보다 넓은 자연 자체가 탐색되었음은 곧 확실해졌다.

이제 길핀의 『와이강 관찰』을 살펴보면, 그가 스토에서 한 경험과 연속된다는 것을 분명히 느낄 수 있다. 다만 경관이 훨씬 더 방대하고, 탐색에도 훨씬 더 오랜 시간이 걸렸으며, 그의 주된 관심사는 인간이 관여하지 않은 영역을 진정한 원천으로 삼는 픽처레스크 기법과 주제의 선정을 장래의 화가에게 가르치는 것이다. 그럼에도 그는 종종 과거 스토에서와 비슷하게 반응하는 듯 보인다. 풍경화식 조원가와 풍경화가는 모두 자연을 '완벽하게 만드는' 법을 익혀야 하므로 한쪽을 위한 조언이 다른 쪽에도 유효한 것은 놀라운 일이 아니다. 와이강 여행에서 길핀은 자연에는 전경도 배경도 없다는 점이 정원사와 화가를 모두 불만스럽게 만들 것이라고 불평한다. 관찰하는 내내 그는 자연 자체를 언덕을 '매달고', 지형이 보이는 방식을 '수정하고' '개선하는' 예술가로 묘사한다. 이에 더해 길핀은 인간의 손길이 닿지 않은 지형에 '고상한 테라스'나 '잔디밭'과 같은 조경 용어를 사용하며, 스토 정원 산책 중에 사건들이 발생했던 것처럼 '저절로 전개되는' 풍경에 대해서도 쓰곤 했다("오솔길을 건널 때 눈에 들어오는 저 건물은 어떤 건물인가?"). 이러한 경험과 반응의 융합은 길핀이 하보드의 경관에 대해 쓸 때 가장 잘 나타난다. 그곳의 경관은 그가 특히 열정을 보이는 확장된 픽처레스크에 적합한데, 이는 다양한 순환로("다양하고 웅장한 풍경들 사이로 여러 산책로가 이어진다")를 따라 그곳의 아름다움에 다다를 수 있도록 한다(도판 194). 하지만 대체로 그는 하보드와 같은 곳에 있을 때처럼 와이강의 풍경 속을 자신만의 방식으로 '산책'했다. 그의 경로는 손에 『와이강 관찰』을 들고 그의 발자취를 좇는 많은 관광객들에게 하나의 모델이 될 것이다.

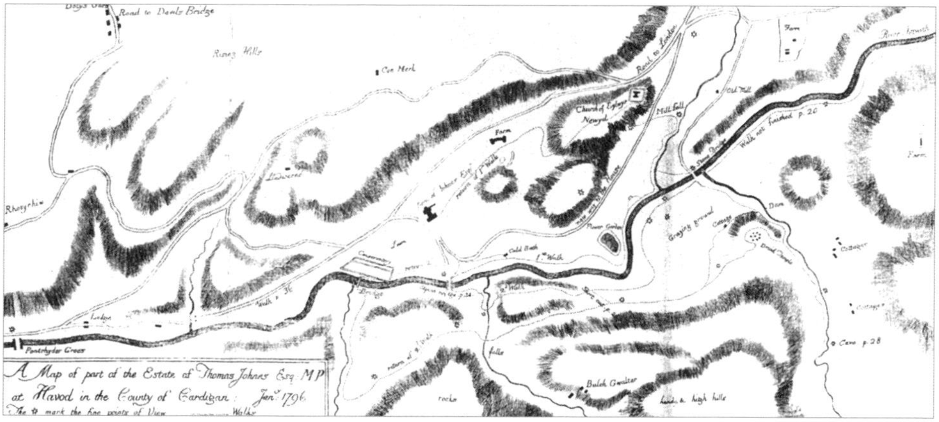

194 윌리엄 블레이크(William Blake)가 제작한 것으로 추정되는 웨일스 케레디존(Ceredigion)주 하보드의 부지와 산책로를 나타내는 접이식 지도. 조지 컴벌랜드(George Cumberland), 『하보드 묘사 시도(An Attempt to Describe Hafod)』(1796).

하지만 길핀은 보다 넓고, 좀 더 개념적인 관심에서 출발해 조경 이론 및 실천과 자신의 관련성을 드러냈다. 그는 특정한 영토에 반응하면서도, 반응을 이끌어 낼 만한 카테고리를 언급하는 데 특히 관심을 두었다. 그 한 예를 "와이강의 **장식**(*ornaments*)은 **땅**(*ground*), **숲**(*wood*), **바위**(*rocks*), **건물**(*building*)이라는 네 개의 항목으로 분류될 수 있다"라는 그의 문장에서 볼 수 있다. 이는 길핀이 와이강 계곡에 대한 글을 쓰던 해에 출판된 토머스 웨이틀리의 『현대 정원술에 대한 논평』 속의 카테고리를 상기시킨다. 웨이틀리는 "언제나 단순한 자연은 장면을 구성할 때 단 네 개의 재료, 즉 **땅**, **숲**, **물**, **바위**만을 활용한다"라고 쓴 다음 "자연의 경작[경관 설계]은 다섯 번째 종인 **건물**을 도입했다"라고 덧붙였다. 두 작가 모두 각각의 카테고리를 자세하게 설명했다. 길핀은 와이강의 '미로처럼 복잡한 경로'를 따라 배를 타고 내려가는 그의 실제 여행 방식을 통해 '물'의 테마를 개략적으로 설명했다. 두 작가 모두 주어진 경관에서의 '특징(character)'의 필요성을 다루었다. 길핀은 로스(Ross) 인근의 와이강에 '특징적인 대상', 즉 장소의 특정한 '관념(idea)'을 규정할 구조물이 없음을 통탄했다. 웨이틀리는 다양한 특징을 구분하고 경관 설계를 통해 이를 구현하는 법을 여섯 페이지에 걸쳐 다루었다. 하지만 길핀은 건물이 자연 지형에서보다는 인공적으로 설계된 디자인 속에서 특징을 만들어 내는 데 보다 적합하고 유용한 보조 수단임을 인정했다. 혹자는 길핀이 여행길에 웨이틀리의 책을 가져갔는지, 혹은 이후 출판을 준비하며 이를 참조했는지 궁금해할 수도 있다. 특히 퍼스필드와 쳅스토(Chepstow) 부분에서 그러하다.

195 J. B. 파인(J. B. Pyne), 『잉글랜드의 호수 풍경(Lake Scenery of England)』(1859)의 표지.

길핀의 시도는 이러한 개념이 나타나기 전(*avant la lettre*)의, 특정 지역의 독특한 풍경을 방대한 파크랜드처럼 방문자들에게 안내하려 한 초기적 시도라고 볼 수 있다. '공원'이라는 용어가 국립공원 시스템에 적용될 때 이는 반드시 둘러싸여 있지는 않더라도 경계가 있는 곳, 때로는 서정적인 고유의 지형적 또는 문화적 특징이 시선을 잡아 끄는 특별한 장소, '보호'와 '조직'이 모두 요구되는 장소를 의미한다. 1867년 제정된 프랑스의 지방공원 관련 법률에 바로 이 이중적 용어가 나타난다. 옐로스톤과 요세미티에서 자연의 숭고함을 보호하는 일과 ("공공 공원 혹은 유원지로서") 관광을 위한 요소를 조직하는 일 사이의 균형이 필요했듯이, 영국의 입법자들은 여러 지역 중에서도 잉글랜드의 레이크 디스트릭트가 이와 비슷하게 상충하는 목표에 직면해 있다고 언급했다. 방대한 미국의 국립공원과 비교해 볼 때 레이크 디스트릭트는 규모가 아주 작았고, 이미 사람들이 거주하고 일하는 경관이라는 특성 때문에 긴장은 더욱 가중되었다.[12]

레이크 디스트릭트와 같은 국립공원은 18세기 중반 이래로 그 지역을 다룬 문학작품이 상당히 많다는 점에서 미국의 사례와 다르다. 마침내 지역의 중심지가 된 프랑스 경관의 경우도 마찬가지였다. 이에 대한 글과 그림은 같은 시기에 유행한 수많은 시골 영지 안내서 및 픽처레스크한 동판화 컬렉션과 아주 유사한 동시에 그로부터 영향을 받았다. 게다가 케직의 호수 일대에서 길핀은 접근성을 높이고, "기형적인 것을 없앰"으로써 그 호수를 개선할 수 있을 것이며 "호수에 식물을 심고 그곳을 장식

12 필자는 여기에서 레이크 디스트릭트에 대한 버켓 경의 서정적이고 열정적인 에세이를 참조한 Harold M. Abrahams, ed., *English National Parks* (London, 1959)와 Murdoch, ed., *The Lake District: A Sort of National Property*를 활용했다. 레이크 디스트릭트에 전념한 픽처레스크 문학에 대해서는 Peter Bicknell, *The Picturesque Scenery of the Lake District 1752-1855* (Winchester, 1990)의 서지학적 연구를 보라.

196
로버트 힐스(Robert Hills, 1769-1844), 〈보로데일의 그레인지(Grange in Borrowdale)〉, 수채. 더원트강(River Derwent)을 가로지르는 다리 너머로 그레인지의 촌락이 얼핏 보인다.

해야 한다"라고 생각했다. 그림과 (대개 '안내서'라는 제목이 붙은) 가이드북을 통해 방문자들은 특히 처음에는 '불쾌하다(horrid)'고 생각했던 풍경에 반응하는 법, 특정한 연상을 개발하는 법, 그리고 마침내는 적당한 지도를 들고 정해진 길을 탐색하는 법을 배웠다(도판 195). 풍경화식으로 조성된 파크와 달리 이곳에는 **파브리크**와 폴리가 삽입되지 않았으나, 안내서는 방문자들에게 독특한 지질학과 식물학뿐 아니라 바위와 폭포, 협곡, 다리, '풍경의 변화', 다른 '구경해야 할 것들'을 소개했다. 문화적 다양성은 여러 유럽 국립공원의 흥미로운 요소 중 하나다. 건물의 유형과 소재, 지역 농업이나 공예 그리고 (독특하게도, 개인 파크 부지와는 반대로) 다양한 주민과 지역의 방언은 각 공원마다 구분되는 특징과 매력을 부여한다. 프랑스와 미국처럼 면적이 넓은 나라에서는 다양성이 더욱 뚜렷하게 나타나 보다 쉽게 인식된다. 요세미티는 뉴햄프셔(New Hampshire)주나 에버글레이즈 습지가 아니고, 오랑그도크(Haut-Languedoc)는 쥐라(Jura)나 브리에르(Brière)의 지역자연공원이 아니다. 영국에서는 그 구분이 좀 더 미묘한데, 이는 부분적으로는 지형이 중요한 역할을 하기 때문이기도 하다(심지어 엑스무어[Exmoor]는 인접한 다트무어[Dartmoor]와도 같지 않다).

게다가 각 지역은 '자연적 성장과 인간의 경작이 함께 조성한 것'으로 인식되고, 많은 점에서 풍경화식 정원과 유사하다. 버켓 경(Lord Birkett)은 레이크 디스트릭트를 자연과 인간이 만든 '지상 낙원'이라고 생각했고, 땅에서 솟아 나온 듯한 그곳의 오두막은 시골 영지에 있어도 눈에 거슬리지 않기에 널리 쓰이는 장치였다(도판 196). 전원 지대로 도피한 부유한 도시 거주민들은 다른 곳보다 레이크 디스트릭트로 먼저 향했는데, 이는 오랫동안 유지되어 온 영국 귀족 문화의 양상이었다. 그리고 이런 탁월한 국립공원의 관리('조직')는 조경과 동일한 기준을 따랐다. 길이 조성되었고, 주요 나무 경관(treescape)이 보존되었으며, 상흔과 흠을 가리기 위한 숲이 추가되었고, 다양하고 혼합된 지형의 특별한 특징이 유지되었으며, 연상되는 것이 표시되고 뒷받침되었고, 무엇보다도 모든 방문객들에게 길이 안내되었다(오늘날에는 일반적으로 관광 안내소를 세움으로써 길 안내가 이루어진다. 하지만 필자의 경험상, 수많은 사람이 이용하는 레이크 디스트릭트의 길은 눈에 잘 띄는 언덕의 미관을 해치는 것을 피하고자 종종 경로를 바꾸었다). 그리고 이러한 정비는 무엇보다도 전통적으로 화가와 작가의 관심을 끌었다. 시골 영지에서 전원 지대로 관심을 확장한 화가와 작가들은 계속해서 다른 이들의 인식과 의미에 대한 탐색을 이끌어 주는 역할을 했다.[13]

둘

1798년 파리에서는 아주 초기 형태의 박람회가 열렸는데, 이는 명백히 로마의 개선 행진이나 르네상스 시대의 공식 의전 행사를 모델로 한 것이었다. 자유의 축제(Fête de la Liberté)[14]에서는 공예품, 베네치아와 로마에서 약탈한 조각품, 바나나와 채소, 사자와 단봉낙타가 거리를 따라 행진하는 대열에 포함되었다. 프랑스에서는 1849년까지 이러한 행사가 아홉 차례 더 이어졌다. 이는 점차 증가해 19세기에는 국가 및 국제 박람회가 그러한 행사들을 위해 특별히 지정된 장소들에서 개최되었다. 이러한 행사들은 오늘날까지도 이어지고 있는데, 뉴욕의 세계박람회(1964-1965)와 뉴올리언스(1984), 세비야(1992), 리스본(1998), 하노버(2000) 등이 대표적이다. 이런 행사에 대한 논평은 거의 대부분 국가주의적 의제, 후원자의 영향과 그에 대한 방문객들의 반응(특히 여러 소수 집단이 후원자와 방문객으로서 맡는 역할), 그리고 다양한 형태로 나타나는 모더니티의 멋진 신세계로 방문자들을 이끄는 '경계적(liminal)' 장소에 대한 인류학적 접근

13 Brian Redhead, *Inspiration of Landscape: Artists in National Parks* (Oxford, 1989). 19세기 프랑스 경관의 탐색 또한 관광객들에게 개방되었는데, 처음에는 살롱전에 전시된 회화를 통해서였다. Nicholas Green, *The Spectacle of Nature: Landscape and Bourgeois Culture in Nineteenth-century France* (Manchester, 1990) 참고.

14 [역주] 1798년 7월 21일, 나폴레옹이 이탈리아에서 약탈한 예술 작품을 가지고 귀환한 축제를 말한다.

을 취했다. 발터 베냐민(Walter Benjamin)은 "세계박람회는 상품이라는 물신을 위한 순례지"라고 생각했다. 이 주제에 대한 문헌은 방대하지만, 경관 정비(landscaping)에 대한 논평은 부족하다. 1873년 빈 세계박람회에 프라터 공원이, 1895년 샌프란시스코 박람회에 골든게이트 공원(Golden Gate Park)이, 1925년 파리 현대 장식 및 산업 예술 국제 박람회(Exposition Internationale des Arts Décoratifs et Industriels Modernes)에 앵발리드 광장(Esplanade des Invalides)이 동원되었고, 현대적인 정원을 선보였음에도 그렇다.[15]

하지만 이들 박람회를 계기로 출판된 자료에는 경관을 보여 주는 삽화가 방대하게 수록되어 있다.[16] 그 자료에는 경탄이 나올 만큼 넓은 부지 전체를 제대로 감상할 수 있는 조감도가 있다. 게다가 박람회에서 제공되는 지도와 안내서는 다양한 장소를 다루었기에 방문객들은 길을 찾을 수 있었고 경관을 알게 되었으며 그 장소 전체에 대한 추억을 가지고 돌아갈 수 있었다.[17] 방문객들은 대상지를 높은 곳에서 내려다보고 싶어 했다. 그런 높은 전망대로는 시드넘의 수정궁에 브루넬 탑(Brunel's tower)이 세워졌고, 대관람차(1893년 시카고에서 처음 도입), 약 82미터 높이의 샌프란시스코 보넷 타워(Bonet Tower), 파리의 에펠탑, 1908년 런던의 플립 플랩(Flip Flap, 두 개의 기둥 끝에 설치한 객차를 지상 45미터 위로 들어 올린 다음 대관람차처럼 천천히 회전하여 탑승객들이 박람회 전경을 볼 수 있게 한 장치)가 있었다. 그리하여 여기에서 주제로 삼는 것은 이러한 경관이고, 특

15 John E. Findling, ed., *Historical Dictionary of World's Fairs and Expositions* (New York, 1990); Robert W. Rydell, John E. Findling, and Kimberly D. Pelle, *Fair America: World's Fairs in the United States* (Washington, DC and London, 2000); Cristina Della Coletta, *World's Fairs Italian Style: The Great Exhibitions in Turin and their Narratives, 1860-1915* (Toronto, 2006); Burton Benedict et al., *The Anthropology of World's Fairs: San Francisco's Panama Pacific International Exposition of 1915* (Berkeley, CA, 1983); Erik Mattie, *World's Fairs* (New York, 1998); Paul Young, *Globalization and the Great Exhibition: The Victorian New World Order* (Basingstoke, 2009); Matthew Rader, 'International Expositions Sites in the United States, 1850-1975: National Historic Landmarks Survey Theme Study', n.d., on file at the US National Parks Service.

16 당대 신문의 사본에 이 자료의 범위가 드러난다. *Le Livre des expositions universelles, 1851-1989* (Paris, 1983). 그리고 가령 미국 의회 도서관의 사진 컬렉션을 샅샅이 조사하면 아직 조사되지 않은 자료가 얼마나 풍부한지를 볼 수 있다.

17 이는 서적상 찰스 우드(Charles Wood)가 발간하는 전 세계의 전시회와 박람회를 도판과 함께 상세하게 소개하는 카탈로그인 *Fairs and Expositions*, no. 144 (2010)에 수록되었다. 우드는 여기에 Kenneth E. Carpenter, 'European Industrial Exhibitions before 1851 and their publications', *Technology and Culture*, 13(1972)를 인용했다.

197 하이드 파크 수정궁 내부의 나무.

히 1851년 하이드 파크에서 개최되다가 이후 런던 남부의 시드넘으로 옮겨진 수정궁 박람회(Crystal Palace Exhibition), 1876년의 필라델피아 100주년 세계박람회, 1893년의 시카고 세계박람회를 다룬다. 호수, 폴리, **파브리크**, 이국적인 식물들을 갖춘 온실, **그림**(*tableaux*), 식물원, 동물원, 픽처레스크한 경관, 그리고 빅토리아 시대 정원의 호화로운 화단 조성 방식을 아우르는 여러 가지 테마가 등장했는데, 이는 특히 전 세계의 경관 형태와 장치가 언급되는 절충적인 방식으로 나타났다.

1851년 박람회 장소로 런던 하이드 파크의 남쪽이 선정되자 많은 반대가 있었다. 대상지가 말과 마차가 다니는 로튼가(Rotten Row)[18]를 아우르는 인기 있는 사교적 과시 공간에 특히 방해가 될 뿐 아니라, 제안된 구조물이 너무 무겁고 크다고 여겨졌기 때문이다(1,300만 개의 벽돌이 필요했을 것으로 추측된다).[19] 리전트 파크의 북쪽 등 다른 대상지도 제안되었으나 결국 하이드 파크로 합의되었다. 조지프 팩스턴이 해결책을 제시했는데, 다른 두 개의 원안처럼 그의 제안도 철과 유리로 된 온실이었다. 이는 그가 채츠워스에 있는 데번셔 공작(Duke of Devonshire)의 영지를 위해 고안했던 것과 같은 종류였다. 그리하여 정원과 영지 간의 연관성은 분명하게 성립되었다. 하지만 팩스턴은 하이드 파크의 커다란 느릅나무 두 그루(도판 197)와 F. & C. 오슬러(F. & C. Osler)의 인상적인 크리스털 분수, 무리 지어 심은 온실 식물, 화초, 수없이 많은 꽃바구니가 매달린 지극히 가드니스트적인 실내의 모습을 고수했다. 그것은 박람회 참가자와 방문자에게는 예배의 장소나 대성당처럼 보일 수도 있었지만,

18 [역주] 하이드 파크 내의 마찻길.

19 Hermione Hobhouse, *The Crystal Palace and the Great Exhibition* (London, 2002); Patrick Beaver, *The Crystal Palace, 1851-1936: A Portrait of Victorian Enterprise* (London, 1970) 참고. 이후의 부지에 대해서는 J. R. Piggott, *Palace of the People: The Crystal Palace at Sydenham, 1854-1936* (London, 2004)을 보았는데, 이 책의 한 장 전체가 이 공원에 할애되었다.

198 수정궁, 1851, 채색 석판화.

큐 왕립 식물원의 야자나무 온실(Palm Stove)과 비슷한, 서펜타인(Serpentine)[20]에서 바라본 파크랜드 내의 온실 풍경은 이곳을 분명히 정원처럼 보이게 만들었다(도판 198).

이후 다른 곳에서 개최된 여러 박람회와 마찬가지로 사람들은 1851년의 행사로 인해 경관과 정원에 열광하게 되었다. 이는 10년 후 사우스켄징턴(South Kensington) 개발의 일환으로 왕립 원예 협회(Royal Horticultural Society)가 새로운 정원을 설립하는 직접적인 계기가 되었다. W. A. 네스필드(W. A. Nesfield)가 설계한 이 정원은 당시 가장 크고, 가장 절충적이며 정교한 정원 중 하나였다. 이곳은 기존 박람회의 기념비뿐 아니라 이에 어울리는 음악당, 주위를 둘러싼 아케이드, 운하, 미니어처 계단식 극장, 여러 색깔의 자갈로 만든 전형적인 자수 화단, 회양목과 다채로운 식재가 있는 윈터 가든(winter garden)[21]을 포함하고 있는, 요컨대 "이토록 훌륭하게 구성된" 정원이었다.[22]

20 [역주] 하이드 파크 내의 인공 호수.

21 [역주] 열대 식물 등을 겨울에 유지·관리하는 온실 정원.

22 Hobhouse, *The Crystal Palace and the Great Exhibition*, plate XIV에 묘사된 내용이다. Brent Elliott, *Victorian Gardens* (London, 1986), pp. 140-143도 보라.

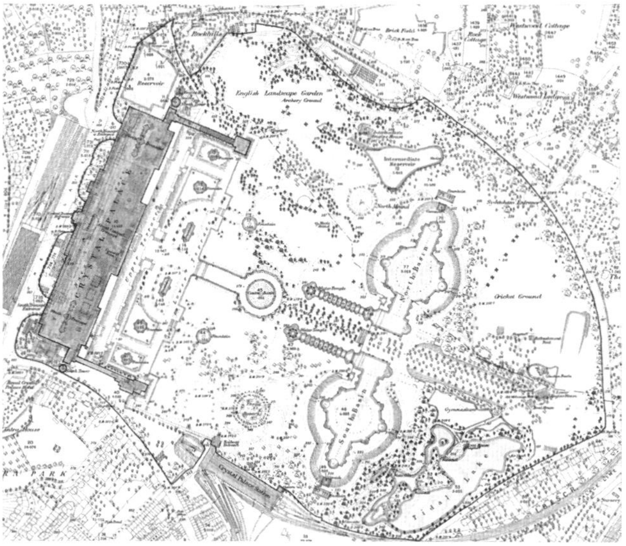

199
수정궁을 위한 새로운 부지인 시드넘 공원의 육지 측량부 지도, 1871.

하이드 파크 부지가 왕실 소유의 영지와 상류층의 대도시 사교계를 보여 준다면, 1852년 수정궁이 이전된 시드넘 공원은 대중에 취미에 보다 영합하는 사업을 위해 좀 더 정교하게 만들어진 장소를 제공했다. 심지어 〈아트 저널(Art Journal)〉이 이곳에 복솔 가든과 비슷한 면이 너무 많다고 평가했을 정도였다. 이곳에는 뱃놀이용 호수, 선사 시대 동물의 모형 전시('멸종 동물 복원')와 열기구가 있었고, 불꽃놀이와 야외 음악당으로 점점 더 인기를 끌다가 마침내 1902년에는 수상 놀이기구가 있는 놀이공원이 되었다. 20세기 동안 석탄재를 깔아 만든 경주용 트랙 레이싱과 풋볼 협회의 결승전 등 더욱더 예상치 못한 오락거리가 추가되었다. 하지만 애초에 이곳에는 강력한 교육적 의제도 존재했다. 이곳의 『안내서(Guide)』에는 중세부터 지난 세기까지의 정원의 역사가 요약되어 있었고, 공원 자체는 삽화가 실린 백과사전과 실내 전시만큼이나 중요한 '연구 수업'으로 의도되었다. 물론 여기에도 가드니스트적 특징이 두드러졌다. 이와 같이 역사적으로 중요한 정원을 선별해 모으는 것과 병행하여 이 부지에는 초기 유럽의 영지와 정원에서 볼 수 있던 패턴이 단계별로 반영되었다(10장을 보라). 궁에서 가장 가까운 곳에는 '예술적인 정원'의 정형적인 테라스가 있었고, 그다음에는 '단순하게 가드네스크한' 곳이, 그다음에는 '치장된 픽처레스크', 마지막으로는 거칠고 야생적인 경관이 이어졌다. 이는 절충적인 것 이상이었다. 이는 팩스턴이 모을 수 있는 모든 유럽과 영국 정원 문화의 집합체였다. 각 부분은 독창적이라고 보기 어려웠지만, 정원 효과의 레퍼토리는 상당히 인상적이었다. 펜지 플레이스(Penge Place)라는 사유지가 있던 곳에 조성된 새로운 공원(도판 199)은 비정형적인 호수와 구불구불한 산책로가 있는 영국 풍경화식 정원의 요소, 대칭을 이루는 못과 아름다운 웅덩이, 캐스케이드와 수변 파빌리온, 인상적인 중심 애비뉴, 커다랗고 다채로운 식재, 오언 존스(Owen Jones)가 설계한 장미원과 길 건너편에 있는 '원형의 나무 그늘', 정형적 요소를 둘러싼 길을 결합했다. 약 16킬로미터 길이의 철제 배관, 순환하는 물 약 2,270만 리터, 약 85미터 높이로 솟는 기둥 분수와 이보다 작은 분수 여러 개가 있는 이곳의 수력 시스템은 베르사유를 능가했다. 많은 사람들이 팩스턴의 계획에 대해 무모하고, 분수의 조각 장식이 충분하지 못하다고 생각했다. 팩스턴은 결국 구상했던 바를 이루지 못했다.

필라델피아와 시카고의 박람회장은 다소 다른 방식으로 작동했다. 두 곳 모두 경관이 작업의 기틀이 되었다는 점은 같지만, 수많은 독립적인 건축물들이 등장했다. 허먼 J. 슈워츠먼(Hermann J. Schwarzmann)[23]이 설계한 필라델피아의 페어마운트 공원에는 각종 형태와 크기의 건축물이 250개나 있었다. 이 중 다수는 박람회가 열리는 그 지역의 특색을 반영했고, 몇몇은 이국적인 양식이었다(원예관[Horticultural Hall]은 무어풍이었고, 메인 건물의 내부는 다양한 주와 지역을 전시하는 구역으로 나뉘었다. 사냥꾼의 캠프[Hunter's Camp]에 있는 통나무집은 '산간벽지에 사는 사냥꾼의 생애를 여러 단계로 보여 주었다'). 이처럼 대중 소비를 위해 조합된 국내외의 건물들은 전반적으로 정원의 **파브리크**와 폴리 디자인을 위한 19세기의 패턴 북에 나타난 문화적인 가상의 형태를 모사한 것으로 보인다(14장을 보라).

이와 비슷하게 시카고에는 일본과 알래스카, 노르웨이, 브라질, 남태평양 제도의 양식을 취한 건물들이 있었다.[24] 또한 잭슨 공원과 워싱턴 공원(Washington Park)을 연결하는 미드웨이 플레이전스(Midway Plaisance)를 따라 이어진 박람회에는 성이 있는 아일랜드 마을, 독일 마을, '옛 빈'과 카이로의 거리, (적당한 산악풍의) 바이에른 건물, 베스트팔렌과 슈바르츠발트 산맥의 주택, 이집트 사원, 라플란드 마을과 에스키모, 절벽에

23 [역주] 독일 출신의 미국 건축가(1846-1891).

24 이 중 다수가 *The City of Palaces* (Chicago, IL, 1894) 사진집에 수록되었다. Rossiter Johnson, ed., *A History of the World's Columbian Exposition*, 4 vols (New York, 1897-1898)도 보라.

사는 사람들의 주거지와 같은 것들이 몇 블록에 걸쳐 전시되었다.

이 잡다하고 이국적인 혼합은 흔히 조잡한 재료로 만들어진 19세기의 파브리크와 다른 정원 장식물에 대한 출판물과는 비교할 수 없을 정도로 문화와 건축 양식, 거주지를 훨씬 더 실질적으로 제시했다. 교육적 열정, 호기심, 단순한 관음증과 스릴을 바탕으로 이러한 전람회는 훨씬 더 높은 수준의 극적인 연출력과 건축적 창안의 수준으로 나아갔다. 시드넘에는 원시 경관의 지형을 복제한 배경에 실제 크기의 멸종 동물을 재현한 장면이 배치되어 있었지만, 이후의 박람회에서는 규모가 더 커졌다. 시카고에는 화산 폭발을 연출한 파노라마가 있었고, 고대의 유명한 요소가 복제되었다(1897년 내슈빌에는 1/4 크기의 파르테논이, 필라델피아에는 예루살렘과 파리의 입체 모형 지도가 있었다). 전 세계의 문화가 실물 크기로, 심지어는 한 장면의 재현이 아닌 '실황' 공연으로 제시되었으나 분명히 정형화된 형태였다(캘리포니아 태평양 국제박람회[California-Pacific Exposition]의 조로 정원[Zoro's Garden]에 있던 나체촌, 1894년 벨기에로 이주되어 식민지의 위세를 드러낸 콩고의 원주민 마을). 그리고 이 모든 전시와 박람회, 세계 문화의 이상하고도 현대적인 백과사전은 묘하게도 조지프 스펜스가 『폴리메티스』(1747)에서 구상했지만 결코 실현되지 못한 아이디어를 떠올리게 한다. 이는 로마 시대의 건물이 곳곳에 배치된 방대한 경관이며, 각각의 건물은 특정한 신을 기리고 조각과 동전, 흉상 컬렉션으로 각각의 신을 나타내는 것이었다. 스펜스에게도 고대 로마의 법률과 설화를 동포들에게 알리겠다는 강력한 교육적 계획이 있었다.

필라델피아 100주년 세계박람회는 넓고 픽처레스크한 페어마운트 공원에 크게 의존했다. 안내서와 기념품에서는 공원 부지를 극찬했고, 동판화에는 박람회장 부지 자체와는 상관없는 구역의 풍경(예를 들면 위사히콘[Wissahickon]과 강 너머 동쪽의 공원 부지)을 담은 경우가 많았다. 박람회장의 모습을 담은 파노라마 그림에는 대개 모여 있는 전시장들보다 도시의 전경과 보트 하우스와 분수가 있는 강변의 풍경이 나타난다. 제임스 대브니 매케이브(James Dabney McCabe)의 『그림으로 본 역사(Illustrated History)』는 특히 '보는 이의 눈앞에서 확장되고', '건물 선'과 '쾌적하면서도 기분 좋은 대비를 이루는 아름다운 경관'을 예찬했다. 페어마운트 공원 위원회는 약 182만 제곱미터를 박람회 주최 측에 이전했고, 그중 약 95만 제곱미터에 건물이 들어섰다. 슈워츠먼은 인상적이고 방대한 부지를 설계하고 2만 그루가 넘는 나무와 관목, 호수와 분수를 추가했는데, 그중 하나는 미국 가톨릭 금욕 연맹(Catholic Total Abstinence Union of America)이

200 C. 잉거(C. Inger), 필라델피아 100주년 세계박람회의 채색화, 1875.

세운 것이었다(중앙에는 바위를 치는 모세가 있고, 이를 미국의 명사 네 명이 바라보는 형상이다). 이는 정형적인 빅토리아 양식의 식재, 침상원이 있는 파르테르(원예적 고원[horticultural plateau]이라는 명칭이 붙은 것을 포함한다), 더욱 구불거리는 길과 같은 요소가 뒤섞여 있었다(도판 200). 정원사들은 부지 전체에서 항상 '분주히' 활동했다. 대상지가 스쿨킬강 쪽으로 급경사를 이루고 있었기에 랜즈다운(Lansdowne)과 벨몬트(Belmont) 협곡을 가로질러 다리가 지어졌다. 한 안내서에는 "부지의 먼 곳까지 걸어가는 것은 느리고 지루한 일"이라고 생각한다는 글이 실렸고, 그리하여 협궤 열차가 약 6.5킬로미터 거리의 대상지를 가로질러 방문객들을 실어 날랐다. 방문객들은 직원이 딸려 있거나 그렇지 않은 '바퀴 달린 의자(rolling chairs)'를 빌려 풍경 사이를 다닐 수도 있었다.

시카고 세계박람회를 위한 경관 또한 초기 도시공원 중 한 곳으로 1871년 시카고 대화재 이후 조성된 잭슨 공원에 기반을 두었다. 〈시카고 데일리 트리뷴(The Chicago Daily Tribune)〉은 "미개척지 일부"를 상실하게 된 것에 대해 한탄했다. "오크 나무로 뒤덮인 산등성이와 낮게 파인 늪"이 "대로(boulevard)의 잘 다듬어진 형식"에 굴복했기 때

201 시카고 세계박람회의 동쪽 석호와 우디드 아일랜드 전경, 『궁의 도시』(1894).

202 우디드 아일랜드에서, 『궁의 도시』(1894).

문이다. 하지만 픽처레스크한 자취(예를 들면 원주민과 연관된 것이나 토종 꽃)의 상실이라고 여겨진 모든 것은 '훌륭한 유원지'로의 변화를 통해 만회될 것이다. '최고의 영광'은 석호와 섬에 돌아갈 텐데, 이 요소들은 박람회 이후에도 '온전하게' 보존될 예정이었다. 대상지의 처리는 "너무나 예술적이라 자연만을 떠올리게 된다!"라고 단언할 정도였다. 『궁의 도시(The City of Palaces)』(1894)에 게재된 박람회장의 풍경은 (비록 도판 설명에 쓰인 것과 같은 '시골의 느낌'은 거의 나타나지 않지만) 그곳에 보다 자연스러운 분위기를 부여했다. 미국 정부 청사의 지붕에서 바라본 동쪽 석호는 농업동과 행정동, 제조동, 인문학 건물이 줄지어 늘어선 안뜰(Court of Honor)의 유명한 풍경보다는 웅장함이 덜하다(도판 201). 우디드 아일랜드(Wooded Island)에서는 주변을 둘러싼 덤불과 많은 오솔길 사이에 배치된 정교한 파르테르를 엿볼 수 있다.

〈트리뷴〉은 우디드 아일랜드의 정원이 동부 상류 지배층의 사유지를 떠올리게 한다고 했지만, 자세히 보면 그 정원은 완벽한 현대 도시의 공원 부지처럼 보인다. 벤치와 구불구불한 산책로, 아늑하고 구석진 자리, '진기한' 일본식 가옥이 있었고, 이는 자연 선택 이론을 떠올리게 하는 장치와 식재가 '자연주의자'와 산책하는 연인들 모두를 매료시키는 풍경과 대비를 이루었다(도판 202). 도판 설명에 쓰여 있듯 "수많은 먼 지역에서 이식된 꽃들은 여기에서 원래 장소에서처럼 번성하는 듯하고, 자연은 사람이 전체를 가능한 한 거의 완벽하게 만드는 일을 돕는 듯하다." 여기서 말하는 '사람'은 물론 조경가 프레더릭 로 옴스테드다. 그의 새로운 식재는 1891년에 작성된 「석호 구역 식재 목표에 대한 제안서(Memorandum as to What is to be Aimed in the Planting of the Lagoon District)」에 기술되어 있다. 이는 〈아메리칸 플로리스트(American Florist)〉 1896년 1월호에 삽화와 함께 게재되었다(도판 203). 그의 요구는 성장이 빠른 식물이 자리잡도록 하고, 일리노이주 북부에 흔한 관목과 야생화 구역을 활용하는 것이었다. 그의 목표는 석호를 "한적하고, 얕고, 잔잔한 천연 늪지대(Bayou)"로 만들어 "화려하고 요란하게 꾸미거나 번지르르한 꽃 장식"이 없는 "자연스러운 풍경"이라는 환상을 만들어 내고, "신비롭고 시적인 효과"를 내는 것이었다. 멀리 보이는 박람회 건물의 웅장한 효과와 식재가 병치되어 "인공적인 장려함의 효과, 군중, 장관, 화려함, 박람회 나머지 부분의 부산함"이 상쇄되도록 했다. 하지만 전체 설계는 "여름 한 철 동안 박람회 무대를 점하도록 어느 정도 극적인 장면의 특징"을 지니게 되어 있었다. 마찬가지로 박람회도 "최고의 묘목 재배자"를 위한 전시장이자(〈트리뷴〉), 고급 원예와 정원 조성에 대한 교

203
프레더릭 로 옴스테드의 논고에 실린 삽화, 〈아메리칸 플로리스트〉 1896년 1월호, 603쪽.

육의 장으로 보였다.

이처럼 국립공원과 박람회장에는 모두 특정한 이해관계의 충돌, 자연스러우면서도 인상적이고, 환상적이지만 또한 '극적'이고자 하는 역설적인 포부가 나타난다. 국립공원은 많은 사람들에게 더 야생적인 자연을 소개했으며, 그럼에도 불구하고 이들은 도보나 차량으로 접근 가능하다는 믿음 속에서 자연으로 들어설 수 있었다. 따라서 크게 보면 국립공원은 정원의 세계를 확대시켰다. 반면, 박람회장은 상류 계층의 사유지인 파크를 떠올리게 하는 경관과 새로운 시민 공원의 성격을 모두 지닌 공원 부지 내에서 근대의 공업과 기술을 발전시키는 공간이었다. 이 최고로 뛰어난 정원 풍경의 전시는 많은 이들이 자신의 정원을 구상하도록 장려했다. 실제로 이러한 박람회 부지는 전문가와 아마추어의 정원 조성에 대한 열정을 상당히 촉진했다. 1893년 4월 〈센추리스 일러스트레이티드 매거진(Century's Illustrated Magazine)〉은 시카고 박람회가 "조경가를 고용하고자 하는 우리의 욕구를 자극하고", "아름다운 경관 효과에 대한 매우 훌륭한 본보기가 될 것"이라고 조언했다. 하지만 전문가들을 찾기가 아주 어렵다고 한탄하기도 했고, 나아가 "아놀드 수목원 인근의 보스턴이나 케임브리지에" 적합한 학교를 설립할 것을 권고했다. 그리고 바로 1901년에 하버드 대학교 디자인대학원(Graduate School of Design)에 그런 기관이 조성되었다.

세계박람회에 전시된 이상적인 정원 환경은 곧 박람회에서 인기 있던 구경거리와 별개로 인기를 얻었다. 화훼 박람회와 플라워 쇼가 융성했고, 20세기에 들어 정원은 점차 더 중심적 위치를 차지하게 되었다. 1925년 파리에서 열린 현대 장식 및 산업 예술 국제 박람회에서는 로베르 말레스테뱅스(Robert Mallet-Stevens)와 르코르뷔지에(Le Corbusier)가 전시한 모더니스트 정원이 특히 미국의 전문가들에게 큰 영향을 미쳤다. 그리하여 정원 예술은 조경에 온전히 초점을 두게 되었다. 해마다 여러 나라에서 이러한 쇼와 박람회가 열리는데, 그중 독일의 분데스가르텐샤우(*Bundesgartenschau*)[25] 개념은 제2차 세계대전 이후 버려진 땅을 복원하는 것을 목표로 한다. 이는 1984년 리버풀에서 시작해 다른 지역 다섯 군데에서 열리고 1992년 에부 베일(Ebbw Vale)에서 끝난 영국의 내셔널 가든 페스티벌(National Garden Festivals)에 영감을 주었다. 그 결과 공원 부지와 혼합된 주택 프로젝트, 글래스고의 과학 센터와 같은 성과를 거두었으며, 동시에 당시의 부지에는 박람회 이후에도 일부 시설이 존치되었다.[26] 런던의 첼시 플라워 쇼(The Chelsea Flower Show)는 계속되었고, 프랑스 쿠르송(Courson)의 식물의 날(Journées des Plantes)이나 캐나다 메티스 정원(Jardin de Métis)[27]의 국제 정원 페스티벌(Festival International des Jardins)과 같은 새로운 이벤트는 관습적이거나 실험적인 식재와 디자인 모두에 기회를 제공한다. 하지만 이제 우리는 말하자면 엄밀한 의미의 정원으로 되돌아가려 한다. 그 이야기는 이후의 장에서 이어진다.

25 [역주] 독일에서 2년마다 열리는 연방 정원 박람회.

26 Andrew Theokas, *Grounds for Review: The Garden Festival in Urban Planning and Design* (Chicago, IL, 2009) 참고.

27 [역주] 캐나다 퀘벡의 그랑메티스(Grand-Métis)에 있는 정원으로, 캐나다 국립 사적지다. 원소유자인 엘시 리퍼드(Elsie Reford, 1872-1967)의 이름을 따 '리퍼드 정원'으로도 불린다.

17장

일본 정원과 서양에 남은 유산

필자는 일본 정원을 잘 모르지만, 정원 조성의 세계에서 일본 정원의 존재를 간과할 수는 없다.[1] 일본 정원이 7-8세기부터 중국과 한국 정원의 영향을 크게 받았다고 배우긴 했으나 사진으로 볼 때 다른 아시아 문화권의 정원과 상당히 달라 보인다는 것을 인식하는 정도다. 필자는 또한 일본인들의 신앙과 미학에 대해 이해한 바를 다루겠지만, 네덜란드 출신의 전문가이자 조경가인 비버 카위터르트(Wybe Kuitert)가 서양 정원과 일본 정원의 '차이'를 분석하는 것이 무의미하다고 주장하는 까닭도 이해한다. 여러 논고에서 설명된 일본 정원이 필자가 모든 정원 조성의 본질적 양상이라고 부르는 것과 공명한다는 인상을 받기도 했다. 그리고 카위터르트처럼 필자도 일본 정원의 전통, 그중에서도 특히 추상적인 형태가 우리의 현대 디자인에 어떻게 반

1 필자가 참조한 권위 있는 자료들을 열거하면 다음과 같다. Augustin Berque, *Japan: Nature, Artifice and Japanese Culture*, trans. from the French by Ross Schwartz (Northamptonshire, 1997); Mitchell Bring and Josse Wayembergh, *Japanese Gardens: Design and Meaning* (New York, 1981); Bruce A. Coats, 'In a Japanese Garden', *National Geographic*, CLXXVI/5 (1989); Loraine Kuck, *The World of the Japanese Garden: From Chinese Origins to Modern Landscape Art* (New York and Tokyo, 1968); Wybe Kuitert, *Themes, Scenes and Taste in the History of Japanese Garden Art* (Amsterdam, 1988); Sachimine Masui e Beatrice Testini, *San Sen Sou Moku. Il giardino giapponese nella tradizione e nel mondo contemporaneo* (Padua, 2007)(이는 펜실베이니아 대학교 졸업생의 뛰어난 작업인데 아직 영어로는 번역되지 않았다); Günter Nitschke, *Japanese Gardens* (Cologne, 1993); Jiro Takei and Marc P. Keane, *Sakuteiki. Visions of the Japanese Garden: A Modern Translation of Japan's Gardening Classic* (Boston, Rutland, VT, and Tokyo, 2001).

영되는지가 궁금하다. 필자는 이사무 노구치의 작업을 대단히 좋아하고, 그가 캘리포니아와 뉴욕, 코네티컷, 파리에 조성한 정원을 잘 알고 있다. 그리고 그의 작업에 나타난 일본적 뿌리와의 대화는 분명 서양의 디자인에도 매우 중요하다. 필자는 일본 문화와의 접촉이 미국에 얼마나 큰 영향을 끼쳤는지도 인식하고 있다. 특히 일본 정원에 관한 미국의 저작물들이 활발히 출판된 점이 그러하다. 실제로 미국 전역에는 일본을 염두에 두고 설계한 주택과 정원이 많이 있다. 예를 들어 브루클린 식물원에 있었던 일본 정원 중 하나는 료안지(龍安寺)를 복제한 것이다. 또 플로리다 델레이 비치(Delray Beach) 인근의 모리카미 미술관(Morikami Museum)과 일본 정원처럼 일본에 헌정된 미술관과 정원, 그리고 뉴욕 메트로폴리탄 미술관에서의 전시 이후 1958년 필라델피아의 페어마운트 공원으로 이전된 일본 가옥과 정원 등이 있다. 게다가 선불교는 현대의 관념과 생활에 상당한 영향을 미쳤는데, 특히 일본 정원을 설계하거나 재현하고자 하는 사람들에게 큰 영향을 주었다.[2]

여기에서는 네 가지 주제에 한정하여 다룰 것이다. 필자는 사진이 이 정원들을 재현하는 방식을 면밀히 살펴볼 텐데, 오늘날 우리가 정원을 보는 방식은 우리의 이해 방식이나 메커니즘과 깊이 관련되어 있기 때문이다(특히 초기 일본 회화와 대비될 때 그러하다). 필자는 11세기의 독특한 논저인 『사쿠테이키(作庭記)』[3]의 최신 번역과 해설에 대해서는 일본에 거주하며 설계 작업을 하는 미국 조경가 마크 킨(Marc Keane)이 부분적으로 번역한 것을 참고했다. 필자는 (예전에 헤이안의 수도였던) 교토의 정원에 마땅히 경의를 보내고자 한다. 그리고 일본 정원에서의 추상의 역할을 다룰 텐데, 이사무 노구치는 "나는 일본 정원이 기하학을 넘어 자연의 형이상학으로 나아가기에 일본 정원에 탄복한다"라고 말했다. 일본의 사진작가 오하시 하루조(大橋治三)의 사진은 그의 사진집 제목이 보여 주듯 고요함의 이미지다.[4] 하지만 정원의 질감과 규모에 더 관심이 간다. 정자와 앉는 자리는 보이지만, 이 정원에 사람은 보이지 않는다. (거의 감지되지 않는 사진작가의 보이지 않는 존재를 제외하면) 사람들이 방해하지 않기 때문에 모든 곳은 고요하다.

2 Harriet Hyman, 'Zen and the Art of Gardening', *Garden Design* (June/July 1994), pp. 53-61.

3 [역주] 다치바나노 도시쓰나, 김승윤 역, 『사쿠테이키』(연암서가, 2012).

4 *The Japanese Garden: Islands of Serenity, Photographs by Haruzo Ohashi* (Tokyo, 1986). 권터 니츠케의 책에 수록된 사진도 아주 중요하다.

204 오하시 하루조, '교토 고쇼(京都御所) 정원에서', 『일본 정원(The Japanese Garden)』(1986).

하지만 정원사의 설계와 기교는 돌과 식물의 세심한 배치, 갈퀴로 정돈된 자갈, 등(燈), 잘 다듬어진 산울타리의 물결, 미세하게 조금씩 멀어지는 거리 등 도처에 드러나 있다. 겹겹이 이어진 땅과 이파리에서 눈은 편안함을 느낀다. 드문 예를 제외하면 하늘은 사진에서 완전히 배제된다(도판 204). 우리의 시선은 꼭대기부터 바닥까지 풍경으로 가득한 사진을 마주하고, 마음을 채우고 충족시킨다(그러한 행위를 감지한다). 이 사진들은 세부에 집중하면서, 눈으로 미묘한 차이를 섬세하게 인식하고 받아들이게 한다. 동시에 마치 우리가 만져서 보게 되듯(여기에서 '본다[seeing]'는 것은 이해한다는 뜻이다), 우리의 발은 자갈 위를 저벅저벅 지나고, 발밑의 다리를 감지하고, 손으로는 돌과 식물의 표면 혹은 식물의 냄새를 어루만진다.

재료의 세부가 풍부하다는 점이 동시에 추상화의 지표로 보인다는 것은 역설적이다. 바위와 자갈은 우리가 그러하리라 기대하는 것처럼 분명히 촉각적으로 느껴지고 손으로 만져질 수 있다. 하지만 우리가 각각의 요소를 따로따로 이해하는 것이 아니라 이들 사이의 관계, 섬세하게 대비되는 형태의 총체를 이해하기에 이러한 병치는 이들을 추상적으로 만든다. 대나무 담장에는 질감이 있지만, 사진에서 볼 수 있듯 그저 대나무의 특성에 그치지 않으며 사진작가는 추상적인 패턴을 포착해 낸다. 이들 정원의 세심하게 계획된 구축성은 대단히 '자연스럽다'(우리는 자연의 형태, 이파리의 다양한 형태와 색채, 그리고 적절한 경우에는 색채들을 읽는다). 하지만 그와 동시에 전체는 일관성 자체가 추상임을 인식하게 한다. 우리는 바위, 돌, 잎, 색채 등의 자연을 그 자체의 형태에서 증류해 낸 정수로 본다. 『일본 정원(Japanese Gardens)』에서 귄터 니츠케(Günter Nitschke)는 이 요소들이 자연에서 '취해졌다(어쩌면 조정되었다)'고 말했지만, 우리는 그 형태 또한 인간의 마음속에서 생겨난 것임을 인정한다. 정원사의 솜씨와 자연을 분간해 낼 수 없을 때 우리의 정신은 궁여지책으로 이러한 방식을 고안해 낸다.

추상화(抽象化)에 대한 이러한 관심은 현대의 정원 작업에 아주 유용하다. 호텔, 지자체와 회사의 건물 입구와 안뜰, 혹은 이사무 노구치가 캘리포니아주 코스타 메사(Costa Mesa)의 캘리포니아 시나리오(California Scenario, 도판 205와 206)를 위해 설계한 것과 같은 공공 광장처럼 각각 아주 다른 환경에 정원이 만들어진다 하더라도 말이다. 주차장의 '절벽'에서 떨어지는 물, '사막'을 지나 구불구불하게 흐르는 '강', 진짜 선인장이 있는 '사막', 녹음이 우거진 '언덕' 산책로 등 이들 형태는 모두 캘리포니아의 넓은 지형과 가능성을 압축하여 축도한 것으로, 이 전체는 광장의 두 가장자리를 표시하는 은행의 유리창에 반사되어 또 다른 차원의 추상으로 옮겨진다. 노구치는 분명 조각가이고(혹은 어떤 이들은 그를 '환경 예술가'라고 부를 것이다), 그의 정원 중 몇몇은 순수하게 조각적이고 추상적인 공간으로 구성되어 있다. 일례로 예일 대학교의 바이네케 도서관(Beinecke Library) 안뜰은 피라미드와 정육면체, 원형, 대리석 바닥을 가로질러 새겨진 선으로만 이루어져 있다(도판 207). 이들이 추상화하는 것(필자는 상징하는 것이라고 부르겠다)은 피라미드 형태로 된 땅의 기하학, 원형의 태양, 아슬아슬하게 균형을 잡고 있는 정육면체의 우연한 순간, 사방으로 뻗어 나가는 강력한 선이다. 하지만 이와 대조적으로 그는 코스타 메사의 바위와 사막 식물이나 에너지 파운틴(Energy Fountain)에서 뿜어져 나오는 물처럼 '자연스러워' 보이는 요소도 활용했다. 바이네케의 기하학적 제스처, 코스타 메사의 쌓아 놓은 리마 콩(Lima Beans) 조형물(대상지의 원 소유자와 과거의 농업 활동에 대한 경의), 이 건조한 남부 경관에서 물이 솟구쳐 오르는 '에너지 파운틴'에 확

205, 206
이사무 노구치, 캘리포니아 시나리오, 캘리포니아주 코스타 메사.

207
이사무 노구치, 코네티컷주 뉴헤이븐, 예일 대학교 바이네케 도서관 안뜰의 조각.

208 『겐지 이야기』 장면을 그린 6폭 병풍, 1650/1700, 종이에 채색과 금박.

연히 드러나는 아이러니를 보면 종종 그는 보다 확연히 서구화된 상징에 압도되거나 이를 의도적으로 받아들인 듯하다.

그림에 재현된 일본 정원은 이미 추상적 요소가 있는 실제의 정원과 명확히 구분된다. 17세기 말에 제작된, 『겐지 이야기(源氏物語)』[5]를 묘사한 6폭 병풍(도판 208)에는 소설에 묘사된 마루에 앉은 사람들과 정원에서 꽃을 감상하는 시녀, 왼쪽 하단 마구간의 말, (이 그림 자체가 그러하듯이) 자연스러운 인상을 주는 세계를 반영하는 집 안의 그림을 알아볼 수 있다. 또한 다리와 구불구불한 물길, 다양한 장면, 개울 비탈을 따라 심긴 나무와 같은 회화 속의 상상된 공간을 어떻게 탐색하는지도 볼 수 있다. 이는 정원을 파악하기 위한 추상적인 도식이다. 다양한 순간과 장면을 한 화면에 담았기에, 각각의 무리는 한 시녀 무리가 정원을 산책할 때의 여러 순간을 나타내는 것으로 읽을 수 있다.

11세기의 『사쿠테이키』는 일본 정원에 대한 초기의 논저다. 이는 "분명하게 일본적 맥락으로 재검토되고 바뀐"[6] 중국과 한국의 문화와 정원의 양상을 언급하는 한편,

5 [역주] 무라사키 시키부, 김난주 역, 김유천 감수, 『겐지 이야기 1-10』(한길사, 2007).

6 여기에서 필자는 크게 도움을 받은 마크 킨의 『사쿠테이키』 번역과 주석을 인용한다. 필자가 참조한 킨의 번역서에는 상세한 용어 사전과 논고의 다양한 요소에 대한 주석이 포함되었다. 다치바나노 도시쓰나(橘俊綱) 외의 여러 저자가 관여되었을 것이고, 종종 모순되고 축약적인 언급이 반복된다(p. 192의 주석을 보라).

당시의 일본 정원을 설계하고 짓는 방식을 DIY 설명서와 같이 설명하고자 애쓴다. 정원의 세계를 어떻게 더 큰 자연의 세계에 적용시키는가 하는 점이 『사쿠테이키』의 주요 테마다. 자연 요소를 세심히 살피고 그 형태를 이용하는 데 분명 관심이 있으나, 정원 안에서의 미메시스나 심지어 자연스러워 보이는 재현은 고려하지 않는다. 게다가 책의 세 번째 경구는 독자들에게 "여러 지방의 명승들을 마음속에 그려 보고, 가장 흥미로운 풍경들을 **파악하라**"(강조-필자)라고 촉구한다. 이어서 다른 경관을 엄격하게 재해석하기보다는 "그(것의) 정수를 재창조"할 것을 정원 조성가들에게 촉구한다. 돌에 대한 부분에서 저자는 [중심이 되는-역자] 돌을 놓고 그 주변에 돌들을 쌓아 "산의 느낌을 일깨울" 필요성을 주장하지만, 언덕이나 산을 묘사하거나 실제로 "오르는" 것을 상정하지는 않았다. 분명 대부분의 일본 정원 혹은 정원의 부분은 면적이 작아 큰 규모의 자연 풍경을 그대로 모사하기란 불가능했을 것이고, 정원사는 본능적으로 (아래에서 논의될) 어떤 특정한 경관의 관념을 불러일으키고자 했다. 따라서 실제 경관이나 지형을 모방하려는 욕구는 미미했다. 정원은 종종 모델을 토대로 조성되었다. 마치 나무와 정원이 분재 '정원'의 모델이 되고, 이미 실재하는 것을 축도한 것이 경관의 모델이듯 말이다(**축도**는 소형화뿐 아니라 적절한 재료를 빠짐없이 담아내는 것을 뜻했다). **이해**(정원을 만들게 되는 재료를 "파악하는 것", 원자재를 창의적으로 새로 만들어 내는 일)는 필수적이고, 주의 깊은 이해를 통해 정원 조성가들이 자신이 사용하는 재료의 **본질**을 발견하게 된다. 저자는 특정한 강이 땅을 따라 흐르면서 구부러지는 '정신'을 포착하는 기술을 늘 강조하는데, 이는 아마도 "계류가 부술 수 없는 돌이 물길에 있어 물이 굽이져 흐름"을 알아차렸기 때문일 것이다.

일본 정원과 서양 정원의 유사점을 찾지 않더라도, 모든 정원은 본질적으로 자연에서 재료를 선정하고 축도한다. 이러한 재현의 정도는 지역과 문화적 관념에 따라 달라진다. 자연 세계의 재료(식물, 나무, 돌, 다양한 땅의 형태)에 대한 이해는 모든 정원이나 경관 조성의 진정한 토대가 되겠지만, 특정한 장면이나 지세를 있는 그대로 베끼는 일은 거의 없을 것이다. (후지산 봉우리에 크게 감탄한 다이묘 호소카와 다다토시[細川忠利][7]가 이를 자신의 스이젠지조주엔[水前寺成趣園]에서 모방한 것처럼) 특정한 지형이나 건축 요소를 모방

7 [역주] 에도 시대의 다이묘로, 구마모토번의 초대 번주였다(1586-1641).

할 수는 있다 하더라도 말이다. 이 축도는 필자가 앞서 인용했던 이언 해밀턴 핀레이의 '케이퍼빌리티' 브라운이 "물이 '물'로 보이도록, 잔디가 '잔디'로 보이도록 만들었다"라는 경구와 일맥상통한다. 즉 잔디다움 혹은 나무다움의 본질이 핵심이라는 것이다. 풍경화식 조원가는 특정한 장소를 기본적인 대상지로 선택할 수 있다. 하지만 그곳이 신비하리만큼 혹은 이례적으로 완벽한 경관이나 그 특정한 풍경의 정수가 아니라면, 그들은 이를 변경하거나, 어떤 것은 제거하고, 혹은 이미 있는 것에 더할 것이다. 그렇게 함으로써 그들은 자신이 그 풍경에서 깨달았거나 이해한 바를 확인할 것이고, 본질을 이끌어 내어 명료하게 만들 것이다. 그 변화를 예리한 관찰자조차 알아차리지 못할지라도 말이다.

흥미롭게도, 『사쿠테이키』에서 정원 조성을 뜻하는 일본어는 "돌을 놓는 기술"도 나타낸다.[8] "돌은 정원을 조성할 때 필수적이다"라는 구절은 돌이 정원의 뼈대라고 한 이사무 노구치의 말을 잘 설명해 준다. 돌의 선정과 감상, 정원에서의 위치, 물리적으로 설치된 방식은 정원 조성에 결정적으로 중요하다. 물론 돌은 정원 너머의 보다 넓은 경관에서 가져온 것이고, 따라서 발견된 오브제(found objects)로 정당하게 평가받아야 한다. 하지만 이와 동시에, 이를 다듬거나 가공하는 일은 불필요할뿐더러 적절하지 않다고 여겨졌다. 그리하여 '야생'에서 흥미로운 돌을 발견하고, 이를 만지거나 다듬지는 않되 정원 디자인의 핵심적인 요소로 이 '발견된 오브제'를 활용한다는 역설이 여기에서 나타난다. 따라서 정원 조성가의 마음은 실제의 돌을 인식하고 활용해 정원의 '정수'를 조성할 수 있는 가능성을 모두 인식해야 한다. 정원 조성가는 "돌의 요청을 따라야 하는데", 킨은 이를 각각의 돌에 관심을 기울이고, 정원 조성 배치에서 이의 특성을 따르는 것이라고 설명한다. 정원 조성가가 "자연 속 있는 그대로의 폭포"를 관찰한다면, 이는 단순히 모방하려는 것이 아니라, 정원에 적합한 폭포의 규모와 특성을 이해하기 위해서다.

이 시기의 일본 문화에는 이러한 정원 조성가가 없었고, (『사쿠테이키』의 저자가 언급했듯) 정원 소유자들이 스스로 정원을 설계했던 것으로 보인다. 가문의 일꾼들, 특히 개울이 아주 많은 교토 일대 농지의 물을 관리하는 전문 기술자들을 동원한 것은 분명

8 [역주] 『사쿠테이키』 원문에는 '돌을 세우는 일(石をたてん事)'이라고 되어 있다.

하지만 말이다. 따라서 『사쿠테이키』는 자신의 정원을 만들고자 구상하는 이들을 대상으로 하여 다양한 정원 유형의 분류에 따라(아래를 보라), 금기에 주의하고(『사쿠테이키』에는 이 주제만 다루는 부분이 있다) 불교 교리의 다양한 계율을 인정하며 지역의 관료주의적인 규칙과 권위에 따를 것을 제시한다. 당시 궁정의 다양한 부서는 무엇보다도 풍수지리 혹은 고대의 점술 등을 관장했다. 이들은 정원과 (황실 건물을 위한) 목공·토공 부서를 두고 수도의 나무를 관리했다.

『사쿠테이키』는 정원을 위한 '최고의 모델'인 다양한 자연적 형성과 지형을 취해 묘사한다. 이 모델들의 범주와 포괄적인 분류는 상세히 열거된다. "물이 떨어지도록 만드는 방식은 여러 가지가 있기" 때문에, 폭포의 유형은 "쌍 폭포, 쪽 폭포, 미끄러지는 폭포, 도약하는 폭포, 옆을 향한 폭포, 천 폭포, 실 폭포, 계단 폭포, 좌우 폭포, 옆 폭포"[9]로 열거될 수 있다. 그다음에는 각각의 폭포에 대한 간략한 묘사가 나오는데, 대부분은 (두 쌍의 수락석[水落石]으로 만들어진 계단 폭포처럼) 별도의 설명이 없어도 알 수 있다. '천 폭포'는 폭포 바로 위에 못을 놓아 물이 "햇볕에 말리려 널어놓은 천처럼 보이도록" 돌을 따라 매끄럽게 흐른다. 마찬가지로 정원 조성 양식도 큰 바다, 큰 강, 산 계류, 소택지, 갈대밭 등에서 유래한다.[10] 가장 먼저 만들어진 구불구불하게 흐르는 강 양식의 정원 중 하나가 8세기 당시 일본의 수도였던 나라(奈良)에서 발굴되어 재조성되었다.[11] 아주 많지는 않아도, 종종 악사들을 위한 장소로 쓰이는 섬을 못에 조성한 사례도 분명히 나타났다. 이에 따라 섬들도 유사하게 분류되었으며, 섬의 특징은 주변의 자연적 재료(숲, 소나무, 바위가 많은 호안, 작은 만, 가는 개울 등)에서 끌어왔다. 계류[12]는 매우 중요한데, 동쪽에서 남쪽으로 흐른 다음 서쪽을 향해 흐르도록 구성되어야 할 뿐만

9 [역주] 쌍 폭포는 무카이오치(向落), 쪽 폭포는 가타오치(片落), 미끄러지는 폭포는 쓰타이오치(傳落), 도약하는 폭포는 하나레오치(離落), 옆을 향한 폭포는 소바오치(稜落), 천 폭포는 누노오치(布落), 실 폭포는 이토오치(絲落), 계단 폭포는 가사네오치(重落), 좌우 폭포는 사유오치(左右落), 옆 폭포는 요코오치(橫落)라고 한다.

10 [역주] 큰 바다 양식은 다이카니노요(大海の樣), 큰 강 양식은 다이가노요(大河の樣), 산 계류 양식은 야마카와노요(山河の樣), 소택지 양식은 누마이케노요(沼池の樣), 갈대가 있는 물가 양식은 아시데노요(葦手の樣)라고 한다.

11 이는 Wybe Kuitert, 'Two Early Japanese Gardens', in *The Authentic Garden*, ed. L. Tjon Sie Fat and E. de Jong (Leiden, 1991)에서 논의되고 예시된 대상지다.

12 [역주] 정원에 물을 끌어들이기 위해 만든 물길인 야리미즈(遣水)를 말한다.

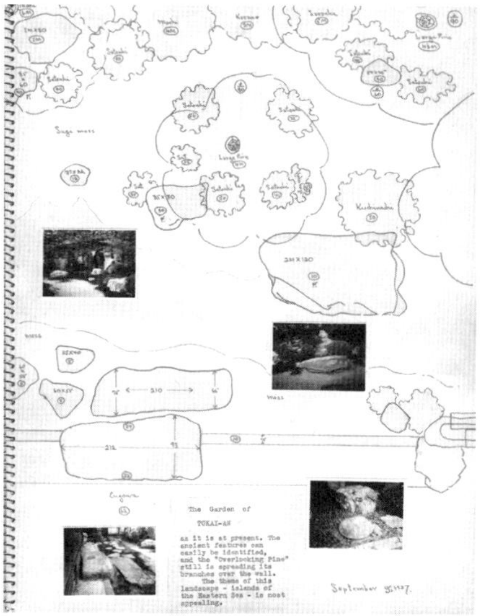

209 새뮤얼 뉴섬, 교토와 도쿄의 정원에 관한 그의 연구서에서 발췌한 스케치, 1934-1938.

아니라, 이들의 형태적 특징상 경로와 인접한 둑에도 주의를 크게 기울여야 하기 때문이다. 이와 같이 다양한 정원 요소의 상세한 분류를 고려해 보면, 선택할 수 있는 범주가 상당히 제한적이었더라도 정원을 조성하는 이가 선택할 수 있는 폭은 꽤 넓었을 것이다. 따라서 『사쿠테이키』의 저자는 개인의 취향이나 선호가 정원 형식과 양식의 선정과 효율성, 성공에 큰 영향을 미칠 것임을 종종 언급한다. 이는 서양의 시에서 정형적 압운이나 연 구성(stanzaic schemes), 혹은 음악에서의 구성 방식이 시인이나 작곡가에게 일정한 제약을 부과하지만, 작가나 음악가는 소네트나 **빌라넬레**(*villanelle*),[13] 혹은 소나타를 다루면서 자기만의 최고의 표현을 찾아가는 방식과 유사하다.

『사쿠테이키』는 11세기에, (1867년에 에도[도쿄]로 천도하기 전에) 고대의 수도였던 오늘날의 교토에서 쓰였다. 교토는 8세기에 (중국의 모델을 따라) 조성되어, 황궁으로 이어지는 중앙 가로에는 가로수가 늘어서 있었고 격자형 도로망과 그 안에 뜰을 갖추고 있었다. 도시의 삼면은 나무가 우거진 언덕과 산으로 둘러싸였고, 영지와 저택은 대개 도시 외곽에 조성되었다. 예전에 별장이 있던 곳에 선종 사원을 세우거나 이를 사찰로 바꾸기도 했다.

교토가 오랜 기간 번영해 왔다는 사실과 더불어 도시 주변의 언덕에 자리한 수없이 다양한 정원의 유형과 활용을 고려하고, 특히 다양한 장소에서 이루어진 변경을 염두에 두면 교토는 여전히 매우 풍부하고 복잡한 세계임을 알 수 있다(도판 209).[14] 사찰

13 [역주] 19행 2운체의 시.

14 이 복잡함과 각각의 순간에 대한 가장 좋은 소개는 Marc Treib and Ron Herman, *A Guide to the Gardens of Kyoto* (Japan, 5th printing, 1993)인데, 이는 일본을 방문하는 이들뿐 아니라 책을 통해 간접적으로 여행하려는 이들에게도 좋다. 그의 'Making the Edo Garden', *Landscape*, XXIV/1 (1980), pp. 24-29도 보라.

210 교토 텐류지 경내의 못 정원 목판화, 아키사토 리토(秋里籬嶋) 편, 『도림천명승도회(都林泉名勝図会)』(1799).

정원 중에는 규모가 매우 큰 것도 있고, 작거나 아주 작은 것도 있다. 다이도쿠지(大德寺)의 방대한 경내에는 스무 개의 작은 사원과 다른 구조물이 있다. 이 넓은 경내에 있는 다이센인(大仙院)의 정원은 약 3.6×14미터의 좁은 띠 모양이지만 이곳에는 바위와 나무, 물 등 각 요소가 완벽한 비율로 배치되어 하나의 완성된 경관을 이룬다.

모두가 료안지(1500년경)의 **가레산스이**(枯山水)를 알지만, 동시에 '진정으로 알'지 못한다. 그곳은 갈퀴로 정리된 자갈 위에 열다섯 개의 바위가 점점이 놓여 있는 고도로 추상적인 정원으로, 아무도 이 모든 바위들을 한눈에 볼 수 없고 이를 완전히 해석해 낼 수도 없다. 그곳의 마루에 앉은 방문자들은 하나 혹은 다른 '의미'를 부여할 수 있으나, 이 경험의 진수는 안뜰에서 참선하며 마음을 수행하는 것이다. 14세기 중엽에 세워진 텐류지(天龍寺, 도판 210)에도 일곱 개의 바위가 놓여 있는데, 이 바위들은 연못에 반사되어 어느 방향에서 보아도 균형 잡힌 구도를 이룬다. 이는 차경(借景)이라 불리는 기법의 초기 사례로, 인근의 두 산을 불러들여 인접한 정원의 형태와 통합한다. 근처의 사이호지(西芳寺)는 텐류지와 같은 시기에 재건되었고, 40여 종의 이끼가 바위 위가 아니라 바위 사이의 공간과 나무 몸통을 덮고 있다(여기에서 알렉산더 포프가 인간의 본성을 숙고하며 "이끼만큼이나 다양한 종류"가 있다고 한 말을 떠올릴 수도 있겠다). 바위들을 눕혀 만든 '고산수 폭포'는 실제의 폭포를 모방한 것이다. 사이호지는 정토종 양식과 밀접하게 관련되어 있고, 텐류지의 정원은 아미타불의 극락정토를 지상에 예시하거나 반영한다. 17세기에 지어진 가츠라리큐(桂離宮)는 초기 회유식(回遊式) 정원[15]이고 징검돌(도

15 [역주] 정원의 연못 주위를 거닐며 경관을 감상할 수 있도록 만든 정원 양식을 말한다.

비이시[飛石])이 특히 주목받는다. 이 일본적 요소는 로런스 핼프린과 이언 해밀턴 핀레이(리틀 스파르타에 있는 징검돌에는 지나가는 물을 의식하게 하는 글이 새겨져 있다) 등의 여러 설계가들에게 영감을 주었다. 우리는 징검돌에 발을 조심스럽게 디디면서 천천히 나아가고, 걷는 곳 바로 가까이에 좀 더 주의를 기울인다. 그런 다음 견고한 땅에 다다르면 고개를 들어 움직일 때마다 형태와 풍경이 두드러지게 바뀌는 광경을 볼 수 있다.

걷든, 배를 타든, 정자에서 경관을 살펴보든 간에 일본 정원에서 움직임은 늘 중요했다. 오늘날의 사이호지 정원(도판 211)이 그 예다. 사이호지 정원은 고대 사원 부지에 14세기 전반 명망 높던 선종 승려인 무소 소세키(夢窓疎石)가 조성한 것으로, 그 후 여러 차례 침수되어 이끼가 정원의 땅을 덮은 풍경으로 유명하다. 무소가 조성한 정원은 방문자가 못 주변으로 움직일 뿐 아니라 코인산(洪隱山) 위 높은 곳에 있는 정원으로 오르내리면서 펼쳐지는 경관을 감상하도록 설계되었다. 오르는 계단, 대나무 다발, 상단과 하단의 정원을 경계 짓는 문, 댓돌, 점점 늘어나는 산 위쪽으로 올라가라는 요청과 같은 다양한 구조물 혹은 건물에 관심을 둘 수도 있다. 정원의 다양한 부분과 조우하면서 우리가 어디에 있는지를 이해하게 되기에, 이러한 움직임은 여전히 사이호지를 경험하는 데 핵심적이다. 하지만 대부분의 방문객에게는 이러한 움직임이 곧 깨달음으로 이어진다는 선불교적 자각은 희미해져 있다. 특히 ('일반인을 배제하는 특별한 수행을 하는 이들을 위한') 높은 구역에 도달하는 것은 더욱 그렇다.[16]

풍수와 불교는 모두 정원 조성에 분명히 영향을 미쳤다. 서양인의 시각에서 풍수와 불교가 (불교에 대한 현대의 논평과는 대조적으로) 『사쿠테이키』에서 그다지 중요해 보이지 않는다면 이는 당시 이러한 관념이 너무나 "공기처럼 퍼져 있고", 그리하여 11세기의 논의 속에 가득했기 때문에 암시나 언급만으로도 충분했던 것이다. 하지만 분명히 당대의 전반적인 '사고방식(*mentalité*)'은 자연, 산수에 '내재한 이치'에 대한 관심, 이를 정원 형태로 바꾸는 일, 그리고 이에 대한 마음의 반응에 달려 있었다. 『사쿠테이키』의 저자는 "이와 관련된 비전(秘傳)의 가르침이 있다"라거나 "여기에 대해서는 비밀스러운 가르침이 있다"라고 언급하는데, 이는 정원 조성의 모든 양상이 구전(口傳)에 의

16 여기에서 필자는 특히 Norris Brock Johnson, 'Mountain, Temple, and the Design of Movement: 13th-century Japanese Zen Buddhist Landscapes', in *Landscape Design and the Experience of Motion*, ed. Michel Conan (Washington, DC, 2003) 등의 연구를 참조했다.

211 마크 트라이브(Marc Treib), 〈교토 사이호지〉. 이끼와 빛과 그림자의 유희를 포착했다.

존하며, 제자는 스승에게서, 그리고 "예전의 능란한 솜씨(昔の上手)"라고 불린 것에서 물려받아야 함을 암시한다. 사물의 참된 본성에 대한 불교의 통찰력은 과거 6세기 신도(神道)의 공간 개념인, 공간은 신성한 곳이 되고, 보이기보다는 감지되는 장소라는 개념을 확장한 것이다. 그 공간은 그때그때의 상황과 정치적 격동으로 혼란스러운 세상과는 구분된다. 하지만 불교는 신사와 사원의 의식을 거부하고 단순함과 참선을 지향했다. 그 후 정원의 세계는 자연을 형상화한 곳으로서, 그리고 또한 마음이 평화와 고요를 배우는 장소로 크게 중시되었다. 16세기 후반 다도(茶道)는 대개 넓은 경내에 별도로 마련된 장소 혹은 다정(茶庭, 로지[露地])과 같은 곳에서 발달했다(도판 212). 이곳

212
차의 명인 오다 우라쿠(織田有楽, 1547-1622)가 설계한 다정.

에서는 시골 생활의 일상적인 단순함이 재연되어 외부의 분주한 세계와 한 걸음 떨어진 동시에, 보다 중요한 의례의 순간을 누릴 수 있었다.

일본 정원의 풍성한 재료가 우리를 즐겁게 함에도 불구하고 우리는 일본 정원이 추상적이라고 생각한다. 하지만 이 추상화는 미니멀하지도 반(反)자연적이지도 않다. 1914년 T. E. 흄(T. E. Hulme)[17]은 '현대 미술과 철학(Modern Art and Philosophy)'이라는 강연에서 나무를 원뿔 형태로 환원하자고 했고, 빌헬름 보링거(Wilhelm Worringer)[18]가 『추상과 감정 이입(Abstraktion und Einfühlung)』(1908)에서 초기 예술(이집트나 비잔틴)이 자연으로부터 벗어나기 위해 형태를 창조했으며 후기 낭만주의가 자연을 지나치게 신뢰하는 데 빠져들어 우리의 추상 개념을 흐리게 했다고 주장했지만, 이러한 이론들은 일본 정원에 대한 우리의 반응을 전혀 설명할 수 없다. 물론 보링거는 재현 방식이 모방적인 '자연의 표현'과 관계없다고 쉽게 말할 수 있는 시각 예술에 대해 썼다. 한편 정원은 아무리 다듬는다 할지라도 자연 재료를 필연적으로 사용한다. 하지만 로버트 스미스슨(Robert Smithson)이 지적했듯, 보링거 자신은 종종 "무생물적 자연의 결정화된 형태"를 언급했고, 이것이 바로 자연을 "표현하는" 기하학이다. 이어 스미스슨은 "추상적 재현을 통해 자연을 벗어날 수 없다. 추상화는 자연 그 자체의 물리적 구조에

17 [역주] 영국의 비평가이자 시인(1883-1917).
18 [역주] 독일의 미술사학자(1881-1965).

213 파리 유네스코 정원의 완공 직후 전경.

더 가까이 다가가게 한다"라고 했다(강조-필자).[19]

이러한 지식은 파리에 있는 유네스코 건물을 위한 노구치의 디자인(도판 213)과 같은 설계를 이해하는 데 도움이 된다.[20] 여기에서 '자연'은 두 가지로 추상화되었다. 노구치는 앞서 논의한 일본의 조원 전통에 의존한다. 하지만 서양에 사는 일본계 미국인인 그가 유럽에 만드는 정원은 일본의 정원술을 '추상화'하기도 한다. 게다가 국제적인 장소를 대상지로 삼기에 일본의 조원을 새로이 구현하는 일은 더욱 복잡해진다(그래서 이는 프랑스어로 일본 정원[jardin japonais]이라는 합성어로 칭해진다). 그런 다음에 우리는

19 여기에서 필자는 Jack Flam, ed., *The Collected Writings* (Berkeley, CA, 1996), p. 162에 수록된 로버트 스미스슨의 센트럴 파크에 대한 논고를 참조했다. 유명한 〈스파이럴 제티(Spiral Jetty)〉에 대한 그 자신의 이해는 호수 근처 지형의 결정화된 형태의 발견을 전제로 한다. 이 주제에 대한 흥미로운 접근은 Pat Murphy and William Neill, *By Nature's Design* (San Francisco, CA, 1993)의 사진과 논평에 제시되어 있다.

20 Marc Treib, *Noguchi in Paris: The UNESCO Garden* (San Francisco and Paris, 2003).

이 정원에 대한 다양한 반응을 접하게 된다. 피터 워커가 추상 미술에 깊은 열정을 보인 이유는 그것이 여러 층위의 의미를 담을 수 있기 때문이다. 그리하여 료안지의 갈퀴로 정리된 하얀 모래와 바위로 이루어진 꾸밈없고 신비로운 경관은 섬과 구름, 하늘의 별자리, 혹은 심지어 동물로도 이해될 수 있다.[21] 노구치는 1930년대 중반 마사 그레이엄(Martha Graham)을 위한 미니멀한 무대 배경을 디자인했고, 이후 루이스 칸(Louis Kahn)과 함께 뉴욕 리버사이드 공원(Riverside Park)의 놀이터를 설계했다. 그리고 파리에서도 다양한 문화권에서 온 유네스코의 대표단과 직원을 위해 일본 정원의 개념을 '연출하거나' '나타나게' 할 수 있었다. 그 작업의 중심에는 다양한 요소의 "실제 구성"은 "나 자신의 것이다"라는 노구치의 개성이 있었고, 국제 정치인들과 일본의 오랜 전통을 계승하는 조원술의 대가와의 지난한 협업이 있었다.

유네스코 정원은 1955년 조성되기 시작해 3년 후에 완공되었다(도판 213과 214). 처음에 정원 구역은 대표단의 테라스 혹은 조각 파티오[22] 구역으로 한정되었지만, 노구치는 이를 확장해 본부 건물과 동남쪽의 그다지 매력적이지 않은 둔중한 건물을 연결하는 정원으로 만들고자 했다. 노구치는 일본의 가부키(歌舞伎) 무대에서 다양하게 활용되는 목재 통로인 하나미치(花道)로 두 정원을 연결할 것을 제안했는데, 그는 여기에 익숙했고 또 이것이 "암시적이고 본질적"이라고 보았다. "지나치게 복잡한" 여러 모델을 거친 뒤 노구치는 콘크리트 재질로 된 모더니즘 양식의 본부 건물과 잘 어울리는 단순한 공간을 설계했다. 정원은 간결하고 변화 없는 석재 파티오에서 시작하는데, 콘크리트 재질로 된 다양한 형태의 좌석들이 있고 그 너머로는 거대한 돌기둥이 우뚝 서 있다(이는 자연석이 아니고 '평화'를 상징하는 글자[和]가 새겨져 있다). 이 돌기둥에서부터 물길이 못으로 흘러 내려가고, 변화무쌍하고 감각적이며 푸른 풍경을 계속해서 보여 줄 것 같은 하단의 다른 정원으로 폭포처럼 흐르거나 그 사이로 내려간다. 이는 산책을 위한 정원이지만, 일본의 전통에서 말하는 산책이 이루어지는 공간으로 보아야 할지는 잘 모르겠다.

21 Udo Weilacher, *Between Landscape Architecture and Land Art* (Berlin and Boston, MA, 1999), p. 206에서 인용. 료안지에 대한 광범위한 자료는 브루스 코츠(Bruce Coats)의 글을 참조했다. 트라이브는 *Noguchi in Paris*에서 여러 가지 의미에 대한 해석을 모호하게나마 시도했다.

22 [역주] 파리 유네스코 본부의 회의장과 사무국 건물 사이에 있는 파티오.

214 파리 유네스코 정원.

유네스코 정원은 불가피하게도 '일본성(Japanese-ness)'과 현대성에 대한 논쟁을 촉발했고, 이는 유네스코의 국제적 규모와 정원에 대한 내부의 논쟁으로 인해 더욱 심화되었다. 많은 평론가들이 이곳의 현대성을 주장하거나(이 주장은 이상하리만치 근거가 빈약한데, 이곳이 만들어진 시대 때문에 그러한 명칭이 붙은 듯하다), '조각가'가 정말로 정원을 조성할 수 있는지, 혹은 이곳이 '정원이라기보다는 예술 작품', '조각적 공간'인지(노구치 자신은 이곳을 '장소라는 조각이 주는 가르침[lesson in the sculpture of place]'이라고 불렀다)를 논하거나, 정원이 얼마나 일본적인지를 도면이나 사진 자료를 통해 분석하거나 이의를 제기하건 간에, 유네스코 정원은 기적적으로 그리고 독특하게도 그 자체(itself)다. 아무리 그곳의 현대성에 대한 주장이 다양하더라도 말이다. (건축 비평가라면 또 모르지만) 이 정원이 어떻게 생겨나게 되었는지를 묻는 것은 요점을 벗어난 것으로 보인다. 많은 명원들은 그곳이 어떻게, 왜 생겨났는가보다는 우리가 그곳을 어떻게 이용하며 경험하는가에 의해 더 깊이 이해된다고 생각한다.

우리는 유네스코 정원을 대표단과 직원, 방문 허가를 받은 방문객들을 위한 장소로 보기보다는, 넓고 풍부한 정원의 세계 속에서 특정한 계보를 넘어 살펴볼 필요가 있다. 정원의 경계가 숨겨지지 않도록(무엇보다 물리적으로 그럴 수 없다) 배치는 주의 깊게 설계되었고, 방문객이 정원의 요소를 뒤늦게 발견하고 깜짝 놀라도록 감추어지지도 않았다. 우리는 우선 대표단의 파티오에서 하부 정원이 내려다보이는 풍경을 보고, 그다음에는 캐스케이드의 수반과 나란히 있는 하부 정원으로 내려가는 대각선 통로가 만드는 극적인 풍경을 본 다음, 언덕과 나무, 징검돌이 있는 못으로 둘러싸인 비정형의 플랫폼 쪽에 있는 작은 다리를 향해 왼쪽으로 몸을 돌린다. 이 건물에서 일하는 사람들도 일본 정원에 결코 있을 법하지 않은 전경을 본다. 그 아래로는 접근 가능한 공간이 있는데, 구상했을 때보다 나무들이 크게 자라서 일본의 정원사들이 바랐던 엄격하고 추상적인 곳보다 훨씬 낭만적인 장소가 되었다.

[감상과 소비의 대상이 되는-역자] 일반적인 일본 예술 유행과 달리, 일본 정원은 미국 서부에서 훌륭하게 모방되고 잘 해석되었다. 『일본의 경관 조원 예술(The Art of Landscape Gardening in Japan)』에서 영국의 건축가 조시아 콘더(Josiah Conder, 1852-1920)가 일본 정원을 옹호했고, 그의 뛰어난 제자인 새뮤얼 뉴섬(Samuel Newsom)이 일본의 정원 예술을 주의 깊게 연구해 세심하게 실천했다. 1898년 캘리포니아주 오클랜드(Oakland)에서 태어난 뉴섬은 대공황 시기에 일본으로 이주해 일본어를 배우고, 정원을 스케치하고 연구했으며, 1938년 캘리포니아로 돌아가기 전까지 정원 설계가들과 널리 교류했다. 그는 『일본 정원 구성(Japanese Garden Construction)』(1939), 『천 년의 일본 정원(A Thousand Years of Japanese Gardens)』(1953, 4판 1959), 『서양인을 위한 일본 정원 설명서(A Japanese Garden Manual for Westerners)』(1965)와 같은 일련의 책을 출판했다. 제목에서 알 수 있듯 이는 모두 일본 정원이 어떻게 생겨났는지를 주의 깊고 상세하게 연구한 결과물로, 여러 대상지의 실측 그림(measured drawings)과 도면이 실려 있었다(도판 209를 보라). 제2차 세계대전 동안 일본에 대한 강력한 적대감에 맞닥뜨리긴 했지만, 그는 이 예술이 서양의 정원 조성과 동화될 수 있으리라고 확신했다. 그는 뉴햄프셔주에 있는 자신의 정원 외에도 샌프란시스코의 골든게이트 공원에 있는 일본 정원의 폭포를 설계했다.[23]

일본 정원이라는 개념 전체는 그것이 흡수한 변화만큼이나 강력하다. 브루스 코

23 필자는 하버드 대학교 디자인대학원 특별 소장품인 뉴섬의 교토와 도쿄 정원 연구서 컬렉션과 1996년의 전시를 위한 랜달 D. 버드(Randall D. Bird)의 책자로부터 도움을 받았다.

츠가 상기시켰듯, 일본 정원의 형태와 의미는 수 세기에 걸쳐 크게 변해 왔다. 그는 교토 사이호지의 정원과 사찰을 예로 들었는데, 이곳은 처음에는 불교의 낙원인 정토 정원이었고, 이후 새로 조성한 못이 있는 선종 사찰이 되었다가, 여러 번 폐허가 된 뒤에 120종의 이끼로 유명한 정원이 되었다. 일본 정원의 섬세한 조성 방식은 지극히 오래 이어져 왔으되 의미는 폭넓게 수용되었다. 이를 통해 일본 정원은 가장 오랫동안 지속된 정원 조성 방식 중 하나가 되었다. 14세기의 선승 무소 소세키는 그의 시를 읽는 이들에게 각양각색의 다양한 풍경 중 하나를 선택하기보다는, 이를 바탕으로 '정신을 잘 단련해 보도록' 촉구한다. 그리하여 전통과 혁신은 마음속, 그리고 정원에서 조화롭게 공존한다. 일본 정원은 자의적으로, 그리고 의도적으로 복잡하며, 쉽고 빠르게 이해할 수 있는 것이 아니다("진리는 서두르는 법이 없다").[24] 그리고 이것이 아마도 아시아의 정원이 서양의 정원 및 경관 경험과 가장 구분되는 점일 것이다.

24 헨닝 망켈(Henning Mankell)의 *The Man from Beijing*(홍재웅 역, 『빨간 리본』, 곰, 2014)에 등장하는 중국인이 한 말이지만, 여기에도 적용 가능해 보인다. 다른 등장인물도 중국은 이제 더 이상 다른 나라에 비해 비밀스럽지 않으나, 그 문화에 통달하려면 시간과 인내심이 필요하다고 조언한다.

18장

예술과 공예 운동 정원:
정원으로 돌아온 예술가

조경사에서 중요하게 다루는 이탈리아-프랑스(16-17세기)와 '영국'(18세기)에서의 중요한 시기가 지난 후 나타난 가장 흥미로운 사건 중 하나는 예술과 공예 운동 정원이다. 이 양식은 1900년경 문화적 차이에도 불구하고 대서양 양편에서 널리 검토되고 찬사받았다. 영국에서는 『영국의 정형식 정원(The Formal Garden in England)』(1892)에서 건축적 정원을 주장한 레지널드 블롬필드(Reginald Blomfield)와 『영국식 화원(The English Flower Garden)』(1883)과 『야생 정원(The Wild Garden)』(1870)에서 '야생적' 혹은 보다 자연스러운 정원을 중요하게 여긴 윌리엄 로빈슨 사이에서 미학적 논쟁이 있었다. 어떻게 보면 상당히 무의미한 대립이지만, 이들의 생각을 잠시 곱씹어 볼 수도 있다. 둘 중 어느 한쪽을 택하지 않았던 이들이 더욱 활발하게 논의에 참여하고, 더 많은 정원을 설계하고 조성했지만 말이다.

이 논쟁은 부분적으로 소위 '자연스러운' 정원이라고 잘못 알려진 유산(12장을 보라)에서 비롯되었고, 또 일부는 식물에 대해 아는 원예가와 설계법을 아는 건축가 중 누가 정원을 설계할 자격이 있는지에 대한 논의에서 유래한다. 18세기 말 프랑스의 장 마리 모렐은 건축가가 정원을 조성하게 하면 안 된다고 주장했는데, 왜냐하면 그들은 자연계의 체계를 이해하지 못한다고 보았기 때문이다. 또한 그는 (프랑스어로) '조경가' 라는 용어를 사용한 최초의 인물로 알려져 있다. 영국의 험프리 렙턴과 라우던의 등장과 함께, 조경가(1840년 렙턴의 글을 엮은 책에 라우던이 붙인 명칭이다)는 정원 설계를 이끌게 되었다.

로빈슨과 블롬필드의 논쟁[1]은 지나치게 단순화된 측면이 있다. 블롬필드는 정원 설계에 있어 건축가가 더 지배적인 역할을 해야 한다고 주장했다. "논점은 단순하다. 정원을 집과 연관지어 고려하고, 집과 정원이 결합한 효과를 디자인의 성패를 좌우하는 필수 요소로 여겨야 하는가? 아니면 정원을 다룰 때 집은 고려하지 않아도 되는가?" 하지만 블롬필드처럼 외골수가 아니었던 로빈슨은 이처럼 '단순한' 질문에 절묘한 답을 내놓았다. 그리고 더 중요하게는 일군의 훌륭한 설계가들도 실천을 통해 이에 응답했는데, 프랜시스 이니고 토머스(Francis Inigo Thomas)의 작업, 그리고 거트루드 지킬과 에드윈 루티엔스의 협업이 가장 인상적이다.

존 D. 세딩은 『과거와 오늘날의 정원 기술』(1891, 확장 개정판 1895)에서 이 논쟁에 대해 날카로운 시각을 제시했다. 우리는 10장에서 르노트르와 윌리엄 켄트 '사이'에(시간순으로 그리고 그 사이의 '교환' 혹은 중재의 개념으로) 생겨난 정원을 논할 때 그의 작업을 살펴보았다. 그는 다소 조심스럽게 "인공성의 끝자락을 살짝 건드리는 '자연스러운 야생'"을 주장했다. 세딩의 구분에 따르면 정원은 언제나 건축과 원예라는 두 극단의 중간지대에 위치하며, 둘 중 어느 쪽으로도 쉽사리 끌려가지 않는다. 이 같은 정원의 '사이성'을 옹호하며, 세딩은 뜻밖이지만 기민하게 윌리엄 워즈워스를 언급했다. 그는 "수많은 금빛 수선화(host of golden daffodils)"[2]를 찬미한 워즈워스를 영국 자연주의(English naturalism)의 위대한 시인이라고 보았다. 워즈워스가 야생적 정원 가꾸기(wild gardening)의 지지자로 보였을 수도 있다. 하지만 영국 레이크 디스트릭트의 라이달 마운트(Rydal Mount)에 위치한 워즈워스의 집에서 발견할 수 있는 가장 놀라운 요소는 '정원과 야생의 결합'이었다. 세딩이 인용한 워즈워스 전기의 작가는 "당신은 정돈된 파르테르가 고상한 숲으로 이어지고, 좁고 푸른 풍광이 영국에서 가장 아름다운 경관 중 하나인 호수와 산의 광대한 전망으로 전환되는 것을 거의 알아차리지 못한 채 지나친다"라고 썼다. 세딩의 책은 다양한 풍경 요소와 경관의 설계가 반드시 상충하지는 않는다는 것을 수용하는 듯하다. 오해의 여지가 있겠지만, 겉으로 보기에 여기에서

1 이는 필자가 도움을 받은 David Ottewill, *The Edwardian Garden* (New Haven, CT, 1989)에 감탄할 정도로 잘 묘사되어 있다. Robert Williams, 'Edwin Lutyens and the Formal Garden in England', *Die Gartenkunst*, VII/2 (1995), pp. 201-209도 보라.

2 [역주] 원문에는 'host of dancing daffodils'라고 되어 있는데, 워즈워스의 시 「수선화(I Wandered Lonely as a Cloud)」의 구절을 혼동한 듯하다.

그는 자신과 윌리엄 로빈슨을 구분 지으려 한 것처럼 보였다. 건축가 에드윈 루티엔스는 1897년 로빈슨과 산책을 한 뒤 "대화는 종잡을 수 없었고, 2분마다 모순된 말을 하는 (…) 고루하고 늙은 잔소리꾼"이라고 썼다. 하지만 세딩의 책에도 모순된 면이 있다. 책에는 그가 예찬한 "손질하지 않은 부분"과 "탁 트인 시골", "야생적인 효과" 대신에 "대칭적인 계획"과 "눈에 띄게 장식적인 처리"라고 이름 붙인 목판화가 실려 있다. 그의 사후에 책이 출판되었기에, 아마 출판사에서 시각적으로 좀 더 근사해 보이는 목판화를 골랐을 것이다. 저화질 사진으로는 그가 높게 평가한 야생적인 효과가 어떻게 나타나는지를 잘 포착할 수 없었을 것으로 생각했을지도 모른다.

다른 실무자들이 설계한 정원들을 통해 세딩의 주장에 담긴 이분법적 성격을 보다 잘 이해할 수 있다. 거트루드 지킬이 로렌스 위버(Lawrence Weaver)와 함께 쓴 『작은 전원주택을 위한 정원(Gardens for Small Country Houses)』(1912)이 훌륭한 사례를 제시한다. 이들은 서식스주에 있는 '우드게이트(Woodgate)'의 형태가 오래된 도로망의 구조와 일정한 중심 지점들에 의해 결정되었다고 설명한다. 집 주위에는 잔디밭과 다년초 화단, 연못이 있었고, 북쪽 끝부분에는 장미 정원을 중심으로 기하학적 형태의 과수원과 테니스장 옆의 휴게 공간이 있었다. 이 두 지점 사이에는 서쪽으로 토종 오크나무와 호랑가시나무, 자작나무, 다양한 마가목, 전나무, 유럽밤나무가 있는 숲이 뻗어 나가며, 하층 식생으로는 고사리와 히아신스가 계절에 따라 자라고, 그 사이로 길이 구불구불하게 이어졌다. 이 두 초점을 연결하는 넓은 잔디길은 집으로부터 곧장 뻗어 있고(하지만 중심과 축이 나란하지는 않다), 숲속에서 딱 한 번 꺾였다. 그리하여 정원의 양쪽 끝, 즉 남쪽의 연못에서든 북쪽의 테니스장에서든 정원을 방문한 이들은 자신이 서 있는 그 지점에서 포착되는 일정한 공간 구성이 먼 데까지 이어지는 것을 본다. 또한 먼 곳에서는 이 일정함이 사라지고, 가장자리 부분의 식재와 형태가 덜 엄격해지는 것도 볼 수 있다.

지킬과 위버가 설명했듯, '우드게이트'는 또한 광범위하게 식재되어 사진(도판 215)에서도 확인할 수 있는 풍성한 효과를 창출한다. 그러나 이 풍성함의 기초가 되고, 또 이를 유지하는 계산된 디자인을 이들이 강조했다는 점에 주목해야 한다. 예컨대 모래와 자갈에 (숲에서는 자연스럽지만 마찬가지로 외부에서 도입된) 부엽토와 석회를 더해 토양을 늘리는 방식에 대한 언급부터 다양한 식물 재료, 즉 토종 식물 사이에 배치한 캐나다 백합, 남아프리카 익시아(South African ixias), 스파라커스(sparaxis), 북아메리카의 강

215 우드게이트, 거트루드 지킬과 로렌스 위버의『작은 전원주택을 위한 정원』(1912)에서 발췌한 사진.

인한 칼로코르투스(calochorti) 혹은 캘리포니아 양귀비에 대한 설명이 그것이다. '우드게이트' 조성은 자연스럽게 일어난 일이기도 하지만 원예 기술 덕분이기도 했다. 지킬과 위버는 식물과 꽃의 자유로운 배치를 예찬하면서도 그것이 디자인의 효과라는 점도 분명히 한다. 그리고 이들이 '인상주의'에 대한 경멸을 표현할 때 내세우며 인용한 인물은 로빈슨이 아니라 레지널드 블롬필드였다. 그는 인상주의를 충분히 숙고되지 않은 불완전한 개념이라고 보았고, 그 대신 디자인에 대해 '최대한' 심사숙고해야 한다고 역설했다("우리[건축-역자]의 경우 불완전한 구절은 문장이 될 수 없다"). 지킬과 위버가 말했듯, 자연은 저절로 "잘 자라지 않을 때" 보완이 이루어지고, 자연과 건축이 만드는 모든 효과는 주의 깊게 정해진 시선과 길, 전망을 통해 제시된다. 여러 문화에서 다양하게 나타나는 자연의 '개선'은 모든 설계에서 보편적인 일이므로 이 미학에는 새로울 것이 없다. 하지만 무비판적으로 자연주의를 과도하게 강조해 온 나라[영국-역자]에서 이는 예술적 기교(artistry)가 필수적으로 요구된다는 사실을 재확인했다는 점에서 의미가 있다.

216
노스 서머싯(North Somerset), 배로우 코트의 주상이 있는 반원형 점경물, 1892-1896.

더 논의할 만한 세 개의 초기 정원으로는 (블롬필드 책의 삽화 대부분을 그린) F. 이니고 토머스의 배로우 코트(Barrow Court, 1892-1896), 해럴드 피토의 버스콧(Buscot, 1904), 그리고 예술과 공예 운동의 걸작이라 할 만한 루티엔스와 지킬이 협업한 헤스터콤(Hestercombe, 1904-1909)이 있다.[3] 이들 정원에 공통적으로 나타나는 요소들로는 건축과 원예의 섬세한 혼합, 의식적이고 자명한 솜씨, 정원을 구성하는 여러 요소와 주변 지형의 관계에 나타난 놀라운 다양성, 기하학적 통제에 대한 강력한 감각, 그와 동시에 이 '정형성'을 과시하듯 드러내고자 하는 본능의 부재, 무엇보다도 오래된 관념(역사적 형태와 회상)과 이들 정원이 분명히 눈에 띄게 현대적이라는 감각 사이의 날카로운 긴장감 등이 있다. 하지만 이러한 공통 요소에도 불구하고 이 세 정원은 사실 매우 다르다.

토머스는 (브리스톨의 바로 남쪽에 있는) 배로우 코트 이전에 이미 도싯(Dorset)의 아텔햄튼(Athelhampton)을 설계했고, 기존의 주택에 정원을 새로 조성했다. 배로우 코트는 주택에 인접한 테라스와 움푹 팬 연못, 교회 근처의 수풀, 석재 난간이 있는 넓은 잔디밭과 경사진 전원 지대가 내려다보이는 훌륭한 반원형 구조물로 구성된 곳이다(도판 216).

3 루티엔스나 지킬의 작업은 충분히 연구되었기에 여기에서는 그에 대해 논평하지 않는다. L. Weaver, *Houses and Gardens by E. L. Lutyens* (London, 1913); Jane Brown, *Gardens of a Golden Afternoon—The Story of a Partnership: Edwin Lutyens and Gertrude Jekyll* (New York, 1982); Judith B. Tankard, *Garden of the Arts and Crafts Movement* (New York, 2004)를 보라. 토머스와 피토에 대해서는 Ottewill, *The Edwardian Garden*과 Williams, 'Edwin Lutyens and the Formal Garden in England'에 수록된 그들의 작업에 대한 훌륭한 논평 외에는 별다른 것이 없다. 팀 리처드슨(Tim Richardson)이 편집한 〈컨트리 라이프(Country Life)〉의 사진 컬렉션 *English Gardens in the Twentieth Century* (London, 2005)에는 이들 정원의 훌륭함이 돋보인다.

217 배로우 코트의 대잔디밭으로 내려가는 계단이 있는 테라스 끝부분의 아치형 입구.

돌 항아리와 오벨리스크, 야외 식사를 위한 석제 테이블, 반원형 점경물과 열두 개의 주상(柱像)에서는 이탈리아의 영향이 엿보이지만, 전체적인 분위기는 17세기 영국의 정취를 자아낸다. 광활한 서머싯의 시골 풍경이 큰 잔디밭 너머로 경사를 이루며 내려가고, 먼태큐트(Montacute)[4]에 있는 것을 어느 정도 모델로 삼은 파빌리온, 한 해의 열두 달을 나타내고 여성의 열두 세대를 재현하도록 조각되어 계절과 인간적 시간의 흐름을 동시에 드러내는 주상 너머로 사라진다. 제임스 1세 시대[5]의 집과 교회, 오래된 오두막(오두막과 집은 리모델링되어 콘도[apartment]로 나뉘었다)이 자리하고 있다. (멋진 벽감과 돌로 만든 테이블이 있는) 수풀과 주목 알레는 호젓한 공간을 제공하며(도판 218), 이는 다른 두 요소(탁 트인 잔디밭, 못과 화단이 있는 테라스)와 극적인 대조를 이룬다.

(오늘날 옥스퍼드셔주에 있는) 버스콧 파크는 성격이 완전히 다르다. 이곳에는 숲 지대를 가로지르는 수경 정원이 조지 왕조 시대[6]의 집과 그 아래의 큰 호수를 연결한다(도판 219). 이 정원은 다양한 양식을 절충하고 있지만 무굴풍의 수로, 분수에서 돌고래와 놀고 있는 로마 소년, 다양한 기하학적 형태의 못, 수로의 경계를 이루는 돌로 된 테두리, 다양한 조각상들, 호수로 흘러 들기 직전 수로를 가로지르는 작은 다리, 호수 건너편에 있는 정원 사원 등 다양한 요소를 하나로 엮어 완전히 새로운 형태를 만든다. 이곳은 숲을 갈래갈래 엮어 만든 정원이면서도, 확고하게 현대적인 양상을 한결같이 보인다.

4 [역주] 먼태큐트 하우스(Montacute House)는 엘리자베스 1세 시대의 저택으로 현재는 내셔널 트러스트가 관리한다.

5 [역주] 1603-1625년 사이를 말한다.

6 [역주] 조지 1-4세의 재위 시기로 1714-1830년에 해당한다.

218
배로우 코트의 수풀에 있는 '이중 계단'.

219
버스콧 파크를 위해 해럴드 피토가 설계한 수로, 1904.

18세기에 헤스터콤은 저택 북쪽 부지에 수채화가 코플스톤 워 뱀필드(Coplestone Warre Bampfylde)가 호수를 중심으로 정원 경관(오늘날 복원되었다)을 조성했는데, 그곳의 골짜기 위로는 전형적으로 픽처레스크한 장치들이 배치되어 있었다(1761년 방문객의 메모에는 "캐스케이드로 흐르는 물과 루트 하우스[Root House] (…) 중국식 좌석 (…) 고딕풍 좌석"이라고 되어 있다). 20세기 초 루티엔스는 제1대 포트만 자작(first Viscount Portman)이 엉망으로 개조한 앤 여왕 시대의 저택에 초청되었고, 제2대 자작을 위해 건물과 변변찮은 테라스로부터 시선을 돌리게 하는 정원을 조성했다. 우선 즐겁고 화려하게 꾸며진 파르테르가 있으며, 북동쪽에는 오랑주리와 '네덜란드식' 정원이 있고, 그 너머의 블랙다운 힐스(Blackdown Hills)로까지 시선이 이어지도록 설계했다.

220 서머싯, 헤스터콤의 그레이트 플랫.

로버트 윌리엄스(Robert Williams)가 밝힌 바와 같이, 그레이트 플랫(Great Plat)의 정교한 기하학적 구도는 "디자인의 수학"이라 할 만하지만, 동시에 그는 이를 부각시키려 하지 않는다. 이곳은 모든 훌륭한 정원에 요구되는 조건, 즉 세심한 관찰을 통해 그 진가를 드러낸다. 루티엔스는 대상지에 있던 여섯 층위를 설계에 활용했고, 바닥 포장과 담장용 돌무더기에 현지의 돌을 이용했으며, 이음새와 계단 틈에서 식물이 자라도록 했다. 그리고 각 구석에 파르테르나 그레이트 플랫으로 들어가는 입구를 만들고 사선으로 잔디 산책로를 두어 약 11.6제곱미터의 공간을 시각적으로 분할했다. 비슷한 방식으로 플랫(Plat)의 양쪽을 따라 흐르는 실개천의 돌로 이루어진 가장자리도 식물로 가득 찬 세 쌍의 원형 저수지로 분절되었다(지킬은 이 "소저수지[tanklets]"[도판 221]를 "옛날 자수의 주름 리본 띠 장식 기법을 모방한 것"으로 보았다). 이곳은 결코 번잡하지 않지만, 그 세부 요소들이 항상 눈을 즐겁게 한다. 루티엔스는 건조물이나 정원의 근간에 놓인 꽃들이 '어수선하고' '별나다'고 생각했다. 하지만 눈길을 끄는 세부들이 항상 보다 큰 요소로 흡수되기에 헤스터콤은 별나거나 어수선하지 않다. 가장 높은 테라스의 동쪽에 있는 로툰다는 여러 겹의 석조 세공으로 늑재를 붙인 얇은 벽감으로 만들어졌고, 그 앞에는 못이 있으며, 아래로 갈수록 넓어지는 볼록한 계단이 더 작은 또 다른 못으로 이어진다. 이는 엄밀하게는 루티엔스가 세를리오를 통해 알게 되어 다른 곳에서 사용한 이중 계단은 아니지만, 무대와 같은 극장 형식을 반영한다.[7] 계단을 통해 다른 원형 못이 있는 공간, 이어 그 아래로 경관이 내려다보이는 보다 넓은 정원으로 나아가기 전에 우리는 벽감 앞의 구역에서 고요한 친밀함과 개인적 수행의 순간을 누릴 수 있다(도판 222).

221 헤스터콤의 '소저수지'(거트루드 지킬의 용어).

이런 장소는 전문 건축가와 아마추어 식물 애호가(plants-person)의 작업, 정형적 구조와 지방 고유의 재료, 전체 구도와 생동감 있는 식재의 세부, 그리고 새로운 정원 안에 옛 정원의 요소를 암시하는 조합으로 이루어져 있다. 이런 대화를 넘어, 이들 예술과 공예 운동의 디자인은 보다 광범위하고 더 흥미로운 질문을 던진다. 대상지의 자원과 그곳에 더해질 수 있는 자원을 어떻게 활용하여 '지역성'을 표현할 것인가? 이 '지역성'은 특정한 대상지 자체, 일찍이 알렉산더 포프가 주장한 '장소의 혼'을 만들어 내는 이 설계가들의 새로운 자부심이 될 수 있다. 하지만 이는 또한 영국과 영국성을 드러내는 장소였다. 거트루드 지킬은 서리주의 시골 풍경을 특히 사랑했고, 이를 주제로 한 책 『옛 웨스트 서리(Old West Surrey)』(1904)를 쓰기도 했다. 지킬은 가족이 잠시 버크셔(Berkshire)주로 이사 갔을 때 이를 못마땅하게 여겼다. 로빈슨도

7 주디스 탱커드(Judith Tankard)가 폴리 팜(Folly Farm)의 '반달 계단(halfmoon steps)'이라고 부른 것(*Gardens of the Arts and Crafts Movement*, p. 129)뿐 아니라, 절반만 이용하거나 세를리오의 바티칸 벨베데레 도해를 암시하는 다른 볼록한 계단(6장)을 보라. 토머스가 동일한 구성 방식을 이용하는 도판 218도 보라. 이는 필라델피아 일대에서는 20세기 초에 빈번하게 이용되었다.

222 헤스터콤의 '이중 계단'.

하트퍼드의 영지를 거절하고 서리주에 정착했다. 이러한 사실로 미루어볼 때, 이들의 선호는 이 정원 양식에 사회적·환경적·원예적으로 큰 영향을 미쳤다. 서리주나 서식스주 중 한 곳에서만 새로운 양식의 정원을 만들 수 있는 게 아닌데도 말이다. 대개 이런 정원은 새로운 사회 계급, 그리고 새로 시골 영지를 소유한 이들의 구미에 맞았고, 귀족 고객을 위한 정원도 과거보다 훨씬 소박하게 조성되었다. 그레이브타이(Gravetye)에 로빈슨이 조성한 약 404헥타르의 부지도 옛 영지와 비교하면 작은 규모였다.

이런 논쟁은 이 시기 영국의 국가 정체성과 관련된 폭넓은 논의의 일부였다.[8] 이는 사회와 문화, 경관과 건축 사이를 끊임없이 오가며 참조하는 포드 매독스 포드(Ford Madox Ford)의 『퍼레이즈 엔드(Parade's End)』(1924-1928),[9] 혹은 예술과 공예 운동의 정원술이 한창 발달하던 때와 동시대로 보이는 하워즈 엔드 저택이 등장하는 E. M 포스터(E. M. Forster)의 『하워즈 엔드(Howards End)』(1910)[10]와 같은 소설에 잘 드러나 있다.

8 Anne Helmreich, *The English Garden and National Identity: The Competing Styles of Garden Design, 1870-1914* (Cambridge, 2002)와 David Matless, *Landscape and Englishness* (London, 1988) 참고.

9 [역주] 포드 매독스 포드, 김일영 역, 『퍼레이즈 엔드 1-4』(한국문화사, 2018-2019).

10 [역주] E. M. 포스터, 고정아 역, 『하워즈 엔드』(열린책들, 2010); E. M. 포스터, 우진주 역, 『하워즈 엔드』(동서문화사, 2014).

『하워즈 엔드』는 영국이라는 주제에 사로잡혀 있다. 누가 영국을 소유하고 누가 '움직이게 하는가' 그리고 정확히 어떤 영국인지가 문제다. 오래된 느릅나무와 주변을 둘러싼 정원이 있는 하워즈 엔드 저택의 세계 자체인가, 아니면 서서히 녹이 슬듯 지평선을 잠식하며 천천히 접근해 오는 교외지역인가? 이 교외는 멀리 있어 보이지 않는 대도시 런던의 혼잡한 주거지, 즉 '전보와 분노'의 세계[11]와는 또 다른 풍경이다. 포스터가 고안해 낸 하워즈 엔드는 경관을 지나치게 단순화하지 않으면서 이 '영국'이라는 문제에 어떻게 초점을 둘 수 있는지를 명료하게 보여 준다. 문학 비평가들이 이 연관성을 간과하긴 했으나, 1936년에는 미국의 시인 T. S. 엘리엇도 "항상 현존하는 한 지점(one end, which is always present)"을 지향하는 옛 집과 현대적인 정원("과거의 시간과 미래의 시간")을 결합하는 글로스터셔주의 번트 노튼(Burnt Norton)의 정원에서 무엇이 영국을 이루는지를 함축적으로 숙고했다.[12]

세딩이 인식했듯, 1890년대 영국에서는 '사이성', 즉 식물과 건축, 넓은 경관 내에서의 가까운 곳과 먼 곳, 영국성과 외래성, '옛' 집과 현대 사회·문화를 위한 새로운 정원, 전문성과 아마추어리즘을 중재하는 것이 문제였다. 많은 전문가들이 이와 관련된 정원 설계에 참여했다. 하지만 한편으로는 스노우쉴 매너(Snowshill Manor, 도판 223)에서처럼 전문가의 개입을 못마땅하게 여긴 아마추어 정원가들이 주도하거나, 전문가들조차도 그 지역의 아마추어의 솜씨에 의존했다는 점도 중요한 특징이었다. 이러한 종류의 정원 중 가장 뛰어난 것이 만드는 확연한 차이는 무엇인가? 이 정원 양식이 최고의 형태로 구현될 때 그것이 지닌 가장 큰 특징이 오늘날 가드니스트들의 관심을 끄는 이유는, 일견 서로 대립되는 듯 보이는 전통과 사상들 사이에 새로운 연결을 만들어 낼 수 있었기 때문이다. 즉 세딩의 말처럼 "과거의 경험과 현대의 기회를 자유롭게 활용할 만큼 현명함"을 지니고 있었기 때문이다. 그렇기에 '영국성'은 간단한 개념이 아니다. 이는 객관적인 역사적 조사나 원예에 나타난 지역성의 탐색을 통해 발견하는 한 국가의 고유성이 아니다. 간단히 원초적 '양식'의 문제라고 할 수 있는 것도 아니다. 이

11 [역주] 『하워즈 엔드』의 중요 구절로 급변하는 당대 사회를 은유한다.

12 필자는 Robert Williams, 'Edwardian Gardens, Old and New', *Journal of Garden History*, XIII (1993), pp. 90-103에 나타난 이 영국성의 순간 그리고 과거와 현재의 동화를 참고했다. 이는 특히 1890-1910년의 문화적·정치적 분위기를 이해하는 데 도움이 되었다.

223
글로스터셔주의 스노우쉴 매너. 정원은 1920년대 초 찰스 패짓 웨이드(Charles Paget Wade)가 조성했고, 배로우 코트에서처럼 넓은 전원 지대 속에 위요된 정원들이 연속적으로 배치되어 있다.

보다는 발명 또는 재발명되어야 하는 것, 고안되고 날조된 '영국성', 대체로 19세기에 이루어진 '전통의 발명' 중 일부였다.[13] 빅토리아 시대의 크리스마스와 스코틀랜드의 타탄 문양처럼 1900년경의 '영국식 정원'은 영국의 자연과 영국식 정원술이라고 추정된 전통에 부합하는 정원을 상상하고 창조하고자 했던 시도였다. 필자는 이 역시 흥미롭다고 본다. 하지만 영국식 정원술이라는 전통을 발명한 일은, 이것이 하나의 발명이기에 매우 현대적인 흐름이기도 했다(이는 미적으로뿐만 아니라 사회적으로나 기술적으로 현대적이었다). 그리하여 아일랜드 출신임에도 로빈슨이 '영국식' 정원을 동시대적으로, 즉

13 에릭 홉스봄(Eric Hobsbawm)과 테렌스 레인저(Terence Ranger)가 편집한 *The Invention of Tradition* (Cambridge, 1983)(에릭 홉스봄 외 지음, 박지향·장문석 역, 『만들어진 전통』, 휴머니스트, 2004), 특히 홉스봄의 서문 「전통들을 발명해내기(Inventing Traditions)」를 보라.

현대적으로 다시 만들겠다는 꿈을 드러낼 수 있었을지도 모른다.

루티엔스가 짐작했듯, 로빈슨은 모순되지는 않아도 다소 역설적인 인물이다. 150년 전 월폴이 그러했듯이 그는 외국에서 유래한 효과가 영국의 땅을 침공하는 것을 못마땅해했다. 그는 양탄자 무늬 화단(carpet bedding)과 기묘한 형태의 화단을 잔디밭 여기저기 흩어 놓는 것을 혐오했고(세딩과 이에 대한 반감을 공유했다), 온실과 복잡한 석조 세공에 분개했다. 이는 모두 영국성에 대한 적절한 이해 없이 이루어진 디자인에 대한 비판이었다. 어떤 의미에서 그는 전적으로 옳았다. 빅토리아 시대에는 과거의 양식(특히 이탈리아풍 혹은 소위 네덜란드식)을 제대로 고증하지 않고 복잡한 건축물과 상업적으로 생산된 새로운 식물종을 배치하는 일이 빈번했다. 이런 '외국'의 효과에 반대하며 로빈슨은 영국의 전원에서 가져온 꽃들로 구성한 영국 코티지 정원 모델을 주장했다. 지킬도 서리주의 전원 지대를 탐색하고 찬탄하며, 이를 1925년에 출간한 『옛 영국 가정생활: 코티지의 물건과 시골 사람들에 대한 이야기(Old English Household Life: Some Account of Cottage Objects and Country Folk)』에서 소개한 바 있다. 이는 헬렌 앨링엄(Helen Allingham)이나 케이트 그리너웨이(Kate Greenaway)와 같은 초창기 예술가들이 그림을 통해 예찬한 것이기도 하다.

하지만 로빈슨은 『야생 정원』에서 온실 화초 재배를 반대하면서도 "다른 나라에서 들여와 영국에 토착화시킬 수 있는 아름다운 내한성 식물"을 언급했다. 이에 따라 '야생'이라는 개념은 상대적인 것이 되었고, 토착 혹은 '토종'만을 옹호하는 주장만은 분명 아니었다. 이와 비슷하게, 그의 1883년의 책 『영국식 화원』에는 외국에서 수입된 재료가 가득했다. 그리고 『야생 정원』보다 1년 앞서 출간된 『파리의 공원, 산책로, 정원(The Parks, Promenades and Gardens of Paris)』에서 그는 파리의 원예 기술, 특히 넓은 공간에 강렬한 인상을 남기는 잎이 넓은 반내한성(半耐寒性) 식물을 높게 평가했다. 이런 사례들에 비추어 우리는 로빈슨이 식재에 대해 조언하며 강조하는 독특한 '영국성'의 한 부분을 오랫동안 이어져 온, 제국적이고 세계적인 권력의 영국이라는 관점에서 이해해야 한다. 영국은 식민지가 있었기에 이 힘을 통해 자국의 원예 세력권 안으로 전 세계의 부를 끌어들일 수 있었다. 세딩은 로빈슨의 설계 원리를 "**전 세계** 화원의 축도"(강조-필자)라고 묘사했다. 당시 영국의 지도책을 보면 세계는 대부분 붉은색(즉, 대영제국령)으로 칠해져 있었다.

로빈슨과 지킬이 서리주에 자신들을 위해 조성한 곳들을 보면 이 점은 더욱 분명

224 서리주 문스테드 우드(Munstead Wood), 에드윈 루티엔스가 지킬을 위해 설계, 1895-1897.

225 문스테드 우드, 거트루드 지킬의 정원, 1900년대.

해진다. 로빈슨은 1885년 엘리자베스 1세 시대의 대저택인 그레이브타이 매너(Gravetye Manor)를 구입한 뒤, 수십만 제곱미터를 추가로 매입하여 영지를 확장했다. 지킬은 인접한 두 곳의 부지에 정원을 조성했다. 그중 하나는 그녀가 처음으로 자신의 정원을 조성한 다소 평범한 건물인 문스테드 하우스(Munstead House)였고, 다른 하나는 길 건너에 새로 매입한 땅에 에드윈 루티스가 설계한 대표적인 주택인 문스테드 우드(Munstead Wood)로, 지킬은 이곳에 두 번째 정원을 조성했다.

문스테드에 있는 지킬의 두 부지는 건물 주변에 건축적이고 정돈된 요소들이 집중되어 있다(도판 224와 225). 진입로가 축을 이루고, 산책로나 마찻길은 이 중심 구역에서 바큇살처럼 뻗어나가며 주변 숲과 연결된다. 이 숲속에는 작고 굽이진 오솔길들이 이어지는데, 이는 스티븐 스위처가 "내밀하고 자연스러운 굽이"라는 멋진 명칭으로 불렀던 것들이다. 하지만 로빈슨이 설계에 참여했을 문스테드 하우스에서는 독특하게 조성된 구역들이 숲 곳곳에 흩어져 있다. 가령 잔디 원형 극장과 그 북서쪽 측면에 배치된 파르테르, 원형 극장 북동쪽 가장자리에 놓인 페르골라, 전통적인 직사각형의 채원(potager) 혹은 바로크적인 형태의 채소밭처럼 정형적으로 구획된 곳이 있고, 다른 곳은 중점적인 식재(진달래, 만병초, 앵초, 프림로즈, 암생 식물이나 고산 식물)를 통해서만 구분되었다.

이와 대조적으로 문스테드 우드에서는 집이 뒤쪽에 있기 때문에 지킬은 정원 구역이 완만하게 변하도록 설계했다. 그 대신에 식재 재료에 집중하는 방식으로 다양한 삼림 지대 공간이 첫 번째 정원의 일부로 나타나게 했다. 하지만 문스테드 우드에서 지킬의 독특한 시도는 공간적 효과의 점진성을 새롭게 설계하는 것이라기보다, 시간의 흐름 속에서, 즉 계절적 다양성과 색채 효과를 통해 구현한 데 있었다. 그녀는 식재를 통해 계절적인 변화를 이끌어 냈다. 그린 우드 워크(Green Wood Walk)의 양쪽에 위치한 숲에는 한 해 동안 수선화와 은방울꽃, 고사리와 장식적인 검은딸기나무, 산나리가 차례대로 나타났다. 이는 지킬이 『화원의 색채(Colour in the Flower Garden)』(1908)에서 논의한 식재 계획으로, 그녀의 대표적 설계 전략이 되었다. 하지만 보다 작은 구역 곳곳에 나타난, 계절에 따른 변화에 대한 관심은 공간을 실제보다 넓어 보이게 하는 착시 효과를 만들어 냈다. 시간과 공간은 다시 결합하여 작용하면서, 이는 또 하나의 미묘한 사이성의 사례가 되었다. 지킬의 유명한 내한성 초화(草花) 경계 화단(border)에서도 색채 계획은 공간감을 조절하는 데 활용되었다. 문스테드 우드의 화단은 길이

226 서식스주, 그레이브타이 매너.

가 약 60.9미터에 깊이가 약 4.2미터이고, 뒤쪽에는 약 3.3미터의 담이 있었는데, 그 복잡하고 정교한 색채 계획(우리는 만화의 말풍선과 같은 독특한 방식으로 세부 식재 계획을 하던 그녀가 무엇을 중시했는지 알고 있다)은 "파란색은 거리감을 주지만, 따뜻한 색은 대상을 가깝게 보이게 한다"라는 주요 원칙에 기반하고 있었다.

로빈슨은 정원에서 불필요한 건축을 반대한다고 말했지만, 그가 그레이브타이 매너(도판 226)에서 한 첫 번째 일은 세딩이 주장했던 것처럼 집 주변 경사지에 계단식 단을 조성해 건물과 멀리 있는 들판을 연결하는 것이었다(장래의 집을 처음 보았을 때 로빈슨이 보인 첫 번째 반응은 어수선한 식재 때문에 들판 풍경이 가려졌다는 것이었다). 로빈슨과 지킬 모두 자신의 부지가 속한, 이제는 거의 사라진 영국의 흔적이라 할 수 있는 옛 도로 체계를 좋아했다. '밀수꾼의 길(Smugglers Lane)'이라 불리는 오래된 길이 그레이브타이 부지를 가로질렀는데, 로빈슨은 16세기에 지어진 건물을 보존하기로 했을 때처럼 주의 깊은 식재를 통해 이를 유지했다. 지킬은 『숲과 정원: 작업하는 아마추어의 실용적이고 중요한 메모와 생각(Wood and Garden: Notes and Thoughts, Practical and Critical, of a Working Amateur)』(1899)에서 자생 숲의 동식물상을 강조했다. 비록 문스테드 하우스의 정원에는 라벤나에서 수입한 소나무가 눈에 띄었지만 말이다. 그리고 3년 뒤 건물 근처의 보다 위요되고 정형적인 구역을 다룬 『담장과 수경 정원(Wall and Water Gardens)』(1901)을 쓸 때 그녀는 바람에 실려 온 씨앗들이 자연석 담장 틈에 '자생하는 흔한 식물' 중에서도 '전혀 예상치 못한 종류'들을 자라게 한다는 점에 주목한다. 세딩 또한 지저귀는 토종 새들도 불러들일 자생 식물을 권장했다.

하지만 정원을 조성하기 시작했을 때부터 로빈슨은 외국에서 선물을 받았다. 프랑스의 에두아르 앙드레(Édouard André)는 시클라멘(꽃은 피지 않았다)을, '필라델피아의 엘리엇 씨(Mr. Eliot of Philadelphia)'는 참개불알꽃[14]을 보냈는데 잘 자라지는 못했다. 지킬이 유럽 곳곳을 여행했듯, 로빈슨 역시 프랑스뿐 아니라 미국도 방문했다. 그는 분명 그레이브타이에 그가 애호하는 미국의 자생 나무를 가득 심었을 것이다(말년에는 수십만 그루에 달했는데 이 나무들은 표본 식물로 진열된 것이 아니라 숲처럼 자연스럽게 배치되었다). 하지만 그는 세쿼이아가 영국의 지역성에 맞지 않는다고 보고 여러 그루를 베어냈다.

그레이브타이에서 로빈슨의 작업은, 다양한 지형을 아우르는 거대한 영역에 펼쳐졌기 때문에, '야생 정원'에 대한 그의 수사적인 논쟁과 항상 일치한 것은 아니었다. 하지만 그의 작업은 '야생의 것'을 '길들임', '단계를 둔 형식성'의 강조라고 하는 17세기 정원술의 기민한 감각의 관점으로 해석할 때 더 분명하게 이해된다. "정원에 있는 모든 것은 시원적 자연에 기원을 두며", 따라서 잔디밭은 "야생의 숲 사이에 햇살이 점점이 스며드는 풀밭 공간을 이상화한 것"에 불과하다고 말했다.

다른 나라에서 이루어진 예술과 공예 운동의 정원 조성을 추적하다 보면 이 정원이 지닌 '사이성'의 뚜렷한 특징이 희석될 위험이 있다. 그러나 예술가-설계가의 의도적이고, 때로는 낮은 목소리(*sotto voce*)로 말하는 듯한 분위기와 근원적인 효과에 대한 확고한 관심은 남았다. 지킬과 로빈슨은 당시 최신 유행이던 인상주의를 싫어했을 수 있지만(시력이 나빠지기 전에 지킬은 뛰어난 수채화가였다), 예술가-정원가로서 정교한 설계와 마무리를 중시하는 그들의 태도는 언제나 분명했다. 다른 나라에서 활동하던 예술적인 정원 조성가들의 인식도 비슷했다. 그뿐만 아니라 아무리 과거의 정원 형태와 구조를 암시하더라도, 그 결과는 여전히 '새로웠다'.

14 [역주] 원서에는 참개불알꽃의 학명이 *Cypripedium spectabile*로 표기되어 있으나, 현재는 *Cypripedium reginae*로 변경되었다.

227 토스카나 남부의 라포체.

이탈리아 토스카나의 전원 지대와 같은 장소는 옛 빌라와 농가가 지닌 전통적인 잠재력과 주위 자연의 독특한 특질을 보다 잘 끌어냈다. 이곳들은 옛 아이템(조각과 몇몇 형식적 구조물)과 현대적 기술을 잘 섞어 냈다. 하지만 세실 핀센트(Cecil Pinsent)[15]가 설계한 이타티(I Tatti, 1909년부터), 레발체(Le Balze, 1912), 라포체(La Foce, 1924년 이후)를 방문한 이들은 이 정원들이 상당히 현대적이며, 형태와 세부에 대한 그의 관심이 정원의 주요한 특징이 된다는 점을 알아차리게 된다.[16] 루티엔스처럼 핀센트도 기하학에 크게 매료되었는데, 혹자는 이를 본질적으로 전통적인 것이라고 주장할 것이다. 그리고 이들은 원과 선, 사각형을 이용해 자연 재료인 돌과 식물의 질감을 끌어냈다. 이 두 설계가는 모두 기하학과 세부 표현의 균형을 특징으로 한다. 라포체의 페르골라와 테라코타 꽃병, 정원 구획은 '오래된' 요소들이며, 몇몇은 페루치(Peruzzi)와 피라네지(Piranesi)를 떠올리게 한다. 하지만 정교하게 형태를 잡은 산울타리와 구획, 세밀하게 절단된 석조물은 현대적이다(도판 227). 정원 너머 경관과의 대화에서 볼 수 있는 이들 정원의 세심하게 계획된 내향성 또한 현대적이다. 정교한 관리는 정원에 분명히 영향을 미치지만, 그런 능력 자체는 현대에 와서야 강조되었다. 이는 핀센트와 긴밀하게 협업했던 조프리 스콧(Geoffrey Scott)이 '재료'와 '시' 혹은 '눈'과 '상상'이라고 부른 것, 즉 이를 통해 우리가 상상력을 일으키는 것을 보고, 알아차리고, 느끼는 것에 대한 대화에서 한 말을 떠올리게 한다.[17] 다행히도, 그리

15 [역주] 영국의 정원 디자이너이자 건축가(1884-1963).

16 더 많은 참고문헌이 있는 Benedetta Origo, Morna Livingston, Laurie Olin, and John Dixon Hunt, *La Foce: A Garden and Landscape in Tuscany* (Philadelphia, PA, 2001) 참고.

17 [역주] 세실 핀센트에 대한 헌사가 붙은 Geoffrey Scott, *The Architecture of Humanism: A Study in the History of Taste* (Boston and New York, 1914)의 내용을 말한다.

고 상징적으로, '라포체'는 이탈리아어로 이러한 만남의 장소를 뜻한다.[18]

이러한 조우는 미국의 예술과 공예 운동 정원에 큰 영향을 미치지는 않았다. 이는 운동이 오래 지속되었고, 방대한 유럽의 모델에 보다 관심을 갖고 반응했으며, 훨씬 더 방대한 지역으로 확산되었기 때문임이 분명하다. '예술과 공예 운동'이 여전히 유용한 명칭이라면, 우리는 그 다양성에 관심을 기울여야 한다. 미국의 예술과 공예 운동 정원에는 유구한 전통 건축이 부재하고, 영국의 시골 정원 모델을 강요하지 않으며, 때로는 식민지 양식(colonial styles)의 정원이 실제로 어떠했는지 모른 채 식민지 양식을 부흥하는 데 초점을 둔다. 그뿐만 아니라 정원 조성 작업은 점차 전문가의 일이 되었고, 여성이 설계하고 글을 쓰는 일도 빈번했다(특히 비어트리스 패런드[Beatrice Farrand]와 엘런 비들 쉽먼[Ellen Biddle Shipman], 로즈 스탠디쉬 니콜스[Rose Standish Nichols]와 같은 작가가 있다). 이런 설계가 중 많은 이들이, 그리고 이들의 고객 중 다수가 외국을 여행하며 유럽, 무엇보다도 이탈리아, 프랑스와 영국의 모델을 연구했고, 설계 아이디어뿐 아니라 정원 구조물(분수, 정원용 가구, 특히 테라코타)을 가지고 돌아왔다. 그중에서도 이디스 워튼(Edith Wharton), 찰스 플랫(Charles Platt), 플레처 스틸(Fletcher Steele)이 이런 여행과 외국의 자원에 대해 많이 이야기했지만, 이 시기의 정기 간행물과 잡지에도 유럽에 진 빚을 공언하는 기사들이 가득했다.[19] 제1차 세계대전 동안의 유럽 체험도 참전한 많은 이들의 건축적 상상력을 자극했다. 전쟁이 본토의 문화생활에 끼친 영향은 상대적으로 미미했기 때문에, 예술과 공예 운동 정원의 생명력은 훨씬 더 오래 지속되었다고 할 수 있다. 미국의 기후와 (지리적·사회적) 지형은 훨씬 다양했고, 미국 정원은 대부분 면적 자체도 더 넓었다. 고객이 부유하기도 했고, 활용할 수 있는 땅이 방대하기 때문이기도 했다. 가령 덤바턴 옥스(Dumbarton Oaks)의 정원, 워튼의 더 마운트(The Mount)와 포크너 팜(Faulkner Farm)은 이와 비교할 만한 대부분의 영국의 정원보다 컸지만, 찰

18 [역주] 이탈리아어로 포체(foce)는 '강의 하구'라는 뜻이다.

19 플랫과 그의 책 *Italian Gardens* (New York, 1894)에 대해서는 *Shaping an American Landscape: The Art and Architecture of Charles A. Platt*, ed. Keith Morgan et al. (Hanover, NH, 1995) 참고. 이 단계의 미국 정원술에 대한 글 모음집은 여럿 있다. 클레이튼(Virginia Tuttle Clayton)이 엮은 *The Once and Future Gardener* (Boston, MA, 2000)를 보라. 부유한 고객을 대상으로 지역에서 활동한 모든 설계가가 외국의 양식과 형태에 대한 글을 썼을 것이다. 필라델피아의 설계가 F. W. G. 펙(F. W. G. Peck, 1910-1998)은 *Country Life*, vol. 65/66(1934)에 프랑스와 영국, 스페인, 이탈리아의 정원에 대한 글을 썼다.

228 윌슨 에어, '리틀 오처드 팜(Little Orchard Farm)', 캠프 힐(Camp Hill), 펜실베이니아주, 1903, 수채와 과슈.

스 플랫이 집과 정원을 어울리게 연결하고 이를 모두 코네티컷강(Connecticut River) 너머 애스커트니산(Mount Ascutney) 풍경을 향하게 한 뉴햄프셔주의 코니시(Cornish)와 같은 중요한 예외도 있다.[20] 코니시의 또 다른 정원은 노스코트(Northcote)에 스티븐 패리쉬(Stephen Parrish)가 조성한 것으로, 필라델피아 출신의 건축가 윌슨 에어(Wilson Eyre)가 설계했다. 에어의 고향 도시 인근에 있는 시골집은 규모는 작지만 상당히 우아해 보인다(도판 228). 플랫은 이탈리아 정원을 좋아했지만, 다른 이들은 서리나 서식스보다 코츠월드(Cotswold)에 더 관심을 보였다. 이렇게 개괄해 본 미국 정원의 전통에서, 버지니아주 어퍼빌에 위치한 멜론 여사(Mrs. Mellon)의 오크 스프링 가든은 후기의 사례에 해당한다.[21]

미국적 특색이 나타나는 작업은 동부에서 시작되었는데, 해럴드 도널드슨 에벌린(Harold Donaldson Eberlein)과 코틀랜트 반 다이크 허버드(Cortlandt Van Dyke Hubbard)

20 Francis Duncan, 'The Gardens of Cornish', *The Century Magazine* (May 1906) 참고.

21 이를 다룬 잡지 기사는 여럿인데, 최근의 것으로는 James Regina, 'Bunny Mellon's Secret Garden', *Vanity Fair* (August 2010)가 있다. 하지만 이에 앞서 영국의 주간지 〈컨트리 라이프〉에 크리스토퍼 리지웨이(Christopher Ridgway)가 기고한 'A Garden Furnished with Books', CXCI/51-2 (18/25 December 1997)와 'To Walk in a Vision of Economy and Grace', CXCII/1 (1 January 1998)이 더 낫다.

는 『정원 구조물과 설계 실용서(The Practical Book of Garden Structure and Design)』(1937)에 미국 동부 정원들이 유럽에서 받은 영감들을 흥미롭게 기록했다. 이 책의 참고문헌은 방대하고 범위도 넓으며, 사진은 취사선택한 것 같다(이탈리아 정원 이미지는 영국의 사례보다 훨씬 더 거창하다). 하지만 가파른 점판암 지붕이 있는 석재로 만든 팔각형 정자, 그 옆에 자리한 루티엔스풍의 못, 그 너머로 방대한 농지가 보이는 권두 삽화(도판 229)는 내용을 이해하는 데 필요한 분위기를 잘 전달해 준다. 책에 실린 사진들은 대체로 영국의 장소들과 미국 현지의 작업을 연계시켜 보여 주는데, 특히 필라델피아의 체스트넛 힐(Chestnut Hill)의 사례가 눈에 띈다. 하지만 도면상으로는 흥미로운 화단이 실제로는 지나치게 장식이 많으며, 정원 자체도 영국에 있는 정원에 나타난 것보다 넓고 인상적이다. 정원 세부 드로잉(원기둥, 갓돌[wall copings],[22] 페르골라, 바닥 포장, 테라코타 항아리)은 전체적인 풍경이나 맥락을 제거했기 때문에 오히려 이해하기 쉽다. 이 책이나 다른 곳에 도면으로 제시된 정원들은 세심하고 소박하다. 하지만 식재를 하게 되면 기하학은 종종 파묻힌다. 그 대표적인 사례는 필라델피아 북부(현재는 시 경계 안)에 18세기에 지어진 주택인 스텐턴(Stenton)을 위해 1910년대에 필라델피아 콜로니얼 데임즈(Colonial Dames of Philadelphia)[23]가 조성한 식민지 양식의 정원이다. 원래의 부지 계획은 직사각형이었고, 기본 계획도 단순해서 토머스 힐(Thomas Hill)과 저베이스 마컴(Gervase Markham)의 17세기 영국 정원 서적에 있는 것과 비슷했다. 하지만 원래의 정원이 어떤 모습이었는지를 제대로 이해하지 못했기에 열정을 담아 식물을 풍성하게 심은 정원은 과장된 감이 있다. 루티엔스가 이를 보았다면 별나고

229 해럴드 도널드선 에벌린과 코틀랜트 반 다이크 허버드의 『정원 구조물과 설계 실용서』(1937)의 권두 삽화.

22 [역주] 담 위에 한 줄로 얹는 벽돌이나 돌.

23 [역주] 미국의 역사 보존과 애국심 고취를 모토로 하는 비영리 단체.

어수선하다고 했을 것이다.[24] 형식과 식재의 비율이 잘못 계산되었고, 결과적으로 지킬의 안뜰이나 헤스터콤처럼 아주 기하학적인 정원 작업과 그녀의 유명한 내한성 초화 경계 화단 계획의 차이를 찾아볼 수 없게 되었다.

1915년 루이스 셸턴(Louis Shelton)이 말한 것처럼, "우리 나라의 시적이고 예술적인 감각을 구현하는 특별히 미국적인 유형"을 찾고자 하는 욕망이야말로 흥미로우면서도 당혹스럽다.[25] 하지만 '우리 나라'는 광대했으며 기후, 인구, 사회적 계급에 따라 형성된 지역적 취향이 하나의 '미국적' 정원 유형을 제약하고 복잡하게 만들었다. 동부의 정원은 크기와 편의 시설이 다양한데, 사회적 계급이 큰 영향을 미치지는 않았다.[26] 잘 만들어지고 예술적인 정원의 전통에 속한 다양한 '유형'은 중서부(프랭크 로이드 라이트[Frank Lloyd Wright]와 젠스 젠슨[Jens Jensen])와 캘리포니아에서 생겨났다. 건축가이자 목공예가인 그린(Greene) 형제[27]는 1901년에 영국 방문 당시 본 맥킨토시(Mackintosh)의 작업에 깊은 감명을 받았고 한편 C. R. 애쉬비(C. R. Ashbee)는 이들이 "우리 영국 최고의 솜씨"를 지녔다고 칭송했다. 이들은 이탈리아와 영국, 스페인, 일본 문화를 인식하며 캘리포니아의 주택과 정원을 조성했다.[28] 그렇지만 이들의 식재와 현지 풍경 예찬은 독특하고, 지역적이며, 매우 현대적이다. 이는 "정원술이라는 아름다운 **예술**(Beautiful *Art* of Gardening)"(강조-필자)에 대한 로빈슨의 호소를 다시 한번 확장한다.

24 에밀리 T. 쿠퍼맨(Emily T. Cooperman)이 문화 경관 목록을 위해 준비한 보고서(2000)에 상세한 논의와 도면, 사진이 수록되었다.

25 마지막 부분을 미국의 작업에 할애한 Tankard, *Gardens of the Arts and Crafts Movement*에서 인용했다.

26 Alan Emmet, *So Fine a Prospect* (Hanover, NH, 1996)에 수록된 뉴잉글랜드의 다양한 정원에 관한 논의를 보라.

27 [역주] 찰스 섬너 그린(Charles Sumner Greene, 1868-1957)과 헨리 매터 그린(Henry Mather Greene, 1870-1954)을 말한다. 이들의 작업은 미국 예술과 공예 운동을 대표한다고 평가받는다.

28 패서디나(Pasadena)의 컬버츠선 정원(Culbertson garden)에 대한 방대한 분석을 통해 이들의 다양한 참조와 솜씨를 잘 이해할 수 있다. Henry Hawley, 'An Italianate Garden by Greene and Greene', *Journal of Decorative and Propaganda Arts* (Summer/Fall 1986), pp. 32-45를 보라. 캘리포니아주 우드사이드(Woodside)의 그린 게이블즈(Green Gables)의 대정원에 대한 탱커드의 견해도 보라.

19장
현대 조경의 산문과 운문

조경가는 실용적인 요구와 창의적인 가능성, 우리 삶의 산문과 운문이 나뉜 사회 속에 살아가며 자신의 역할을 수행해야 한다. 일부 전문가들은 복잡한 지역 사회에 기본적으로 필요한 사회 기반시설을 조성하는 실용적인 작업의 세계에서 가장 수월하고 만족스러운 작업을 찾는다. 이를 위해 그들은 좋은 산문에 필요한 문법과 어휘, 통사론을 익혀야 한다. 최근의 많은 조경은 토양이나 식생이 손상되고 때로는 황폐하거나 오염된 장소를 다루어야 할 때도 있으며, 이런 경우 공학과 식재 지식이 필수적이다. 하지만 다른 이들은 창조력을 확연하게 제약하는 이런 일에 불만을 느끼고, 기능적이고 산문적인 영역을 넘어설 수 있는 모든 기회를 포착하려 할 것이다. 물론 이 상반된 작업이 상호 배타적인 것은 아니다. 산문과 마찬가지로 운문 역시 뛰어난 문법과 수사기술에 좌우되고, 많은 산문도 실용적인 가치를 인식하는 것 이상의 반응을 불러일으킬 수 있다.

하지만 운문과 산문을 구분해 활용하는 것은 유익해 보인다. 설계가는 한편으로 고객과 예산, 법적·사회적 규범과 규칙의 요구를 받고, 다른 한편으로 수 세기 동안 유명한 전임자들이 쌓아 올린 중요한 전통에서 상당한 영감을 받으며 스스로 창조하고자 하는 포부를 품는다. 이 사이에서 그 둘을 결합시키는 일은 대개 어렵다. 게다가 설계가가 과도하게 효과를 내야 한다는 부담을 받고 있을 때는, 인상을 주고자 하는 욕구가 허세나 모순으로 이어질 수 있다. 하지만 최고의 조경가들은 작업의 산문과 운문 사이의 어려운 협업에 성공했으며 자신만의 작업을 만들어 왔다. 우리는 빌라 데스테,

베르사유, 캐슬 하워드 혹은 뵈를리츠(Wörlitz) 등의 장소에서 '운문'만을 볼 수도 있다. 그러나 그곳들은 수력학이나 공학 기술, 땅 고르기, 정치적 도상학, 주문자의 의도와 같은 실질적인 문제들 위에 세워졌다. 오늘날의 전문가들도 실용적인 면과 운문이 서로 협력하는 작업으로 유명하다.

과거에는 '산문적' 작업도 엘리트 명사를 위해 행해졌는데, 파크와 정원을 조성하며 호수와 언덕, 테라스, 수풀과 그로토를 만드는 데 필요한 기반시설이 갖추어졌다. 이 모든 과정에서 전문가들은 자신이 사용하는 재료에 대해 알아야 하고, 수력 엔지니어, 농업 노동자, 수목 관리원, 원예가처럼 효율적으로 일을 수행하거나 (군사 공학자처럼) 특정한 지형을 다루는 데 능숙해야 했다. 기능적 요소는 필수적이었고, 베르사유와 같은 정원에 배치된다 하더라도 그저 기능적인 것에 그쳤다(카프카가 『소송[The Trial]』에서 말했듯 "아무리 오래 바라보아도 계단은 아무것도 설명하지 않는다"). 계단과 조각, 다른 장치들로 정원을 '장식한' 이들(비문을 쓴 시인과 골동품 전문가)도 필요한 작업을 하고, 이를 훌륭하고 효율적으로 제시하는 법을 알아야 했다. 이런 재능 있는 전문가들의 협업을 통해 빌라 란테, 라우셤, 버컨헤드 공원과 같은 장소가 조성되었다. 무엇보다도 동시대 사람들로부터 이러한 장소들이 풍부한 의미를 담고 있고 '시적'이라는 찬사를 받은 것은 여러 재능이 어우러진 앙상블에 대한 공감 덕분이었다. 후대에도 이런 장소에 대한 반응이 더욱 풍성해지며 명성을 얻은 것은 시간이 흘러도 본연의 모습을 잘 유지했기 때문이다. 변화를 겪는다 하더라도 역사는 장소에 고색창연함(고유한 방식의 '시')을 부여한다. 예를 들어 빌라 보르게제(Villa Borghese)나 쿠랑스(Courances)의 정원은 복원이나 사회적 변화, 심지어 자연 재해를 겪으면서도 훌륭하고 위엄 있게 살아남았다. 19세기 후반에 만들어진 센트럴 파크나 뷔트쇼몽 공원의 원래 구성은 장비와 기술에 크게 의존했지만, 시간이 고색창연함을 부여하고 공공 공원으로 지속적으로 활용됨에 따라 성공적으로 조성된 사례로 높이 평가받고 있다.

하지만 오늘날의 조경 설계에서는 설계된 장소의 지속적인 삶과 성장을 이끌어낼 수 없다. 이런 분석은 불가능할뿐더러 (사람들이 여전히 '오래된' 장소에 대한 향수를 품고 있음에도) 많은 이들에게 그리 필요하지도 않다. 이런저런 공원이 유용하고, 다양한 목적(조깅, 어린이들의 놀이, 일광욕, 산책, 혹은 보다 활동적인 스포츠)으로 쓰기에 좋다면 더 바랄 것이 없을 것이다. 그러나 필자가 여기서 말하고자 하는 것은 이러한 기본적이고 실용적인 문제들이 아니다. 집단적으로든 개인적으로든, 우리는 보거나 이용할 때 좋은 디자인, 즉 이해하기 쉬운 길, 오르기 쉬운 계단, 적당한 장소(그늘, 혹은 풍경이 좋은 곳)에 놓인 앉을 곳, 흥미롭고 보기 좋은 식물, 안전하고 유쾌하며 활기를 주는 장소, 매력적으로 자신을 드러내는 방법을 알고 건전한 생태적 원리를 드러낼 수 있는 장소에 대해 안다(실패 사례, 다시 말해 대개 사람들이 싫어하고 멀리하는 장소를 지적하려는 것도 아니다). 플레처 스틸은 1941년 「탁월한 공공과 사적 만족」이라는 글에서 “거리 배치는 우선 실용적이어야 한다. 조명, 물, 그리고 모든 현대적인 편의 시설은 유용해야 한다”라면서 모든 공공 프로젝트가 반드시 충족해야 할 조건을 강조했다.[1]

그렇다면 정말 흥미로운 공간은 실용성 이상의 감흥을 주는 곳들이다. 필자는 ‘운문’이라는 용어를 사용했는데, ‘아름다움’, 게니우스 로키 혹은 장소성, 공간의 ‘마법’, ‘선견지명 있는’ 디자인 혹은 미적 만족과 같은 다른 표현도 있다(하지만 이는 시급하고 기반시설적인 필요에 대응하는 곳에서조차도 몇몇 동시대 조경가들이 경멸적으로 부르듯이 그저 ‘아름답게 꾸미는 것’의 문제가 아니다). 다른 이들은 이를 “조경의 ‘영혼과 육체’”의 구분으로 보는데, 개인보다는 사회를 위한 작업을 하는 설계가의 역할이 이러한 차이를 만든다고 파악한다. 지리학자 데니스 코스그로브(Denis Cosgrove)는 “특정한 조건하에서 인류가 창조의 심오한 리듬에 가닿고, 자신의 정신과 살아 있는 만물 사이의 결합을 이룰 수 있다는 생각”을 역설했다.[2] 이러한 생각은 이에 감동받은 이들조차도 명확히 간파하기 어렵고, 용어는 대단히 모호하다. 하지만 이는 탐구해 볼 만하므로, 필자는 여러 대상지와 그 설계가의 사례를 활용해 이를 탐구하고자 한다(이러한 설명을 위한 다른 대상지나 기준도 얼마든지 있을 수 있고, 여기서 다루는 논의는 아주 개인적인 설명이다).

오늘날 조경가들에게는 생태학적 요구에 효율적으로 대응하는 방법이 핵심 문제다. 하지만 이는 대체로 환경적 의무를 준수하거나 시사하는 것에 불과하기도 하다.

1 Fletcher Steele, ‘Public Splendour and Private Satisfaction’, *Landscape Architecture* (January 1941), pp. 69–71. 스틸 자신은 시적 표현뿐 아니라 산문적 표현에도 능했다. 매사추세츠주 나움케그(Naumkeag)에 있는 그가 만든 유명한 계단은 매우 기능적이고(고객이 채원으로 가는 가파른 경사지를 넘어갈 수 있도록 한다) 그 자체로 뛰어난 표현이 된다. 이탈리아의 계단과 그로토에 대한 기억과 현대적 재료(페인트를 칠한 콘크리트와 산업적 재료를 사용한 난간)를 결합한 점은 그가 대상지의 ‘시학’이 동시대의 요건에 대응할 수 있다는 것을 잘 이해하고 있음을 보여 준다. 헨리 V. 허버드(Henry V. Hubbard)의 정신과 육체의 구분은 스틸의 글과 같은 호에 수록되었다.

2 ‘The Geometry of Landscape’, *The Iconography of Landscape,* ed. Denis Cosgrove and Stephen Daniels (Cambridge, 1988), pp. 270–271.

프랑스의 조경가 베르나르 라쉬는 이에 대해 다음과 같이 지적했다.

> 환경과 경관 개념 사이를 가득 채운 혼란 (…) 우리가 직면한 다양한 공해 문제를 해결한다는 사실이 우리가 경관을 창조하고 있다는 의미는 아니다. 완벽하게 깨끗하지만 전혀 매력적이지 않은 환경을 상상하는 일은 너무 쉬우며 (…) 건강한 환경은 '영도(degree zero)'[3]다. 초원에서 노는 아이가 개울물을 마실 수 있어야 하고 (…) 이런 기반 위에서만 우리는 경관, 즉 우리의 '문화'를 창조할 수 있을 것이다.[4]

그리하여 생태학의 초기 옹호자, 특히 레이첼 카슨(Rachel Carson)과 이언 맥하그(Ian McHarg) 이후에는 설계가들이 "이미 알려진 세계"에 주력하면서 "인류와 자연계 사이의 장벽을 줄이는 미적 경험"(메이어[Meyer])을 어떻게 유발할 수 있고, (코스그로브의 문장을 인용하면) 누가 "창조의 가장 심오한 리듬"에 호소할 수 있는지에 새로 초점을 두었다. 많은 사례들이 떠오르는데, 여러 장소가 이러한 새로운 요구에 호응해온 것으로 보인다.

스위스 출신의 설계가 파올로 뷔르기의 일련의 프로젝트에서는 경관이 스스로 모습을 드러내는 동시에 방문자에게 영향을 미치도록 설계되어 있다. 한 인터뷰에서 그는 "환경 조성을 통해 인류의 안녕을 다루는 것이 모든 조경가의 일"이라고 했다.[5] 마조레 호수 위 치메타(Cimetta)산 정상(1,670미터)에는 지질학적 전망대가 있는데, 그 플랫폼에는 바위가 돌출되어 있고, 사각형 블록 형태의 암석이 두 줄로 배열되어 있다(도판 230). 방문객들의 시선은 멀리 떨어진 산비탈의 갈라진 거대한 틈으로 자연스럽

3 [역주] 롤랑 바르트(Roland Barthes)의 평론집 『글쓰기의 영도(Le Degré zéro de l'écriture)』에서 비롯된 개념으로, 어떠한 가치 판단이 개입하기 전의 백색의 글쓰기, 중립적 상태를 말한다.

4 *The Landscape Approach of Bernard Lassus* (Philadelphia, PA, 1998), p. 80. 이 문제에 대한 보다 상세한 논의는 Elizabeth K. Meyer, 'The Post-Earth Conundrum: Translating Environmental Values into Landscape Design', *Environmentalism in Landscape,* ed. Michel Conan (Washington, DC, 2000) 참고.

5 Raffaella Fabiano Giannetto, *Paolo Bürgi, Landscape Architect: Discovering the (Swiss) Horizon: Mountain, Lake and Forest*, Source Books in Landscape Architecture 5 (New York, 2009), p. 29. 필자는 이 문헌이 필자가 개인적으로 알고 뷔르기도 논평한 바 있는 장소에 대해 소개하기에 매우 적합하다고 보았다. 뷔르기가 잡지 *Topos,* 19(1997), 36(2001), 50(2005)에 게재한 여러 글과 'Memory and Imagination: History as a Source of Inspiration', in *Historic Gardens Today*, ed. Michael Rohde and Rainer Schomann (Leipzig, 2004)도 보라.

230 파올로 뷔르기, 스위스 티치노(Ticino)주 카르다다, 지질학적 전망대.

게 유도되는데, 그 균열은 수백만 년 전 아프리카와 유럽의 대륙판이 이동하면서 생긴 인수브릭 선(Insubric line)[6]이다. 전망대 바닥에 놓인 블록들은 두 대륙의 다양한 지질학적 역사를 보여 주며, 보다 늦게 생성된 유럽의 돌들이 인수브릭 선에 가까이 배치되었다. 전망대 난간에는 이와 관련된 지질학적 정보가 담겨 있다.

방문객들은 마리오 보타(Mario Botta)가 설계한 케이블카 정거장을 출발해 플랫폼에 도착한다. 뷔르기는 이 정거장이 흔한 산악 풍경 사진을 찍은 다음 인근의 카페로 이동하는 곳(뷔르기가 "소비를 위한 경관"이라고 부른 곳) 이상이 되도록 하는 데 관심을 기울였다. 숲 위로 돌출된 산책로(도판 231)는 조금씩 가팔라지다 갑작스럽게 끝난다. 그리고 (적어도 필자에게는) 산비탈에서 멀리 떨어진 허공으로 아찔하리만큼 몸을 밀어냈을 때 확연히 다른 장소성을 느꼈고, 이에 대한 반응도 전혀 다른 것이었다. 이 산책로

6 [역주] 남유럽 페리아드리아 선(Periadriatic Seam)의 다른 명칭으로, 아프리카와 유럽 대륙판을 분리한다.

231 곶(The Promontory), 마리오 보타 설계, 스위스 티치노주 카르다다.

의 바닥에도 DNA 형태, 단풍잎, 독수리 발자국, 피보나치 수열 상징과 같은 다양한 상징이 아로새겨져 있다(각 숫자가 바로 앞의 두 숫자의 합으로 확장되는 피보나치 수열은 일종의 확장하는 생태계를 상징한다). 그 의미에 대한 설명은 없다. 우리의 흥미를 끌고, 전체적인 경험(내다보기, 내려다보기)을 신비롭게 만드는 방식만을 강조할 뿐이다. 다른 단서들이 우리의 호기심을 자극하고 이 장소를 보는 방식을 강화하면서 주의를 환기한다. 케이블카 정거장에서 나오면 화강암 재질로 된 바닥 포장이 만드는 V자 무늬가 광장을 지나 나무가 우거진 산비탈로 사람들을 이끈다. 포장돌 사이의 간격이 점점 넓어지고 그 사이를 풀이 채우는데, 이는 우리가 아래쪽에 있는 도시를 벗어나 산에 다다랐음을 의미한다. 길이 이리저리 꺾이며 방문자에게 다양한 방향을 알린다. 아이들이 물받이에서 노는 단순한 형태의 분수도 있는데, 100년 된 오크나무를 통으로 잘라 내 만든 것이다. 개들은 분수의 한쪽 끝으로 흘러나오는 물을 마신다.

광장에서 지질학적 전망대로 가는 의자식 리프트 쪽으로 걸어가다 보면(리프트에서는 아래 초지에서 풀을 뜯는 소 떼가 내려다보인다) 뷔르기가 '게임(혹은 유희)의 길'이라고 부른 것이 시작된다. 100미터 간격으로 설치된 일련의 게임(원거리 의사소통을 위한 포물면

거울, 원심력을 체험할 수 있는 그네, 균형을 잡으려 하면 소리가 나는 시소)은 물리학 법칙을 체험하게 한다. 길은 완만해서 '모든 세대가 걸을 수 있고' 중간중간 앉을 수 있는 자리가 마련되어 있다. 올라가는 동안 마주치는 전나무, 너도밤나무, 낙엽송, 독일가문비, 개암나무는 한대부터 난대에 이르는 다양한 기후대를 나타낸다. 이색적인 벤치는 숲을 즐길 수 있는 장소가 된다.

유희적 게임은 방문객들에게 과거나 낯선 시대를 상상하게 하는 장치로, 18세기의 픽처레스크 정원에 있던 폴리나 **파브리크**를 오늘날에 맞게 변용한 것일 것이다 (14장을 보라). 하지만 오늘날 이는 우리를 시적으로 자극하기보다는 그저 이국적인 호기심을 자아낼 뿐이며, 방문객들이 적극적으로 참여하고 싶어 할 만한 대상은 되지 못한다. 베르나르 라쉬 또한 놀이가 주는 자극을 즐겼다.[7] 그는 사각형 안에 붉은 점들이 나열된 설치물을 만들고, 지나가는 사람들이 점 하나를 (검은색 펠트펜으로) 택해 그들이 바라는 어떤 이미지로든 바꾸어 그리게 했다. 이 빨간 점들은 (눈이 되어) 얼굴을 빤히 쳐다보고, 배꼽이 되고, 신호등이 되고, 감옥 창살을 통해 들어오는 햇빛이 되고, 프랑스 선원의 베레모 위에 놓인 방울이 되고, 알파벳 'I' 위의 점이나 알파벳 'O'가 된다. 이런 설치물은 분명 경관은 아니지만, 일정한 간격으로 배열된 붉은 점이라는 시각적 효과가 방문자가 가까이 다가가 각각의 그림을 보게 될 때 촉각적 효과로 전환된다는 점을 보여 준다. 또한 여기에 참여하는 것은 행인을 위한 시각적 게임인 동시에, 큰 경관의 광경이나 근접 자극에 우리가 어떻게 반응하는지를 보여 주는 사례다. 약 30년 후인 1996년에 라쉬는 또 다른 '정원 게임'을 했는데, 이번에는 부르고뉴에 있는 바르비레쉬르우슈(Barbirey-sur-Ouche)성에서였다. 따로 정비 작업을 하지 않은 부지가 내려다보이는 유리창에 라쉬는 이곳에서 이어져 온 시간과 미래를 의식하게 하는 열여섯 개의 다양한 정원 아이템 이미지를 새겼다. 스티븐 반(Stephen Bann)은 험프리 렙턴이 제시하고자 한 수채화를 보려면 덮개를 들어 올려야 하는 오버레이와 이를 비교했다. 하지만 바르비레에서 우리는 기존의 부지를 변경하라는 요구를 받지 않는다. 창을 본 다음 그 표면에 있는 이미지를 보면 그 너머에 있는 경관에서 새로운 아이디어가

7 *The Landscape Approach of Bernard Lassus*에는 다양한 게임과 더불어 그의 조경 프로젝트와 게임의 관계에 대한 논고가 수록되어 있다. 'The Game of Red Dots' (pp. 16-20), 'The Garden Game' (pp. 35-39)을 보라. 라쉬의 책 *Jeux* (Paris, 1977)도 보라.

232
베르나르 라쉬, 튈르리 프로젝트. 다양한 역사적 순간이 오른쪽에서 시작해 센강 변의 현대적인 구역에서 끝난다.

샘솟는다.

라쉬는 여러 경관을 병치하는 방식으로 이와 비슷한 게임을 구상하기도 했는데, 이번에는 창유리를 통해 팔림프세스트와 같은 다층적인 관점으로 경관을 보도록 이끄는 게 아니었고, 그 대신 리볼리(Rivoli)가와 센(Seine)강 사이의 실제 공간에 층위를 병치했다. 그는 16세기부터 오늘날까지 튈르리에 남아 있는 역사적 정원이 어떻게 변화해 왔는지를 하나의 서사로 구성하는 것을 제안했다(도판 232).[8] 대상지가 어느 특정한 시기로 '복원'될 수 없고, 완전히 현대적인 방식으로 그럴싸하게 재조성될 수도 없으니, 이전 시기 정원들의 층위를 재조성하자는 것이 그의 생각이었다. 가장 아래쪽 층은 초기 메디치 정원(현 단계보다 80센티미터 아래)이고, 그 위로 클로드 몰레(Claude Mollet)의 정원(20센티미터 아래), 그 위로 현재와 같은 높이인 앙드레 르노트르의 정원이다. 19세기의 정원은 50센티미터 올라갔고, 마지막으로 수반이 있는 현재의 정원은 170센티미터 높이 올라간다. 그뿐만 아니라, 이 새롭고도 오래된 정원은 르노트르가 조성한 정원에 원래 있던 왜곡을 수정한다. 즉, 루브르 중정에 있는 I. M. 페이(I. M. Pei)의

8 그의 프로젝트는 받아들여지지 않았지만, 런던의 Coracle Press에서 출간한 기고자 열한 명의 코멘트를 담은 *Le Jardin des Tuileries de Bernard Lassus* (1991)라는 팸플릿에 실렸다. 튈르리 정원은 지겨운 프랑스 정원 아이템을 모사한 재미없는 곳으로 설계되었다.

피라미드와 카루젤(Carrousel) 개선문, 샹젤리제를 따라가면 나오는 개선문(Arc de Triomphe), 지평선 너머 라데팡스의 새로운 개선문이 일직선상에 위치하도록 재배치한 것이다. 요약하자면, 정원을 통해 가까운 곳과 먼 곳, 현재와 과거를 모두 다시 생각해 보자는 것이다. 빨간 점을 읽어 새롭게 재구성하듯이 정원은 우리의 상상력을 동원해 시간과 공간을 연결한다.

많은 현대의 경관에서 이 정도의 '게임'은 아니더라도, 위트 있는 유희는 상상력을 자극해 발견된 경관을 확장한다. 분명, 공공 공간에서 위트는 어색하거나 심지어 다루기 어려운 도구일 수 있지만 지성(intelligence)이나 지각(perception)으로서의 위트라는 옛 뜻으로 본다면 유용할 수 있다. 퀼르리를 위한 라쉬의 프로젝트에는 (새로운 뜻으로든 옛 뜻으로든) 위트가 있다. 이와 비슷하게, 뷔르기는 아주 다양한 재료와 극단적으로 다양한 감성을 동원해 스위스 멘드리지오(Mendrisio)에 있는 신경정신병원의 거의 방치된 부지에 그가 '유희의 숲(bosco ludico)'이라고 부른 공원을 조성했다. 이미 나무와 수풀이 가득한 부지 사이로 길이 굽이지고, 방문자들은 여섯 개의 '폴리'를 마주한다. 이는 모두 나무로 만들어졌으며 산책하는 사람들을 즐겁게 하고 몽상에서 깨어나게 한다. 뷔르기는 이를 보마르초 숲의 조각상이나 제노바의 파르코 두라초 팔라비치니(Parco Durazzo Pallavicini)의 폴리와 비교한다. 나무 폴리에는 각각이 이루어 낸 효과에 따라 이름이 붙여졌다. [나무들을 원형으로 심어 가운데 공간을 만들어-역자] 그 안에서 위를 올려다보면 하늘을 향해 창이 뚫린 것 같은 피나무집, 가지들이 줄기를 휘감으며 원뿔꼴로 뾰족한 기둥처럼 자란 서어나무들, 대성당의 분위기를 자아내는 상록 떡갈나무들, 수십 년 후에는 그 속으로 들어갈 수 없을 정도로 빽빽해질 참나무 숲, 길들이 만든 미로 속에 자리한 즐거움과 유희의 장소(이번에도 서어나무가 사용됨), 그리고 양쪽에 심어진 사이프러스 나무가 시선의 방향에 따라 가상의 선을 만드는 투시도적 전망(삼차원의 트롱프뢰유)이 있다. 이 푸른 폴리들은 단순하고, 뷔르기의 말에 따르면 유행에 따른 향락주의나 소비지상주의의 유혹에 저항한다는 점에서 윤리적이다. 이들은 간결한 위트로 공원을 조성하고, 앞으로도 수십 년 동안 그러할 것이다. 우리는 주변의 삼림 지대를 고려하며 이곳을 보고, 그 결과 새로운 폴리라는 '창'을 통해 삼림 지대를 바라보게 된다.

뷔르기는 소위 '현장 연구(field studies)'에도 기여했다.[9] 과거 농경지의 흔적이 도로

9 Paolo Bürgi, *Feldstudien. Zur neuen Ästhetik urbaner Landwirtschaft / Field Studies: The New Aesthetics*

와 주택 단지로 둘러싸인 채 독일 루르 대도시 구역에 남아 있다. 농지는 도시의 놀이터가 되었고, 잠식해 오는 개발의 위협 때문에 농부들은 생계가 위태로울 정도로 어려운 상황에 놓이게 되었다. 하지만 뷔르기는 "경관 속의 아름다움"에 대한 사람들의 갈망에 이끌려 필드스케이프(fieldscape), "농경의 미학"을 제안한다고 주장했다. 이는 농업과 설계가 결합된 하나의 장이자, 당혹스럽지만 점차 사람들의 호기심과 감각을 자극하는 일종의 놀이였다. 들판은 계절에 따라 (2년 주기로) 변화하고, 다양한 색채의 작물 속에서 줄무늬를 이루며 배치된 장식용 꽃들은 색채와 시간에 따라 끊임없이 대비를 이루고 바뀌면서 아름다움(과 유용함)을 끌어낸다. 쟁기질과 파종 작업은 땅의 윤곽을 표시하고, 그 결과 새로운 시각적 경험을 만들어 낸다. 이러한 개입에는 "아름다움과 유용성(Venustas et Utilitas)"이라는 명칭이 붙었는데, "왜냐하면 아름다움을 위해 (농부의) 수확이 희생되어서는 안 되기 때문이며, 그러한 태도는 윤리적 관점에서 정당화될 수 없다"라고 뷔르기는 말한다.

1986년에는 스위스 연방 700주년을 기념하는 또 다른 대규모 경관 개입이 시작되었다. 우리(Uri) 호수[10] 주변의 35킬로미터에 달하는 길인 스위스 웨이(The Swiss Way)는 스물여섯 개의 주(canton)에 걸쳐 있고, 각각의 주는 각기 다른 구간의 설계를 맡았다. 조르주 데콩브(Georges Descombes)는 공동 작업자들과 함께 제네바주가 담당하는 브루넨(Brunnen)부터 모르샤흐(Morschach)에 이르는 2킬로미터의 구간을 맡았다.[11] 이 구간의 환경은 문화적으로 풍부했기에 작업자들은 최소한으로 개입함으로써 길 자체에 집중하고 지역과 그곳에 있는 바위와 나무, 식물을 주의 깊게 읽어 가며 이 구간의 '역사적 두께'를 끌어내는 방식을 택했다. 때로는 표석(漂石)[12]의 지의류와 이끼를 제거해 그 아래에 있는 흰색의 화강암을 드러냈다. 숲길의 한쪽을 따라 돌들을 배치했고

of Urban Agriculture (Basel, 2010), 특히 필자가 참조한 뷔르기의 글은 pp. 96-101을 보라. 이 책에 인용된 그의 작업의 윤리적 성격에 대한 언급은 2010년 10월에 이루어진 이 작업에 대한 개인적인 대화에서 따왔다. 매우 흥미롭게도, 뷔르기의 반응도 도시 개발과 농촌 토지 사이의 중간 지대를 새롭게 보자는 베르나르 라쉬의 호소와 크게 다르지 않다(*The Landscape Approach*, pp. 65ff 참고).

10 [역주] 루체른 호수의 남쪽 끝자락.

11 여러 필자가 쓰고 조르주 데콩브가 편집한 소책자 *Voie suisse, l'itinéraire genevois. De Morschach à Brunnen* (Canton of Geneva, 1991)과 'Shifting Sites: The Swiss Way, Geneva', in *Recovering Landscapes*, ed. James Corner (New York, 1999), pp. 81-85에 나타난 그의 논의를 보라.

12 [역주] 빙하의 작용으로 운반되었다가 빙하가 녹은 뒤 그대로 남게 된 바윗돌.

간간이 다른 재료로 주요 지점을 표시했다. 가늘고 긴 금속 조각과 아연을 씌운 배관과 같은 새롭고도 다양한 요소들이 레일과 계단에 추가되었다. 현대적인 재료는 이 길과 풍경이 근래에 조성된 것이고, 안전한 곳임을 분명하게 알려준다. 길과 예전의 기찻길을 연결하는 계단이 설치되었다. 가로로 놓인 목재 블록들이 비탈면을 따라 단을 이루고, 그 사이로는 풀이 자라며, 블록을 앉는 자리로 이용할 수 있다. 예전에 그랜드 호텔 악센슈타인(The Grand Hotel Axenstein)이 있던 곳 아래쪽의 담도 복원되었는데 전통적으로 이 호텔과 다른 호텔들은 우리 호수의 가파른 굽이 지대에서 매우 두드러졌다. 저 아래의 호수를 내려다보는 금속 재질의 원형 벨베데레가 마지막으로 추가되었다. 풍경을 보고, 주변 경관을 배경으로 엽서의 한 장면과 같은 사진을 찍는 벨베데레는 스위스의 산에서 흔한 요소다. 하지만 뷔르기가 카르다다의 산에서 경험을 강화하는 방식으로 "소비를 위한 경관"을 거부하고자 했듯이, 데콩브는 샌첼리(*Chänzeli*) 벨베데레에 틈을 만들어 그 사이로 평범한 '그림엽서' 풍경 대신 [입체적인-역자] '디오라마' 경관이 보이도록 했다.[13] 스위스 웨이는 무척이나 기능적이고 산문적인 여정이지만, 또한 우리는 그 길을 지나며 지형의 풍부한 요소를 이끌어 낸다. 시는 장소 안에 있다.

경관 속에서 발견되는 시의 범위는 우리가 상상하는 것 이상으로 다양하며, 모두가 판에 박은 듯이 '아름답거나' '서정적'이지는 않다.[14] 따라서 우리는 '서정적'이라는 말의 뜻을 어떤 장소의 특징이라기보다는, 우리를 감동시키고 심지어는 깜짝 놀라게 하는 경관 재료의 언어를 사용하는 방식으로 생각해야 한다. 뷔르기의 필드스케이프가 바로 그렇다. 또 다른 스위스 출신의 조경가인 디터 키나스트(Dieter Kienast)는 밤의 도시 광장에 조명을 밝히면 "시"(그의 표현)를 전달할 수 있다고 생각했다. 그리고 웨스트 8이 로테르담의 스하우뷔르흐플레인에 설치한 야간 조명은 황량하던 플랫폼을 변모시켰다. 뒤스부르크 노르트 공원의 야간 조명 또한 과거 제철소였던 곳의 인상적인

13 [역주] 데콩브는 가파른 절벽에 원통형의 벨베데레를 금속 재질로 조성했다. 호수 쪽 벽에 난 개구부를 통해 엽서 같은 풍경을 볼 수 있고, 프레임이 안쪽으로 구부러지면서 관람자 뒤로 창이 투영된다. 이를 통해 앞쪽의 그림엽서 같은 풍경은 디오라마가 된다.

14 우도 바일라허(Udo Weilacher)는 *Between Landscape Architecture and Land Art*의 고찰에서 조경은 "전혀 서정적이지 않고" 비문(碑文)이 아니라 "특정한 방식의 상호 간의" 관계와 관련된다는 이언 해밀턴 핀레이의 말을 인용했다(p. 102). 바일라허는 그가 발견한, 특히 디터 키나스트의 설계에 나타난 다양한 종류의 '시'에 대해서도 논평한다(바일라허의 책 150쪽과 152쪽에 수록된 수학자의 정원[Garden of the Mathematician]을 보라).

233
'비축', 하버드 대학교, 크리스 리드, 스토스(STOSS) 설계.

구조물을 다양한 색채가 환상적으로 표면을 뒤덮은 장소로 변모시켰다.

여러 대지 예술가들은 아주 기본적인 경관 재료 속에서 시를 발견하는 또 다른 방식을 포착했는데, 땅의 재료와 지형을 이용해 예술을 창조한다는 것이 그들의 주요 주장이었다. 이들은 멀리 떨어져 있어서 방문하기 어려운 장소에서 이러한 작업을 수행하곤 했다(20장을 보라). 이와 비슷하지만 역설적이게도 규모가 작고 쉽게 방문할 수 있는 곳을 하버드 대학교 래드클리프 연구소(Radcliffe Institute)의 사각형 안뜰에서 발견할 수 있다. 크리스 리드(Chris Reed)는 이곳에 '비축(Stock-Pile)'을 위한 다양한 재료를 쌓아 놓았는데(도판 233), Stock-Pile은 (웹스터 사전에 따르면) "필수적이거나 없어서는 안 될" 것을 의미했다. 이는 경관을 만들 때 사용하는 다양한 재료들, 가령 돌이나 모래, 자갈을 무더기로 쌓아 놓은 것으로, 이 무더기 중 두 곳에는 고대 양치류도 심겨져 있다. 가파르게 쌓아 놓았기 때문에 이들은 시간이 지나면서 각 재료의 내재적인 물리적·구조적 특징에 따라 변화할 것이다. '정돈'은 허용되지 않는다.

'시'에 대한 우리의 태도는 변화하고, (픽처레스크의 놀라운 부활 속에서) 이전에는 무시되거나 혐오의 대상이었던 경관이 우리의 관심을 끌게 되었다. '찌꺼기 경관'[15] 혹은

15 이 주제에 대한 활기차고 혁신적인 논의는 Alan Berger, *Drosscape: Wasting Land in Urban America* (New York, 2006)에서 개진되었다. 퍼세이크(Passaic) 부지에 대해서는 Robert Smithson, *The Collected Writings*, ed. Jack Flam (Berkeley, CA, 1996), pp. 68–74를 보라.

'브라운필드 부지'라고 불리는 황폐하고 버려진, 심지어는 오염된 산업 경관이 예상하지 못했던 형태와 연상을 통해 우리를 깜짝 놀라게 할 수 있다. 찌꺼기 경관이라는 용어를 도입한 앨런 버거(Alan Berger)는 엘리자베스 1세 시대의 시인 에드먼드 스펜서(Edmund Spenser)의 "온 세상의 영광은 더러운 찌꺼기에 불과하니(All world's glory is but dross unclean)"라는 구절을 인용한다. 특히 그의 항공 사진은 이곳의 숭고함과 '영광'을 암시하며, 근접 촬영 사진은 평소 우리가 간과해 왔던 것들을 새롭게 보도록 한다. 로버트 스미스슨은 1967년 「뉴저지주 퍼세이크의 기념물 여행(A Tour on the Monuments of Passaic, New Jersey)」에 ("합리주의자들이 카메라라고 부르는") 인스타매틱(Instamatic)[16]을 가져가 이 낡고 쇠락한 경관에 산재한 모래 놀이통, 분수처럼 물을 뿜어내는 산업용 배관, 중고차 매장의 모습을 담았다. '합리주의자'들에게 이는 오늘날 버거가 "광활하고, 황량하거나 소모적인 지표면"이라고 부르는 폐기물일 것이다. 하지만 스미스슨과 그의 기민한 카메라에게 이는 '기념물'("거꾸로 된 폐허")이었다. 그리하여 그는 산업 잔재를 '기념물'로 보고, 그와 동시에 평범한 땅에 일어난 파괴에 대해 픽처레스크 이론가 우브데일 프라이스(Uvedale Price)가 말한 구절을 인용하며 픽처레스크를 떠올린다. 하지만 스미스슨은 통상적인 픽처레스크적 해석을 거부하면서 장소에서 과장된 성적 의미를 억지로 찾아내는 행동을 조롱하고, '조악한 의인화'를 지양한다. 그에게는 "그저 '그것이 거기 있었다'라고 말하겠다"라는 결론을 내리는 것으로 충분했다.

물론 스미스슨은 뉴저지의 지형을 개선하거나 '재설계'하지는 않았다(그는 그러한 작업을 다른 곳에서 '대지 예술'이라는 이름으로 수행했다). 하지만 다른 조경가들은 때로 간접적으로, 또 때로는 정면으로 이런 황무지를 마주해 왔다. 버거는 어버니즘의 모든 빈 공간("빈틈들이 만든 군도")이 지닌 잠재력을 포착하고, 시간이 지난 뒤 다시 이용할 수 있게끔 토지의 "오염 물질을 제거하고 재조정하거나 변모시키는" 작업을 조정할 수 있는 사람들의 역할과 혁신적인 조경가의 역할을 결합하는 새로운 계획이 필요하다고 주장한다. 마이클 반 발켄버그(Michael Van Valkenburgh)의 작업은 다양한 식물을 이용해 오염된 부지를 회복하고 건물이나 도로의 지표수를 못에 모아 처리하지만 우아하고 위트 있다(다음 장을 보라). 다른 이들도 대상지의 양상에 대처하고 이를 새롭게 하는 방식으

16 [역주] 1963년에 코닥 사에서 출시한 카메라로 가격이 저렴하고 휴대하기 편하다.

234 뒤스부르크 노르트 란트샤프트공원의 정원, 라츠+파트너 설계.

로 황폐한 경관과 산업 유물에 대응했다. 산문적인 평범한 대응도 새로운 시적 감각으로 재해석될 수 있다(도판 234).

파리시 녹지·환경국은 파리 북동쪽 18구에 위치한 프랑스 국영 철도 회사 소유의 쓰이지 않는 조차장 부지 4.2헥타르를 인수해 도시의 다소 빈곤한 구역에 꼭 필요한 공원을 조성했다. 그 결과로 (바람의 신[17]에게 헌정된) 에올 정원이 예전에 철로가 있던 길고 좁은 구역을 따라 조성되었다. 서쪽에서는 고가 통로 위에서 북역(Gare du Nord)에서 나오는 기차 선로를 내려다볼 수 있고, 동쪽으로는 길을 따라 놓인 개방형 펜스와 목재로 만든 벽이 있고, 그 너머의 주택들은 새로운 공원의 조성 이후의 신규 주민 유입, 그리고 이에 따른 대규모 재단장 과정을 거치고 있다. 조르주 데콩브는 기존의 선로(도판 235)에서 단서를 얻어 좁은 잔디밭과 좁은 운하, 단을 높인 산책로, 나무가 늘어선 알레, 자갈 구역, 중앙의 기단을 따라 놓인 안개 분수, 길이 방향으로 테니스 코트를 연속하여 배치했다. 식물은 새로 심어졌고, 마침내는 그늘을 드리울 것이다. 하지만 나머지 대부분의 공간은 상당히 절제되어 있고 생태적이며 이 이민자 밀집 지역의 주민들에게 스포츠 시설이나 어린이 놀이 구역, 조용히 혼자 머물 수 있는 곳, 채소를 키울 작은 땅과 같은 편의시설을 누릴 수 있게 해준다. 경사로와 입구 또한 가로로 긴 공간을 따라 방향을 잡는다. 이 공원은 다양한 일상 활동을 위해 세심하게 설계된 장소이지만, 보다 전통적인 '목가적' 공간에 기대지 않으면서도 정원의 기원을 느끼게 해주고, 행복한 장소가 주는 즐거움을 만들어 낸다.

파리의 또 다른 지역에서는 가장 기지 넘치면서도 철로에 위트 있게 대응한 사례인 아틀랑티크[18] 정원(도판 236) 또한 작은 공원 공간을 제공한다. 이 정원은 몽파르나

17 [역주] 에올(Éole)은 프랑스어로 바람의 신 아이올로스를 칭한다.

18 [역주] 아틀랑티크(Atlantique)는 프랑스어로 대서양을 뜻한다.

235 파리, 에올 정원.

236 파리, 아틀랑티크 정원.

스역의 초고속 열차(TGV) 플랫폼 위에 떠 있는 형태로 조성되어 있으며, 여행객들은 여기서 대서양 해안으로 향하는 열차를 탄다. 선로 근처에 지루하고 답답한 대합실이 있지만, 이 정원에서는 열차 출발을 기다리면서 전혀 다른 분위기의 공간을 누릴 수 있다. 조금 찾기 어렵기는 해도 역에서 계단을 통해 정원 층으로 가면 바람과 강우 정보를 상세하게 알려 주는 기상 관측소, '파도'가 다가오는 '해변' 쪽으로 살짝 기울어진 판자 길과 같은 해변에서 벌어지는 다양한 사건들을 주제로 한 장면들을 발견할 수 있다. 두 개의 절벽 같은 동굴과 그 뒤의 높게 만든 통로에서는 절벽 꼭대기와 해변 식물, 아이들의 여러 가지 놀이를 탐색하는 기분이 든다. 이곳은 고층 아파트 건물에 둘러싸여 있어 주민들을 위한 공원의 기능도 한다. 방문자들은 해안가를 모방한 아틀랑티크 정원의 풍경에 속아 넘어가지는 않아도 이곳에서 즐거운 시간을 보낸다. 정원에서 사람들은 기차를 타고 도착하는 대서양 연안 휴양지에서 보게 될 풍경을 미리 즐겁게 상상해 보거나, 파리에 머물면서도 해안가를 연상하며 위안을 얻을 수 있다. 이 정원은 적절히 극적이고(절벽처럼 보이는 동굴은 그저 널빤지로 지탱되는 연극의 무대 배경 장치 같다) 파도는 아주 추상적이다. 이러한 풍경은 충분히 독창적이지 않기에 무대 배경 화가들을 거짓말쟁이라고 한 샤를 보들레르(Charles Baudelaire)의 불평을 떠올리게 하지만, 아틀랑티크 정원에서 이 연극적인 장식을 만든 이들은 충분히 독창적이고, 이들의 '거짓말'

237
토론토, 요크빌 공원.

은 크게 환영을 받는다.[19]

특히 미국의 두 설계가는 그들의 대상지 프로그램에 필요한 산문적인 움직임 이상으로 나아가기 위해 강력하고 확실한 주장을 한다. 이들은 적거나 줄어든 재원으로도 많은 것을 해낼 수 있으며, 경쾌하고 때로는 재치 있는 감각이 담긴 제안을 하기도 한다. 토론토에서 켄 스미스(Ken Smith)와 마사 슈워츠는 데이비드 메이어(David Meyer)와 함께, 지하철과 주차장을 만들기 위해 빅토리아 양식의 주택을 철거한 곳에 요크빌 공원을 조성했다(도판 237). 긴 직사각형의 구역은 주택의 발자취를 반영하고, 비록 눈에는 훨씬 덜 띄지만 설계가들은 부지 공간을 활용해 주변 온타리오 전원 지대의 식물과 바위, 날씨 효과를 전시하는 정원들을 조성했다. 이 공원에는 거대한 바위, 겨울에는 물방울이 떨어지다 얼어붙는 수직 와이어로 이루어진 퍼걸러, [빅토리아 시대의 식물 수집과 분류를 연상시키는 방식으로 캐나다의 다양한 식물들을 보여 주는 일종의-역자] 식물 진열실, 다양한 종류의 나무들(소나무, 자작나무, 오리나무), 습지 정원 위로 걸어다닐 수 있게 엇갈리게 놓인 데크 산책로가 있다.

스미스는 공원, 설치 미술, 개인 정원 사이를 자유로이 오가게 되었고, 그의 재료

19 크리스틴 페나(Christine Péna)와 미셸 페나(Michel Péna)가 정원을 조성했다. 이들의 *Pour une Troisième Nature / For a Third Nature* (Paris, 2010)를 보라.

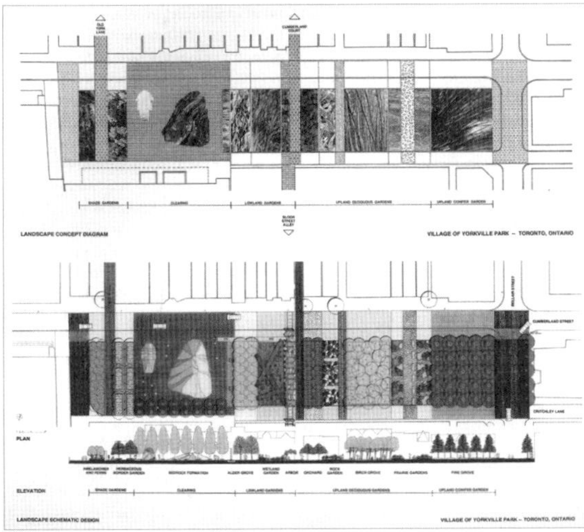

238
토론토, 요크빌 공원 배치를 위한 설계. 오늘날 대상지에 있는 십자형 길은 이 도면에 나타나지 않는다.

는 플라스틱부터 인공 돌, 반짝이는 원뿔형 조명을 아우른다. 그의 제안은 단기적일 때도 있지만 장기적인(또는 영구적인) 쓰임을 위한 경우도 있다. 때로 개인의 펜트하우스나 뉴욕 현대 미술관의 '공공' 지붕에서의 작업은 고도로[높이와 수준을 중의적으로 표현하는 말장난임-역자] 엘리트적이다. 이 작업의 전체적인 조합은 처음에는 전통적이고 평범하게 보일 수도 있지만, 재료나 이용된 공간을 자세히 들여다보면 놀라울 정도로 특이하다는 것을 알게 된다. 그는 공동체 정원[20]에 따뜻한 관심을 보였는데, 특히 좁은 공간에 식물을 수직으로 심는 일을 좋아했다. 정원 가장자리를 따라 놓인 패널들은 꺾을 수 있게 만들어져서 비스듬하게 배치된 화단 형태와 어우러진다. 보다 규모가 큰 산타페 레일야드 공원(Santa Fe Railyard Park, 도판 239)에서 메리 미스(Mary Miss) 및 건축가 프레더릭 슈워츠(Frederic Schwartz)와 협업한 그는 지역적 취향을 반영하여 현지의 재료를 적극적으로 활용했다. 이곳은 교육적이면서도 유희적이다. 공원 안을 흐르는 오래된 아세키아 마드레(Acequia Madre),[21] 곳곳에 흩어져 놓여진 바위와 함께 있는 녹슨 빛깔의 어도비[22] 담장과 앉을 자리, 금속 등받이가 달린 커다란 목조 벤치, 덩굴식

20 [역주] 켄 스미스가 2009년 브루클린의 취약 구역에 조성한 베드퍼드 스튜이버선트(Bedford Stuyvesant) 공동체 정원을 말한다.

21 [역주] '어머니 수로'라는 뜻의 스페인어.

239 켄 스미스, 뉴멕시코주 산타페, 산타페 레일야드 공원.

물이 천천히 기어오르는 모더니즘풍의 퍼걸러를 통해 그는 물과 관개에 관련된 관습을 예찬한다. 하지만 이는 그가 수년 동안 작업해 온 월 플라워(Wall Flower) 설치 작업과는 완전히 다르다. 격자에 무작위로 꽃이 배치된 월 플라워는 평평하게 잘라낸 대형 직물 꽃에 3D 실크 꽃잎이 달린 형태로, 이는 국립 디자인 박물관(National Design Museum)의 파사드에 설치되었고, 이 꽃의 태피스트리는 건물을 한시적으로 수직 정원으로 변모시켰다.[23]

마사 슈워츠도 새로운 상황의 특이함과 도전을 모두 수용하며, 새로운 형태를 통한 유희를 즐긴다. 여기에는 한정된 재원이나, 깊게 식재할 수 없는 주차장 위의 공간, 19세기 공원의 '목가적' 잔디밭에 더 이상 만족하지 않거나 심지어는 이를 필요로 하

22 [역주] 짚과 진흙을 섞어 빚은 뒤 햇볕에 말려 굳힌 벽돌을 말한다.

23 존 비어즐리(John Beardsley)가 서문을 쓴 *Ken Smith: Landscape Architect* (New York, 2009)를 보라. 다음 단락에 대해서는 *The Vanguard Landscape and Gardens of Martha Schwartz*, ed. Tim Richardson (London, 2004)을 보라.

지 않는 이들의 요구도 반영되었다. 그녀는 공원과 정원에 '조각적' 요소를 배치하는 데 있어 혁신적이었다. 그것이 흰 타이어든, 웨이퍼 캔디든, 지구본, 도금된 개구리들, 베이글, 온갖 크기의 상자, 플라스틱 야자수, 빨간 플라스틱으로 포장한 건초 더미, 빙하 작용으로 만들어진 언덕, 혹은 거대한 지형이든 말이다. 대상지의 프로그램과 선택한 재료를 가지고 유희하는 그녀는 침착하고 독창적이며 상당히 위트 있다. 물론 슈워츠는 어머니의 정원에 일정하게 간격을 두고 줄지어 배치한 보라색 베이글[24]로, 그다음에는 금색으로 칠한 싸구려 정원용 개구리를 오점형으로 못 안에 배치한 애틀랜타의 쇼핑센터(도판 191)로 일찍이 이름을 알렸다. 플로리다에서는 예산 부족으로 대왕야자를 심지 못하게 되자, 금속 기둥에 색을 입힌 비닐을 올린 캐노피를 고안해서 과거에 에버글레이즈 습지를 아름답게 꾸미던 나무들을 표현했다. 슈워츠는 고전적인 조각과 일반적인 풀과 꽃의 색채를 활용하는 '관습적인' 정원을 고수하는 이들에게 과감히 도전했다. 하지만 그녀의 작업 범위는 초기의 도발적이고 재미있기만 하던 단계에서 훨씬 확장되었다. 그녀는 자신의 상상력과 명성에 공감하는 고객들을 위한 재치 있는 개인 부지 작업과 방문자들의 흥미를 북돋고 또 어리둥절하게 만드는 일련의 다양한 공공 작업 분야 모두에서 뛰어난 감각을 보여 왔다. 슈워츠는 [일본 기후현의 기타가타 주택단지 작업에서-역자] '고래'가 주차장 바닥을 헤엄치는 듯 연출했고, 다양한 색상의 옥외 공간과 배 모양의 분수를 설계했다. 미니애폴리스의 시청 앞 광장에는 미네소타를 세운 이들을 기리는 빙하 언덕과 톱질한 통나무를 설치했다.

하지만 그녀의 가장 성공적인 광장 작업은 2000년부터 조성한 맨체스터의 익스체인지 광장(Exchange Square)일 것이다(도판 240). 1996년 IRA의 폭탄 테러로 도시의 구조가 파괴된 자리에, 슈워츠는 옛 도시와 새 도시를, 성당 경내와 막스 앤드 스펜서(Marks & Spencer) 상점을 한데 모았다. 상단의 현대적인 상점 앞 공간에는 줄무늬로 된 꾸밈없는 바닥 포장이 깔리고, (원래는 이동 가능하게 설계된) 가짜 선로 위에는 철로 카트 모양의 벤치가 있다. 그다음으로 옛 중세 공중 수로(Hanging Ditch)의 경계를 표시하는 수경 요소가 내려다보이는 곳에는 따뜻한 노란색 역암으로 만든 곡선형 벤치가 이

24 [역주] 마사 슈워츠가 어머니 스텔라 슈워츠(Stella Schwartz)의 집에 플렉시 글라스 조각과 철망, 그물 등을 이용해 만든 스텔라 정원(Stella Garden)과 자신의 집 정원에 보라색 자갈과 방수 처리한 베이글을 이용해 만든 베이글 정원(Bagel Garden)을 혼동한 듯하다.

240 마사 슈워츠, 맨체스터, 익스체인지 광장.

어진다. 물이 쏟아져 나오는 세 개의 파이프가 물을 공급하는데, 아래에서 끌어온 물이 곡선의 강바닥을 지나 내려가는 것처럼 보인다. 아이들이 밟으며 노는 커다랗고 불규칙한 징검돌이 강바닥을 채운다. 이 넓고 다양한 원형 극장에서 사람들은 관객이자 '공연자'가 될 수 있고, '많은 시간을 보낼' 장소를 찾을 수 있다. 슈워츠가 말했듯 이곳은 "전통적인 활동을 촉진하고 새로운 활동에 영감을 주도록" 설계되었다. 스미스나 슈워츠와 같은 설계가들은 오래된 형식을 불러오면서도 정원 만들기에 대한 우리의 이해와 사용 방식을 확장하려는 작업을 의도적으로 수행해 왔다. 이는 마지막 장에서 다룰 주제이기도 하다.

20장
과거와 미래의 정원

대단해라
사랑했고, 행복했으며,
손을 대어 만졌으니
살아 있는 정원을
단 하루였다 하더라도.
-호르헤 루이스 보르헤스(Jorge Luis Borges)

T. H. 화이트(T. H. White)[1]는 『과거와 미래의 왕(The Once and Future King)』에서 아서왕에 대해 썼다. 어떤 미래의 정원도 카멜롯[2]이 되거나 우리를 다시 그곳으로 데려다줄 수는 없을 것이다. 정원의 개념과 마찬가지로 카멜롯은 본질적으로 신화적인 장소, 완벽함의 은유다. 현실의 정원은 많은 장소에 존재하며, 몇몇에는 '원래의' 카멜롯 자체처럼 결점이 있다. 하지만 어떠한 정원도 그 한때의 완전한 장소가 될 수는 없다. 마지막 장에서는 정원의 편재, 혹은 많은 시대와 장소에 걸친 정원의 언어를 다룬다. 이에 덧붙여 정원이 문화적으로 통칭되는 것 이상의 어떤 집단적 의미를 지닌다고 생각할 수 있는지의 문제도 다룬다. 좋은 느낌을 갖게 하는 단조롭고 공허한 표현을 넘어 정원의 세계를 일반화할 수 있을까? 그리고 미래의 정원의 세계를 그려 볼 수 있을까? 베르나르 라쉬는 "정원이란 과거와 현재의 경험 중 어떤 것이 미래의 감각적인 접근과 감동시키고 움직이게 하는 새로운 방식 속에 남게 될 것인지에 대한 하나의 가설과도 같은 공간이다. 그렇기에 이런 정원은 무엇보다도 철학적이지 않은가?"라고 썼다. 바로 이것이 마지막 장의 주제다.[3]

필자는 스스로를 문화사학자로 여기고 싶다. 즉, 필자는 다양한 문화들이 세상에

1 [역주] 영국의 작가(1906-1964).

2 [역주] 아서왕 전설에 등장하는 성읍의 이름으로, 목가적인 행복한 장소를 은유한다.

3 *The Landscape Approach of Bernard Lassus*, p. 50. 여기에서 필자는 *Greater Perfections: The Practice of Garden Theory* (London and Philadelphia, PA, 2000)에서 탐색한 몇몇 주제를 다시 다룬다.

241 험프리 렙턴의 〈레드 북〉에 수록된 워릭셔(Warwickshire)주 스톤리 애비(Stoneleigh Abbey) 저택을 위한 '전후(Before and After)' 풍경(1809) 중 개조 전의 모습.

242 덮개를 들어 올리면 보이는 개조 후의 장면에서 렙턴은 정원과 집을 위한 자신의 설계 프로젝트를 제시한다.

어떻게 특정한 표식을 남겼는가, 그리고 이 물질적 표명(이 경우에는 정원)이 어떻게 때가 되면 문화를 형성하고 거주자와 방문자가 이를 어떻게 활용했는가에 관심을 기울인다. 하지만 필자는 또한 인류의 특정한 꿈과 욕망의 영속성, 일상적이고 그저 우연적인 세계에 이들이 미치는 영향력 또한 깊이 믿고 있다. 이러한 세계 또한 우리의 꿈과 욕망을 이루고 변화시킨다 하더라도 말이다. 그리하여 필자는 정원 만들기의 영속성과 변화를, 과거와 미래를 모두 다루고자 한다.

정원의 역사는 필자가 이 책을 쓰고 이 책이 읽히는 동안에도 계속되고 있다. 미래의 내러티브를 제안하는 것은 어리석은 일이겠지만, 21세기의 첫 10년간 생겨난 최근 상황을 자세히 들여다보는 작업은 흥미롭다. 세상에는 정원 조성에 대한 책과 잡지가 가득하고, 수많은 조경 설계가 전문 학술지와 웹사이트에 공표된다. 설계가들의 도면과 프로젝트, 제안 등은 아직 실현되지 않았고 아마 영원히 그럴 수도 있기에 자유로운 상상력을 발휘해 놀라운 세계를 보여 주는 것이다. 따라서 미래의 정원에 대한 예측과 예상은 다양하다. 게다가 디지털 이미지의 다채로운 보고인 유혹적이고 휘황찬란한 컴퓨터 스크린은 관습적으로 고려되는 부지(건물을 위한 실재의 장소)를 빼앗은 것처럼 보인다. 재정과 계획, 건설이라는 실제적 고려의 제약을 받지 않는 듯한 가상의 경관과 정원은 그 어느 때보다 융성하고 있다. 그럴듯하게 공간을 차지하고 있는 생생한 경관이 마우스 클릭 한 번과 포토샵이라는 편리한 도구를 통해 실현된다(도판 137). 이는 고객이 덮개를 넘겨 경관의 멋진 신세계를 보고, 영지의 가능성을 상상해 보는 험프리 렙턴의 〈레드 북〉을 떠올리게 한다(도판 241과 242). 설령 이 고객이 정원을 새로 조성할 형편이 안 된다 하더라도 말이다. 그 이래 줄곧 (그리고 조경가라는 직업이 생기기 전에도) 렙턴 같은 전문가는 특정 고객이나 대상지를 염두에 두지 않고도 아이디어를 실험해 왔다. 『힙네로토마키아 폴리필리(Hypnerotomachia Poliphili)』[4]의 익명의 저자나 18세기 후반 패턴 북의 편집자 혹은 20세기 초 앙드레 베라(André Vera)와 폴 베라(Paul Vera) 형제처럼 말이다.[5]

4 [역주] 15세기 후반 이탈리아에서 출간된 소설로 르네상스 정원 예술 발달에 큰 영향을 미쳤다. 프란체스코 콜론나(Francesco Colonna)라는 수도사가 저자로 알려져 있으나, 실제 저자가 누구인지에 대해서는 논란이 있다.

5 André Vera, *Le Nouveau Jardin* (Paris, 2009)을 보라. 렙턴의 〈레드 북〉에 대해서는 André Rogger, *Landscapes of Taste: The Art of Humphry Repton's Red Books* (London, 2007)를 보라.

정원과 설계된 경관이 앞으로도 존재할 것이라는 점에는 의심의 여지가 없다. 특히 개인의 정원은 향수에 젖은 채 다른 이들의 은밀한 공간을 동경하거나 그곳에 향수를 느끼는 사람들의 상상력을 여전히 강하게 사로잡는다. 정원 잡지와 '상류층(posh)' 신문의 정원 페이지는 사진이나 묘사를 통해서가 아니면 그곳에 들어갈 수 없는, 그래서 그곳을 주목하거나 어쩌면 선망하는 이들에게 이런 사적 공간을 공개하고 홍보한다. 이런 인쇄물들은 가드닝에 적합한 복장(눈부신 햇빛을 막아 줄 챙이 넓은 운동용 모자)을 갖춘 이들이 헛간이나 온실에서 식물을 화분에 바삐 심거나, 테라스의 접이식 의자에서 친구들과 함께 편안하게 휴식을 취하는 모습을 보여 주곤 한다. 이런 정원을 조성하는 이들은 자신이 연출해 낸 효과에 확신을 갖고 있으며, 때로는 다른 이들이 조성한 것을 보는 안목도 뛰어나고, 옛 아이디어를 가져와 활용하는 솜씨도 있다. 이들은 심지어 우편 주문 카탈로그와 도처에 있는 정원 센터, 혹은 쇼몽 쉬르 루아르(Chaumont sur Loire)나 캐나다의 메티스 정원의 한시적인 정원 쇼도 기꺼이 참조한다. 만약 우리에게 정원이 있다면, 우리는 언제나 자신의 장소를 위한 힌트를 모으고, 순간을 모방하려고 한다. 이런 잡지의 독자층은 대개 퍼걸러를 최고로 잘 계획하는 법, 마당이나 뒤뜰을 개선하는 법, 혹은 매력 없는 보도를 개선하는 법과 같이 모방할 수 있는 특정한 요소를 눈여겨보며 그것을 따라 해보려는 욕구를 가지고 있다. 중세 정원의 위요된 세계는 여전히 우리 곁에 있다. 그리고 비록 그 규모는 많이 줄어들었지만 지역 공동체를 대표하는 공공 공원과 정원을 위한 경우도 포함해 소유자가 스스로를 홍보하고 드러내는 행위도 활발하다.

그림의 한 장면 같거나 사진의 한 장면 같은 정원을 잠시 들여다보는 일이 유행하면서 이와 관련된 책들이 출판되었다. 서점의 정원 분야 서가에 있는 책들은 장황한 제목을 뽐낸다. '나의 시골 정원에서의 한 해' 혹은 '정원의 마법'에 대한 이야기, 왕립원예 학회에서 펴낸 질 빌링턴(Jill Billington)의 『새로운 고전적 정원(New Classic Gardens)』('고전적' 디자인을 담보하면서 새로운 것에도 정확하게 어필하는 제목), 우도 바일라허의 숙고가 돋보이는 『정원에서』, 〈뉴요커〉에 게재된 글을 모은 캐서린 S. 화이트(Katherine S. White)[6]의 『정원에서의 전진과 상승(Onward and Upward in the Garden)』 혹은 독일 출신의 루돌프 보르하르트(Rudolf Borchardt)가 남긴 귀중한 기록인 『열정적인 정원사(The Passionate

6 [역주] 미국의 작가(1892-1977), 1925년부터 1960년까지 〈뉴요커〉의 소설 편집자로 일했다.

Gardener)』(최근 헨리 마틴[Henry Martin]이 번역) 등이 있다. 미국 서부의 '최고의 정원 101', 크리스토퍼 로이드(Christopher Lloyd)의 『다른 이들의 정원(Other People's Gardens)』, 루이자 존스의 『정원 방문자 안내서』 작품집과 같은 책들은 대개 사적인 장소로 독자들을 이끈다. 이런 책들에는 엿보는 즐거움과 지식이 풍부한 논평, 대상지의 특장점에 대한 개괄적 조망이 혼합되어 있다.

그럼에도 전문가와 아마추어 사이의 간극은 점점 넓어지고 있다(여기에서 '아마추어'는 작업에 열정을 갖고 있으나, 전문적인 역량으로 작업할 수 있는 훈련을 받거나 자격증을 취득하지 않은 이를 말한다. 분명 많은 정원 디자이너들이 여기에 속한다). 전문 조경가를 위한 출판물은 개인 정원사나 정원 조성가의 작업을 거의 다루지 않는다. 그리고 필자가 보기에, 전문 설계가들은 (당연하게도) 대규모 공공 프로젝트에 몰두하고 있어서, 그들의 작업은 영감을 얻기 위해 이들의 출판물을 들여다보는 아마추어들이 참고하거나 흉내 내기 어렵다. 아마 이는 나라마다 다를 것이다. 하지만 정원사가 되는 최선의 방법에 대한 정보를 다수가 필요로 하지만 그 활동 자체는 복잡하지 않아 보인다. 반면 조경은 ('건축'과 달리) 설명하기 쉽지 않다. 로런스 핼프린은 조경이라는 용어가 설명하기 어렵고 항상 "모호"하다고 토로했다. 작고 소박한 정원을 소유한 이들은 적어도 16세기부터 보다 크고 명망 있는 디자인에 감명을 받고 이들 작업의 작은 부분이라도 모방했을 것이고, 이는 때로 더 세련된 이들의 웃음거리가 되기도 했다([유서 깊은 정원에 있음 직한 점경물을 조잡하게 모방한 키치 장식물이 가득한-역자] 도판 185를 보라). 하지만 오늘날에는 그런 모방이 훨씬 덜한 것 같다.

요즘 들어 계속 제기되는, 때로는 난해한 질문은 정원 자체와 조경 사이의 연관성이 무엇인가 하는 것이다. 오늘날 조경 설계는 주로 '대형 공원' 조성이나 기반시설에 기여한다고 여겨지기 때문이다. 환경주의자로서 이언 맥하그는 정원을 맹렬히 반대했고, 다른 이들도 정원이 반생태적이며 대개 엘리트주의적이라고 생각했다. 하지만 이런 편견은 그다지 깊은 인상을 남기지 못했다. 많은 조경가들은 정원이 그들의 작업에 영향을 미친다는 점을 열정적으로는 아니더라도 기꺼이 이해하고자 했던 것 같다. 15장에서 인용한 개럿 에크보는 "정원 설계는 조경 설계의 기초다. (…) 개인 정원 작업은 사람과 환경 사이의 관계를 찾아낼 수 있는 유일한 방식임이 분명하다"[7]라고 말했다. 다른 이들도 비슷한 입장이다. 라쉬는 정원이 "무엇보다도 철학적"일 뿐 아니라, 부지를 설계하고 그 형태를 선택해 미래의 모든 작업에 기초를 제공한다고 주장했다. 마크 트라이브 같은 평론가는 뒤스부르크 노르트를 "정원, 공원, 광장"[8]의 결합체로 묘사하면서 정원이라는 개념을 그 논의에 기꺼이 포함시킨다. 이는 위요된 정원과 보다 넓은 공원 부지, 공연을 위한 장소가 분명히 구분됨을 암시한다. 하지만 뒤스부르크 노르트 란트샤프트 공원에 대한 책에 기고한 다른 이들이 분명히 밝혔듯, 공원과 정원 사이에는 다른 상호 작용도 존재한다. 그리고 앞 장에서 논의된 뷔르기나 스미스, 슈워츠와 같은 사례는 정원이 새로운 활력을 얻고 있음을 시사한다. 이 '새로운' 정원은 더 이상 울타리로 둘러싸여 있지 않을 수도 있지만, 특별한 장소로 접근한다는 느낌인 경계성(liminality)은 여전히 유지한다. 이는 소규모가 아닐 수 있지만, 여전히 특정한 순간에 초점을 두고(뒤스부르크 노르트 공원에서 '폴리'를 떠올리게 하는 것을 사례로 들 수 있다) 사람들 사이의 상호 작용을 야기하고 고무하는 데 기여할 수 있다. 게다가 정원은 로잘린드 크라우스(Rosalind Krauss)가 "조각의 확장된 장(expanded field of sculpture)"이라고 부른 것과 흥미로운 유사성을 지니게 되었다. 공원, 심지어 국립공원 조성자들은 정원 조성의 긴 전통과 정원이 차지하고 있던 영역을 흡수하거나 장악해서 자신의 영역을 확장했다(담장을 뛰어넘은 전원 지대, 혹은 복원이 필요한 공업 지대의 넓은 '공백지'가 새로운 조성 대상지로 인식되는 것 등).

때로는 가드니스트와 조경가들이 의도적으로 서로 대립하는 듯하다. 그리고 때로는 자격증 보유와 같은 공적인 구분이 이들 사이의 경계선이 된다. 하지만 이 갈등은 정원 설계가와 자격증을 보유한 건축가 사이의 실제 대립이라기보다는, 파라고네라고 하는 옛 르네상스 시대의 다양한 예술 간의 대립과 도전이 재개되는 것에 훨씬 더 가깝다. 회화와 조각, 혹은 이미지, 문학과 음악 사이의 논쟁 대신에 오늘날 우리는 규모와 재료, 관객 반응에서, 장식과 마스터플랜 사이에서, 설치와 장소 만들기 사이에서 갈등한다. 로스앤젤레스의 게티 미술관 부지에서 현 상황에 대한 고전적인 사례를 볼 수 있다.

필라델피아에 사무소를 둔 조경 건축 디자인 회사 올린 파트너십(Olin Partnership)은 리처드 마이어(Richard Meier)[9]가 설계한 새 미술관의 구내를 담당했고, 이어 레이 스

7 Marc Treib and Dorothée Imbert, *Garrett Eckbo: Modern Landscapes for Living* (Berkeley, CA, 1997), p. 94에서 인용.

8 *Learning from Duisburg Nord*, p. 66. 이어지는 내용에서는 로잘린드 크라우스의 매우 영향력 있는 에세이 'Sculpture in the Expanded Field', *October*, 8 (1979)(유승민 역, 「확장된 장(場)에서의 조각」, 윤난지 편, 『모더니즘 이후 미술의 화두』[개역판, 눈빛, 2017])을 참조한다.

타크와 프랜 스타크 부부가 기증한 소장품을 위한 근대 조각 정원 설계에 기여했다. 조각 정원은 조경 관리의 주요 대상지가 되었으며(15장을 보라), 르네상스 시대에 빌라와 안뜰에 고전 유물을 전시하던 방식을 현대적으로 이어 가고 있다(6장을 보라). 사실 마이어는 게티 센터를 '이탈리아 고전 르네상스 빌라와 정원의 재해석'으로 설계했다. 하지만 새 게티 미술관에 있어 흥미로운 부분은 장소를 만드는 과정에서 나타난 로리 올린과 같은 조경 전문가들과, 설치 예술가로 유명하지만 '아마추어' 설계가인 로버트 어윈(Robert Irwin)[10] 사이의 대립이다.

게티 센터의 구내는 마이어가 언덕에 무리 지어 조성한 미술관 건물들 주변에 충분한 공간이 제공되도록 설계되었다. 이는 미술관 방문자와 연구자 등을 맞이하며, 그들이 휴식을 취하거나 건물 사이의 작은 공간을 탐색하고 가끔은 하늘과 지평선 사이에서 균형을 잡고 있는 조각을 감상할 기회도 제공한다.

이곳에는 진입 광장, 계단, 우산소나무, 단풍버즘나무 총림, 연못과 분수, 테라스, 주변 경관을 향해 열린 공지, 아름다운 선인장과 다육식물 정원이 있는데, 이는 식재를 통해 남부 캘리포니아의 사막 세계를 재현하고, 언덕 경계에 위치해 있어 그 자체로 주변 풍경 속으로 투영된다. 바로 이 구내에 또 하나의 전혀 다른 성격의 '전복적인' 정원이 조성되었는데, 바로 로버트 어윈이 설계한 '센트럴 가든(Central Garden)'이다. 이 정원은 미술관 광장의 가장 높은 곳에서부터 이어져 내려와, 온통 식물들로 가득 차 있는 '일종의 볼(bowl)'과 같은 공간에서 끝이 난다(도판 243).

어윈은 이전에 정원을 조성한 경험이 없었다. 그는 수천 달러어치의 원예 책을 구입하고 이를 잘라 내 콜라주를 만들었다고 말한다. 그는 돌들을 현장에 내려놓은 다음 "어쩌면 조금 더 복잡한 회화를 구성하듯이" 배치했다. 물은 일종의 차다르에서 솟아 나오는데, 이는 무굴 정원에서는 흔한 요소다. 그 효과는 매우 어지러우나 어윈의 말을 빌리자면 "결국에는 하나의 경험을 만든다." 하지만 그의 정원은 상세하고 합리적인 대상지 계획과 전문 정원사들이 지지하는 ("온갖 종류의 이상한 식물"과 "충돌하는 색상" 대신) 섬세한 색채에 그다지 관심이 없는 많은 정원사들을 매료시켰고, 심지어는 이들의 취향에 맞았다. '스트림 가든(Stream Garden)'을 지나 '볼 가든(Bowl Garden)'으로 이어

9 [역주] 미국의 건축가, 추상 미술가(1934-).

10 [역주] 미국의 설치 미술가(1928-2023).

243 로스앤젤레스, 게티 센터에 있는 로버트 어윈의 센트럴 가든.

지는 '센트럴 가든'의 전체적인 분주함은 마이어가 설계한 엄격한 구내와 정면으로 맞서는 듯 보인다. 파라고네는 의도된 것이고, 도전도 계획된 것이다. (휠체어로 내려가는 데 필요한) 지그재그로 된 길을 따라 이어진 입구는 다섯 번 꺾어질 때마다 각기 다른 감각을 제시하고, 못 안의 철쭉 미로(관리할 때를 제외하면 입구가 닫혀 있다)로 이어진다. 그리고 이 높이에서는 외부 풍경이 대부분 가려진다. 하지만 어윈은 미술관 구내의 다른 곳과 달리 이 정원에서 조각을 배제했다. 이곳은 조각 작품을 위한 배경이 되기에는 어수선하고 어울리지 않았을 것이다. 사실 어윈의 정원은 (그가 제안했듯) 미술관 안에 걸려 있는 회화와 경쟁하는 회화, 혹은 (그가 발표했듯) "예술이 되고자 하는 정원의 형태를 한 조각"으로 보는 것이 가장 적절할지도 모른다. 이 정원은 큰 논쟁을 야기했다.[11] 한 평

11 *The New Yorker* (8 December 1997)에 실린 로런스 웨슐러(Lawrence Weschler)의 'When Fountains Collide'와 그의 책 *Robert Irwin Getty Garden* (Los Angeles, CA, 2002)에는 어윈의 정원에 대한 상당히 호의적인 내용이 있다. David Marshall, 'Gardens and the Death of Art: Robert Irwin's Getty Gar-

론가(데이비드 마셜[David Marshall])가 말했듯 "동시대의 아마추어 가드닝 문화"는 "그저 식물"에만 관심을 두고 있으므로 어원의 정원은 복잡한 배치, 색채와 식물의 절충적인 활용으로 보는 이들에게 큰 기쁨을 줄 수 있을 것이다. 하지만 전문 조경 설계가였다면 이 독특한 구성물을 미술관의 전체 부지 속에 좀 더 솜씨 좋게 수용할 수 있지 않았을까 하는 느낌도 준다. 사실 어원의 정원은 화려한 설치 예술 작품이다. 하지만 이는 예산의 문제도, 공학 기술의 문제도, 비전문가가 할 수 없는 원예 기술의 문제도 아니다(게티 재단은 비용을 지불할 능력이 있다). 화려한 장소를 완고하고 엄격한 부지 설계와 대비시키고자 하는 어원의 미학에 따른 문제도 아니다. 특정한 정원에 대한 논쟁을 넘어, 이는 정원 조성과 조경이라는 긴밀한 두 분야의 미래에 대한 전망과 교차점에 대한 여러 관점을 제시한다.

미래의 공공 정원과 공원이 공공의 이용과 소비를 위해 조성되어야 함은 불가피하고, 어쩌면 필연적으로 그렇게 조성될 필요가 있다. 이는 전문가들이 작업을 주문하는 기관이나 시 당국과 협업한다는 뜻이다. 하지만 그렇다고 해서 오랫동안 인류가 정원을 가꾸며 의미 있는 장소를 만드는 일에서 즐거움과 흥취를 익혀 온 전통을 배제할 필요는 없다. 새로운 형태와 관념을 지닌 조경을 도입하려는 시도는 여러 차례 있어 왔고, 그중 일부는 주목할 가치가 있다.

몇몇은 대지 예술가의 작업에서 유래하는데, 우도 바일라허는 이를 『조경과 대지 예술 사이(Between Landscape Architecture and Land Art)』에서 조경가들과의 인터뷰를 통해 기록한 바 있다. 대지 예술가들이 새로운 방식으로 땅과 그곳의 재료에 대한 우리의 경험을 새롭고 활기 있게 만들었다는 점에서 높이 평가되지만, 대부분의 조경가들은 이들의 접근을 배척한다.[12] 대지 예술가들은 야생의, 심지어는 대개 접근하기 어렵고 설계되지 않은 영역을 보충하거나 조정한다. 하지만 대개 실제로 들어갈 수 있는 대상지로서의 장소를 제공하지는 않는다(많은 곳이 어쨌든 사진을 통해 더 잘 제시된다). 우리는 다시 조성된 경관보다 예술가가 원래의 경관에 무엇인가를 덧붙인 데 반응을 보인다. 예외적으로 방문자들이 그 장소에 반응하고 또 어떠한 형태로 그 장소에 거주하게 하는 곳도 있다. 이는 또한 정원을 조성할 수 있는 기회에 반응하는 듯한 대상지이기

den', *Studies in the History of Gardens and Designed Landscapes*, XXIV/3 (2004), pp. 215-228도 있다.

12 우도 바일라허가 *Between Landscape Architecture and Land Art* (Basel, 1996)에서 한 인터뷰들을 보라.

244
다니 카라반, 스페인 포르트보우에 있는 〈발터 베냐민을 기리며(In Memory of Walter Benjamin)〉. 내려가는 계단의 덮개로 덮인 입구와 외딴 나무.

도 하다. 1940년 9월 발터 베냐민이 스스로 생을 마감한 코스타 브라바(Costa Brava)의 포르트보우(Portbou)에 다니 카라반(Dani Karavan)이 조성한 **파사주**(*Passages*) 혹은 기억의 장소에서 그를 기리는 방식은 매우 감동적이다(도판 244).[13] 현지 카탈로니아 지방의 묘지 옆에 코르텐강 재질의 단이 있고, 그 가운데에는 단순한 정육면체가 있다. 그 너머로는 도망이나 자유에 대한 모든 희망을 차단하는 듯한 철조망이 있다. 근처에는 외딴 올리브 나무가 한 그루 있으며 직사각형의 덮개로 덮인 입구를 통해 바위투성이 해안 사이로 난 아찔한 철제 계단으로 내려간다. 이 통로는 절벽 끝, 베냐민의 말이 새겨진 유리 벽으로 이어진다. 그 아래로 끊임없이 부서지는 파도가 보이고 들린다. 그의 말은 유명한 이보다는 이름 없는 이들에 대한 기억을 기린다. 카라반은 이것이 제3제국(Third Reich), 즉 나치 독일에서 망명하기 위해 피레네산맥을 넘어 스페인으로 온 모든 이름 없는 이들에 대한 기념물이 되기를 바랐다. 베냐민의 글과 그를 집어삼킨 갈등을 아는 이들은 묘지에 있는 베냐민을 위한 관습적인 묘비명보다는, 이 경관이 유도하는 경험에서 분명 더 많은 것을 떠올릴 것이다. 이 경관과 경관 속에 삽입된 요소는 고요하고 사려 깊게 다른 이들을 위한 무언의 메시지를 전한다.

13 Ingrid und Konrad Scheurmann, *Dani Karavan, Hommage an Walter Benjamin: der Gedenkort "Passagen" in Portbou* (Mainz, 1995). 제목과 글 모두 독일어로 되어 있다. 메모리얼 열풍에 대한 보다 일반적인 내용은 Erika Doss, *Memorial Mania: Public Feeling in America* (Chicago, IL, 2010)를 보라.

하지만 현대 세계에는 홀로코스트의 비극부터 뭄바이와 런던, 뉴욕의 테러 공격까지 기념해야 하는 다른 상실도 존재한다. 모두가 카라반이 베냐민을 기리는 것처럼 무언이나 낮은 목소리로 메시지를 전하는 것은 아니다. 하지만 조경가뿐 아니라 건축가들도 설계를 제안하고자 했고, 메모리얼 열풍이 일면서 이는 조각 공원과 맞먹는 현대적 장르가 되었다. 그럼에도 이런 디자인은 희생자의 가족 및 유관 단체나 공동체의 상충되는 요구를 처리하는 데 있어 까다로운 문제를 제기한다. 사실적 이미지와 추상적 이미지 중 어느 쪽을 선택할 것인가 하는 문제 또한 이에 못지않게 어렵다. 사실, 기억이 부정확하고 흐릿해질 장래에도 정원 레퍼토리를 주로 이용하는 이런 요소들이 잘 유지될지는 분명하지 않다.

하지만 우리는 당연한 개인적 상실도, 또 당장 인간적으로 위로해야 하는 상실도 아닌 것에 직면한다. 산업이 붕괴하면서 방치된 공간들, 즉 일자리 상실과 비어 있는 부지들이 도시와 교외, 인구 조직에 커다란 빈틈을 남기는, 혼란스럽고 제대로 작동하지 않는 공간이 바로 그것이다. 하지만 이는 조경가들을 가장 흥분시키는 도전 과제 중 하나가 되었다. 이는 (파리의 시트로엥 공원에서처럼) 공업 부지의 자취를 지우고 새로운 공원과 정원을 설치하는 것이 아니라 다양한 목적을 위해 남아 있는 것들을 변경하는 것이다. 이런 공간은 19세기 공원이 지녔던 목가적 이미지나 감성을 굳이 받아들이거나 요구할 의무도 없다. 독일의 뒤스부르크 노르트 공원은 버려진 제철소를 활동과 공연, 재활성화된 시민 생활이 어우러진 동시대적 공간으로 흡수한 성공적인 사례다. 브라운필드와 다른 유해한 구역, 즉 '찌꺼기 경관'의 훼손된 사회적·물리적 환경도 조경적 개입으로 치유할 수 있는 장소로 재인식되고 있다(19장을 보라). (적어도 미국에서) 대대적으로 알려진 '랜드스케이프 어버니즘'은 경관이 도시 기반시설과 전 세계 도시의 대규모 확산을 주도하는 방식을 다시 구상하는 특별한 도전을 이어 가고자 한다. 이는 건축가가 논제를 정하는 것을 거부하고, 경관과 건축물이 서로의 존재와 유용성을 존중하게 하며, 심지어는 경관의 확장된 장 자체가 논제를 정할 수 있게 한다는 뜻이다.[14]

필자는 조각 공원과 메모리얼, 폐산업부지의 개조뿐 아니라 새로운 조경을 이끌

14 Charles Waldheim, ed., *The Landscape Urbanism Reader* (New York, 2006)에서는 이 새로운 분야의 재편성을 설명하고자 한다. 기존 사상으로부터 받은 도움은 대체로 숨겨지는데, 아마도 그 새로이 '부상하는' 위치를 강화하기 위해서일 것이다. Alan Berger, *Drosscape: Wasting Land in Urban America* (New York, 2006) 참고.

수 있는 더 많은 일련의 아이디어와 목표가 있다고 본다. 우리가 할 수 있는 일, 즉 과거의 정원 조성의 세계에서 미래를 위한 영감을 가져온다면, 조경가를 위한 의제는 다음의 것을 다루어야 할 것이다. (1) 철로, 고속 도로와 같은 현대 생활의 '비(非)장소'를 검토하는 것, (2) 지역성과 세계화의 현안, 당면한 문제 속에서 다양한 문화, 심지어는 다양한 시대가 오늘날 자신의 정원을 거듭 주장할 수 있는 방법을 탐색하는 것, (3) 많은 공공 생활에 더 많은 드라마, 사람들 간의 더 많은 상호 교류가 필요함을 인식하는 것으로, 조경가는 특히 정원 만들기가 연극에 오랫동안 빚져 온 것을 잘 활용할 수 있다. (4) 역사가 잊히지 않아야 하지만 동시에 새로움이 요구되는 장소에서, 역사와 역사적 기억을 지우지 않고 현재와 함께 머물게 할 수 있도록 입장을 잘 취하는 것 등이다.

버려진 대상지를 재개발하는 것 외에, 마르크 오제(Marc Augé)[15]가 '비장소(non-places)'라고 부른, 우리가 많은 시간을 보내는 철도나 고속 도로, 몰, 공항과 같은 현대 생활의 기본적인 기반시설을 보다 흥미롭게 만들 필요도 있다. 공항은 보안 문제와 항공 여행의 상당한 난점 때문에 고전하고 있지만, 몰은 비교적 나은 편이고, 외부 공간에도 신경을 더 썼다.[16] 철도는 그보다 훨씬 성공적으로 대처했다. 꿈의 세계로 향하는 아틀랑티크 정원(19장을 보라)뿐 아니라 프랑스 전역의 새로운 기차역들은 초고속 열차(TGV)의 도래에 대응했다. 이용되지 않는 방대한 조차장이 사라진 자리에는 새로운 정원을 위한 공간이 생겼다(19장을 보라). 하지만 시내의 사무실에서 근무를 마치고 정원이 딸린 교외의 집으로 돌아오는 가장(*pater familias*)을 환대하던, 교외 기차역을 아름답게 장식하던 동네 정원은 사라진 듯하다.[17] 이제 많은 유럽 국가에서 산을 깎아 만든 철로와 고속 철도는 승객들이 완행열차를 기다리면서 화단과 채원을 즐겼을 지방 간이역을

15 [역주] 프랑스의 인류학자(1935-2023).

16 M. Jeffrey Hardwick, *Mall Maker: Victor Gruen, Architect of an American Dream* (Philadelphia, PA, 2004). 로런스 핼프린, 마사 슈워츠와 같은 다른 이들도 몰 조성에서 기량을 발휘했다.

17 '비칭(Beeching)'의 가지치기(영국 국영 철도의 대규모 지방 노선 폐지, 제안자 리처드 비칭[Richard Beeching]의 이름에서 유래한 용어-역자)가 1960년대 영국 철도 시스템을 극심하게 약화시키기 전에 영국에서 매우 눈에 띄던 일이다. Charlotte Lagerberg Fogelberg and Frederik Fogelberg, '100 Years of Gardening for the Public Service-The Horticultural Heritage of Swedish State Railways', *Studies in the History of Gardens and Designed Landscapes*, XXXI (2011)도 보라.
[역주] 철도가 등장하면서 중산층이 도시의 번잡함을 피해 교외 주택으로 이주해 살던 19세기 중후반의 문화를 암시한다.

우회한다. 가장 아름다운 철도 정원을 뽑는 대회에서 경쟁하던 일도 사라졌다.

철로에서 원예적 볼거리와 정원 경관은 쇠퇴했지만, 프랑스의 고속 도로에서는 그렇지 않았다. 프랑스 정부는 고속 도로 시스템이 프랑스의 시골 경관을 파괴한다는 비판을 피하고자 1980년대부터 많은 노력을 기울여 왔다. 오늘날 고속 도로는 방대하고, 고도로 효율적인 도로망을 제공한다. 이용자뿐 아니라 (고속 도로가 민영화되었기에) 소유자도 끝없이 계속되는 여정에 자극과 휴식이 필요함을 인식하기 시작했다. 프랑스는 길가의 경관에 대해 재고할 뿐만 아니라 필수적인 화장실과 식사 장소 이상의 기능을 제공하는 휴게소를 조성하여 실질적인 성공을 거두었다. 이러한 시설의 변화는 운전자의 고속 주행을 방해하지 않으면서도 그가 측면을 언뜻 보게끔 시선을 끌어야 한다는 도전 과제를 설계가에게 남겼다. 하지만 한쪽으로는 주의 깊게 차폐하고, 다른 한쪽으로는 먼 곳의 저택이나 유명한 건물이 보이도록 도로가 설계된 유럽에서의 긴 자동차 여행은 훨씬 덜 지루하다. 여행자들이 차에서 내려 주변의 자연 요소를 탐색하거나 지나가는 지역에 대해 배울 수 있는 휴게소의 조성 또한 긴 여행에 활기를 부여한다. 길을 벗어나 생트로슈포르(Saintes-Rochefort) 고속 도로의 크라잔(Crazannes)에 있는 기이하게 속이 빈 채석장과 진귀한 양치식물이 있는 바위 형성물과 동굴을 탐색하거나, 님 인근 프로방스 지역의 경관을 잠시 둘러보라는 제안은 매우 가치가 있다. 이탈리아에서 스페인을 향해 끝없이 운전을 하다가 님케사르그에서 잠시 휴식을 취하는 방문자는 주변보다 낮은 고속 도로와 넓은 잔디밭 중 어느 것이 먼저 만들어졌을까 궁금해하며 고속 도로 양편으로 펼쳐진 **타피 베르**(*tapis vert*)[18] 위를 걸을 수 있다. 정원 경관의 요소도

245 베르나르 라쉬, 님 외곽의 고속 도로 휴게소.

18 [역주] 넓게 펼쳐진 푸른 잔디밭을 일컫는 프랑스어.

있는데, 과거 19세기에 시내에 있던 오페라하우스의 파사드 형태를 한 폴리와 도로의 양쪽에 하나씩 놓인, 님에 있는 로마 시대의 유명한 탑인 투르 마뉴(Tour Magne)[19]를 본뜬 두 개의 벨베데레가 그것이다(도판 245). 여기에서 도시의 원경을 볼 수 있고, 탑의 미니어처도 있으며 고대 도시의 모델도 전시될 계획이었다. 오늘날 각각의 장소에서 주민들은 채석장을 탐색한다거나(접근로를 통해 고속 도로에 들어가지 않고도 갈 수 있다), 님의 풍경을 멀리서 보며 자동차 여행자들을 위한 휴게소를 방문하고 또 즐길 수 있다.[20]

역사가들은 지역 정원과 공원의 문화적 맥락을 존중해야 한다. 하지만 시대와 문화를 가로지르는 다른 형태와 관념을 향한 통시적 제스처가 우리의 관심을 확장하는 대단히 흥미로운 경우도 있다. 특정한 시간과 장소에 대한 반응이 다른 인상으로 인해 증강되거나, 아주 흥미로운 방향으로 주제를 벗어나는 사례에 대해 생각해 볼 수 있다. 한때 18세기 말의 정원과 파크 속 곳곳에 있었지만 점차 자극제로서의 역할을 잃은 중국이나 터키, 혹은 다른 이국적인 폴리는 버려진 경관에서 '확실하게 알아볼 수 있는 여가의 경관'으로 돌아왔다. 우리는 새로운 것에 자극받지만, 픽처레스크는 여전히 연상 작용에 영향을 미친다. 크리스토프 지로(Christophe Girot)는 뒤스부르크 노르트 공원의 "다 허물어져 가는 제철소"를 "상당히 상징적인 폴리"라고 보았다.[21] 브래드퍼드의 현대적인 이슬람 정원은 지역 이민자들의 마음을 끌도록 설계되었을지 모르나(4장을 보라), 동시에 이는 요크셔주의 낯선 들판과 공장 한가운데에서 무굴 정원에 대한 기억을 환기시킨다. 프랑스에 있는 노리아 정원은 우물에서 물을 끌어올리는 고대의 기술(노리아는 아랍 지역의 농업 기술에 따라 아주 오래전에 세워졌다)을 기반으로 한다(도판 246과 247). 하지만 프로방스에서는 지하 배수로, 스페인의 헤네랄리페 방식으로 만들어진 미니어처 못, 현대적인 앉을 자리, 이슬람 정원을 반영하지만 모더니즘적 형태

19 [역주] 님에 있는 갈로·로만 시대의 유적.

20 크라잔에 대해서는 Michel Conan, *The Crazannes Quarries by Bernard Lassus: An Essay Analysing the Creation of a Landscape* (Washington, DC, 2004)를 보라. 님의 휴게소에 대해서는 필자의 *Greater Perfections*, pp. 227-228을 보라. 고속 도로에 대한 관심이 높아짐에 따라 프랑스 교통부는 매년 도로 경관의 다양한 양상에 상(황금 리본[Ruban d'Or] 등)을 수여한다. Christian Leyrit et Bernard Lassus, dir., *Autoroutes et Paysages* (Paris, 1994)도 보라.

21 *Learning from Duisburg Nord*, p. 29. 픽처레스크의 '모더니티'에 대해서는 *The Hopkins Review* (2011)에 실린 필자의 논고 'John Ruskin, Claude Lorrain, Robert Smithson, Christopher Tunnard, Nikolaus Pevsner, and Yve-Alain Bois walked into a bar…'를 보라.

246, 247
프로방스, 위제스(Uzès) 인근 노리아 정원의 풍경.

를 한 거대한 화분으로 장치가 확장되었다. 파리 유네스코 본부에 있는 노구치의 정원은 영감과 형태적 장치의 측면에서는 일본적일 수 있지만(17장을 보라), 이는 모더니즘적 공간으로도 읽히며 오직 일본적 정체성만을 지닌 것은 아니다. 이와는 반대로 로런스 핼프린이 텍사스주 포트워스시의 트리니티강(Trinity River) 주변에 조성한, 도시 이름의 기원이 된 최초의 워스 요새(Fort Worth)가 있던 자리를 표시하는 헤리티지 공원(Heritage Park)은 일본적 형태와 개념을 이용했다. 헤리티지 광장(Heritage Place)은 최초의 요새가 있던 공간의 윤곽을 따라 배치된 추상적인 콘크리트 담이 있고, (현재는 물이 흐르지 않지만) 원래는 담의 시작 부분에서 떨어져 내려 콘크리트 파빌리온에서 수로를 통해 흐르는 물소리로 가득한 명상적인 곳이었다. 일본의 초즈바치(手水鉢, 신사에 들어가기 전에 정결하게 하기 위해 손을 씻는 곳)를 떠올리게 하는 돌로 된 수반에서 시작되는 수로와 징검돌(혹은 콘크리트 판)은 선불교적 정원에 대한 참조를 드러낸다. 한 평론가를 이를 "정교하게 환기된 감각적 경험의 시퀀스"라고 묘사했다.[22] 물의 효과가 사라진 오늘날 이곳을 찾은 이들은 일본 문화와의 관계를 간과할 수 있지만, 핼프린의 설계는 눈앞에 드러난 지역적 특징 너머의 것을 명상하도록 자연스럽게 이끈다.

다른 정원 문화를 차용하는 일은 초연결 시대의 지구촌 세계에서 어떻게, 그리고 어느 정도까지 조경에서의 지역성을 다루어야 하는가에 대한 흥미로운 문제를 야기한다. 필립 셸드레이크의 책에 "장소, 기억, 정체성"의 연결에 대한 도발적인 주장이 제시되어 있다(1장을 보라). 제라드 맨리 홉킨스의 작품에 대한 그의 호소는 예수회 교육을 받은 제임스 조이스를 떠올리게 한다. 조이스 또한 정육점 주인의 바구니만큼이나 단순한 것의 **전체성**(*integritas*)과, 이를 "복합적이고, 다양하며, 분리 가능하고, 여러 부분으로 구성되어 있으면서도 (…) 그 합은 조화롭다"[23]라고 인식하는 분석을 강조한다. 조이스가 더블린의 특별함을 이해한 방식을 볼 때, 우리는 한 장소에 대한 이토록 두터운 묘사가 지닌 힘이 얼마나 강력한지를 알 수 있다.

바일라허의 『정원에서』와 같은 책에 지속적으로 나타나는 흥미로운 점 중 하나는 논의되고 예시된 모든 대상지가 특정한 장소의 힘을 드러낸다는 사실이다. 어떤 점에서 이는 특징이 없는 장소는 고려하지 않겠다는 거부 의사이기도 하다. 스코틀랜드부터 스위스까지, 베를린부터 찬디가르(Chandigarh)까지, 암스테르담부터 그라츠(Graz)까지 디자인은 재료와 형태, 맥락에 대한 반응을 드러낸다. 이언 해밀턴 핀레이의 '좁은 산책로(close walks)'(필자가 18세기의 정원 어휘에서 끌어온 용어), 프랙털과 전파 파동, 카오스 이론을 숭배하는 찰스 젠크스의 우주적 사색의 정원의 방대한 경관, 그 이미지가 보마르초의 조각상을 능가하는 토스카나 지방의 가라비키오(Garavicchio)의 다채로운 타로 정원,[24] 이와 비슷한 정교한 작업으로 볼 수 있는, 지역 고유의 색을 띤 시멘트 조각상과 잡석 쌓기가 끊임없이 확장되는 펀자브 지방의 바위 정원(아이러니하게도 이는 르

22 Sutherland Lyall, *Designing the New Landscape*, p. 25. 이 장소는 Alison Hirsch, 'Lawrence Halprin's Public Spaces: Design, Experience and Recovery. Three Case Studies', *Studies in the History of Gardens and Designed Landscapes*, XXVI (2006)에서 예시되고 논의되었다.

23 [역주] 제임스 조이스, 『젊은 예술가의 초상』의 구절.

24 [역주] 니키 드생팔(Niki de Saint Phalle)이 조성한 조각 정원.

코르뷔지에의 모더니즘 도시 인근에 위치하고, 이곳을 조성한 넥 찬드[Nek Chand]는 찬디가르의 도로 감독관으로 근무했다)처럼 이들은 대체로 확연히 다르다. 광범위한 대상지와 공간, 계기를 아우르는 정원 조성에 대한 글을 엮은 이 책은 아주 흥미롭다. 조각, 물의 형태, 깔끔하게 다듬은 풀밭, 종종 보이는 (하지만 너무 많지는 않은) 비문, 역사적 표현(크리스토프 지로가 설계한 베를린의 인발리덴 공원[Invalidenpark]), 간결한 수로와 복잡한 로코코 화단의 선명한 대비는 각각의 역할을 한다. 어떤 장소는 매력적이지 않은데, 카라반이 뒤스부르크에 조성한 기억의 정원(Garten der Erinnerung)이 필자에게는 그러하다. 예전에 항구가 있던 곳이 [백색 콘크리트로 정원 구조물을 만들어-역자] 희끄무레해졌고, 장식은 지나치게 많다. 하지만 바트외인하우젠(Bad Oeynhausen)의 아쿠아 마기카 파크(Aqua Magica Park)[25]에 대지 예술처럼 설치된 것은 성공적이다. 이는 키나스트 포크트 파트너십(Kienast Vogt Partnership)이 취리히에 조성한, 단순하고 장난스러우며(아이들이 건물 밖 홈통에 손가락을 담근다) 조류와 지의류, 이끼가 작은 안뜰에 색채를 부여하는 과정을 인식하는 가로 정원 및 안뜰과 비슷하다(도판 248).

생태적 표현, 상대적으로 작은 실내 안뜰에 대한 취미, 정원 형태와 모티프에 대한 새로운 관심 또한 여러 최근 작품에 반복적으로 나타난다. 마이클 반 발켄버그의 작업(유수지, 건물의 지표 유출수를 모은 습지대, 건설된 습지 패널로 표시된 주차장)은 윤리적이고 생태적인 접근을 강력하게 견지하지만,[26] 이는 장소의 역사에 대한 관심 및 정원이 기여하는 바에 대한 이해와 결합된다. 인디애나주 콜럼버스(Columbus)의 밀 레이스 공원(Mill Race Park)은 광범위한 범람을 견딜 수 있고, 다른 곳에서 발켄버그는 바위나 정원 가림막을 따라 얼음이 얼도록 했다. 발켄버그는 지형을 이용해 작은 계곡에서 더 많은 것을 발견하게 하거나, 뉴욕주 캐츠킬산맥에 도로를 놓을 때의 절단면을 떠올리게 하는, 야생을 추상화한 로어 맨해튼의 티어드롭 공원(Teardrop Park)의 암석판에서처럼 지질학적 특징을 고안하거나 모방하는 데 주저하지 않았다(도판 249). 그는 입구나 전이 지점(티어드롭 공원의 입구, 보스턴 어린이 박물관 광장 입구, 혹은 도착의 흥분을 활용한 다른

25 [역주] 독일의 온천 도시 바트외인하우젠에 조성된 공원. 19세기 중반 풍경화식 정원 양식의 휴양지로 조성되었고, 제2차 세계대전 이후 공원으로 정비되었다. 2000년 주 정원 박람회(LAGA)를 계기로 프랑스의 조경 설계 사무소 아장스 테르(Agence Ter)가 설계한 초현대적인 온천 공원으로 탈바꿈했다.

26 Anita Berrizbeitia, ed., *Reconstructing Urban Landscapes: Michael Van Valkenburgh Associates* (New Haven, CT, 2009).

248
키나스트 포크트 파트너십,
취리히의 바슬러+파트너
(Basler+Partner) 건물 안뜰.

249
마이클 반 발켄버그,
뉴욕주 맨해튼의 티어드롭
공원.

배치)도 좋아했다.

아마추어 가드니스트는 지형 속에 내재한 것들의 결합과 인류 역사의 축적에서 한 대상지가 특징을 도출해 내는 방식에 필연적으로 관심을 기울이는 경향이 있다. 조경가는 그것보다는 자신만의 상상에 더 공을 들인다. 하지만 오늘날 공공 조경의 일반적 형식과 기교를 넘어 장소의 특정한 정체성을 파악해야 할 필요는 점점 더 커지고 있다. 이는 특히 셸드레이크가 인식했듯 "이제 장소는 더 이상 단순한 지역이 아니기" 때문이다. 설계가 지닌 연극적 가능성에 적합한 사항에 관여하는 방식으로 지역성은 공공 장소에 활용될 수 있다. 그저 (몇몇 테마 파크처럼) 장소를 '무대에 올리는' 무대 배경 그림 같은 고안이 아니다. 이는 그 장소 자체가 자연스럽게 공연을 하고, 사람들이 공공 공간에 있는 자신의 모습을 볼 수 있고, 또 다른 사람들도 그렇게 하는 것을 즐길 수 있도록 하는 것이다. 연극과 정원 가꾸기는 오래전부터 연결되었고 이는 그리스 연극, 르네상스 정원, 윌리엄 켄트와 같은 설계가와 무대 작업의 연관(9장을 보라) 그리고 샤를 보들레르가 지루한 무대 배경 화가들이 충분히 독창적이지 않다고 신랄히 비난한 일로 거슬러 올라간다. 이 모든 것은 오늘날 자신들만의 현대적 형식과 활용을 찾아야 한다. 일찍이 J. B. 잭슨(J. B. Jackson)은 물리적으로든 형이상학적 개념으로든 경관을 연극으로 생각하자고 주장했지만, 이러한 가능성에 대해 우리는 아직 충분히 응답하지 못하고 있다.[27] 현대의 그래픽에서는 항상 풍경 속에 사람들을 포토샵으로 제시한다(도판 137을 보라). 하지만 우리는 이 사람들이 산책이라는 교환 행위에 관여하고 있다고, 그리고 이 사람들이 공원이나 정원이라는 연극에 참가했다고는 거의 생각하지 않는다.

많은 사례에서 연극적인 이벤트는 설계 때부터 이미 추정된다. 뒤스부르크 노르트 공원에는 공연용 무대가 있지만, 지로는 전체 공원 자체가 '무대화'되었다고 보았다.[28] 그의 말을 이어 보면, 이 장소에서는 많은 활동을 수행할 수 있을 뿐 아니라 볼 수도 있고, 이곳에 오는 군중에게 가장 흥미롭고 뛰어난 면을 제시한다고도 할 수 있을 것이다. 이와 비슷하게 마사 슈워츠가 맨체스터에 설계한 익스체인지 광장도 다른 사람들이 다양한 일을 하는 것을 지켜보고, 남들이 나를 보고, 배경(풍경)이나 중요한 장소에서 그런 일을 하도록 요청한다(19장을 보라). 모든 무대 혹은 원형 극장의 암시는 사람들이 보고 보이는 이중적인 활동을 유도한다. 하지만 우리가 연극적 기회에 본능적으로 반응하는, 보다 미묘한 방식도 여럿 있다.

주변 가로와 건물에서 공공 광장이나 스퀘어로 진입하는 일은 거창한 관문, 매력적인 엑세드라로 예고될 수도 있고, 혹은 그저 다른 공간으로 걸어 들어가는 행위 자체로 시작될 수도 있다. 여기에는 존 러스킨이 『베네치아의 돌(The Stones of Venice)』[29] 제2권에서 이야기했던, 주변의 좁은 길(calle)에서 베네치아의 산마르코 광장(Piazza di

27 *Landscape*, XXIII/1(1987)에 게재되었던 J. B. 잭슨의 글은 *The Necessity for Ruins and other Topics* (Amherst, MA, 1980)에 재판되었다.

28 *Learning from Duisburg Nord*, p. 30.

29 [역주] 박언곤 역, 『베네치아의 돌』(예경, 2006).

250 로런스 핼프린, 콜로라도주 덴버(Denver), 스카이라인 공원(Skyline Park), 부분 철거 전.

San Marco)으로 갑자기 들어서는 일 같은 경우는 없다. 동시에 그는 그 절정의 순간을 조용한 영국 도시에서 '낮은 잿빛 관문'을 지나 대성당 경내로 갑자기 들어서는 경험과 신중하게 대비시켰다. 그는 상세하고 기민한 묘사를 통해 이를 베네치아와 비교하고, 이로써 각 장소의 서로 다른 장소성은 매우 분명하게 드러난다.

감지할 수 있든, 미묘하든, 입구를 통해 마련되었든, 아니면 예상하지 못한 광장으로 갑자기 들어설 때 맞닥트리게 되든 간에, 이런 전이 지점이나 문은 우리의 관심을 끌고 진입을 수월하게 해주는 극적인 형태다. 그리고 건축가는 항상 공원과 도시를 지나는 움직임을 가늠하고 계획해야 한다. 작은 정원이라도 사려 깊은 움직임의 시퀀스에 반응할 수 있다. 로런스 핼프린은 그의 재능 많은 무용가 아내 애나(Anna)에게서 장소의 안무를 짜고 이를 통해 움직임을 구상하는 법을 배웠을 것이다. 하지만 그는 일본 정원의 징검돌에서도 걸음을 내딛는 법과 멈추어서 보는 때를 익혔다. 이는 시민을 위한 공간을 다루고(도판 250), 휴식을 취하고 바라보는 법에 대한 그의 상세한 기록에 나타난다. 이는 그가 조성한 아주 작은 개인 정원에서도 효과적이었다.[30] 세틀리오는 개구부와 위를 향하는 한 쌍의 계단을 통해 방문자를 새로운 공간으로 이끄는 단순한 방법을 제안했다(9장을 보라). 이는 반대 방향으로도 작동하고, 우리가 많은 장소에서 발견하게 되는 형식이다. 이는 예술과 공예 운동 정원에 여러 차례 다시 나타났고(도판 218과 222를 보라), 그 이후 런던 밀뱅크(Millbank)에 있는 테이트 브리튼 미술관의 터너 갤러리 입구에서처럼 여러 번 모방되었다.

현대의 픽처레스크에 대한 반감에도 불구하고, 그것은 장소에 대한 연극적 반응에서 핵심적인 역할을 한다. 이는 진부한 신문 기사 같은 예찬이나 어떤 보기 좋은 곳의 설계를 통한 것이 아니다. 설계가는 우리가 움직임을 통해 기억을 떠올리거나 무엇인가를 연상하도록 함으로써, 시골과 도시 풍경 양쪽에 모두 반응하도록 유도한다. 동판화나 회화, 사진으로 포착된다 하더라도 사실 픽처레스크는 정적인 이벤트가 결코 아니었다. 그와 반대로 픽처레스크는 (18세기 프랑스 정원가 르네 루이 드 지라르댕의 말을 빌리면) "모든 지형이 종이 한 장의 평평함으로 [환원되는] 것"을 보기를 거부하며, 그림틀이나 렌즈 뷰파인더의 한계 속에 가두려는 제한으로부터 벗어나고자 분투한다. 이는 18세기에 '시차(視差, parallaxis)'[31]라고 불렸던 것을 행하는데, 이는 "관찰자의 위치가 변하면서 신체의 외견상의 위치가 이동하는 것"을 뜻하는 그리스어에서 유래한다.[32] 정원이나 공원을 거니는 보행자로서, 우리는 장소가 제시되고 또 반대로 우리가 마치 움직이는 그림 속에 있는 것처럼 그에 반응하는 방식을 접한다. 그렇기에 세틀리오의 이중 계단은 우리가 장소를 어떻게 다루는지를 함축적으로 보여 주는 단순하지만 효과적인 역할을 한다.

경관 속에서 우리는 다음과 같이 세 개로 나뉜 경험에 따라, 그리고 그 과정 속에서 살아간다. 우리는 한 장소를 발견하거나 우연히 맞닥뜨리고, 걸으면서 천천히 둘러보고, 발의 움직임처럼 마음의 내적 움직임으로 그 의미를 흡수한다. 이는 장소(site), 시각(sight), 통찰(insight)이라는[33] 연속적인 경험이다. 이 과정은 실제 상황이 아니면 포

30 Hirsch, 'Lawrence Halprin's Public Spaces'를 보라.

31 [역주] 한 물체를 각기 다른 위치에서 관측했을 때 나타나는 위치나 방향의 차이.

32 여기에서 필자는 훌륭한 논고인 Yve-Alain Bois, 'A picturesque stroll around *Clara Clara*', *October*, 29 (1984), pp. 32-62를 참조한다.

33 [역주] 저자의 저서 *Site, Sight, Insight: Essay on Landscape Architecture* (University of Pennsylvania

착하기 어렵지만, 가끔은 고정된 이미지에서도 이러한 경험을 직감할 수 있다. 그리고 18세기가 온전한 의미에서 픽처레스크의 전성기였다는 점을 고려해 보면, 그 시기에서 훌륭한 사례를 발견할 수 있다. 피터르 안드레아스 리스브라크(Pieter Andreas Rysbrack)[34]는 1720년대 후반에 치직의 오렌지 나무 정원을 그렸는데, 그림 뒤쪽의 산울타리에서 한 무리의 사람들이 나오고, 그중 한 사람은 이제 막 정원에서 보게 될 것을 가리키고 있다(도판 251과 252). 이렇듯 우리 모두는 때로 극적 가능성을 알아채지도 못한 채 경관에 반응했던 경험이 있다.

이 모든 가능성은 현재를 수행하고 미래를 형성하는 과거의 자원에 달려 있다. 조르주 데콩브는 디자인이 "퇴적된 문화가 가장 분명하게 드러나는 프리즘"이라고 했다.[35] 한 줄기 빛에서 설계가는 형태와 의미의 스펙트럼을 분리하고 드러낸다. 다양한 문화의 퇴적 속에 숨겨진 것에 주의를 기울이면 정원과 경관의 풍부한 언어를 이끌어 내는 것이 가능하다. 그렇게 한다면 과거가 그러했던 것만큼이나 미래도 놀라울 수 있다.

『셀본의 자연사와 고대 유물(The Natural History and Antiquities of Selborne)』의 저자인 18세기의 박물학자이자 정원 조성가 길버트 화이트(Gilbert White)는 중세 세계를 다룬 T. H. 화이트의 『과거와 미래의 왕』(1958) 제17장에서 중대한 일, 미래와 과거의 반복을 대변하는 인물로 언급된다. 소설 속 맥락은 정원보다는 조류학과 관련되지만 정원의 "언어" 또한 흥미롭고 호기심을 자아내며, "넓고 오래되었다." 마무리에 적합한 인용이다.

> 개똥지빠귀를 생각하며 워트가 물었다. "새들이 우는 까닭, 아니면 방법을 아시나요? 그것이 언어일까요?"
>
> "물론 그것은 언어다. 이는 인간의 말처럼 큰 언어(big language)는 아니지만, 넓지."
>
> "길버트 화이트는 '새들의 언어는 아주 오래되었다'고 말한다(다르게 표현하자면, 말할 것이다)"라고 멀린은 말했다. (…)

Press, 2016)의 제목이기도 하다.

34 [역주] 18세기 초 영국에서 활동한 플랑드르 출신의 화가.

35 *Recovering Landscape*, ed. James Corner (New York, 1999).

251 피터르 안드레아스 리스브라크, 〈치직의 오렌지 나무 정원(The Orange Tree Garden, Chiswick)〉, 1720년대 후반, 캔버스에 유채.

252 리스브라크, 〈치직의 오렌지 나무 정원〉의 세부.

감사의 글과 사진 출처

왜, 무엇 때문에 정원을 만드는가에 대한 학생들 및 여러 관심 많은 독자들과의 수년간의 토론에 감사한다. 또한 패트릭 보우(Patrick Bowe), 파올로 뷔르기, 앨버타 캠피텔리(Alberta Campitelli), 스태니슬로스 펑(Stanislaus Fung), 앨리슨 하디, 론 헨더슨(Ron Henderson), 베르나르 라쉬, 데이비드 레더배로, 마스이 사치미네(増井サチミネ), 로리 올린, 애너톨 츠킨(Anatole Tchkine), 제임스 웨스콧(James Wescoat)과 같은 친구들의 도움과 조언에도 고마움을 표한다. 이들이 없었다면 이 책은 나오지 못했을 것이다. 필자와 출판사는 도판 자료를 제공해 주고 복제하도록 허가해 준 다음의 출처에 사의를 표한다. 일부는 위치도 표시했다.

Photo courtesy of The Academy of Natural Sciences, Philadelphia, PA: 201, 203; photo airunp 5; from Rito Akisato, *Miyako Rinsen meisho zue* ['Illustrated Manual of Celebrated Gardens in the Capital'] (Kyoto, 1799): 210; from Giovanni Battista Aleotti, *Gli artifitiosi et curiosi moti spiritali di Herrone* (Ferrara, 1589): 81; from Adolphe Alphand, *Les Promenades de Paris. Histoire — Description des embellissements — dépenses de création et d'entretiens des Bois de Boulogne et de Vincennes — Champs-Élysées — Parcs — Squares — Boulevards — Places plantées. Étude sur l'art des jardins et arboretum* (Paris, 1867–1873): 181, 184; Art Institute of Chicago (gift of Mrs Richard E. Danielson and Mrs Chauncey McCormick): 58; photo by or courtesy of the author: 1, 2, 7, 19, 37, 38, 39, 66, 83, 84, 85, 90, 94, 107, 114, 129, 133, 144, 145, 172, 173, 174, 175, 188, 189, 191, 205, 206, 207, 216, 219, 227, 230, 231, 232, 234, 245, 250; postcard in the author's collection: 185; from Jacques Aymard, *Essai sur les chasses romaines, des origines à la fin du siècle des Antonins-Cynegetica* (Paris, 1951): 14; Bayerische Verwaltung der staatlichen Schlosser, Munich: 182; from Wilhelm Gottlieb Becker, *Das Seifersdoifer Thal* (Leipzig, 1792): 170; Biblioteca Reale, Turin (Cadice Torinese Saluzziano 148): 17; Bibliothèque Municipale, Metz: 56 (Ms 1486); Bibliothèque Nationale de France, Paris: 61 (MS 2810), 70 (Ms Arsenal 5064); Bibliothèque Royale Albert 1er, Brussels: 67 (Ms KBR 10308); from George Bickham, *The Beauties of Stow: or a Description of the Most Noble House, Gardens & Magnificent Buildings Therein...* (London, c.1753): 169; drawing courtesy of Gregg Bleam: 138; Bodleian Library, Oxford 103 (Ashmole MS 1461), 104 (B.1.17 Med.), 116 (Gough Collection, MSGD a.4), 118 (Ms Gough drawings a.4), 121, 122, 123, 124 (all MS Top. Gen. D.14); British Library, London (photo ©The British Library Board): 45 (Add. MS 18113), 50 (IOL 169B(3).), 57 (Ms 18720), 59 (Add. MS 18855, folio 108), 60 (Add. MS 19720), 64 (Add. MS 19720), 65 (Harley MS 4425); British Museum, London (photos ©The Trustees of the British Museum): 13, 196 (Department of Prints and Drawings); Buckinghamshire County Museum, Aylesbury: 141; from Robert Castell, *The Villas of the Ancients Illustrated* (London, 1728): 33; from Salomon de Caus, *Les Raisons des forces mouvantes, avec diverses machines tant utilles que plaisantes: ausquelles sont adjoints plusieurs desseins de grotes et fontaines...* (Frankfurt, 1615): 115; Château d'Heudicourt, Eure, Normandy: 146; photo Laurent Châtel: 130; Trustees of the Chatsworth Settlement: 251, 252; thanks to Chen Congzhou: 155; from *The City of Palaces: Picturesque World's Fair* (Chicago, 1894): 202; Commanderie des Templiers de Coulommiers: 69; photos Emily T. Cooperman: 4, 101, 131, 132, 143, 149, 150, 157, 162, 168, 176, 177, 186, 190, 221, 222, 226, 233, 235, 236, 246, 247, 249; Country Life Archives: 53; from George Cumberland, *An Attempt to Describe Hafod, and the neighbouring scenes...* (London, 1796): 194; photo Jennifer Current: 248; from Marc'Antonio Dal Re, *Ville di Delizia o siano PALAGI CAMPARECCI NELLO STATO DI MILANO...* (Milan, 1726): 109; Detroit Institute of Arts (photo The Bridgeman Art Library): 208; from Harold Donaldson Eberlein and Cartwright Van Dyke Hubbard, *The Practical Book of Garden Structure and Design* (Philadelphia, 1937): 229; photos Esto Photographies Ltd: 237, 238, 239; from John Evelyn, 'Elysium Britannicum, or the Royal Gardens' (formerly at Christ Church, Oxford, now at the British Library, London [Evelyn Papers MS 45]): 99; from Giovanni Battista Falda, *Le Fontane di Roma Nelle Piazze, e Luoghi Publici Della Citta, con il Loro Prospetti, come sono al Presente* (Rome, 1675(?)): 82; from Linda Farrar, *Ancient Roman Gardens* (Stroud, 1998): 29; The Fitzwilliam Museum, University of Cambridge: 23 (photo Fitzwilliam Museum, University of Cambridge / The Bridgeman Art Library); photo Martin Goalen: 31; after Marie-Luise Gothein, *Geschichte der Gartenkunst, I: Von Ägypten bis zur Renaissance in Italien, Spanien und Portugal* (Jena, 1914): 40; Harvard University Graduate School of Design, Cambridge, Mass.: 105, 209 (Frances Loeb Library, Special Collections); photo courtesy of David Grandorge: 179; Graphische Sammlung Albertina, Vienna: 75, 80, 86, 87, 89, 112; from Johann Gottfried Grohmann & Friedrich Gotthelf Baumgärtner, *Ideen-magazin für Liebhaber von Gärten und ländliche Gegenden...* (Leipzig, 1796-1806): 164; photo ©Philip Halling: 140; photo courtesy of Ron Henderson: 161; from Giovanni Filippo Ingrassia, *Informatione del pestifero et contagioso morbo il quale affligge et have afflitto questa città di Palermo... nell'anno 1575 et 1576* (Palermo, 1576): 35; from 'J. W. Gent' [John Worlidge], *Systema Agriculturae; the mystery of husbandry discovered: treating of the several new and most advantagious ways of tilling, planting, sowing, manuring, ordering, improving of all sorts of gardens, orchards, meadows, pastures, corn-lands, woods & coppices...* (London, 1681): 126; renderings created by James Corner Field Operations (use courtesy of the City of New York): 137; photo Stanley Jashemski: 22; from Gertrude Jekyll and Lawrence Weaver, *Gardens for Small Country House* (London, 1912): 215; ©Office of Dan Kiley: 138, 148; from Jan Kip and Leonard Knyff, *Britannia Illustrata or view of several of the Queen's Palaces as also of the principal Seats of the Nobility and Gentry of Great Britain, curiously engraven...* (London, 1707): 93, 119; Kupferstichkabinett, Berlin: 72; photos Marilena La China: 34, 163; from Comte Louis-Joseph-Alexandre de Laborde, *Description des nouveaux jardins de la France et de ses anciens châteaux, mêlée d'observations sur la vie de la campagne et la composition des jardins* (Paris, 1808): 167; from Comte Louis-Joseph-Alexandre de Laborde, *Voyage pittoresque et historique de l'Espagne par le Comte de Laborde* (Paris, 1812): 36; photo Bernard Lassus: 95; from Pierre Le Lorrain, Abbé de Vallemont, *Curiositez de la nature et de l'art sur la végétation ou l'agriculture et le jardinage dans leur perfection...* (Paris, 1705): 92; photos Michael Leaman / Reaktion Books: 48, 49, 52, 55, 223; Leiden University Library: 100; Library of Congress, Washington, DC (Department of Prints and Photographs): 9, 21; Library of Congress, Washington, DC (General Collections): 106; from David Loggan, *Oxonia Illustrata...* (Oxford, 1675): 98; photo LuxTonnerre: 183; courtesy of the McLean Library, Pennsylvania Horticultural Society: 203; photo Marianne Majerus: 117; from Francesco di Giorgio Martini, *Architettura ingegneria e arte militare...* (Codice Torinese Saluzziano 148, Biblioteca Reale, Turin): 17; thanks to Sachimine Masui: 212; Musée des Beaux-Arts, Brussels: 78; Musée National des Châteaux de Versailles et de Trianon, Versailles: 16; Museo di Roma: 74; Museo Storico Topografico, Florence (photos courtesy Musei Civici, Florence): 18, 88; Museum of Fine Arts, Boston: 8 (gift of Martha C. Karolik for the M. and M. Karolik Collection of American Paintings); National Galleries of Scotland, Edinburgh: 32; National Palace Museum, Taipei: 159, 160; from Timothy Nourse, *Campania Foelix, or, A discourse of the benefits and improvements of husbandry: containing directions for all manner of tillage, pasturage, and plantation...* (London, 1700): 127; thanks to Haruzo Ohashi: 204; photo courtesy Olin Studio, Philadelphia: 147; from Frederic Law Olmsted, 'Landscape', in *American Florist* (15 January 1896): 203; Osaka Municipal Museum of Art (Abe Collection): 152; Parc de Bercy, Paris: 187; from John Parkinson, *Theatrum Botanicum: The Theater of Plants. Or, An Herball of a Large Extent...* (London, 1640): 104; Pennsylvania Horticultural Society, Philadelphia, PA: 201; from Victor Petit, *Habitations Champêtres: Recueil de Maisons,*

Villas, Chalets, Pavillons, Kiosques, Parcs et Jardins, dessinées par Victor Petit (Paris, n.d. [c.1855]): 166; courtesy Philadelphia Print Shop: 200, 201; from Girolamo Porro, *L'Horto dei semplici di Padova* (Venice, 1591): 96; reconstruction by E. G. Price from Eddie Price, *A Romano-British Settlement: Its Antecedents and Successors* (Gloucester and District Archaeological Research Group, Stonehouse, Gloucestershire, 2000), I: 24; private collections: 110, 113, 128 (reproduced with permission of Charles Cottrell-Dormer), 136 (photo courtesy of Hobhouse Ltd, London), 139; from J. B. Pyne, *Lake Scenery of England* (London, 1859): 195; Real Biblioteca del Monasterio de San Lorenzo del Escorial: 79; Record Office, Carlisle: 142; Chris Reed: 233; from *Roma antica e moderna* (Rome, 1750): 71; after D. Fairchild Ruggles, *Islamic Gardens and Landscapes*: 42; photo D. Fairchild Ruggles: 51; photo Nicolas Sapieha: 25; photo courtesy of Martha Schwartz Partners: 240; from Sebastiano Serlio, *Tutte l'Opere d'architettura, et prospetiva...*, Book III [1540] (Venice, 1619): 77; from A. A. Cooper, 3rd Earl of Shaftesbury, *Characteristiks of Men, Manners, Opinions, Times* (London, 1714): 125; photos Leanda Shrimpton: 217, 220, 224; Osvald Sirén, *Gardens of China* (New York, 1950): 156; courtesy Ken Smith Landscape Architect: 237, 238, 239; photo Mark Edward Smith: 30; photo Lady Beatrix Stanley: 53; Stourhead House, Wiltshire: 12; Sutro Library, San Francisco: 102; from Stephen Switzer, *Ichnographia Rustica; or The nobleman, gentleman, and gardener's recreation...* (London, 1718): 120; from Pompilio Totti, *Ritratto di Roma antica nel qvale sono figvrati I principali tempij, teatri, Anfiteatri, Cerchi, Naumachie, Archi Trionfali...* (Rome, 1627): 26; Tate, London (photo ©Tate, London 2011): 11; from the *Third Annual Report of the Board of Commissioners of the Central Park* (New York, 1860): 180; from Gabriel Thouin, *Plans raisonnées de toutes espèces de jardins* (Paris, 1828): 165; photo Marc Treib: 211; Galleria degli Uffizi, Florence (Gabinetto Disegni e Stampe): 73, 111 (photo Scala, Florence / Art Resource); UNESCO Archives: 213, 214; University of California, Berkeley Environmental Design Archives: 225; University of Pennsylvania, Philadelphia, Architectural Archives: 3 (Lawrence Halprin Archives), 228; from Anne Hagopian van Buren, 'Reality and Literary

Romance in the Park of Hesdin', in Elizabeth B. MacDougall, ed., *Medieval Gardens*, Dumbarton Oaks Colloquium on the History of Landscape IX (Washington, DC, 1986): 15; Victoria and Albert Museum, London: 20, 44, 46, 134, 135, 197, 198; courtesy Udo Weilacher: 166; courtesy Udo & Rita Weilacher: 178; photo James Wescoat Jr: 47; from J. D. Whitney, *The Yosemite Guide-Book: A Description of the Yosemite Valley and the Adjacent Region of the Sierra Nevada...* (Cambridge, MA, 1871): 192; photo Dianna Wojciechowski: 243; from Thomas Wright, *Six Original Designs of Arbors* (Book I of Universal Architecture) (London, 1755): 163; after Luigi Zangher, *Il Giardino Islamico* (Florence, 2006): 41.

찾아보기

ㅇ

ㅈ

ㅊ